ILLUSTRATED CABINETMAKING

How to Design and Construct Furniture That Works

木作家具 解剖全書

比爾・希爾頓

Bill Hylton

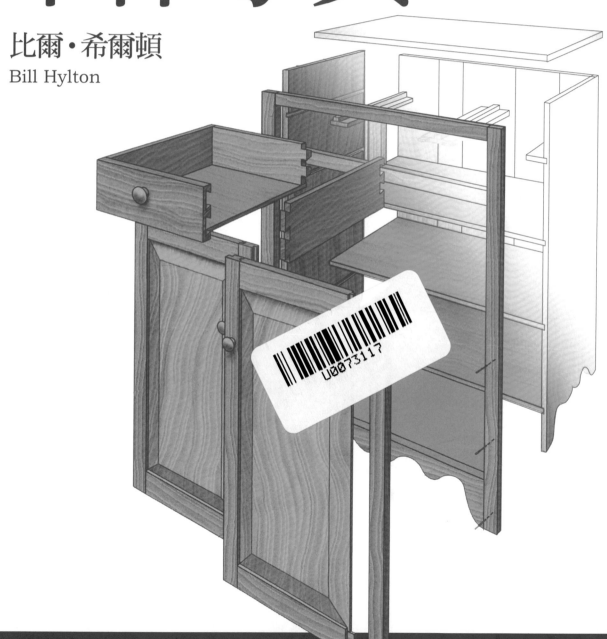

U0073117

目錄

休閒桌

辦公桌

箱櫃

引言

說到製作家具，我們木工喜歡在製作的家具上留下自己的印記，或者說喜歡對已有的設計方案做一些小改動，比如對尺寸或比例做一些調整、重新規劃抽屜的布局、改變門的風格等以適應我們的需求。原本的設計方案可能已經非常好了，但我們就是喜歡加一點兒個人的東西。

實際上，我們往往會對設計方案進行大改。比如說，徹底拋開已有的設計方案，做出屬於我們自己的東西，改動的靈感可能來自一本雜誌或產品目錄上的圖片。我們可能需要一件有特定用途的家具，比如一個用來擺放我們購買的所有木工圖書的書架、一個用來安裝新買的電視機的支架、一張給已經長大的孩子的床等。此外，你的妻子可能看中了商店裡或鄰居家的一張桌子或一個櫃子，要你照著樣子做出來，這種情況是不是很常見？對我來說，這種情況經常出現。

有靈感，有需求，有工具，有材料，你也會幹木工活。

但是，最難的永遠是想清楚怎麼把東西做出來！即使你有想要製作的家具的圖片也未必管用，因為圖片不大可能告訴你它是如何組裝在一起的。因此，在準備階段，你腦海中會出現一串問題：應該採用哪種拼接方式？連接頂板的最佳方法是什麼？要安裝抽屜嗎？家具腿多長合適？如何應對木材的形變？

《圖解木工家具：如何設計和製作理想的家具》是一本關於家具設計和製作的參考書，內含1300多張帶有說明文字的家具示意圖。在已經出版的同類圖書中，它毫無疑問是最全面的。

透過1300多張家具示意圖，本書帶你解剖家具，為你提供家具製作中長期存在的難題的解決方案。比如說，本書介紹了5～6種安裝抽屜的方法、4種安裝桌面的方法、向榫眼裡加楔子的方法等。製作一件漂亮而又牢固的家具所需的知識，本書全都包括了。

本書「拼接」一節可以說是一部圖解各種拼接方式的百科全書，介紹了家具製作中你能想到的所有拼接方式（共有100多種），在這裡你將找到最適合你

使用的拼接方式（在這裡你都找不到的話，可能到哪裡你都不可能找到了）。

「家具的部件」一節提供了用前面介紹的拼接方式安裝桌面、門、抽屜和家具腳的方法。在這裡你將看到抽屜是如何安裝到櫃子和桌子裡的、各種複雜的裝飾線是如何製作和安裝的等等。

透過閱讀本書最重要的內容——「家具」一節，你將瞭解運用已經學到的拼接方式和家具部件的相關知識，製作出一件漂亮、實用且耐用的家具的方法。「家具」一節詳細無遺，為你提供了100多件家具的示意圖，向你展示了你能想到的所有家具，比如門腿桌、狩獵櫃、卷頂桌、梳妝臺、支架桌、高柱床、後退式櫥櫃、書架、落地鐘等等。大多數示意圖還附帶一兩幅局部細節特寫圖，以著重展示家具中結構特別複雜、特別難處理的部分，使之更加清晰明了。每一幅解剖圖都有文字說明。圖中還設置了一些相互參照的條目，這樣你就可以透過參考書中其他部分的內容來選擇其他拼接方式或者其他製作家具部件的方法。

在介紹一件家具時，本書給出了標有該家具總體尺寸的成品家具圖。「設計改變」部分還為你提供了改變該家具外觀的方法。

此外，本書還給出了設計家具時所需的一些數據。例如，一張餐桌應該設計成多高？每個坐在桌邊的人需要占據多大的空間？廚櫃應該多深？電腦桌的尺寸應該是多少……？

現在，易懂且扼要的木工知識和非常直觀的家具解剖圖就在你眼前，你可以做出任何想做的東西，並對其加以改造，使其更適合你的品位、你的木工水平或者你的裝備。

比爾·希爾頓

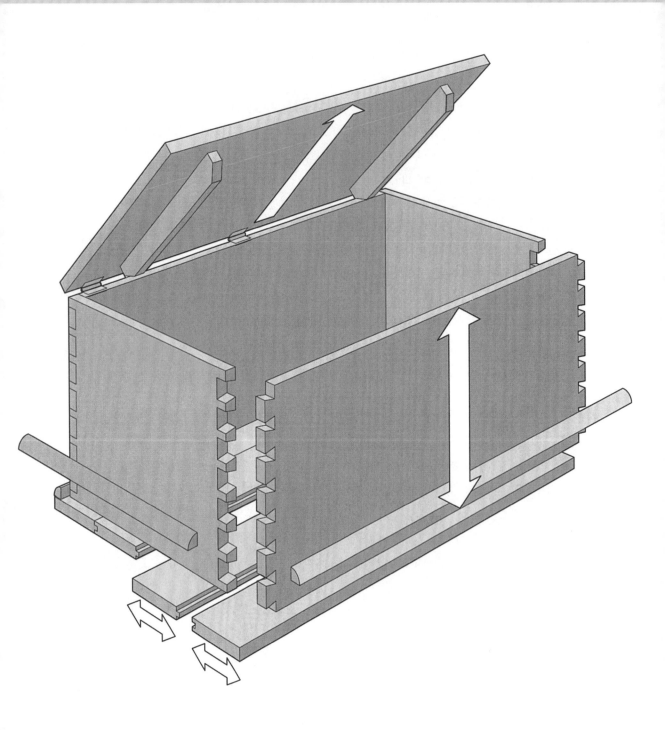

基礎知識

家具解剖

下面是家具各部件的名稱。熟悉這些名稱很重要，這樣你將更容易理解一件家具的設計方案，也能更好地設計一件家具，並且更清楚家具各部件是如何組合在一起的。此外，透過熟悉這些名稱，你將對家具的風格及其演變過程有更清楚的認識。換句話說，瞭解這些名稱會讓你更加敏銳、更輕鬆地辨別各家具的風格，從而欣賞好的設計和工藝。俗話說「上帝就在細節中」，如果此言不虛，那麼瞭解家具各部件的名稱一定會對你有所幫助。

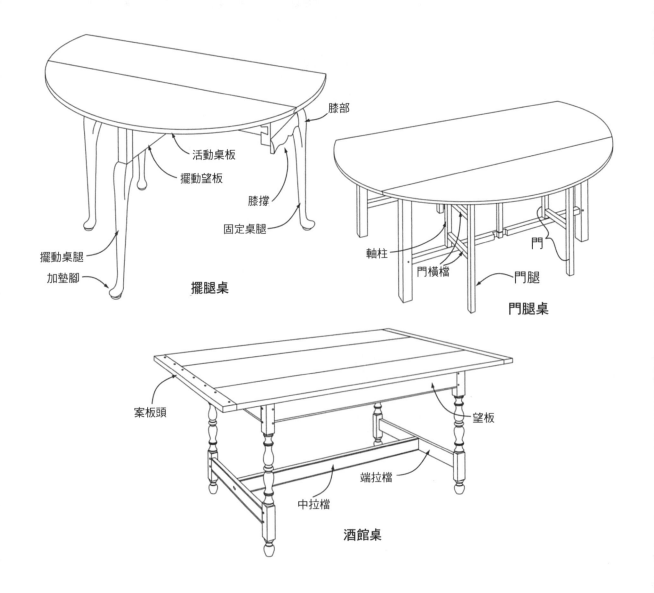

膝部

活動桌板

擺動望板

膝撐

固定桌腿

擺動桌腿

加墊腳

擺腿桌

軸柱

門橫檔

門

門腿

門腿桌

案板頭

望板

端拉檔

中拉檔

酒館桌

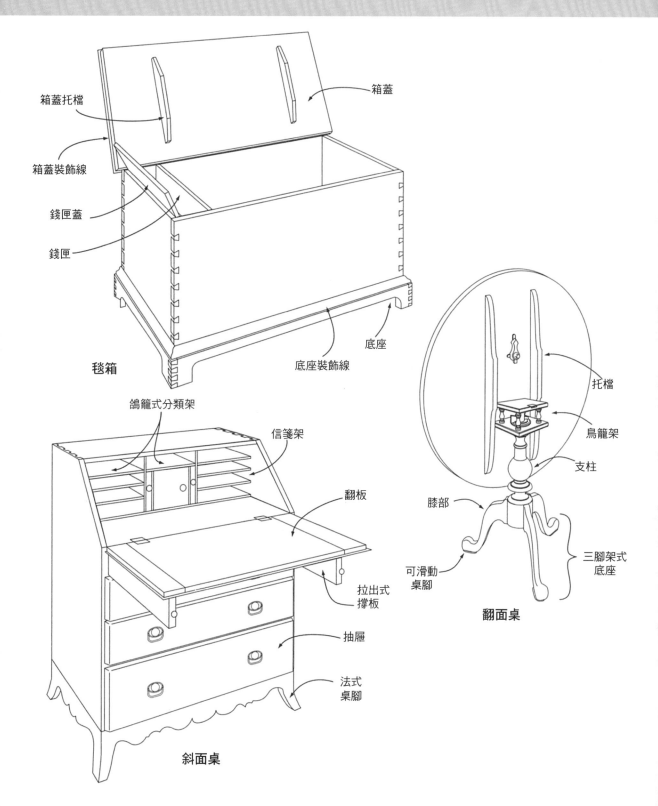

箱蓋托檔

箱蓋

箱蓋裝飾線

錢匣蓋

錢匣

底座

底座裝飾線

毯箱

鴿籠式分類架

信箋架

翻板

拉出式
撐板

抽屜

法式
桌腳

斜面桌

托檔

鳥籠架

支柱

膝部

可滑動
桌腳

三腳架式
底座

翻面桌

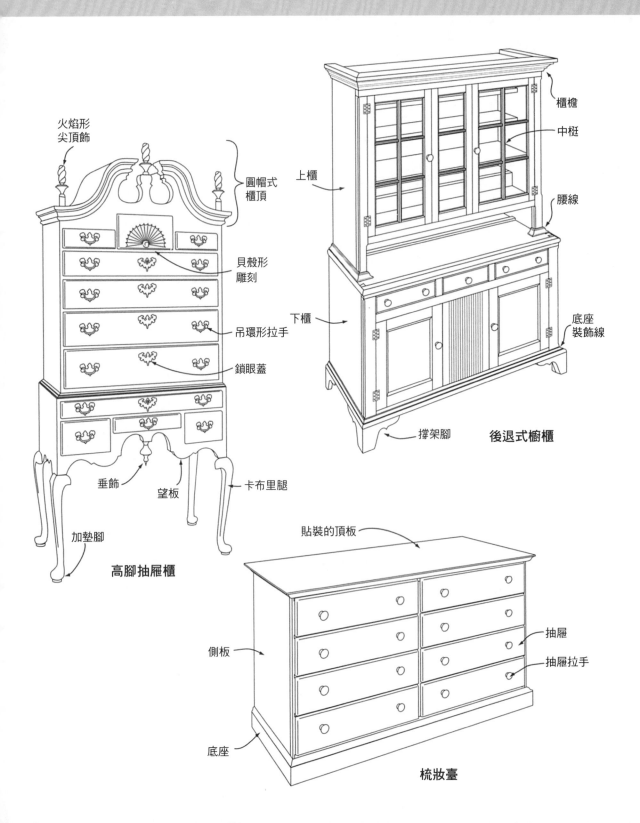

火焰形尖頂飾

圓帽式櫃頂

貝殼形雕刻

吊環形拉手

鎖眼蓋

垂飾

望板

卡布里腿

加墊腳

高腳抽屜櫃

櫃簷

中梃

上櫃

腰線

下櫃

底座裝飾線

撐架腳

後退式櫥櫃

貼裝的頂板

側板

抽屜

抽屜拉手

底座

梳妝臺

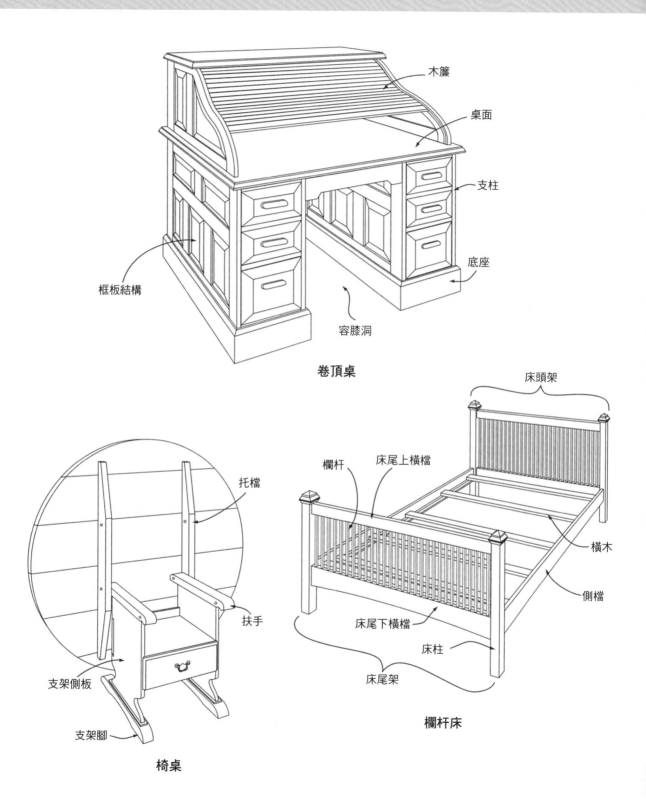

木簾

桌面

支柱

底座

框板結構

容膝洞

卷頂桌

托檔

扶手

支架側板

支架腳

椅桌

床頭架

欄杆

床尾上橫檔

橫木

側檔

床尾下橫檔

床柱

床尾架

欄杆床

家具風格

由於種種原因，家具一直受到流行趨勢的影響。僅僅在幾年之內，一把曾經時尚的椅子就可能顯得過於陳舊，甚至被他人詬病品味差。但在家具設計領域有一個奇怪的現象，我們今日拋棄的東西往往會成為明日的珍寶。人性不也是如此嗎？

復古並不是一件新鮮事兒。在維多利亞時代，人們幾十年間就「復活」了古典主義風格、哥德風格、文藝復興風格和殖民地風格等。現在，老式物件依然使我們著迷。

你應該已經注意到，描述家具風格的名稱似乎比家具風格演變歷史本身更加明晰。當家具剛被製作出來的時候，這些名稱幾乎無人使用，多年以後才被人們創造出來。但同一家具風格可能被賦予多個名稱，「巴洛克式」和「威廉──瑪麗式」這兩個名稱就一直在互相替代，「洛可可式」和「齊本德爾式」也是一樣。不同風格的流行期還常常相互重疊，這就使情況變得更加混亂。事實上，一件家具本身可能兼有兩種風格。因此，對任何一種家具風格，要想準確追查其出現和消亡的具體時間是不可能的。典型的情況是，一種家具風格在國外孕育誕生，然後流傳到我們（美國）的城市，再逐步流傳到農村。

描述家具風格的名稱也許有一點兒混亂，但是確實有用，有助於我們瞭解自己設計和製作的家具的歷史。針對同一種風格，我們可以試著觀察其地域性差異，這些差異正是那些與世長辭的家具製作者們的創意的體現。

▶ 清教徒式：1640～1700年

清教徒式家具是一種殖民地風格的家具，基於中世紀風格、文藝復興風格和英國本土風格而形成。「清教徒式」也被稱為「雅各賓式」，後者源自英國國王詹姆士一世的拉丁文名。這種風格的家具結實厚重，用實木製成，採用榫卯結構。典型特徵包括：

- 粗糙而簡單的車旋工藝
- 雙紡錘形裝飾
- 大量雕刻
- 大型四周式拉檔

清教徒式
拉檔桌

清教徒式
掀蓋箱

▶ 威廉──瑪麗式：1700～1730年

這種風格是以取得英國王位的荷蘭統治者的名字命名的，他們的統治使英國家具受到了荷蘭風格和法國胡格諾教派風格的影響。這種風格也被稱為巴洛克式。威廉──瑪麗式家具一般為深色，用胡桃木或顏色較淺但塗了檀木黑漆的木料製成。這種家具一般擁有筆直的線條且稜角分明，還多處運用了車旋工藝。典型特徵包括：

- 立體雕刻
- 車旋的花瓶形、喇叭形和球形造型
- 西班牙式（畫刷式）家具腳
- 淚滴形拉手
- 飾面薄板

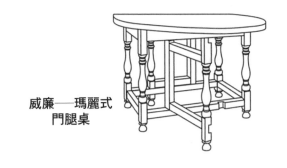

威廉──瑪麗式
門腿桌

威廉——瑪麗式
斜面桌

威廉——瑪麗式架上櫃

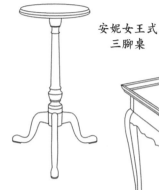

安妮女王式
三腳桌

安妮女王式
茶桌

▶ 安妮女王式：1725～1755年

　　安妮女王式家具有著優雅的曲線造型，這與威廉——瑪麗式家具稜角分明的直線造型形成鮮明對比。這種風格的家具將優雅的S形卡布里腿引入了美國，這種彎腿正是安妮女王式家具的主要特徵。安妮女王式家具的製作者喜歡使用胡桃木、櫻桃木和楓木，後期也使用桃花心木。

　　奇怪的是，這種風格並不是受英國安妮女王的影響而出現的，她在這一風格的家具出現之前就去世了。在出現時間上它與之前的威廉——瑪麗式和之後的齊本德爾式都有交集。典型特徵包括：

- 流暢的曲線造型
- 卡布里腿、加墊腳
- 中式裝飾
- 精緻的貝殼形、玫瑰花形或葉形雕刻
- 山形頂飾上有尖頂飾
- 抽屜面板和椅子背板上裝有飾面薄板
- 蝴蝶形抽屜拉手

安妮女王式架上桌

安妮女王式手帕桌

安妮女王式
高腳抽屜櫃

安妮女王式五斗櫃

▶ 齊本德爾式：1750～1780年

該風格以倫敦著名的家具製作者湯瑪斯‧齊本德爾之名命名，融合了中式、哥德式和洛可可式的特點。與以往的家具相比，齊本德爾式家具變化更多的是在裝飾上而不是在結構上，家具腿、望板和拉檔上均有浮雕和鏤空裝飾。直線作為一種設計元素被重新引入，桌腿通常是等寬的，不做漸細處理。

這一時期家具製作者製作家具常用的木材是桃花心木，美國的胡桃木、楓木和櫻桃木也比較受歡迎。齊本德爾式家具的典型特徵包括：

- 流蛇形和外凸的箱體造型
- 派皮形桌面（第190頁）
- 帶裝飾的拉檔
- 球爪腳
- 中式或哥德式透雕
- 洛可可式貝殼形浮雕
- 箱體上有四分柱裝飾

▶ 聯邦式：1780～1820年

聯邦式是美國新古典主義第一階段的家具風格，之所以這麼說，是因為它帶有古羅馬和古希臘風格的特徵（帝政式是新古典主義第二階段的家具風格）。聯邦式是對之前華麗的洛可可式的顛覆。

奇怪的是，這種風格與兩位英國設計者——謝拉頓和赫普爾懷特，關係非常緊密。他們各自出版了一本關於新古典主義家具設計的書，這兩本書在美國都大受歡迎。從書的內容，我們很難看出兩人的設計有何不同。

儘管歐洲大陸和英國對新古典主義的反應與美國一樣熱烈，但是聯邦式仍然被看作在美國發展起來的第一種美式家具風格，因為它對新古典主義的詮釋是純美式的。該風格的典型特徵包括：‧

- 細且漸細的家具腿
- 鏟形或箭頭形的家具腳
- 正面呈鼓形
- 淺浮雕
- 飾面薄板
- 精緻的鑲嵌裝飾

齊本德爾式
彭布羅克桌

費城齊本德爾式
高腳抽屜櫃

齊本德爾式
曲面櫃

紐約齊本德爾式
遊戲桌

聯邦式
擺腿牌桌

聯邦式
三腳桌

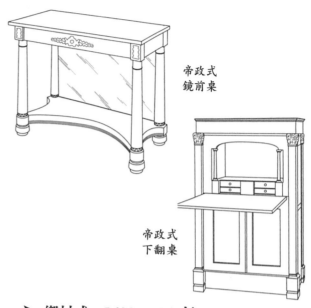

聯邦式
祕書桌

聯邦式
蛇面櫃

帝政式
鏡前桌

帝政式
下翻桌

聯邦式
邊櫃

▶ 帝政式：**1815～1840年**

　　帝政式是新古典主義第二階段的家具風格，在拿破崙時代從法國進入美國。其源頭依然是古羅馬和古希臘時代的家具設計風格，但帝政式更沉重、更華麗，帶有更多絢麗的裝飾元素。這一時期的家具用材多為桃花心木、黃檀木以及帶有異國風情的飾面薄板。其典型特徵包括：

- 車旋的半身柱
- 軍刀形家具腿
- 中央支柱
- 爪形和捲曲的C形家具腿
- 醒目的雕刻
- 小凸嵌線裝飾
- 鏤花塗漆、繪畫、鍍金飾面

▶ 鄉村式：**1690～1850年**

　　鄉村式家具泛指大城市以外的所有地區的家具。這種風格的家具通常被看作那些嚴格按照固定風格製作的城市家具的簡化版，不過在簡化過程中製作者也會產生一些天馬行空的創意。鄉村式家具更注重實用性而非裝飾性，在拼接方式上通常講究的是簡單實用。常用的木材是松木、楊木、櫻桃木、胡桃木等美國木種，製作時通常用油漆塗飾，以掩蓋所用木材不甚美觀的紋理。鄉村式家具的典型特徵包括：

- 簡單的裝飾線
- 簡單捲曲造型

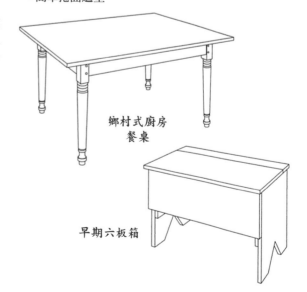

鄉村式廚房
餐桌

早期六板箱

鄉村式果醬櫃

鄉村式高櫃

賓夕法尼亞
德式哈奇櫃

- 寬大的正面框架
- 木質拉手或環扣
- 外露的鉸鏈

▶ 賓夕法尼亞德式：1690～1850年

熱愛傳統的德裔賓夕法尼亞人所用的家具保留了舊大陸家具的許多特徵。呆板的結構和色彩豐富的民間繪畫使人聯想到中世紀。該風格的家具的典型特徵包括：

- 簡單的撐架腳
- 簡單的拉手
- 抽屜在（櫃子的）底部

▶ 震顫派式：1820～1870年

這種風格的家具所採用的簡單線條表現了震顫派的價值觀。震顫派是一個宗教流派，其教徒在美國的一些州擁有自己的社區，過著獨身生活。震顫派式家具的用材主要是松木和楓木，這些用淺色木材製成的家具通常要以油漆塗飾。總體來說，震顫派式家具的典型特徵包括：

- 無裝飾線
- 車旋的細長造型
- 車旋的球形把手
- 造型簡單的家具腿

賓夕法尼亞
德式框板箱

賓夕法尼亞
德式牆架

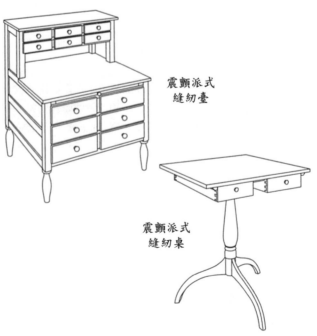

震顫派式
縫紉臺

震顫派式
縫紉桌

▶ 維多利亞式

在維多利亞時代，哥德式、洛可可式和新文藝復興式風格又流行了起來，而且每種風格的家具都比原來的更加華麗。

哥德式

我們無法確切地知道對中世紀事物的迷戀源於何因，喜愛閱讀浪漫的哥德小說可能是來源之一，哥德式是唯一一種源自小說的家具風格。這種風格的家具往往很沉重，讓人感覺非常壓抑，用材多是黃檀木、胡桃木和漆成深色的橡木。

洛可可式

這是一種受法國影響而出現的風格，也被稱作「法式古董風格」或「路易十四式」。這種風格的家具有著豐富的設計元素，而黃檀木飾面薄板、胡桃木和桃花心木等的使用更強化了它的設計感。

新文藝復興式

這種風格的家具採用了文藝復興和新古典主義風格的圖案，並且有大量裝飾元素。通常用胡桃木製作，並飾以新奇的小型雕刻和鑲嵌裝飾。有時也會使用較輕的木材。

▶ 設計改革

19世紀中葉，家具行業的改革者們對品位不高的設計、裝飾的誤用和機器的大量使用提出了激烈的批評，他們主張不用裝飾，並且用純手工方法製作家具。

伊斯雷克式

英國的查爾斯・洛克・伊斯雷克就是這樣一位改革者，他「修剪」掉了之前維多利亞式家具中混亂的設計元素，設計了一些簡單的、僅在表面有雕刻裝飾的橡木家具。這一風格的家具傳到美國後「進化」得更為精巧。典型特徵包括：

- 車旋的立梃和紡錘形立柱
- 渦卷形的撐架
- 淺浮雕
- 內嵌的裝飾板
- 淺色塗漆

伊斯雷克式
梳妝臺

工藝美術式／教會式

「工藝美術」不僅僅指一種家具風格，也指一次運動。為了對抗工業革命，英國設計師約翰・拉斯金和威廉・莫里斯大力宣傳家具製作手工工藝的重要價值。在美國，工藝美術運動催生了教會式風格，「教會式」這一名稱源於加利福尼亞州的聖方濟各教會所使用的家具。橡木是最常用的木材，為了突出木材的紋理，家具製作者常徑切木材，並以煙薰法做表面處理。其他特徵包括：

- 方形部件
- 拼接痕跡外露
- 簡單的板條式背板
- 皮革飾面

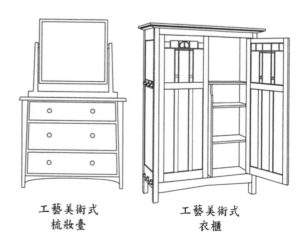

工藝美術式
梳妝臺

工藝美術式
衣櫃

木材形變

木材從被砍伐開始，其尺寸在很長時間內會不斷地變化。這對木工來說是一個挑戰，因為他們的工作就是要製作出結實且能夠承重的物件。因此，木工要掌握各種控制木材形變的方法，使木材形變的程度被控制在適當的範圍內。

木材一開始是潮濕的，剛剛砍伐的原木甚至會滲出汁液。必須先除去大部分水分，木材方能用來製作家具。傳統的使木材乾燥的方法是風乾法，即讓木材中的水分緩慢地蒸發到空氣中。但現在常用的方法是用一種特殊的乾燥窯，透過加熱使木材的含水率降低。當木材的含水率降低到10％～20％時，木材可以吃釘，能夠用於建築。但要用於製作室內家具，木材的含水率還要降低一半。

當然，進行乾燥處理以後，一塊木板的含水率也不會保持不變。木材的含水率會增高還是降低，取決於周圍空氣的濕度。當木材含水率與空氣濕度達到平衡時，我們稱此時木材的含水率為穩定含水率

（EMC）。當空氣濕度發生變化時，木材的EMC也會隨之改變，與新的空氣濕度達到平衡。

不僅如此，一塊木板不會總保持它剛變乾時的規整形狀。隨著時間的推移，它會膨脹或縮小。木工都知道，一塊木板的形變主要發生在它的寬度上而非長度上，也就是說木板的長度基本不會發生變化。他們肯定也清楚，當含水率發生變化時，木板容易出現杯形形變、弓形形變、菱形形變和扭曲等。許多形變都與以下兩個因素密切相關：一是木板來自樹木的哪個部位，二是鋸切的方式。下圖總結了木材大多數的形變情況。

我們還要知道，不同的木材有著不同的收縮率。其中一些木材，比如桃花心木（數百年來一直是家具製作者的最愛）、柚木、紅杉木、梓木和白雪松木，享有穩定性好的美名，空氣濕度改變時它們的尺寸變化極小。另外一些木材，比如某些橡木，形變量會非常大，因此得了個「麻煩」的惡名。

下一頁圖「形變幅度」展示的是一塊紅橡木弦切板的形變情況。紅橡木是一種「麻煩」的木材。一塊寬10吋（25.4cm）的紅橡木板，如果是透過風乾

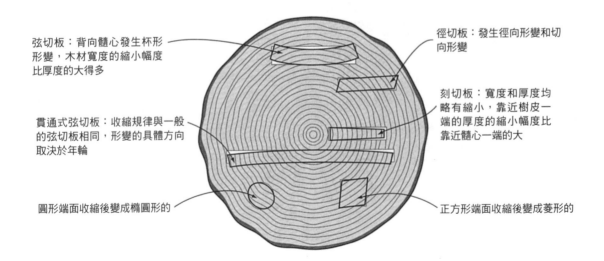

弦切板：背向髓心發生杯形形變，木材寬度的縮小幅度比厚度的大得多

徑切板：發生徑向形變和切向形變

貫通式弦切板：收縮規律與一般的弦切板相同，形變的具體方向取決於年輪

刻切板：寬度和厚度均略有縮小，靠近樹皮一端的厚度的縮小幅度比靠近髓心一端的大

圓形端面收縮後變成橢圓形的

正方形端面收縮後變成菱形的

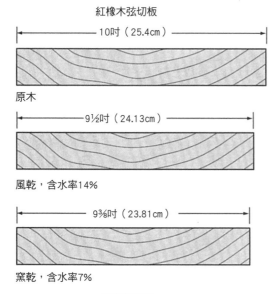

紅橡木弦切板

10吋（25.4cm）

原木

9½吋（24.13cm）

風乾，含水率14%

9⅜吋（23.81cm）

窯乾，含水率7%

形變幅度

法變乾的，當其含水率降到14%左右時，其寬度會縮小至9.5吋（24.13cm）左右；如果是透過窯乾法變乾的，當其含水率降到7%時，其寬度會縮小至9.375吋（23.81cm）左右。

➤ 如何應對木材形變

如何應對木材形變假設一名家具製作者用4塊上圖所示的紅橡木板拼接了一張桌面。夏天的時候，空氣濕度較大，桌面寬38吋（96.52cm）；到了冬天，由於集中供暖，室內空氣乾燥，桌面寬度縮為37.5吋（95.25cm），這可是不小的形變量啊！家具製作者要想把這張桌面安裝在桌腿——望板結構的框架上，就必須考慮到這種形變的情況（下圖向我們展示了兩種應對木材形變的方法，其他方法參見第78頁「桌面」部分的內容）。

幾乎所有的實木板（用於製作箱蓋、門、櫃體側板等）都會面臨木材形變的問題。形變是不可避免的，你要想辦法解決這一問題。

很早以前，家具製作者們就開始研究並著力解決木材形變的問題。一塊打算用作櫃體側板的、寬度為2呎（60.96cm）的木板，在夏季和冬季之間的形變量可能達到1⁄16～³⁄8吋（0.16～0.95cm），具體形變量取決於木材的種類。安裝櫃體側板時不能用安裝桌面的方法，那麼怎麼辦呢？

框板結構：運用框板結構來應對木材形變的方法由來已久，因為效果非常好，所以至今仍被廣泛使用。具體做法是將形變量很大的木板安裝在框架裡面，木板可以膨脹或收縮但不會擠破框架。構成框架的部件較窄，其形變量不是太大。

常見的框架的做法是，用兩根立梃來夾住兩根橫檔，框架的長度由立梃的長度決定。因為木材一般不會在長度上發生形變，所以框架的長度不會改變。框架的尺寸會在寬度上發生變化，因為立

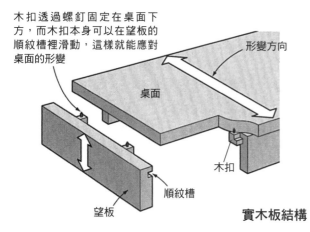

木扣透過螺釘固定在桌面下方，而木扣本身可以在望板的順紋槽裡滑動，這樣就能應對桌面的形變

形變方向

桌面

木扣

順紋槽

望板

實木板結構

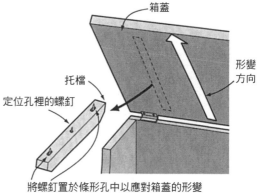

箱蓋

托檔

形變方向

定位孔裡的螺釘

將螺釘置於條形孔中以應對箱蓋的形變

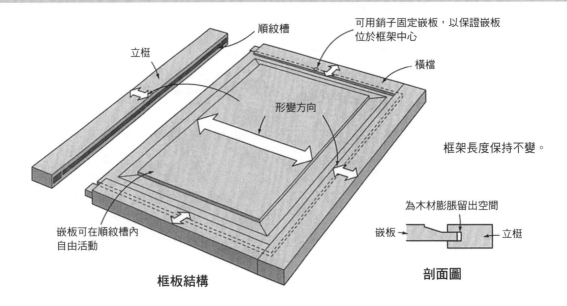

順紋槽

立梃

可用銷子固定嵌板，以保證嵌板
位於框架中心

橫檔

形變方向

框架長度保持不變。

嵌板可在順紋槽內
自由活動

框板結構

為木材膨脹留出空間

嵌板 → ← 立梃

剖面圖

梃會膨脹或收縮。但立梃很窄，一般是2吋（5.08cm）寬，所以即使用的是紅橡木，每根立梃寬度上的形變量也不過在1/32吋（0.08cm）左右。一個24吋（60.96cm）寬的框板結構最大的形變量只有到1/16吋（0.16cm），這種情況比形變量為0.375吋

箱蓋安裝在背
板上，膨脹時
會超過面板

箱子在長度
和寬度上是
穩定的

面板、側板和
背板沿豎直方
向膨脹或收縮

箱體拼接處不受
木材形變的影響

舌榫──順紋槽拼接
能夠「容忍」底板
上每塊木板的形變

箱體結構

（0.95cm）的情況容易處理得多。

嵌板大約寬20.5吋（52.07cm），如果是用紅橡木製作的，其膨脹或收縮的形變量在0.3125～0.375吋（0.79～0.95cm）。嵌板被安裝在框架的順紋槽裡，並且順紋槽留有木材形變的空間，所以嵌板發生形變時不會損傷框架。

箱體結構：另一種應對木材形變的方法是使家具各部件的木材紋理方向一致。比如說，製作一個六板箱時，可以使其面板、側板和背板的紋理都是水平走向的。這些部件是以端面紋理對端面紋理的方式拼接在一起的。當木材膨脹時，箱子會變得略高，但其拼接處不會受到影響。安裝底板的時候，家具製作者只需考慮底板的形變，而不用考慮整個箱子的形變。

櫃體結構：將一個箱子側面朝下放置的話，它就成了一個櫃子。如果讓所有部件的木材紋理走向一致，則各部件發生形變的方向也一致。但如果在櫃子上安裝與木材紋理相交叉的部件，比如抽屜滑軌和裝飾線，那麼問題就來了。這時各部件會沿兩個不同且互相交叉的方向發生形變，因此各方向的拉力可能導致櫃體側板開裂或裝飾線崩裂、掉落。

有許多方法可以解決這種由紋理交叉所導致的問題。下圖僅展示了其中的一種方法，其餘方法參見第84頁的「櫃體結構」和第119頁的「裝飾線」。

製作抽屜櫃的時候，家具製作者還面臨另外一個挑戰：抽屜像箱子一樣，在空氣濕度變大時會變高，但是櫃體上留出的抽屜口的高度是不變的。這是由櫃體的製作方法導致的。因此，製作抽屜口的時候要考慮到抽屜形變的問題，留出餘量，否則拉抽屜時會不順暢。

▶ 似木非木的材料

想要改變實木易形變的特性，馴服它並使之便於使用，可以將實木轉化為膠合板或中密度纖維板。膠合板由若干層實木薄板組成，相鄰兩層薄板的紋理互相垂直，這樣有助於平衡木材形變的影響。中密度纖維板由木頭顆粒構成，由於顆粒很小且分散，其形變不會影響到整塊木板。

你當然不會用這樣的板材製作傳統家具的面板，但用它們製作背板或其他不易被看見的部件還是一個不錯的選擇。

▶ 上漆

漆並不能阻斷木材本身的水分交換——任何手段都不能完全阻斷這一過程，但許多現代家具漆可以延緩水分交換速度（油性塗料的效果較差）。要確保將家具的裡裡外外都塗上漆，而不僅僅給能夠被看到的部分上漆，因為水分交換不均勻會導致家具變形。一件用窯乾木材製作且裡外都塗了漆的家具，幾乎不會出現嚴重的形變。這是因為漆延緩了木材交換水分的速度——木材只吸收了一點兒水分，季節就變了，於是它又開始了釋放水分的過程，這樣其形變幅度就得到了控制。

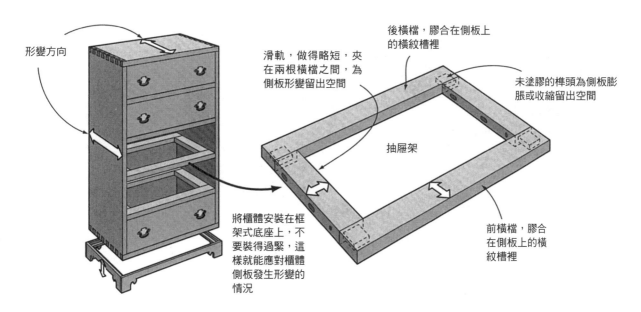

形變方向

滑軌，做得略短，夾在兩根橫檔之間，為側板形變留出空間

後橫檔，膠合在側板上的橫紋槽裡

未塗膠的榫頭為側板膨脹或收縮留出空間

抽屜架

將櫃體安裝在框架式底座上，不要裝得過緊，這樣就能應對櫃體側板發生形變的情況

前橫檔，膠合在側板上的橫紋槽裡

櫃體結構

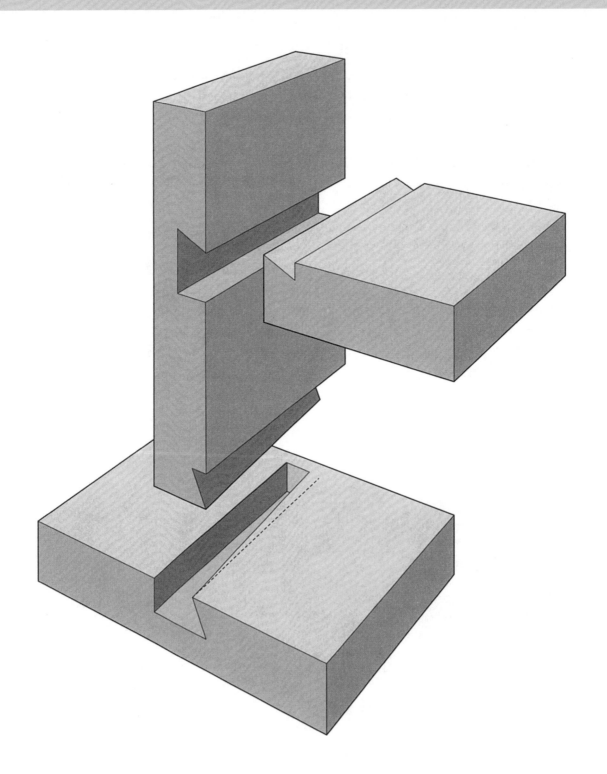

拼接

邊緣拼接

200年前，一個六板箱確實是用6塊木板製作的，每塊木板寬2呎（60.96㎝）或更寬。但是現在已經沒有能製成這麼寬的木板的參天大樹了，現在的樹細得多，製出的木板多是窄板。若想得到一塊2呎（60.96㎝）寬的木板，需要將數塊窄板邊對邊拼接起來。因此，如今製作一個六板箱可能需要二十幾塊木板。

所以問題來了：這種膠合的木板，其強度與一整塊木板一樣嗎？

答案是肯定的。邊對邊膠合的木板非常結實。拼接面上木材的長紋理會使膠合的效果很好。另外，因為是兩個有長紋理的表面黏合，所以在木材發生形變時拼接處不會受到影響。

邊對邊拼接只是三種常見的邊緣拼接方式之一，另外兩種是邊對面拼接和面對面拼接。

邊對邊拼接指將若干窄板邊對邊並排放在一起，然後透過相扣或膠合的方式拼接在一起，從而製成一塊寬板。

邊對面拼接指將一塊木板的邊與另一塊木板的板面（面）拼接在一起。這種方式有時被稱為「直角拼接」，因為櫃子的直角正是由此而來的。

面對面拼接指將木板的板面拼接在一起。要想製作截面為邊長3吋（7.62㎝）的正方形的家具腿，你需要將若干

薄板用膠黏合。這種方式適用於製作又寬又厚的部件，比如長條座椅、橫梁或工作臺的臺面。

▶ 對接

進行邊緣拼接時，如果兩個拼接面都是長紋理的，簡單的對接最為有效，特別是在部件經過良好的加工並使用現代膠水的情況下。使用方栓、餅乾榫和圓榫等並不會使拼接處變得更牢固。

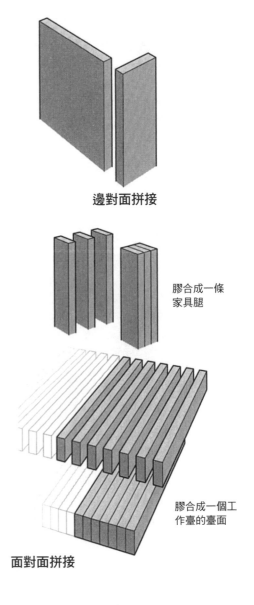

邊對面拼接

膠合成一條
家具腿

膠合成一個工
作臺的臺面

面對面拼接

邊對邊拼接

邊對邊對接

　　儘管邊對邊膠合的木板本身已經很結實了，但是很多木工仍然喜歡使用方栓、餅乾榫和圓榫等，哪怕加工這些部件需要額外的工夫，且不能多算報酬。但當製作複雜的家具或處理略微彎曲的木材時，這些加固方式會很有幫助。

　　使用餅乾榫的邊對邊對接：餅乾榫既能使拼接面對得很整齊，同時又為木板末端的形變留出餘地，允許的形變量多達¼吋（0.64㎝）。餅乾榫共有3種標準尺寸，對接時應盡量選用較大規格的。

　　使用方栓的邊對邊對接：要想邊與邊對接得非常整齊，最好的方式之一就是使用方栓。先在需要對接的兩條邊上開順紋槽（順紋槽可以貫通整條邊，也可以不貫通）。進行膠合時，將一塊窄膠合板或纖維板（方栓）插入順紋槽中，這會使兩個拼接面更容易對齊。要特別注意的是，應選擇尺寸恰當的方栓，以確保木板收縮時方栓不會把兩塊木板撐裂。

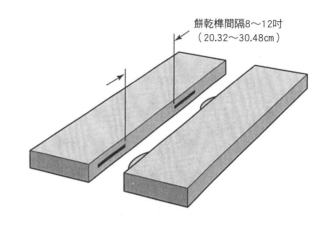

餅乾榫間隔8～12吋
（20.32～30.48cm）

使用餅乾榫的邊對邊對接

　　使用圓榫的邊對邊對接：想要拼接處對齊，使用圓榫進行對接並不是一個好的選擇。首先，在與之相拼接的木板上精確地鑽出相匹配的榫眼極其困難；其次，讓這些榫眼與木板表面相平行同樣很困難。即使上面兩點你都能做好，圓榫本身也會破壞拼接，因為用它進行拼接時拼接面的紋理是交叉的。如果木板收縮，圓榫會將拼接處頂開。

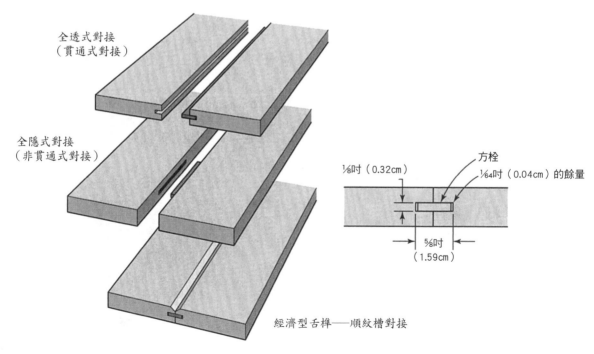

全透式對接
（貫通式對接）

全隱式對接
（非貫通式對接）

⅛吋（0.32cm）

方栓

1/64吋（0.04cm）的餘量

⅝吋
（1.59cm）

經濟型舌榫——順紋槽對接

使用方栓的邊對邊對接

蝴蝶榫的邊對邊對接：日本人在進行邊對邊對接時，會使用一種傳統的緊固件——蝴蝶榫。在現代家具製作中，它不僅是實用的拼接工具，也是裝飾元素。使用蝴蝶榫拼接木板時可以不用膠水，特別是在拼接好的木板日後可能會被拆開的情況下。

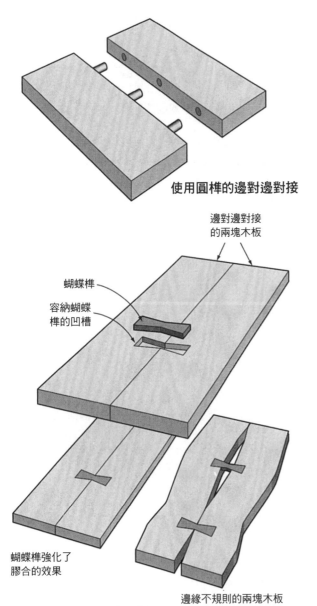

使用圓榫的邊對邊對接

邊對邊對接
的兩塊木板

蝴蝶榫

容納蝴蝶
榫的凹槽

蝴蝶榫強化了
膠合的效果

使用蝴蝶榫的邊對邊對接

邊緣不規則的兩塊木板
可以透過蝴蝶榫對接

邊對面對接

家具中由互相垂直的兩個部件組成的結構既要結實，又要易於安裝。因為兩個拼接面都是長紋理的，所以簡單的對接完全能夠滿足人們對木板強度的要求，不需要額外的加固措施。又因為拼接面上的紋理是相互平行的，所以無須擔心紋理衝突導致的不穩定問題。

使用膠水的邊對面對接：形成直角最簡單的拼接方式就是對接，黏在一起的部件非常牢固。但如果兩個部件的紋理外觀相差較大，拼接處的紋理就可能不太好看，此時可以透過刻V形槽的方法隱藏接縫。

使用緊固件的邊對面對接：在進行邊對面對接時可以用緊固件代替膠水，也可以同時使用緊固件和膠水。緊固件並不會使膠合的效果更好，但可以在膠水變乾之前起到連接的作用，這樣製作者就無須使用夾具。

使用餅乾榫的邊對面對接：餅乾榫可以確保對接的直角結構對齊，為此應每隔8吋（20.32㎝）用一個餅乾榫，但不要指望它們能使拼接處更牢固。

使用方栓的邊對面對接：另一種能使拼接處對齊的方式是使用方栓。先在需要拼接的兩個部件上開順紋槽（順紋槽可以貫通整塊木板，也可以不貫通），然後將一塊用膠合板或硬木板做的方栓插入順紋槽中。

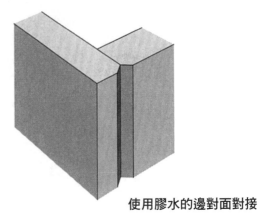

使用膠水的邊對面對接

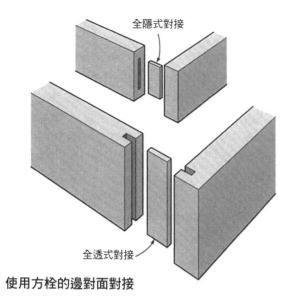

全隱式對接

全透式對接

使用方栓的邊對面對接

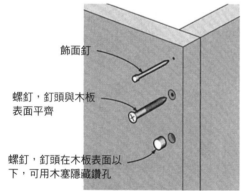

飾面釘

螺釘,釘頭與木板
表面平齊

螺釘,釘頭在木板表面以
下,可用木塞隱藏鑽孔

使用緊固件的邊對面對接

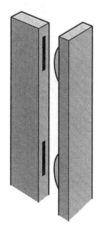

使用餅乾榫的邊對面對接

▶ 舌榫——順紋槽拼接

舌榫——順紋槽拼接是使用方栓的拼接方式的前身。但前者使用的「方栓」(舌榫)不是獨立的,而是木板的一部分。舌榫——順紋槽拼接是拼接面板的一種常用方式。在製作櫃體背板、桌面和其他面板時常使用這種拼接方式。

舌榫——順紋槽拼接可能最常用在不適合使用膠水的地方,多用於一塊木板與另一平面或框架的拼接,而非兩塊木板的拼接。它是一種機械拼接方式,考慮到了木板的膨脹和收縮,因而使用這種拼接方式不會對家具不利。使用這種方式還能滿足基本的審美需求:當木板收縮時,拼接處產生的縫隙不會太大,以至於露出隱藏的部分。

舌榫——順紋槽拼接所需舌榫的厚度通常是整塊木板厚度的⅓,這樣,舌榫和槽壁的抗壓強度才大致相當。

舌榫的長度(和順紋槽的深度)無須像它的厚度一樣精確。如果木板寬度不超過3吋(7.62㎝),那麼它膨脹或收縮的幅度不會太大,這時可使舌榫的長度與其厚度相等,再做出與之匹配的順紋槽;如果木板較寬,那麼可使舌榫的長度為木板厚度的一半,再將順紋槽的深度額外增加約1/16吋(0.16㎝)。

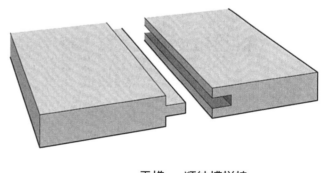

舌榫——順紋槽拼接

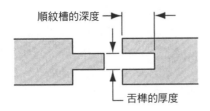

順紋槽的深度

舌榫的厚度

木板拼接處會因季節性膨脹或收縮而產生縫隙，並且這條縫隙會不斷變化。舌榫——順紋槽拼接處常用凸圓形裝飾線和V形槽來裝飾，就是為了掩蓋縫隙。

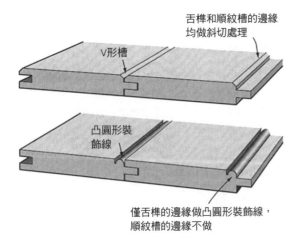

舌榫和順紋槽的邊緣均做斜切處理

V形槽

凸圓形裝飾線

僅舌榫的邊緣做凸圓形裝飾線，順紋槽的邊緣不做

花式舌榫——順紋槽拼接

▶搭口拼接

搭口是在木板邊緣鋸切出的L形缺口，將另一塊木板放入缺口就形成搭口拼接。它是直角拼接的一種方式，多用來拼接邊（邊紋理）和面（板面紋理）。具體有以下幾種方式。

單搭口拼接：使用這種拼接方式時，只在一塊木板上做搭口。一般來說，搭口的寬度要和另一塊木板的厚度相匹配，這樣組裝好後拼接面才是平齊的。

單搭口拼接的第一種有用的變化形式是在搭口的邊緣做斜切處理，即倒角。斜切面會將邊紋理與板面紋理隔開。因為斜切面與兩個拼接面都成一定的角度，所以即使邊紋理與板面紋理樣式不同，看起來也會比較美觀。

單搭口拼接的第二種變化形式可以產生漂亮的反角效果。具體做法是，使搭口的寬度比另一塊木板的厚度略小。這種反角效果還可以透過在組裝好後上漆或用膠水黏裝飾線的方法加以突出。

雙搭口拼接：在相拼接的兩塊木板上都做搭口可以產生一種互扣的效果。

搭口——順紋槽拼接：這種拼接方式使拼接成品具有很好的抗鬆脫能力（因為兩塊木板都被很好地固定住了），並且易於操作。順紋槽不必得太寬，通常一個鋸縫寬就可以，深度不要超過木板厚度的⅓，插入其中的是另一塊木板上因做搭口而形成的偏向一側的舌榫。

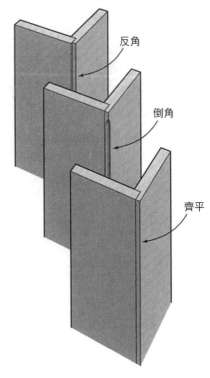

反角

倒角

齊平

單搭口拼接

雙搭口拼接

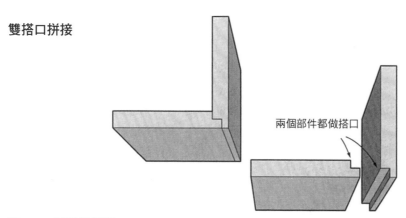

兩個部件都做搭口

搭口──順紋槽拼接

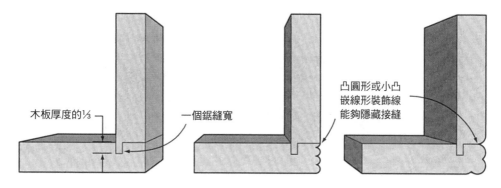

木板厚度的⅓　　　　　一個鋸縫寬

凸圓形或小凸嵌線形裝飾線能夠隱藏接縫

▶ 疊搭拼接

　　舌榫──順紋槽拼接的一種替代方式是疊搭拼接。具體做法是，在需要拼接的兩塊木板上分別做一個完全一樣但方向相反的搭口，這樣拼接時兩個搭口將完全重疊，拼接處就不會出現縫隙。

　　但是這種拼接方式不能確保兩塊木板的表面齊平，相比之下舌榫──順紋槽拼接有明顯的優勢。儘管如此，如果木材形變量小且設計式樣允許你小間隔地安裝相應部件（比如製作書櫃或哈奇櫃時將背板與每一塊擱板拼接在一起的時候），那麼疊搭拼接也足夠用了。

　　這種拼接方式的優點是不像舌榫──順紋槽拼接那麼費時，需要的工具也更簡單。

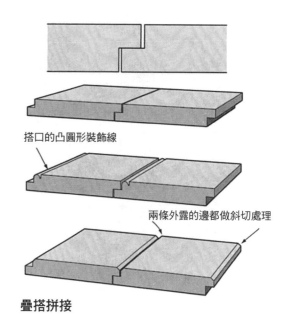

搭口的凸圓形裝飾線

兩條外露的邊都做斜切處理

疊搭拼接

▶斜切拼接

如果製作得精細，斜切拼接的成品幾乎看不見接縫，並且拼接處的木板走向陡變。拼接好後你將看不到任何邊紋理。

這種拼接方式最大的缺點是組裝時比較麻煩。因為有斜角的緣故，用力將兩塊木板夾在一起的時候，木板總是會滑開、錯位。

使用膠水的斜切拼接：與其他有長紋理的邊的拼接一樣，只使用膠水就足以使斜切邊牢固地拼接好。與簡單的對接相比，斜切拼接的好處是塗膠面積更大。

儘管如此，我們還可以透過膠合塞角的方法使斜切拼接更牢固。塞角可以是一根與木板等長的長木條，也可以是數塊沿接縫間隔排列、分布的短木塊。塞角的紋理要與相膠合木板的紋理平行，這樣木材形變才不會造成太大的影響。

使用緊固件的斜切拼接：如果使用緊固件，就無須將塗膠的拼接處夾在一起。可以參考下圖來釘釘子。

使用餅乾榫的斜切拼接：夾緊兩塊木板的時候，使用餅乾榫可以防止木板向兩側滑動。餅乾榫的效果如何取決於它們與木板的貼合度以及榫與榫的間距。對加工好的餅乾榫，你無法控制它們的貼合度，但可以減小它們的間距，比如每隔3～4吋（7.62～10.16cm）安裝一個，以取得較好的效果。

使用方栓的斜切拼接：用膠水黏合的時候，使斜切拼接處對齊的一個很好的辦法就是安裝長紋理的實木方栓。要記住的是，方栓並不能使拼接處更牢固。事實上，如果方栓安裝得不正確，甚至會削弱拼接效果。

順紋槽的寬度應與方栓的厚度相等，且深度不超過方栓所在方向木材長度的⅓，具體位置如第25頁圖所示。

使用膠水的斜切拼接

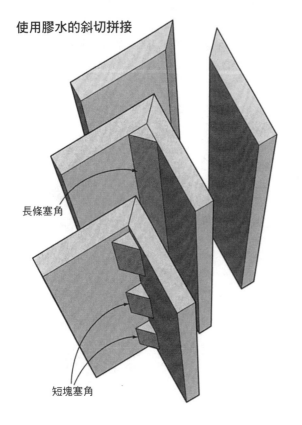

長條塞角

短塊塞角

使用緊固件的斜切拼接

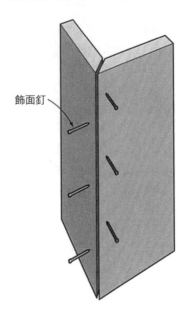

飾面釘

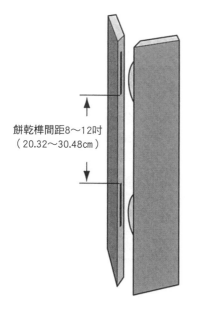

餅乾榫間距8～12吋
（20.32～30.48cm）

使用餅乾榫的斜切拼接

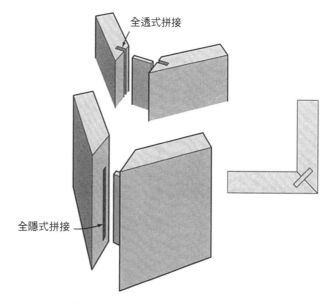

全透式拼接

全隱式拼接

使用方栓的斜切拼接

▶ 銑削拼接

　　木工們一直在尋找一種完美的拼接方式，這種方式一方面能提供盡可能大的塗膠面積，另一方面借助一定的機械結構以使木板在組裝時對齊。

　　電木銑銑刀的製造商提供了為邊緣拼接而設計的各種專用銑刀。這些銑刀只能用於臺式電木銑，並且在使用前都需要進行簡單的安裝。它們銑削出的結構能夠滿足完美的拼接所需的所有要求。

　　只使用膠水的銑削拼接：用最簡單的銑刀可以銑削出舌榫──搭口結構。

　　方法很簡單，將用於拼接的一塊木板頂面朝上銑削，另一塊木板頂面朝下銑削。如果木板平整且銑刀高度合適，兩塊木板拼接後會合成一個平齊的面。

　　因為互扣，兩塊木板在拼接時不會上下錯位。在木板上做好標記很重要，這樣能確保你在銑削木板的時候方向正確。

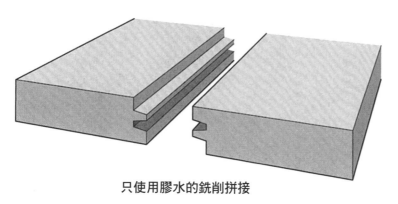

只使用膠水的銑削拼接

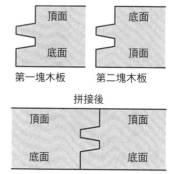

頂面　　底面

底面　　頂面

第一塊木板　　第二塊木板

拼接後

頂面　　頂面

底面　　底面

指接榫銑削拼接：將一塊木板上漸細的舌榫（形似手指）插入另一塊木板上漸細的順紋槽中，形成一種互扣的結構。這種拼接方式擁有三層塗膠面。你可以用這種方式對木板進行邊對邊拼接，當然也可以進行端對端拼接，但後者拼接處不太牢固、會晃動。

與前面介紹的一樣，銑削時一塊木板的頂面向上，另一塊的頂面向下。如果銑刀的高度合適，銑削後將兩塊木板插接在一起時，兩塊木板將完完全全地對齊。

斜切鎖扣銑削拼接：可以在進行邊對邊拼接和邊對面拼接時使用斜切鎖扣銑削拼接，這兩種拼接操作起來都非常容易，而且拼接處的塗膠面積都比採用普通拼接法時大得多。

雖然要銑削兩塊木板，但將電木銑設定一次就行了。進行邊對面拼接的話，銑削第一塊木板時將其平放在電木銑臺上，銑削第二塊時將其側面抵住靠山豎直放置。進行邊對邊拼接的話，銑削時一塊木板頂面朝上，另一塊木板頂面朝下。

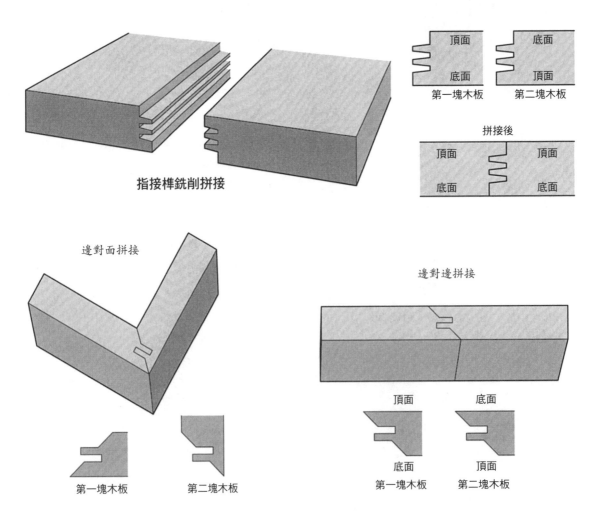

指接榫銑削拼接

斜切鎖扣銑削拼接

櫃體拼接

製作櫃子時，木板被端對端地拼接在一起，形成盒子般的結構。在櫃角的拼接中，能夠增大拼接強度的主要是以下兩個因素：由各部件組成的機械式互扣結構和用來連接各部件的膠水、緊固件等。

幸運的是，對櫃體拼接來說，強度並不是主要問題，因為櫃子基本上是靜止豎立的，僅需承載其本身和所容納物品的重量。下圖向我們展示了各種常見的櫃角拼接方式，木板的互扣結構和膠合面足以承受櫃子的靜態載荷。比較大的櫃子可能要應對扭變應力的問題，對此我們可以使用內部分隔部件（如框板結構或膠合板背板）來增大櫃子的強度。

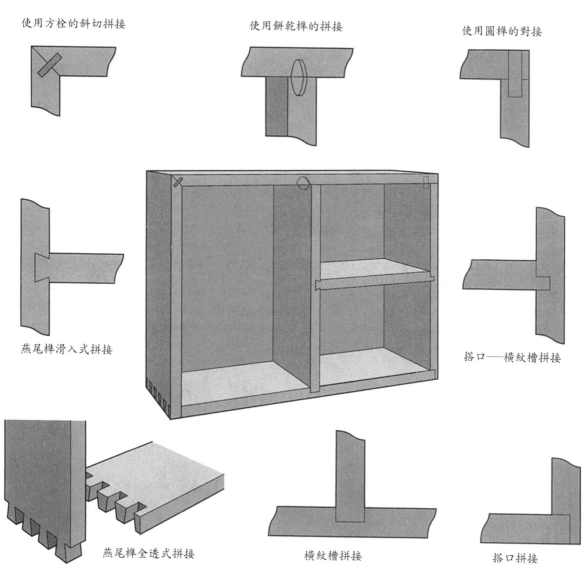

使用方栓的斜切拼接

使用餅乾榫的拼接

使用圓榫的對接

燕尾榫滑入式拼接

搭口——橫紋槽拼接

燕尾榫全透式拼接

橫紋槽拼接

搭口拼接

櫃體拼接

▶ 對接

對接時膠合的條件較差，也沒有任何互扣結構。因此，在用這種方法進行櫃體拼接時，必須採取一些加固措施，這樣才能確保做出來的櫃子堅固耐用。

使用膠水的對接： 櫃體對接指用一塊木板的端面頂住另一塊木板的板面的拼接。進行櫃體拼接時，這種拼接方式會讓一塊木板的端面紋理與另一塊木板的板面紋理相接觸，而端面紋理與板面紋理膠合效果很差，所以這種拼接強度並不大。

使用塞角的對接： 塞角是三角形或正方形的木塊，具有穩固和支撐兩塊木板的作用。塞角可以與木板等長，也可以間隔著安裝。在櫃體拼接中，塞角通常是橫紋理的。

使用緊固件的對接： 一種快速且不易出錯的強化對接效果的方法就是使用緊固件。如下圖所示，將釘子斜著釘入木板可以增大拼接強度。

使用圓榫的對接： 與釘子一樣，圓榫可以強化對接效果。雖然用圓榫拼接時通常會將其做成暗榫，但暗榫製作起來難度極大。其實可以先將兩塊木板對接好，然後鑽眼，最後將圓榫插進去。這樣一來，拼接處將非常牢固，而且露在外面的圓榫頭還有裝飾效果。

使用餅乾榫的對接： 一種很受歡迎的強化對接效果的方法是使用餅乾榫。在一塊木板的端面開槽，再在另一塊木板的板面開對應的槽。組裝

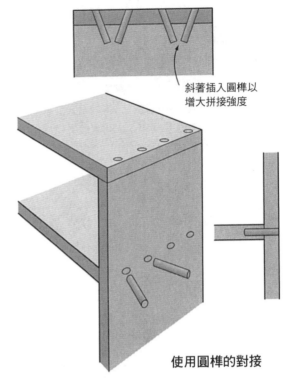

斜著插入圓榫以增大拼接強度

使用圓榫的對接

時，如第29頁圖所示，將橄欖球形的小木片（餅乾榫）用膠水黏到對應的槽中。

將水平部件拼接在豎直部件頂端時，餅乾榫應該偏向一側安裝。同樣地，在做架子時，連接水平部件和豎直部件的餅乾榫應該安裝在水平部件的中線以下，這樣可以增強架子的承重能力。

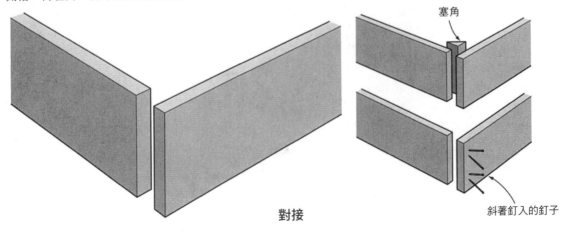

塞角

斜著釘入的釘子

對接

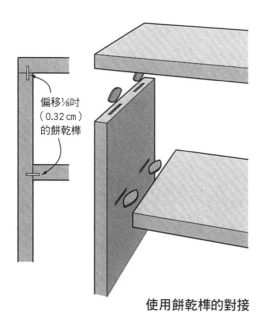

偏移⅛吋
（0.32 cm）
的餅乾榫

使用餅乾榫的對接

▶ 燕尾榫拼接

在黏性強的膠水和便宜的緊固件出現之前，燕尾榫拼接是一種非常實用的拼接方式。這種拼接方式有一些非常重要的優點，比如可以在木材膨脹或收縮時確保家具的完整性。拼接較大的家具時，如製作櫃子時，這一點非常重要。因此，用天然木料製作家具時，燕尾榫具有獨特的優勢。

燕尾榫由插接頭和燕尾頭組成，拼接時將插接頭拼進燕尾頭之間的插槽裡。木板邊沿的插接頭叫作半插接頭，這並不是因為它的寬度只有正常插接頭的一半，而是因為它只有一側表面是斜面。同樣，在木板邊沿的燕尾頭是半燕尾頭。

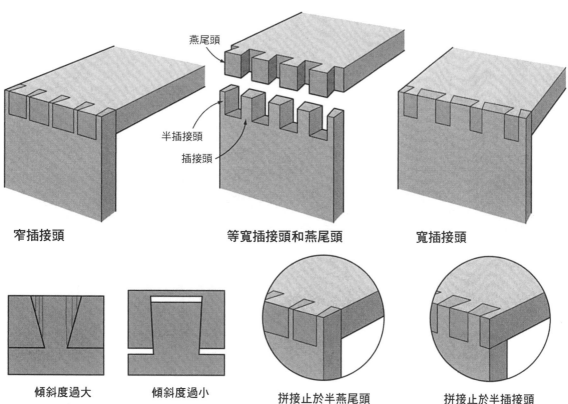

燕尾頭

半插接頭

插接頭

窄插接頭　　　　**等寬插接頭和燕尾頭**　　　　**寬插接頭**

傾斜度過大　　　　**傾斜度過小**　　　　**拼接止於半燕尾頭**　　　　**拼接止於半插接頭**

燕尾榫細節圖

透過燕尾榫拼接時，拼接強度之所以較大，主要有以下兩個原因：一是燕尾頭和插接頭之間的互扣作用；一是塗膠面積增大了。燕尾頭和插接頭越多，拼接處就越結實。

傳統的燕尾榫採用寬燕尾頭和窄插接頭的組合，且燕尾頭做在水平部件上。但具體的布局則多種多樣。設計布局時，必須考慮以下兩個因素。

燕尾頭的間距：燕尾頭的間距無須相等，木板拼接處較寬時，通常會將靠近邊沿的插接頭做得更密，將燕尾頭設計得更小，這樣邊沿1吋（2.54㎝）寬的範圍內就有3～4個膠合面，從而防止木板發生杯形形變。

燕尾頭的傾斜度：燕尾頭的傾斜度應該相同。如果燕尾頭傾斜度過小，它的機械強度將變小，並且看起來有點兒像指接榫的榫頭；而如果傾斜度過大，燕尾頭根部的強度將被減小，在組裝時燕尾頭有可能斷掉。

全透式拼接：這是燕尾榫拼接的基本形式，兩個部件彼此完全穿透，並且從它們的外表面都能看到拼接痕跡。

裝飾性拼接：全透式拼接從外觀上看已經夠吸引人了，但我們不妨嘗試一些變化，比如在燕尾頭和插接頭的尺寸、間距和形狀上做些改變。這樣的變化樣式數不勝數，下圖只展示了其中的三種，它們全都是手工鑿切的。

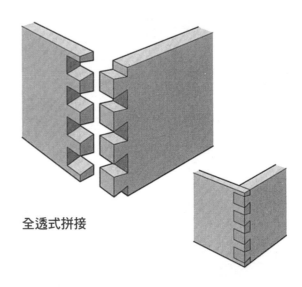

全透式拼接

在邊沿處多做幾個插接頭，確保兩個部件相交的面保持平直

間距不等的燕尾頭和插接頭

在大插接頭之間做幾個小插接頭

齒形燕尾榫

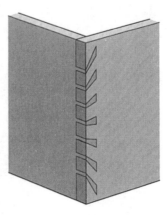

輻射狀燕尾榫

裝飾性拼接

斜肩燕尾榫拼接：就邊而言，燕尾榫全透式拼接與對接所形成的拼接外觀是一樣的。如果你更喜歡斜切拼接所形成的外觀，斜肩燕尾榫拼接可以滿足你的要求。普通的燕尾榫拼接起始和終止於半插接頭，而斜肩燕尾榫的拼接起始和終止於半燕尾頭。

半隱式拼接：儘管半隱式拼接是拼接抽屜面板和側板的傳統方法，但這種拼接只有借助機器才能實現。

進行燕尾榫全透式拼接的話，在抽屜的正面和側面都能看到拼接痕跡；而進行半隱式拼接的話，只能在抽屜側面看到拼接痕跡。

全隱式拼接：進行全隱式拼接的話，成品的外觀與進行斜切拼接的一樣。採用這種做法是因為有時我們需要的主要是燕尾榫在拼接強度上的優勢，而不是它在外觀上的優勢。用這種方法拼接好後，燕尾頭和插接頭都是隱藏著的，因此這種拼接有時也被稱作「暗燕尾榫斜切拼接」。

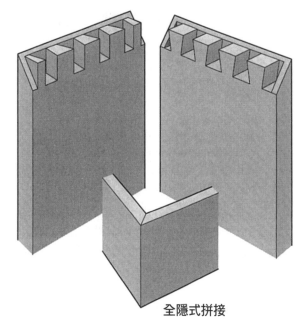

全隱式拼接

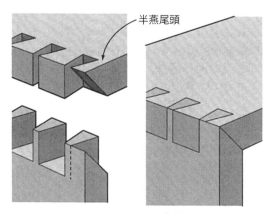

半燕尾頭

斜肩燕尾榫拼接

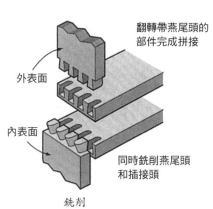

翻轉帶燕尾頭的部件完成拼接

外表面

內表面

同時銑削燕尾頭和插接頭

銑削

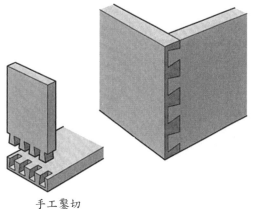

手工鑿切

搭口半隱式拼接

半隱式拼接

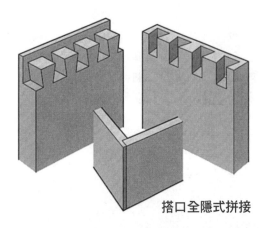

搭口全隱式拼接

使用這種方法拼接的一個優點是能強化部件的機械強度，即使不使用膠水，相關部件也能一直保持拼接好的狀態。

另一個優點是部件即使發生形變也不會破壞拼接效果，一個很好的例子就是桌面案板頭的拼接，見下圖「半燕尾榫滑入式拼接」。

漸細燕尾榫滑入式拼接：如果做得精細，漸細燕尾滑入式拼接非常易於操作，且成品非常牢固。燕尾榫和榫槽都做成漸細的樣式，組裝時將燕尾榫的窄端插入榫槽的寬端，這樣就可以毫不費力地將燕尾榫滑入榫槽。當燕尾榫滑到位後，拼接完成。

半燕尾榫滑入式拼接：如下圖所示，燕尾榫的一側是傾斜的，而另一側是直的。燕尾榫和榫槽既可以做成等寬的，也可以做成漸細的。

搭口全隱式拼接：這種拼接方式很容易被誤認為搭口拼接。帶插接頭的部件與帶燕尾頭的部件作用相當。因為燕尾頭與插接頭都是非貫通的，所以我們從外面看不見燕尾頭和插接頭。

燕尾榫滑入式拼接：這種拼接方式是橫紋槽拼接和燕尾榫拼接的混合。在一個部件上做榫槽，在另一個部件上做舌榫，兩者要相互匹配。因為榫槽側壁和舌榫側面（榫頰）與燕尾榫插槽或插接頭一樣，都是傾斜的，所以我們在組裝時要將舌榫滑入榫槽。

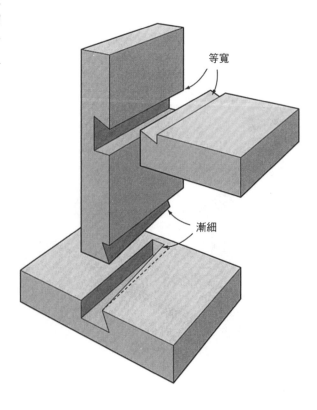

不貫通

貫通

燕尾榫滑入式拼接

等寬

漸細

半燕尾榫滑入式拼接

▶ 指接榫拼接

指接榫可以看成一種插接頭為正方形並用機器銑削的燕尾榫。雖然它不具有燕尾榫那種良好的楔入效果，但因為眾多的指接榫榫頭形成了大面積的長紋理對長紋理的膠合面，所以這種拼接方式仍然具有很大的拼接強度。

常見的做法是在每個部件上都交替地做出等寬的榫頭和插槽，一個部件上的榫頭對應另一個部件上的插槽。通常榫頭的寬度與木板的厚度相等。若要做的榫頭較窄，即其寬度小於木板厚度，銑削榫頭會更加費時，但拼接效果會更好。

指接榫拼接的主要缺點就是拼接處呈棋盤狀。

裝飾性拼接：指接榫榫頭均勻排列的拼接在外觀方面略有欠缺，我們可以透過改變指接榫榫頭的大小和間距的方法來改善其刻板的外觀。當然，製作裝飾性指接榫的難度會更大。

傾斜式拼接：經過合理的設計，指接榫可以使兩個部件透過傾斜的方式拼接在一起。

半隱式拼接：這種拼接方式類似於燕尾榫半隱式拼接，兩者可以互相替代。用這種方式拼接出的成品只在一側顯露拼接痕跡。

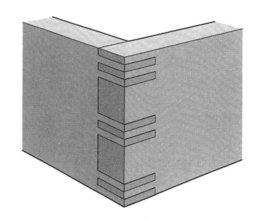

裝飾性拼接

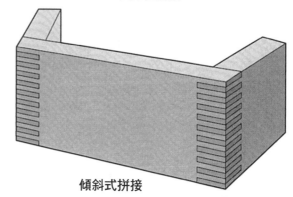

傾斜式拼接

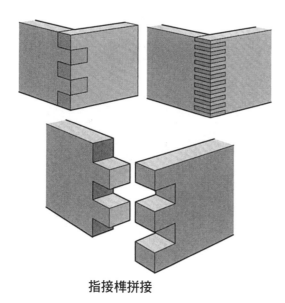

指接榫拼接

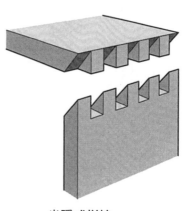

半隱式拼接

▶ 斜切拼接

斜切拼接可以將兩個拼接部件的端面紋理都隱藏起來。拼接時最常用的方法就是，先對兩個部件的端面都做45度斜切處理，然後將它們對接在一起。

這種拼接方式最明顯的問題是，即使拼接精準，木材的季節性膨脹或收縮也會導致拼接處開裂。用這種方式拼接的家具幾乎沒有一件能夠始終保持拼接處緊密連接。儘管如此，這種拼接方式還是非常有用的。

使用這種方式拼接時，有兩個原因導致各部件拼接得不夠牢固：一是各部件沒有互扣；二是從本質上來說膠合面上的紋理是端面紋理。

一個強化拼接效果的簡單方法是使用釘子，在拼接處的兩個側面都釘上釘子可使各部件牢固地連在一起。要確保釘子的方向是指向拼接處內部，預先鑽好釘眼可防止釘釘子時木材開裂。

使用方栓的斜切拼接：雖然不如燕尾榫拼接或指接榫拼接那麼牢固，使用方栓的斜切拼接仍然不失為一種有用的櫃體拼接方式。

方栓可以貫穿整個拼接處，也可以只連接一部分，我們將後者稱作方栓全隱的斜切拼接。方栓的位置應靠近櫃體的內側，這樣榫槽可以開得盡可能

地深而不會減小櫃體側面的強度。

使用餅乾榫的斜切拼接：餅乾榫是方栓的一種替代品，與方栓貫通的榫槽不同，餅乾榫的榫槽是間斷的，不會減小櫃體的強度。因此，我們可以將它們安裝在拼接處中心到內側的任何地方。

使用自由指接榫的斜切拼接：用這種方式拼接的櫃體不僅擁有和使用指接榫拼接的櫃體一樣的強度，而且擁有拼接整齊的外觀。但因為要兼顧這兩個方面，所以這種拼接方式難度較大，且比較費時。先將兩個部件做斜切處理，再開出榫槽，然後

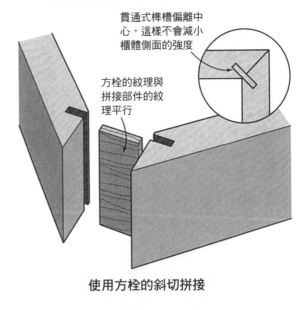

貫通式榫槽偏離中心，這樣不會減小櫃體側面的強度

方栓的紋理與拼接部件的紋理平行

使用方栓的斜切拼接

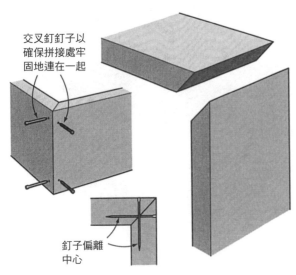

交叉釘釘子以確保拼接處牢固地連在一起

釘子偏離中心

斜切拼接

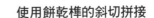

開在拼接處中心的餅乾榫榫槽

使用餅乾榫的斜切拼接

將成對的自由指接榫分別裝入榫槽，最後拼接自由指接榫以將櫃體的兩個部件連接在一起。

外側安裝方栓的斜切拼接：用這種方式拼接時，先將兩部件膠合，再在拼接處的外側頂角上開榫槽，然後用膠水把方栓黏在榫槽裡並將表面修平。用這種方式拼接的櫃體十分牢固，而且比較好看，乍一看有點兒像用指接榫拼接的，因此這種拼接也常被稱作仿指接榫拼接。

使用自由燕尾榫的斜切拼接：這種拼接用自由燕尾榫代替方栓，是外側安裝方栓的斜切拼接的裝飾性變體。如果你喜歡燕尾榫的外觀，可採用這種拼接方式，拼接好後你從櫃體的兩個側面都能看見燕尾榫榫頭。如果你願意，還可以使用外觀反差比較大的木料製作的自由燕尾榫。

使用羽毛榫的斜切拼接：羽毛榫其實就是一塊薄木片，拼接時將它用膠水黏在鋸縫（榫槽）裡即可。羽毛榫的分布會影響拼接處的強度和外觀，羽毛榫用得越多拼接處就越牢固。鋸縫可以是水平的，也可以傾斜一定的角度；羽毛榫的分布可以是規則的，也可以是不規則的。

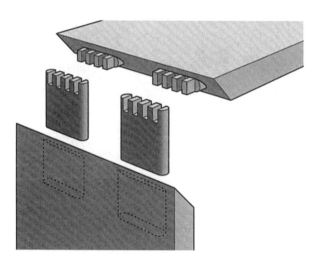

使用自由指接榫的斜切拼接

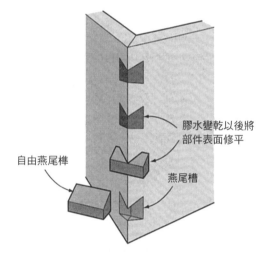

膠水變乾以後將
部件表面修平

自由燕尾榫

燕尾槽

使用自由燕尾榫的斜切拼接

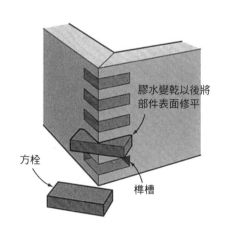

膠水變乾以後將
部件表面修平

方栓

榫槽

外側安裝方栓的斜切拼接

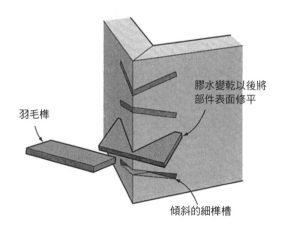

膠水變乾以後將
部件表面修平

羽毛榫

傾斜的細榫槽

使用羽毛榫的斜切拼接

▶ 多榫頭拼接

榫卯拼接通常被看作框架拼接的一種方式，但在櫃體製作中它也有用武之地。榫卯拼接處牢固且美觀，可用這種方式拼接櫃體中間的部件，比如將擱板和隔檔連接到側板、頂板或底板上。

榫卯拼接可以是貫通的，也可以是不貫通的。如果是貫通的，傳統的做法是用硬木楔子加固拼接處，先在每個榫頭上鋸出橫穿端面紋理的鋸縫，然後往每一鋸縫裡分別楔入一塊楔子。

與橫紋槽拼接（第38頁）相比，使用多榫頭拼接時榫頭側面的長紋理膠合面積大大增大了。這意味著，凡是要在側板上安裝需要承受側板拉力的擱板，都可以使用這種拼接方式。使用這種拼接方式時不需要在木板板面鑿切前後貫通的橫紋槽，因為鑿切這樣的橫紋槽會大幅度減小木板的強度。

一排均勻排列的小榫眼和小榫頭相拼接是一種絕佳的拼接方式。榫頭的厚度應與木板的厚度相等，木板越寬，榫頭和榫眼就要越多。

雙榫頭拼接：這是多榫頭拼接的一種很有趣的變體。用這種方式拼接時需做出成對榫頭和榫眼，靠近側板或隔板邊緣的地方應各有一對榫頭。兩對榫頭中間常做有舌榫，舌榫要插入兩對榫眼中間的橫紋槽裡。這樣的設計有助於增強櫃體抗扭變的能力，也有助於增強擱板的承重能力。

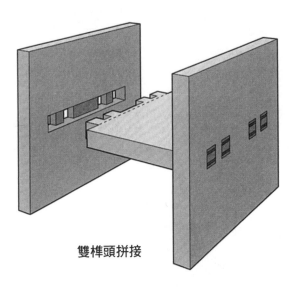

雙榫頭拼接

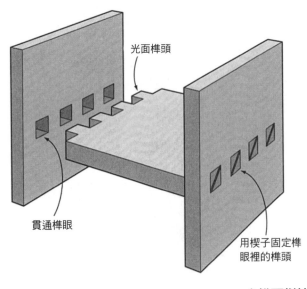

光面榫頭

貫通榫眼

用楔子固定榫眼裡的榫頭

多榫頭拼接

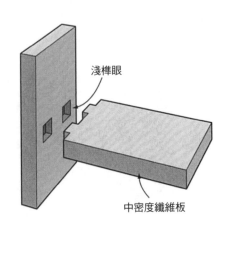

淺榫眼

中密度纖維板

➤ 鎖扣拼接

鎖扣拼接是簡單的搭口——橫紋槽拼接的變體，主要用於連接抽屜的面板和側板。

下圖中的兩種鎖扣拼接，簡單型比複雜型更常見，也更易於操作。但無論選擇哪種拼接方式，都需要進行精確的切刻。

斜切鎖扣拼接：由於結合了斜切拼接在外觀上的優勢和橫紋槽拼接在強度上的優勢，斜切鎖扣拼接是一種非常好的拼接方式。因為它具有內在的鎖扣作用，所以用這種方式拼接時只需要在一個方向上施以夾持力。

銑削抽屜鎖扣拼接：用這種方式拼接時需要用到一種專門的電木銑銑刀，操作時只需對機器進行一次設定。銑削側板時，側板是側面抵住靠山豎立的；銑削面板時，面板則是平放在操作臺上的。

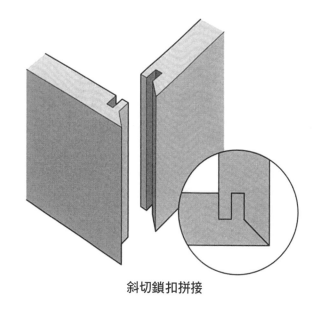

斜切鎖扣拼接

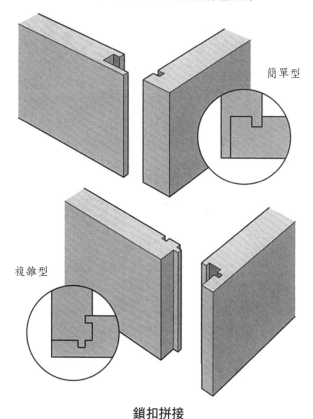

簡單型

複雜型

鎖扣拼接

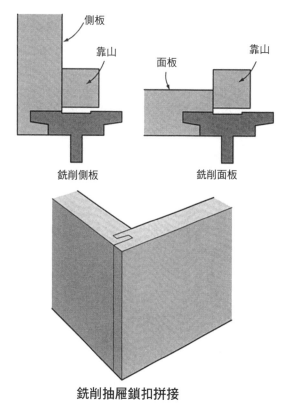

側板

靠山

面板

靠山

銑削側板

銑削面板

銑削抽屜鎖扣拼接

► 橫紋槽拼接

橫紋槽是沿垂直於木板紋理方向切刻的矩形槽，進行橫紋槽拼接的所有部件都以它為中心。進行橫紋槽拼接時，先在一塊木板上刻出橫紋槽，然後將另一塊木板插入其中。

在櫃體側板上切刻的橫紋槽起支撐作用，要能承受一塊擱板和所有置於其上的物件的重量。橫紋槽還能防止擱板產生杯形形變，但不能阻止擱板從側板上鬆脫，只有膠水和緊固件能夠起到這個作用。因為大面積的塗膠面上是端面紋理，所以膠合的木板的拼接強度有限。

不必為了獲得良好的拼接強度而把橫紋槽切刻得很深。如果用的是實木板，橫紋槽深⅛吋（0.32cm）就足夠了；而如果用的是合成板、中密度纖維板和刨花板，橫紋槽的深度應達到¼吋（0.64cm）。

貫通式橫紋槽拼接：如果橫紋槽從木板的一條邊延伸到另一條邊，我們就稱其為貫通橫紋槽。使用這種方式拼接的主要問題是從正面看側板時能看到拼接的痕跡，不過櫃體的正面框架或裝飾線能夠將它遮住。

非貫通式橫紋槽拼接：橫紋槽不一定都是貫通的，它可以從木板的一條邊開始，在還沒到另一條邊時就結束（半貫通橫紋槽），或者兩端都不到邊（全隱橫紋槽）。

拼接時，需要對插入橫紋槽的木板進行處理——在木板端頭的一側或兩側做出槽口，並且舌榫應比橫紋槽略短。舌榫插入橫紋槽後要有一點兒活動的餘地，這樣才能確保插入的木板的邊與櫃子側板的邊平齊。

使用方栓的橫紋槽拼接：對中密度纖維板或刨花板來說，這是一種完美的拼接方式，因為這類木板沒有紋理，我們也就不需要考慮因紋理而造成的拼接強度減小的問題。方栓插入側板的深度應為側板厚度的⅓，插入水平部件的深度則是前者的2倍。側板上開的槽過深會減小側板的強度，方栓插入水平部件過淺則會導致水平部件的拼接強度不足。將方栓嵌在水平部件中線以下的位置能讓水平部件承受更大的重量而不斷裂。

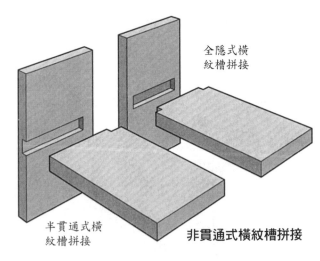

全隱式橫紋槽拼接

半貫通式橫紋槽拼接

非貫通式橫紋槽拼接

深度

寬度

貫通式橫紋槽拼接

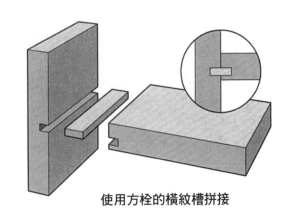

使用方栓的橫紋槽拼接

搭口——橫紋槽拼接：正如其名，這是一種將橫紋槽拼接和搭口拼接結合在一起的拼接方式。拼接時將切割搭口時形成的搭口榫（或光面榫頭）插入橫紋槽中即可。因為是端面紋理對長紋理進行黏合的，所以從理論上來說膠合效果不會很好。但在實踐中，如果搭口榫能很好地嵌入橫紋槽中，膠合效果也不會太差。為此你需要使搭口榫的厚度與橫紋槽的寬度相匹配。

用這種方式拼接時，拼接的方向很重要。如果搭口做在豎直部件的上表面，那麼擱板能夠承受更大的重量；而如果搭口做在水平部件上，那麼搭口榫榫肩處會有開裂的危險。

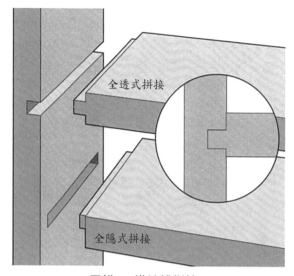

舌榫——橫紋槽拼接

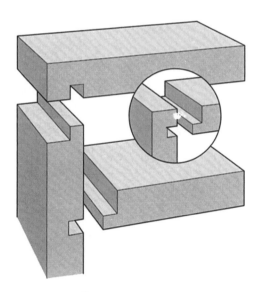

搭口——橫紋槽拼接

舌榫——橫紋槽拼接：比搭口——橫紋槽拼接更實用的是舌榫——橫紋槽拼接，後者既可以做成全透式的，也可以做成全隱式的。全隱式舌榫——橫紋槽拼接可以隱藏木材收縮後拼接處產生的縫隙。與搭口——橫紋槽拼接相比，這種拼接方式的優點之一是穩定性好，因為舌榫的榫肩更多。

➤ 搭口拼接

搭口是沿著木板的邊緣或端頭切割出來的開放式凹槽，櫃體拼接的多處都用到了搭口。

最常用到搭口的地方是背板與櫃子主體的拼接處，將頂板或底板連接到側板上時也可以用搭口拼接的方式。這種拼接方式還可以在連接抽屜側板和面板時使用。

在搭口拼接中只會出現端面紋理對長紋理的拼接面，所以通常來說在進行搭口拼接時是用緊固件而不是用膠水加固的。

單搭口拼接：用這種方式拼接時，只在要拼接的兩個部件中的一個上做搭口。

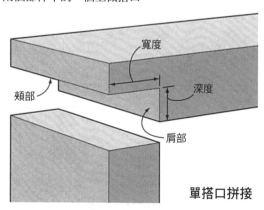

單搭口拼接

通常來說，搭口的寬度應與相連接木板的厚度相等，這樣拼接處表面才會平齊。

搭口的深度應是其寬度的½～⅔，搭口越深，拼接好後外露的端面紋理就越少。

雙搭口拼接：用這種方式拼接時，須在要拼接的兩個部件上都做搭口。兩個搭口無須一樣，但木工通常會將它們做成一樣的。

斜切搭口拼接：這種拼接有時被稱作「搭口斜切拼接」，或者「外偏斜切拼接」，它結合了搭口拼接和斜切拼接的特點。兩個部件拼接好以後，從外觀上來看與斜切拼接的一樣，但從結構上來看，搭口增強了櫃體對抗剪切應力和扭變應力的能力。

操作時，兩個部件上都要做搭口，一個搭口的寬度是另一個的2倍，然後在搭口的頂端，即搭口榫上做斜切。

使用圓榫的斜切搭口拼接：一種加強斜切搭口拼接的方法（以不改變其外觀為前提）是使用圓榫做全隱式拼接。假如圓榫的榫眼非常整齊地排成一排，那麼拼接起來將非常容易。但想要榫眼「非常齊整」，說起來容易做起來難。

燕尾式搭口拼接：這種拼接可以作為我們非常熟悉的櫃角拼接（如搭口拼接和斜切鎖扣拼接）的一種替代方式。與常規的搭口拼接相比，這種拼接能更好地應對木材扭變的情況。

▶ 角塊拼接

可以說，角塊就是一個媒介。例如，拼接櫃體側板和頂板時，不是將這兩個部件直接連接在一起，而是將它們都連在一塊角塊上。角塊可以是實木的，也可以是人造板的。

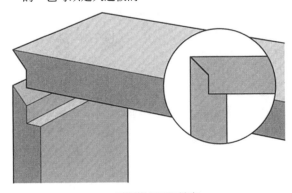

用圓榫加固和鎖定

斜切搭口拼接

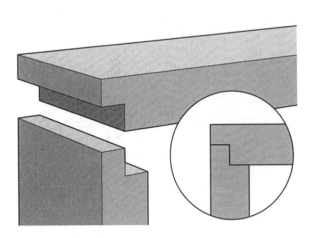

雙搭口拼接

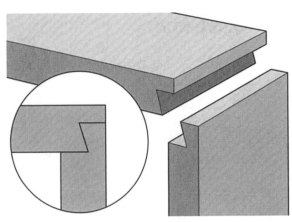

燕尾式搭口拼接

如果使用實木角塊，你在設計樣式和細節表現上將有更多的選擇。例如，你可以選用與櫃體外觀反差較大的實木角塊；也可以選用比拼接部件厚的角塊，使角塊呈外凸狀以突出它的細節；還可以在角塊上做出裝飾線或其他造型。

有多種方法可以將角塊和木板連接在一起，但無論採用哪種方法，角塊紋理的方向都至關重要。如果是角塊與膠合板連接，那麼角塊的紋理必須與膠合板的邊紋理平行（無須與膠合板表面貼裝的飾面薄板的紋理平行）；如果是角塊與實木板連接，那麼角塊的紋理必須與實木板的端面紋理方向一致。

舌榫——順紋槽式角塊拼接：做這種拼接時需要在角塊上切割出舌榫，所以這是所有角塊拼接中操作難度最大的。為了使拼接強度最大，角塊的端面紋理應是斜的。

使用方栓的角塊拼接：用方栓代替舌榫可以使製作更為容易。

使用餅乾榫的角塊拼接：用實木做角塊，再用餅乾榫將角塊拼接到人造木板上，這是拼接櫃體的一種非常好的方法。使用這種方法時最重要的就是精確切割膠合板或中密度纖維板，確保餅乾榫拼接得筆直方正。餅乾榫的間距大約是一掌寬，並且要在膠合板的整個端面都塗上膠水。

▶ 多方栓拼接

在進行榫卯拼接時你可以用一個獨立的方栓替代榫頭。相應地，在進行指接榫拼接時，你也可以用一組獨立的方栓代替指接榫榫頭。使用自由榫進行拼接時，你需要在兩個部件上開榫眼。在進行多方栓拼接時，你同樣要在兩個部件上切刻出與方栓相匹配的槽，再將方栓插入槽中，然後用膠水膠合拼接面以完成拼接。使用多塊方栓進行拼接後櫃體會很牢固，因為其中的長紋理對長紋理的拼接面較多。另外，你可以用臺鋸進行操作。

至於具體的細節設計，你可以盡情發揮想像力。你可以改變方栓的長度、厚度和分布。方栓的長度和分布可以均勻一致，也可以隨意。你可以選用與櫃體木材相同的木材製作方栓，也可以選用與櫃體顏色反差較大的木材製作方栓。

半隱式多方栓拼接：這種拼接可以看成是銑削燕尾榫半隱式拼接的一個變體。

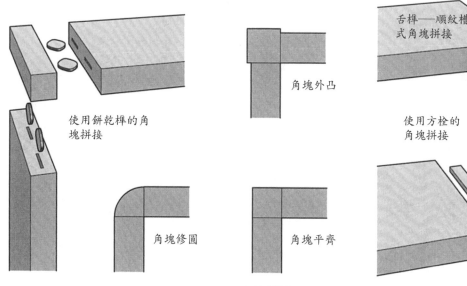

使用餅乾榫的角塊拼接

角塊外凸

角塊修圓

角塊平齊

舌榫——順紋槽式角塊拼接

使用方栓的角塊拼接

角塊拼接

之所以稱這種拼接是「半隱式」的，是因為它與燕尾榫半隱式拼接（第31頁）一樣，拼接的痕跡從櫃體正面是看不到的，只能從側面看到。

進行半隱式多方栓拼接時，先在兩個部件上做出相應的、非貫通的凹槽，再將尺寸匹配的方栓用膠水黏在其中一個部件的凹槽中，然後拼接上第二個部件。

因為形成了大面積的長紋理對長紋理的膠合面，半隱式多方栓拼接的強度比燕尾榫半隱式拼接的大。

全隱式多方栓拼接：這其實是一種被大大強化的斜切拼接。

因為斜切拼接的膠合面是端面紋理對端面紋理的，所以斜切端拼接的拼接強度較小。而在進行這種特殊的全隱式多方栓拼接時，雖然所用的方栓比較小，卻能大大增加長紋理對長紋理的膠合面面積。與此同時，用這種方式拼接後成品表面完全不顯露方栓，看起來就像直接由斜切拼接而成。

每一塊方栓都是一個自由榫。兩個部件上都要切刻出槽，然後將方栓插入其中一個部件的槽中，再將其外露部分插入另一個部件的槽中，這樣兩個部件就拼接在一起了。要想讓拼接處完美對齊，就要確保用來插方栓的凹槽是嚴格對齊的。

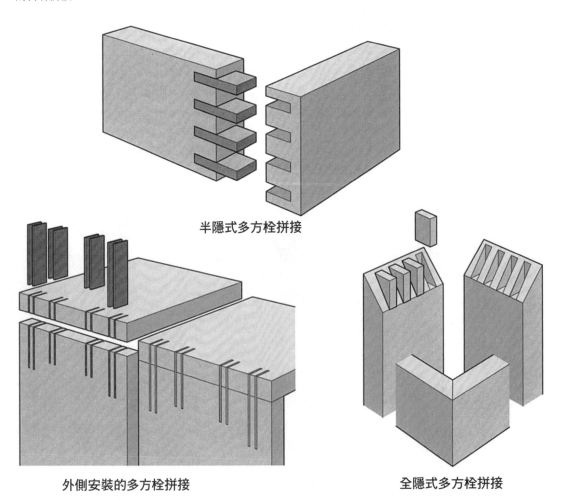

半隱式多方栓拼接

外側安裝的多方栓拼接

全隱式多方栓拼接

框架拼接

典型的框架拼接就是將木板的端面與邊相連接。如果只是簡單地對接，因為膠合面都是端面紋理對邊紋理的，所以膠合效果較差。當然還有許多其他的拼接方式，它們的拼接效果都很不錯。

就家具而言，框架非常重要。如果沒有框架，家具王國的疆域將大大縮小。讓我們來看看框架有多少用途吧。

抽屜架將櫃子連成一體，用於支撐並分隔抽屜。

正面框架裝在櫃體的正面，用於增大櫃體的強度並為安裝抽屜和門留出空間。

框板結構可以直接做櫃子的部件，比如側板、頂板、背板和門。

利用框架來應對木材形變的做法由來已久且效果很好，框架在膠合板以及其他相對穩定的人造板出現之前就有了。人造板已經在很多現代家具製作中取代了實木框架。

框板結構是早期木工用來應對木材形變所採取的結構。構成框架的橫檔和立梃相對較窄，所以它們隨著空氣濕度變化而產生的形變量比較小。安裝在框架中的嵌板則比立梃寬得多，但它被安裝在順紋槽或搭口裡，形變後造成的影響很小，不至於對整個框板結構造成損害。因此，框架能確保家具的穩定性，而嵌板（通常）能夠使家具更美觀。

簡單的框架，比如簡單的正面框架，由兩根立梃和兩根橫檔組成。當一個正面框架豎直擺放時，立梃就是其中的豎直部件，而橫檔是水平部件。橫檔總是夾在立梃之間。它們的邊緣未經修飾。

在抽屜架結構中，立梃通常被稱作滑軌，被夾在兩根橫檔之間。

複雜一些的框架可能有三根或更多根橫檔，中間也可能加入了一些豎直部件，即中梃。框架邊緣可用凸圓形裝飾線、S形花邊或這幾種花樣的組合加以裝飾。

有多種不同的拼接方式可用於製作框架：對接、斜切拼接、搭口拼接、榫卯拼接等。

▶ 對接

進行框架拼接時，對接就是指直接用一個部件的端面抵住另一個的邊。因為兩個部件沒有互扣，且膠合面全部是端面紋理對長紋理的，所以拼接效果非常差。

對接後的框架是需要加固的。如果框架的各部件比較窄，可以用釘子或螺釘直著從一個部件釘入另一個部件；如果各部件比較寬，可以將釘子或螺釘斜著釘入兩部件。

使用圓榫的對接：圓榫實際上就是一種自由榫，當它被黏在橫檔邊緣的榫眼裡時，膠合面是長紋理對長紋理的，因此膠合效果非常好；但當它被黏在立梃邊緣的榫眼裡時，膠合面是長紋理（圓榫的）對端面紋理（立梃的），膠合效果會很差。

儘管家具製造商非常愛用圓榫進行拼接，但大多數木工對其非議甚多。拼接一處至少需要用到兩根圓榫，而對木工來說，最大的問題是使圓榫的榫眼精確地對齊，即使很小的誤差也可能導致拼接最終失敗。

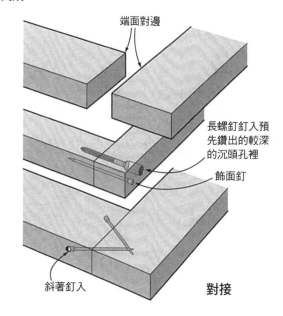

端面對邊

長螺釘釘入預先鑽出的較深的沉頭孔裡

飾面釘

斜著釘入

對接

這個問題並不會困擾家具製造商，因為他們擁有控制木材含水量的系統性設備，同時還擁有高科技機械設備，所以他們鑽出的榫眼的尺寸和位置都非常精確。

使用餅乾榫的對接：用餅乾榫加固框架是一個非常好的方法。許多木工認為，在需要將橫檔和立梃拼接在一起的時候，比如製作櫃門和正面框架等的時候，這種拼接是傳統的榫卯拼接的一個很好的替代方式。

注意：要在拼接部件寬度允許的範圍內，盡可能地選用最大的餅乾榫。

▶ 斜切拼接

斜切拼接具有一種拼接方式可能具有的最大的優點和最大的缺點。用這種方式拼接後的部件可以形成一個整齊的、不暴露任何端面紋理的直角。

如果拼接緊密，成品就跟沒有進行過拼接一樣：你基本看不見接縫，而且拼接處的木材紋理直接改變了方向。你看不見任何端面紋理。這些是斜切拼接具有的最大的優點。

斜切拼接最大的缺點是，簡單的斜切拼接從結構上來說非常不牢固。如果使用膠水加固，膠合的兩個斜切面都是端面紋理的，這樣的膠合面極不理想。如果使用緊固件加固，因為緊固件要釘入拼接面的端面，所以固定效果也不是很好。

另外，進行拼接時也很麻煩。由於拼接面是斜的，當用力將兩個部件夾在一起的時候，它們總是會滑開。

與對接一樣，斜切拼接也需要透過各種方式來加強拼接效果。

使用釘子的斜切拼接：在實務上，承重不大的框架可以用斜切拼接法製作，但需要用釘子來加固。在每個拼接處都釘上飾面釘，每個部件上都釘兩枚。具體做法參見第45頁圖。

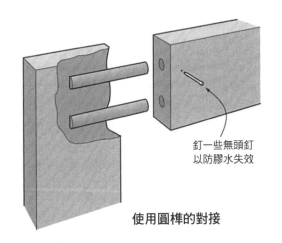

釘一些無頭釘
以防膠水失效

使用圓榫的對接

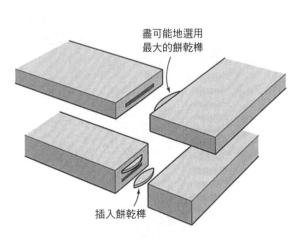

盡可能地選用
最大的餅乾榫

插入餅乾榫

使用餅乾榫的對接

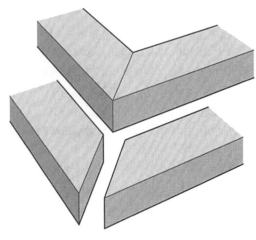

斜切拼接

使用圓樺的斜切拼接：從理論上來講，使用圓樺有助於拼接處對齊，但前提是圓樺的樺眼必須嚴格對齊。這種拼接在紙上畫出來容易，但在實際操作的時候非常難。

使用餅乾樺的斜切拼接：可以用餅乾樺代替圓樺或釘子加固拼接處。櫃子的正面框架不需要像櫃門框架一樣牢固，所以每個拼接處用一塊小餅乾樺就夠了。

外側安裝方栓的斜切拼接：先進行斜切拼接，拼接好後用方栓對其做加固處理。如下圖所示，方栓要盡可能深地插入拼接處。用方栓加強拼接效果時，方栓的紋理方向必須與斜切方向垂直。

要在斜切拼接處的膠水變乾以後開方栓所需的槽，槽有一個鋸縫寬就夠了。將方栓塗膠後插在槽中，然後修整方栓，使之與框架表面平齊。

方栓可以用顏色與框架顏色相匹配的木材製作，也可以用顏色反差較大的木材製作。

使用自由燕尾樺的斜切拼接：這種拼接和前一種拼接的區別在於樺的形狀和尺寸。安裝自由燕尾樺的樺槽是用燕尾槽銑刀銑削出來的。自由燕尾樺是形如燕尾的短木塊。

無論框架的尺寸如何，自由燕尾樺只能從框架外角處淺淺地插入，它具體能插入多深受切割樺槽所用銑刀的尺寸限制。

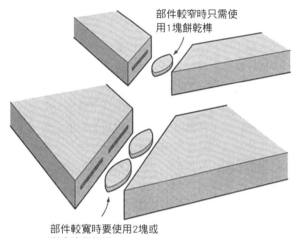

部件較窄時只需使用1塊餅乾樺

部件較寬時要使用2塊或更多塊餅乾樺

使用餅乾樺的斜切拼接

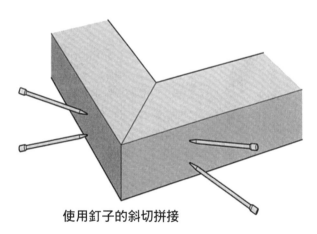

使用釘子的斜切拼接

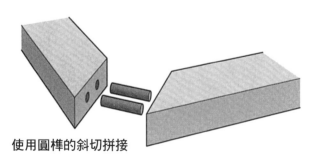

使用圓樺的斜切拼接

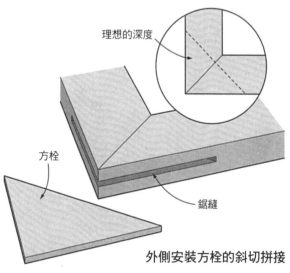

理想的深度

方栓

鋸縫

外側安裝方栓的斜切拼接

要等斜切拼接處已經黏得很牢固了再開榫槽，之後在自由燕尾榫上塗膠並將其插入榫槽中，最後修平框架表面。拼接好以後，從框架兩側都能看到燕尾狀的、顯露端面紋理的自由燕尾榫。

使用羽毛榫的斜切拼接：羽毛榫比方栓薄得多。木工常用飾面薄板的邊角料來製作羽毛榫，等斜切拼接處黏牢以後，用薄刃手鋸鋸出榫槽。

使用蝴蝶榫的斜切拼接：這種方式是透過從框架正面嵌入的蝴蝶榫來加強拼接效果的。蝴蝶榫橫跨兩個部件的接縫，既能加強拼接效果，也有美化效果。

蝴蝶榫看起來有點兒像蝴蝶，我們可以將它看作一個中間內凹的小矩形。它的紋理必須是在長度方向上的。

蝴蝶榫當然也要在拼接處黏牢了再安裝。放置蝴蝶榫的榫槽是用電木銑或鑿子在框架上切刻出來的，其尺寸要與蝴蝶榫的完全一致。蝴蝶榫的細腰部應正好在接縫上，拼接時用膠水將蝴蝶榫黏在榫槽裡。

蝴蝶榫的加固效果非常好。它能有效地把兩個部件連接在一起，但不能抵抗木材的彎折或扭曲。

使用方栓的斜切拼接：要克服斜切拼接的結構缺點，使用方栓是一個很好的辦法，這樣做不會對斜切拼接後框架簡單大方的外觀有任何影響。

方栓是用來加強拼接的、單獨的木片，通常是用膠合板做成的。將方栓插入兩部件上的凹槽中時，必須確保方栓紋理的走向與拼接的方向垂直，這樣才能防止拼接處開裂。同時，這樣做也便於膠合兩部件。

使用方栓進行拼接最簡單的做法是使方栓貫穿兩部件，即兩部件端面的凹槽要從一條邊切到另一條邊。這樣拼接後框架會很結實，但我們從拼接處的內角和外角都能看到方栓。

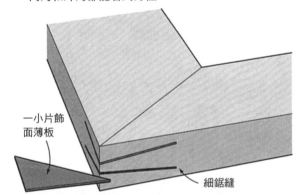

一小片飾面薄板

細鋸縫

使用羽毛榫的斜切拼接

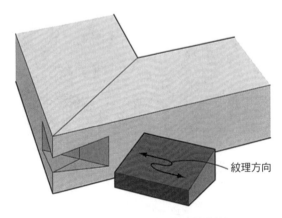

紋理方向

使用自由燕尾榫的斜切拼接

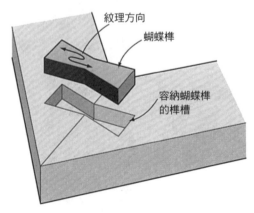

紋理方向

蝴蝶榫

容納蝴蝶榫的榫槽

使用蝴蝶榫的斜切拼接

使用方栓最難的做法是全隱式拼接，這時凹槽只需切到接近兩部件邊的位置，方栓相對來說較短，可以被完全隱藏在框架裡面。

　　使用方栓的四路斜切拼接：有時候你可能想使要交叉拼接的部件看起來是一個整體，這種拼接方式就能將4個部件牢固地連接在一起。操作時每一個部件都要進行兩次斜切並開槽，組裝的時候，部件之間插入一塊方栓即可。

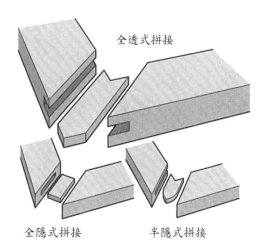

使用方栓的斜切拼接

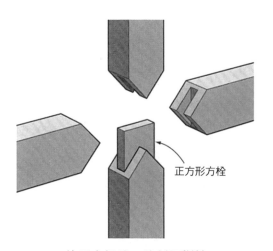

使用方栓的四路斜切拼接

▶ 槽口拼接

　　在一個部件上做出槽口，並以之容納另一個部件，這樣的拼接就叫槽口拼接。這種拼接做起來非常簡單，但具體樣式非常多，比如可以將相交或相接的兩個部件拼接成X形、L形或T形。

　　雖然做法十分簡單，但只要製作得法，這種拼接的效果就會非常好。當然，想要拼接處牢固，現代膠水必不可少，機械結構同樣重要。不管使用何種膠水，兩塊直角交叉且板面對板面膠合的木板相對來說容易扭開，但如果在膠水之外加入機械互扣結構，即使扣合效果不是最好的，也能大大增大拼接強度。

　　進行槽口拼接時，要在兩部件上切出底面為正方形的槽口（類似於凹槽或搭口）。可以在兩部件上都切出槽口，也可以只在其中一個部件上切槽口，槽口要剛好可以容納另一個部件。拼接好以後，槽口的側壁（即肩部）能阻止兩部件扭曲。

　　如果做的是全槽口拼接，那麼只需在一個部件上切出槽口，將另一個部件直接置於此槽口中即可。

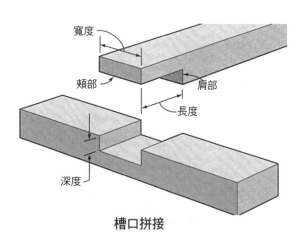

槽口拼接

如果做的是半槽口拼接，那麼要在兩部件上都切出槽口，通常每個部件上的槽口深度一致。英國人管這種拼接叫「等分拼接」，這種叫法挺有道理的。

端面槽口拼接：這是一種直角拼接，操作時要在兩個部件的末端各切出一個槽口（因做在部件的末端，所以這裡的槽口就成了搭口），每個槽口都有一個頰部和一個肩部。拼接好後，我們在框架的每一側都能看到一個矩形的端面，有人認為這不美觀。

拼接好的表面必須齊平，槽口的肩部和頰部必須垂直。拼接時，兩個槽口頰部對頰部，拼接面上要塗膠水，並且每一個槽口的肩部都要緊緊抵住另一個部件的邊。此外，在等待膠水變乾的過程中，我們必須從各個方向施力將拼接處夾緊。

T形槽口拼接：用這種方式拼接時，要將一個部件的一端連接到另一個部件的中部。為此要在一個部件上切出槽口（橫紋槽），在另一個部件上做出搭口。

交叉槽口拼接：用這種方式拼接可以得到一個交叉的結構，通常互相拼接的兩部件的尺寸都是一樣的。兩部件可以以任意角度交叉拼接。

操作時必須在兩部件上分別切出等寬和等深的槽口（橫紋槽），這樣拼接好的框架的表面才是齊平的。因為一個部件被另一個部件的肩部緊緊卡住，所以拼接好的部件是不會鬆脫的：如果鬆脫了，那麼肯定是木板斷了。

玻璃隔條交叉槽口拼接：這種拼接方式在製作窗戶或鑲玻璃門時會用到，透過連接中梃（英國人管它叫玻璃隔條）可以做出一種網格結構。這種拼接方式的優點是使隔條從一邊貫穿到另一邊（或者說從頂部貫穿到底部）成為可能，而且這樣的網格結構更為牢固。

這種拼接從本質上來說就是交叉槽口拼接，但因為隔條的截面形狀較為複雜，所以它對切割的要求比一般的交叉槽口拼接高。

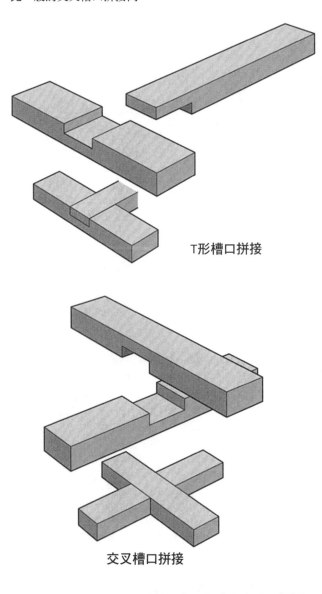

T形槽口拼接

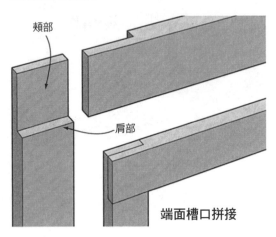

頰部

肩部

端面槽口拼接

交叉槽口拼接

口袋槽口拼接：這是一種非貫通式槽口拼接。如果切出的槽口沒有貫通部件的整個表面，則稱其為口袋槽口。製作正面框架時，如果你不想讓框架的側面露出端面紋理，就可以選擇使用口袋槽口拼接法。拼接好後橫檔和立梃之間的拼接面會隱藏在櫃子裡面。

斜切半槽口拼接：這種拼接擁有半槽口拼接的強度和斜切拼接簡單大方的外觀，在做櫃門時這是個不錯的選擇。

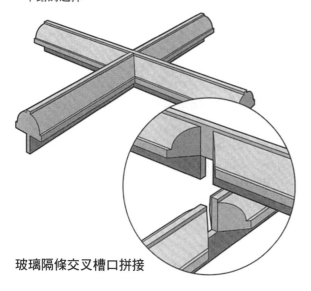

玻璃隔條交叉槽口拼接

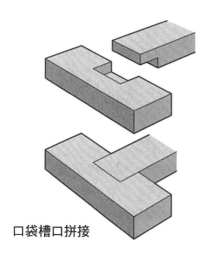

口袋槽口拼接

這種拼接很容易就能將框架內側的凸邊造型拼在一起。你只需在拼接前在每個部件的內側都做出造型，無論造型是什麼樣的，拼接好後它們都會在接縫處整齊地對接好。

用這種方式進行拼接時，不是簡單地對兩個做好半槽口的部件進行斜切就可以的。要先在其中一個部件上做好半槽口，再在另一個部件上做與之匹配的半槽口。注意，橫檔肩部應是直的，端面是斜的，而立梃肩部是斜的，端面是直的。操作之前要先想清楚，不要弄錯。

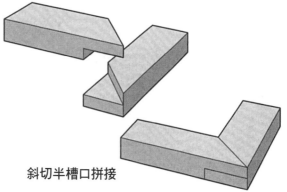

斜切半槽口拼接

燕尾榫頭式半槽口拼接：燕尾榫頭式半槽口拼接可產生額外的機械互扣作用，這樣拼接的部件不會從另一個部件上滑出，只有上抬才能把它拆開。因此，與普通的半槽口拼接相比，用這種方式拼接的框架更為牢固。另外，拼接處形似燕尾，這讓框架看起來更上檔次。

要想獲得上述好處，只需多付出一點兒努力，因為它在操作上比普通的、頰部為方形的半槽口拼接複雜一點兒。

燕尾槽式半槽口拼接：這種拼接是T形槽口拼接的一種不常見的變體，特徵是榫頭的兩側和凹槽的側壁是傾斜的。拼接時，將榫頭滑入凹槽即可；拼接好後，成品從外觀上看與用T形槽口拼接製作的無異，只不過在「T」字的那一豎上多了兩筆。

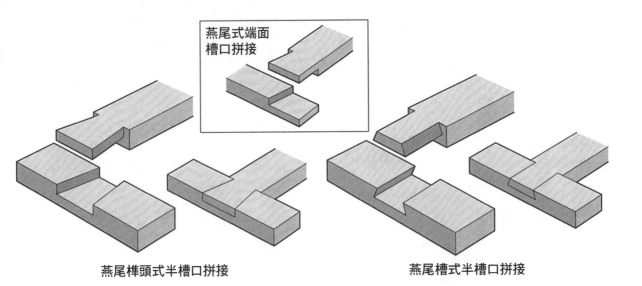

燕尾式端面
槽口拼接

燕尾榫頭式半槽口拼接　　　　　　　燕尾槽式半槽口拼接

▶ 榫卯拼接

　　榫卯拼接是框架拼接的基本方式。它起源於5000年前，我們可以在博物館裡看到這種拼接的範例。即使在今天，從家具的框架結構到建築物的立柱──橫梁結構等等，這種拼接方式至今仍然被廣泛應用。

　　榫卯拼接具有多種不同的形式，拼接的基本要素是榫眼和榫頭。榫眼有圓形、正方形、長方形等，榫頭是在部件端頭切割出來的，拼接時就用它與榫眼相匹配。

　　榫卯各部分的名稱來源於人體生理學：榫眼的開口叫作「榫口」；榫眼內側表面叫作「榫頰」；榫頭上也有榫頰，它是榫頭上較寬的表面；榫頭根部挨著榫頰的平面叫作「榫肩」。榫肩如果過窄，對增大拼接強度的意義就不大，因此這種榫肩有時也被叫作「裝飾性榫肩」。

　　進行榫卯拼接時，榫卯的各組成部分要成比例，以使長紋理對長紋理的膠合面最大。但榫頭不能太長或太寬，當然也不能太窄。

　　我們先探討一下榫頭的長度問題。榫卯拼接處的

紋理是交叉的，由空氣濕度變化導致的木材形變會削弱拼接效果。相對來說，榫頭越長，這種削弱作用就越強，除非我們將榫眼鑿穿，讓榫頭貫穿整根立梃，並在立梃另一側楔入楔子。

　　最好的方法是使榫眼深度為立梃寬度的½；如果立梃較窄，則深度可以略大於½。例如，立梃3吋（7.62㎝）寬，榫頭的長度則取1.5吋（3.81㎝）；若立梃的寬度只有1.5吋（3.81㎝），則榫頭長度應為1吋（2.54㎝）。

　　我們再探討一下榫頭的寬度問題。一般來說榫頭越寬越好，但請記住，木材在垂直於紋理的方向會發生很明顯的形變，而在平行於紋理的方向幾乎不會發生任何形變。榫眼是不會發生形變的，而榫頭越寬，它相對於榫眼發生的形變就越明顯。由此造成的應力可使拼接處鬆脫或者木板開裂。如果你確實需要很寬的榫頭，最好把它平分成兩個或更多個小榫頭，這樣可以分散橫紋理造成的應力。

　　最後我們來探討一下榫頭的厚度問題。傳統榫眼的寬度不超過其所在部件厚度的⅓。如果榫眼是用鑿子鑿出來的，這一規則能確保榫眼周圍的木材有

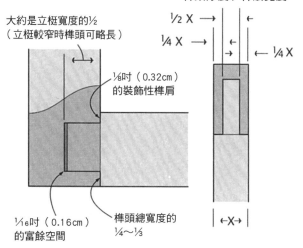

大約是立梃寬度的½
（立梃較窄時榫頭可略長）

⅛吋（0.32cm）
的裝飾性榫肩

榫頭厚度／榫眼寬度

½ X

¼ X

← ¼ X

← X →

¹⁄₁₆吋（0.16cm）
的富餘空間

榫頭總寬度的
¼～⅓

標準比例

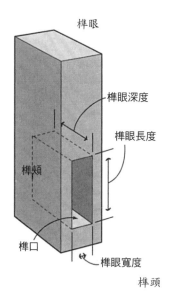

榫眼

榫眼深度

榫眼長度

榫頰

榫口

榫眼寬度

榫頭

足夠的強度來防止自身開裂。如果拼接處接得很好
並在拼接時使用了膠水，可以使榫頭的厚度為榫眼
所在部件厚度的½，這樣會使拼接處更牢固。現在
的機械加工技術能夠在不劈裂木材的情況下切出更
寬的榫眼。

全透式榫卯拼接：如果將立梃從一邊到另一邊鑿
透，得到的榫眼就是貫通榫眼，它在立梃兩側都有
榫口。榫頭當然要與榫眼匹配，且榫頭的端面紋理
是外露的。

全隱式榫卯拼接：如果沒有將拼接部件鑿透，得
到的榫眼就是非貫通榫眼。這樣的榫眼裡有一個底
面。榫頭插入榫眼並膠合好以後，我們從成品表面
看不到明顯的拼接痕跡。這是現今大多數家具採用
的榫卯拼接方式。

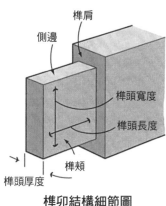

榫肩

側邊

榫頭寬度

榫頭長度

榫頰

榫頭厚度

榫卯結構細節圖

加腋榫拼接：加腋榫就是在榫頭側邊和橫檔側
邊之間的、從榫肩向外突出的一塊小舌榫。今天加
腋榫最常見於框板結構中，主要用於填充貫通順紋
槽。老式家具常使用加腋榫，因為木工無法使用手
工刨刨出非貫通順紋槽。

加腋榫拼接有時也會用在腿——望板結構中。拼接
前，要在家具腿上專門為加腋榫開一道順紋槽。還
有一種方法就是對加腋榫做斜切處理。

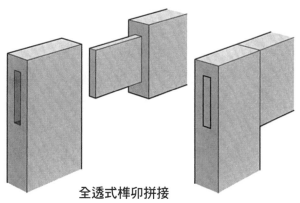

全透式榫卯拼接

長短肩榫頭拼接：如果你要做一個鑲玻璃的框架或一扇玻璃門，那麼通常先將玻璃搭在搭口裡，然後用裝飾線將其固定住。製作框架最簡單的方法是先在橫檔和立梃上做出搭口。

因為立梃上做有搭口，所以橫檔上與之相連接的部位也要做出搭口，因而形成了一個長短肩榫頭。

使用自由榫的拼接：用這種方式拼接時，兩個部件上都要開出榫眼，而榫頭則是一塊單獨的木片。榫頭用膠水黏在橫檔的端部後，看上去就像與橫檔是一體的。

帶裝飾線的榫卯拼接：裝飾線是直接在框架的橫檔和立梃上切出來的裝飾性木條。拼接這種框架的竅門是使橫檔和立梃上的裝飾線在拼接處完美對接。

為此，要先在各個部件的內側邊緣切出裝飾線，然後修飾榫眼處的裝飾線以使之形成斜面，最後在榫頭所在的部件上切出相匹配的斜面。

斜肩榫卯拼接：如果設計師要求在橫檔和立梃或者家具腿和橫檔之間做出弧形，則要在榫肩做出斜切邊，否則榫肩的端面紋理很容易使木材開裂或斷裂。操作時，先在橫檔和立梃上相應的位置分別用膠黏一塊大小合適的小木塊，然後在它們相接的地方做斜切處理，最後將它們銑削成弧形。

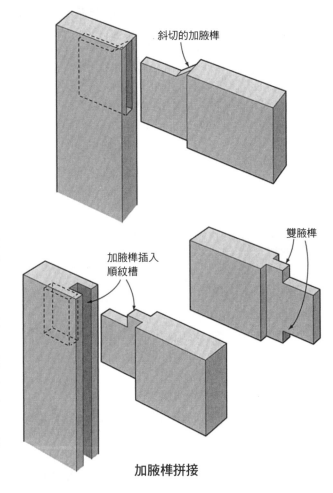

斜切的加腋榫

雙腋榫

加腋榫插入
順紋槽

加腋榫拼接

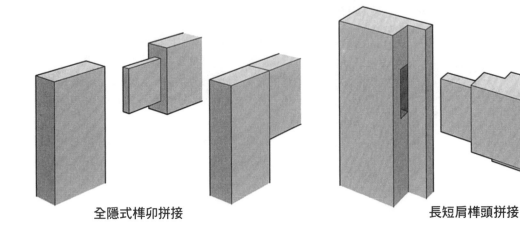

全隱式榫卯拼接

長短肩榫頭拼接

雙榫頭拼接：經驗告訴我們，一旦一個大榫頭的寬度是其厚度的10倍以上，就應該用兩個小榫頭來代替它。應將大榫頭大致分成三部分：小榫頭、間隙、小榫頭，分隔的榫眼能夠更好地抵消木材形變產生的應力。為了防止橫檔變形，勿將榫頭間的木板全部切掉，而要留下一些，也就是所謂的腋角。

使用楔子的榫卯拼接：楔子能夠使榫卯拼接的成品異常牢固，甚至無須你使用膠水。除了能夠增大機械強度之外，楔子還能起到很好的裝飾作用。

在榫頭上開漸細的鋸縫，這樣楔入楔子後加固效果最好。楔入楔子後榫頭端面看起來呈燕尾狀。

也可以在不貫通的榫頭上楔入楔子，這就是短狐尾式榫卯拼接。這種拼接方式對木工的技術要求非

常高。當榫頭插入榫眼後，楔子會頂住榫眼底部，然後慢慢楔入鋸縫。如果製作精準，拼接處會非常牢固。但如果拼接好後發現有什麼問題想要調整，你是無法將兩部件拆開的。

使用銷子的榫卯拼接：你是不是對膠水的黏合能力沒有信心？那你可以用銷子加固拼接處。這樣，就算膠水失效了，銷子還能維繫拼接。

在使用銷子（或釘子）之前，用膠水將拼接處膠合並夾緊，然後在拼接處鑽一個孔，最後釘入一根圓榫或者銷子。你可以用顏色與框架顏色反差很大的木材車旋出銷子，可以把銷子頭車旋出一定的形狀以起到裝飾效果，還可把圓銷子的銷子頭做成方形。

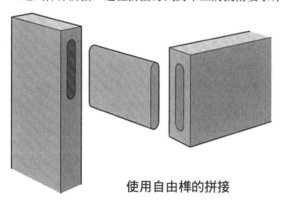

使用自由榫的拼接

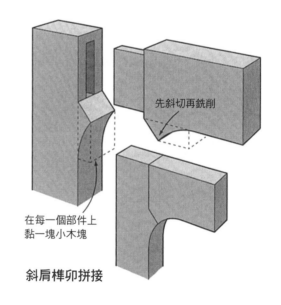

先斜切再銑削

在每一個部件上
黏一塊小木塊

斜肩榫卯拼接

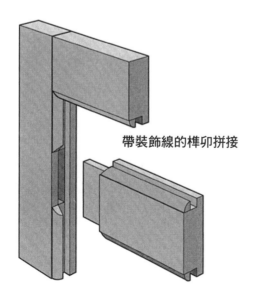

帶裝飾線的榫卯拼接

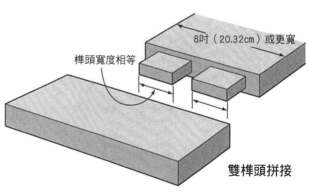

8吋（20.32cm）或更寬

榫頭寬度相等

雙榫頭拼接

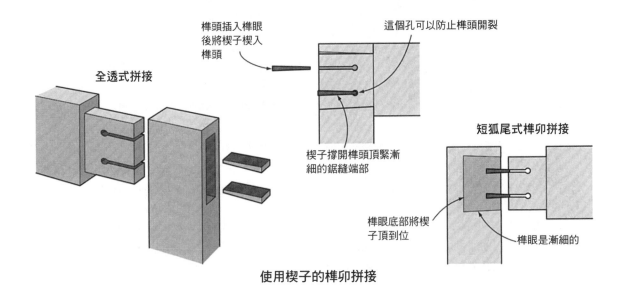

榫頭插入榫眼
後將楔子楔入
榫頭

這個孔可以防止榫頭開裂

全透式拼接

短狐尾式榫卯拼接

楔子撐開榫頭頂緊漸
細的鋸縫端部

榫眼底部將楔
子頂到位

榫眼是漸細的

使用楔子的榫卯拼接

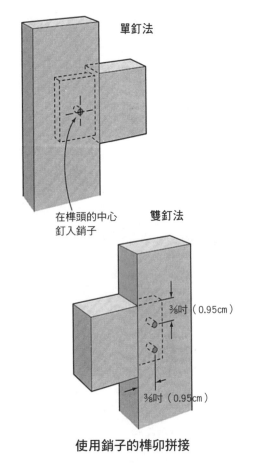

單釘法

在榫頭的中心
釘入銷子

雙釘法

³⁄₈吋（0.95cm）

³⁄₈吋（0.95cm）

使用銷子的榫卯拼接

短粗榫──順紋槽拼接：短粗榫就是超大尺寸的舌榫，大到可以直接與典型的順紋槽相匹配。舌榫使拼接處形成了面積不大的長紋理對長紋理的膠合面。這種拼接方式大多應用於受力較小的框架結構。

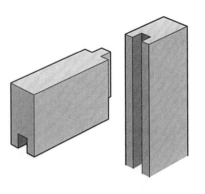

短粗榫──順紋槽拼接

➤ 花式舌榫——凹槽拼接

在製作框板結構時，一個比較大的挑戰就是找到一些經濟實用的方法，以同時滿足牢固、實用和美觀等方面的要求。拼接首先要滿足的就是牢固性的要求，特別是在製作各種門時。榫卯拼接是傳統的框架拼接方式，但它操作起來比較費時，特別是當你需要一下子組裝幾十扇櫃門時。美觀和實用一樣重要，但對各部件進行裝飾性處理需要做額外的工作，這會增加製作的成本。

近年來越來越多的這類框架，特別是櫃門，是採用所謂的花式舌榫——凹槽拼接（有時也被稱作「凸邊——帽槽拼接」）的方式組裝的。

製作框架時需要進行兩次切刻：第一次要在立梃和橫檔的邊緣做出裝飾性造型，並且開好順紋槽；第二次只在橫檔端頭進行切刻，做出舌榫和與立梃上的造型相配的裝飾性造型。拼接橫檔和立梃時，舌榫會嵌入順紋槽，橫檔端頭也會與立梃上的裝飾性造型完美匹配。如果再用上現代膠水，拼接處將非常牢固。

➤ 滑插拼接

滑插拼接又被叫作「開口榫卯拼接」，這麼叫確實有道理。榫頭做在橫檔上，榫眼開在立梃上，而且是全開放式的。

滑插拼接有兩種基本形式。如果是一個部件的端頭與另一個部件的端頭相接，這種拼接就是普通的滑插拼接；而如果是一個部件的端頭與另一個部件的中部相接，這種拼接則叫作卡口拼接。從功能上來講，它們與一般的榫卯拼接很相似，但滑插拼接的拼接強度更大。

滑插拼接一個很大的優點是操作非常容易，可以借助榫頭模具用臺鋸進行鋸切。

滑插拼接的缺點是你必須對榫頭肩部施力，使其抵住榫眼（進行任何榫卯拼接都要這樣做），之後還必須夾緊榫眼側壁，以確保榫頭確實與榫眼黏牢。

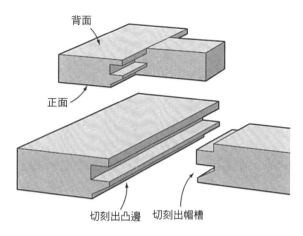

一些可用的裝飾性造型

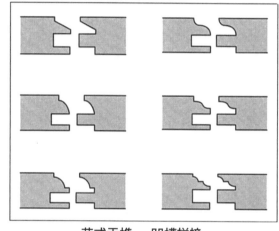

花式舌榫——凹槽拼接

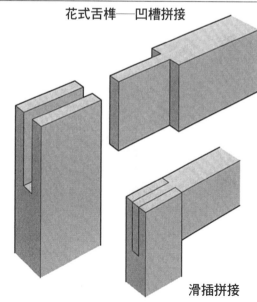

滑插拼接

漸細式滑插拼接：這種滑插拼接有特定的用途，常用於在框架上貼飾面薄板的情況。

如果是在普通的滑插拼接處貼飾面薄板，由於橫檔和立梃膨脹和收縮的情況不同，時間長了接縫會導致飾面薄板的相應位置形成一道明顯的凹痕。

設計漸細式滑插拼接就是為了防止出現這道凹痕。緊挨著飾面薄板的榫頭肩部做得很窄，榫眼是與榫頭相匹配的，所以也要做成漸細的樣式。這樣拼接處的形變量就不會太大，表面基本是平齊的。

斜切滑插拼接：斜切滑插拼接兼具斜切拼接的外觀和滑插拼接的強度。

斜切滑插拼接有兩種形式，一種是全透式拼接，即榫頭的端面紋理是外露的；另一種是全隱式拼接，榫眼沒有貫穿木材，拼接好後榫頭的端面紋理是隱藏的。

這兩種拼接的強度差不多，全透式拼接操作起來更容易一些，而全隱式拼接的成品更好看。

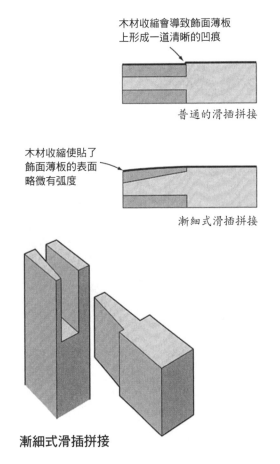

木材收縮會導致飾面薄板上形成一道清晰的凹痕

普通的滑插拼接

木材收縮使貼了飾面薄板的表面略微有弧度

漸細式滑插拼接

漸細式滑插拼接

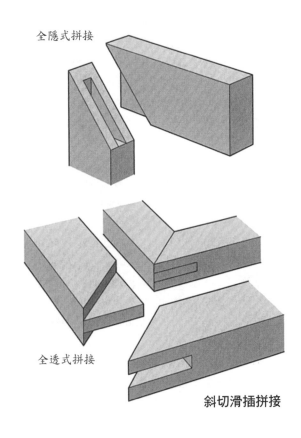

全隱式拼接

全透式拼接

斜切滑插拼接

　　卡口拼接：這是滑插拼接的另一種形式，拼接時一個部件的端頭與另一個的中部相連接。這種方法常用於桌子的製作，用來將桌腿拼接到較長的望板中部。操作時在桌腿上開槽（即開口的榫眼），在望板的前後兩面都做槽口。

▶ 展示櫃斜切拼接

　　這種優美的拼接是組裝玻璃展示櫃框架的傳統方法。儘管用這種方法組裝好的框架相當結實，但這種方法還是沒有一般的榫卯拼接的效果好。這種拼接方法應該用在那些精緻纖巧的家具上，比如獨立式古玩展示櫃或壁掛式展示櫃。

　　進行這種拼接的關鍵是自由榫的使用。要想做出傳統的一體式榫頭是非常困難的，因為要在一個部件的肩部圍繞榫頭精確地斜切，並在另一個部件上精確地開榫眼。而如果使用自由榫，在榫頭肩部斜切和開榫眼都將變得十分容易。

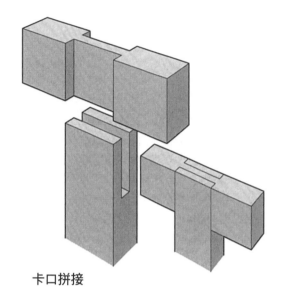

卡口拼接

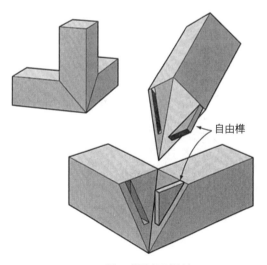

自由榫

展示櫃斜切拼接

橫檔拼接

橫檔拼接，常用於家具腿──望板結構和立柱──橫檔結構中。與框架拼接一樣，進行直接對接時橫檔拼接的拼接面也是端面紋理對長紋理的。

當然，這是一種最糟的情況，因為端面紋理的膠合效果很差。不過，經實踐證明，有一些橫檔拼接的成品十分牢固且效果持久。

仍有一些橫檔拼接效果不錯的原因在於，它們都巧妙地增加了長紋理對長紋理的膠合面。大多數橫檔拼接的拼接面的紋理互相交叉，雖然由空氣濕度變化所導致的木材形變是不可避免的，但這些橫檔拼接還是比拼接面是端面紋理對長紋理的對接可靠得多。

▶ 榫卯拼接

設計榫卯拼接的主要目的是使膠合面盡可能地大，特別是長紋理對長紋理的膠合面。我們要根據拼接所要達到的目的來正確地選擇拼接方式，以及確定榫頭和榫眼的尺寸和比例。

這裡有一些關於如何確定榫頭寬度和長度的經驗。榫眼的尺寸要與榫頭的尺寸相匹配（調整榫頭使之與榫眼匹配比較容易，所以木工在拼接時基本都先開榫眼）。

榫頭越大就越結實，但為此要付出一定的代價，可能減小榫眼所在部件的強度。注意，榫眼側壁不能做得太薄。

我們要非常清楚各部件的作用。舉例來說，一塊插入桌腿榫眼裡的望板要同時承受拉力和壓力，因此望板上的榫頭應盡可能地寬和長。此外，雖然榫頭所承受的剪切應力或扭變應力沒有那麼大，但是桌腿要受到較強的槓桿作用，你當然不想桌腿的強度被減小。因此，要把榫頭做得相當薄。

下圖是橫檔拼接中最常見的榫卯拼接方式，你可以做簡單的瞭解。

全寬榫頭拼接：這種拼接方式滿足了「榫頭應盡可能地寬」的要求。如下圖所示，榫頭的寬度與望

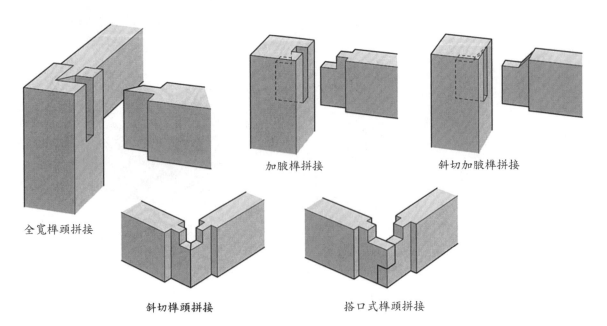

全寬榫頭拼接

加腋榫拼接

斜切加腋榫拼接

斜切榫頭拼接

搭口式榫頭拼接

常見的榫卯拼接

板的高度相等，只在望板前後兩面做榫肩，榫頭上下均沒有榫肩。

　　加腋榫拼接：加腋榫拼接在框架拼接中很常見，在橫檔拼接中也有一席之地。這種拼接既保證了拼接的隱蔽性，又滿足了「榫頭應盡可能地寬」的要求。比如說，對加腋榫做斜切處理，拼接好後從框架的外面是看不出來拼接痕跡的。因此，做玻璃桌面的支撐件時，這種方法是很不錯的選擇。

　　斜切榫頭拼接或搭口式榫頭拼接：榫頭的長度通常受限於它將要插入的部件的尺寸，特別是當兩個榫頭互相垂直地插入同一個部件時，而這又是家具腿——望板結構中的典型結構。

　　實際操作時常見的做法是對榫頭末端做斜切處理，這樣可以使榫頭的一側榫頰比未斜切時略長（膠合面小幅增大對拼接也有好處）。英國人有的時候會在榫頭上做搭口。

　　光面榫頭拼接：光面榫頭就是至少有一側榫頰和邊與榫頭所在部件平齊的榫頭，最有意思的光面榫頭可能就是完全沒有榫肩的全光面榫頭了。榫眼的寬度和長度要與光面榫頭的厚度與寬度相匹配。

　　光面榫頭還有其他的變體，比如在榫頭的一條邊或兩條邊上做出榫肩，也可以在榫頭的榫頰上做出榫肩，或者同時在榫頰和邊上做出榫肩，這些變體仍屬於光面榫頭。上文提到的最有意思的榫頭，其優點是強度與它所在部件的主體的強度相同。偏心光面榫頭有三個榫肩，這種設計既可以確保榫眼側壁的厚度合理，又可以確保榫頭有足夠的強度，此外還能使望板的表面與家具腿的表面平齊。

　　偏心榫頭拼接：偏心榫頭具有光面榫頭的所有優點，此外它有四個榫肩，有些木工認為這是它的另一個優點。

　　透過右邊所示的剖面圖，你可以清楚地瞭解偏心榫頭的特點及優點。

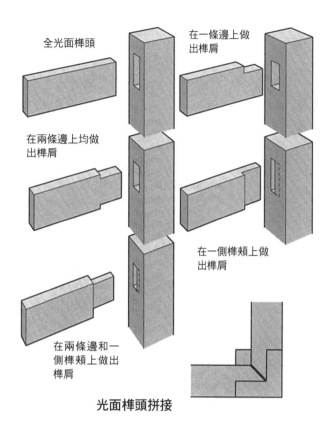

全光面榫頭

在一條邊上做出榫肩

在兩條邊上均做出榫肩

在一側榫頰上做出榫肩

在兩條邊和一側榫頰上做出榫肩

光面榫頭拼接

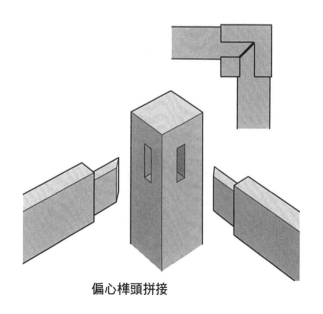

偏心榫頭拼接

斜角榫卯拼接：這種拼接更多地用在椅子上而非櫃子上，但如果你要製作現代家具，也可能用到它。

具體操作時有兩種方法。第一種是使橫檔上的榫頭斜著向外凸出，而榫眼是直的。這種做法有時會減小榫頭的強度，因為榫頭的紋理從榫頭末端到榫肩都是長紋理，這樣的長紋理面不夠大。

第二種方法更好一些：開榫眼時使榫眼成一定的角度，且榫頭與橫檔平行（相對橫檔來說榫肩是斜的）。

榫眼開在圓形部件上的拼接：一些現代桌子的橫檔有時是與圓形桌腿相接的。要把榫肩做成凹形非常困難，通常的做法是先在圓形部件上切出一個平面，然後在平面上開榫眼。我們通常將榫頭做成偏向下邊緣的樣式，並且將上邊的榫肩修成凹形以與桌腿相配。

圓形榫卯拼接：圓形榫卯拼接可以用在圓形部件或方形部件上，如第61頁圖所示。

雙榫頭拼接：這種方法多用在抽屜橫檔與家具腿的拼接上。總有人將兩個（或更多個）榫頭設計成橫向排列的，這樣會導致膠合面主要是長紋理對端面紋理，這不太合理。

正確的方法是，如第61頁圖所示，在橫檔端部做出兩個（或更多個）榫頭，並且榫頭是縱向排列的，這樣做可以使長紋理對長紋理的膠合面盡可能地大，從而使拼接處盡可能地牢固。

長牙榫拼接：如果家具需要時常拆卸，那麼就非常適合這種拼接，它易拆卸，常用於製作桌子支架、床和織布機。

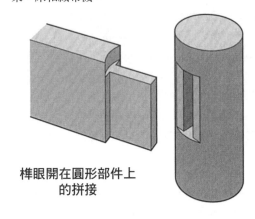

**榫眼開在圓形部件上
的拼接**

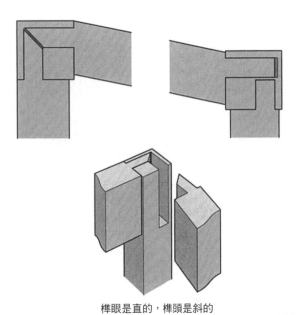

榫眼是直的，榫頭是斜的

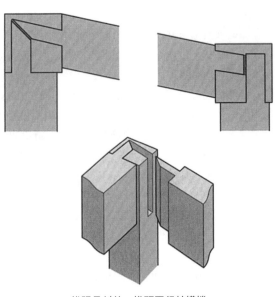

榫眼是斜的，榫頭平行於橫檔

斜角榫卯拼接

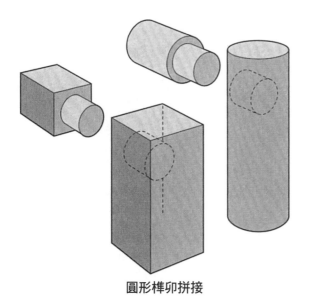

圓形榫卯拼接

木材會發生季節性膨脹和收縮，並且頻繁使用家具會擠壓拼接處，這些對設計合理、榫眼側面留有一定間隙的楔子來說，會使其在榫眼中插得更深，從而使拼接處更牢固。而水平楔入的楔子只會越來越鬆。操作時，一定要將第二個榫眼（貫穿榫頭的榫眼）做成漸細的，使之與楔子相匹配；此外，還要注意使榫眼側面有一定的間隙，這樣楔子才能在榫眼裡插得越來越深。

長牙榫的樣式非常多，第62頁展示了其中的三種。

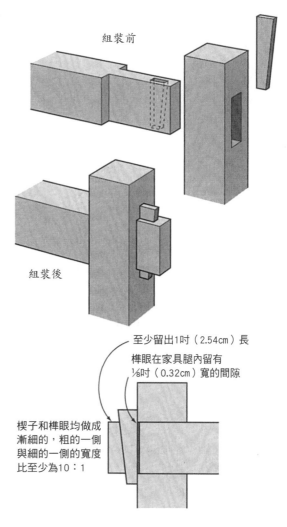

組裝前

組裝後

至少留出1吋（2.54cm）長

榫眼在家具腿內留有 1/8吋（0.32cm）寬的間隙

楔子和榫眼均做成漸細的，粗的一側與細的一側的寬度比至少為10：1

長牙榫拼接

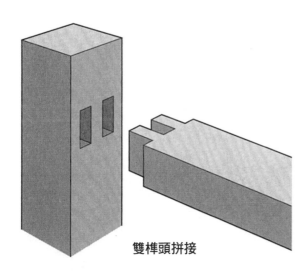

雙榫頭拼接

榫頭要比較長，以確保它能穿透榫眼並露出榫端。榫頭上要開一個榫眼，用以容納一個或多個用於加固的楔子。

在設計和製作長牙榫的時候，必須考慮楔子對榫頭末端產生的剪切應力。楔子不僅要長到能夠從榫眼中露出頭，而且它距榫頭末端還要有一定的距離，這樣榫頭才能夠承受楔子產生的剪切應力。

在理想的情況下，楔子應該是豎直楔入榫眼的。

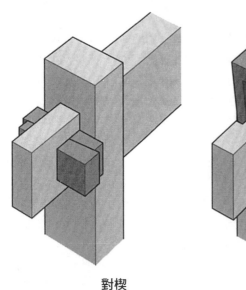

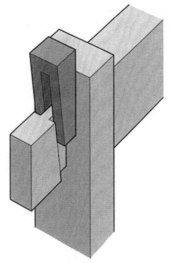

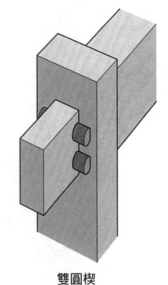

對楔　　　　　　　　叉形楔　　　　　　　　雙圓楔

➤ 滑插拼接

雖然滑插拼接主要用在框架結構中，但有一些特殊的滑插拼接也特別適用於橫檔的拼接。

卡口拼接：這種形式的滑插拼接主要用於製作帶有曲邊望板的桌子。製作曲邊望板最簡單的方法是採用膠合疊層或者疊磚式結構，如果你需要在曲邊望板的某處加上桌腿，所選用的拼接方式最好能不破壞望板的連續性。

操作時要在桌腿上開一個貫通的凹槽，並在望板前後兩面都做槽口，使望板厚度減小以與凹槽相匹配。槽口的肩部有利於加強拼接效果，抵抗剪切應力和扭變應力。

桌腿拼接：這是卡口拼接的一種不常見的變體，多見於製作英式桌子。它與卡口拼接的效果一樣。

用這種方式拼接時，不在望板的前後兩面都做槽口，而只在前面做，然後在本該做第二個槽口的地方開一個榫眼。在做桌腿時，通常桌腿頂端既要開槽又要做槽口。凹槽後壁較短，形成一個榫頭，正好插入望板後面的榫眼中。桌腿的前面可以與望板平齊，也可以略微突出。

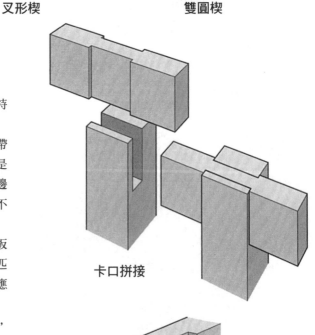

卡口拼接

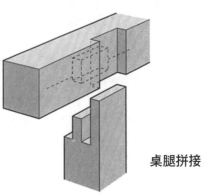

桌腿拼接

➤ 槽口拼接

槽口拼接通常用在工作臺之類的、承重較大的立柱──橫檔結構中。儘管拼接處不算好看，但用這種方法拼接的家具非常牢固和耐用。

全槽口拼接：全槽口拼接指在拼接的一個部件上做槽口或凹槽，槽口或凹槽可以完全容納另外一個部件。

下圖展示了可能用在工作臺上的兩種全槽口拼接的方法。拼接立柱和橫檔時，得先在粗重的立柱上做出槽口，這個槽口要能夠容納兩根橫檔。這種情況下長紋理對長紋理的膠合面顯然很小，因此在進行這種拼接時必須使用緊固件。拼接望板和橫撐時，要在望板上做槽口或凹槽以容納橫撐，如果製作桌子更重於實用而非美觀，那麼這種拼接方法是不錯的選擇。

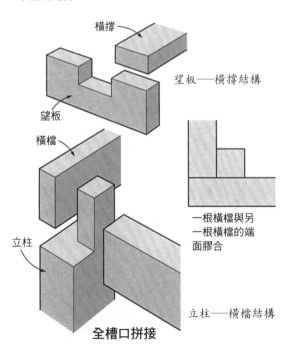

橫撐

望板──橫撐結構

望板

橫檔

一根橫檔與另一根橫檔的端面膠合

立柱

立柱──橫檔結構

全槽口拼接

邊槽口拼接：在立柱──橫檔結構中，邊槽口拼接主要用於連接互相交叉的拉檔。在每個部件的邊上都切出槽口或凹槽，這樣它們能夠互相扣住。只

要側壁切刻的角度正確，兩部件就可以以任意角度拼接。這種拼接的一個潛在危險是槽口或凹槽側壁可能會沿著紋理方向開裂，所以鑿切時要小心，不要太用力。

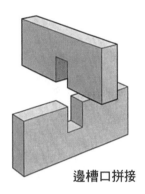

邊槽口拼接

➤ 燕尾榫拼接

在連接抽屜的上橫檔與桌腿時常使用燕尾榫拼接。在上橫檔端部切出一個較大的燕尾頭，然後將它卡在桌腿頂部的榫槽裡（這個榫槽兩邊都是半插接頭）。

即使不上膠，借助燕尾榫拼接桌腿和上橫檔時，燕尾榫對拼接處四個拼接面的應力的抵抗能力也非常強。桌腿活動時，以抽屜下橫檔與桌腿拼接處為槓桿的支點，對上橫檔的燕尾榫拼接處施力，這個力量是非常大的。

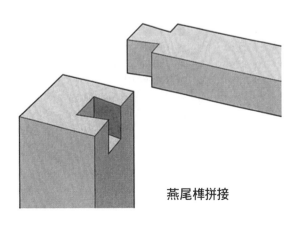

燕尾榫拼接

➤ 使用圓榫的拼接

僅僅使用圓榫進行橫檔拼接的效果不是很好。當兩根橫檔與一條桌腿相連時，其中一根橫檔與桌腿之間的膠合面的紋理方向一致，而另一根橫檔與桌腿之間的膠合面的紋理則互相交叉。

一種補救的方法是使用角塊加強拼接效果，如右圖所示，角塊透過膠水和螺釘被固定在橫檔上。這種拼接與下面所介紹的角板拼接非常相似。

➤ 使用螺栓的拼接

市面上有專門的五金件，我們可以用它們來進行橫檔拼接。

栓接邊檔拼接：床的各部件通常是透過螺栓連接在一起的，拼接床腿與邊檔（橫檔和側檔）時會用到一種專用螺栓——床用螺栓。操作時，先將螺母卡在邊檔中的孔洞裡，然後讓螺栓穿過貫通床腿和邊檔的孔到達螺母處，長螺栓的末端更細，這樣更容易導入螺母。上緊螺栓以後，螺栓頭可以用裝飾性木塞隱藏起來。

按照同樣的方法，用普通的螺栓也可以連接粗重的家具腿和望板或拉檔，這樣拼接的部件是可以拆卸的。

使用角板的拼接：連接望板和家具腿時，有一種簡單對接的方法，這種方法的祕訣是使用一塊帶舌榫或凸邊的角板，將其插入望板上的橫紋槽或鋸縫

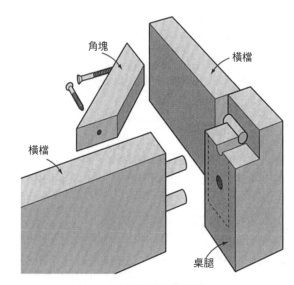

使用圓榫的拼接

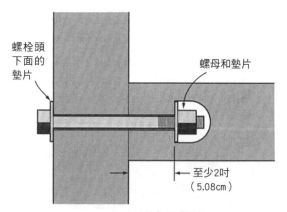

栓接邊檔拼接

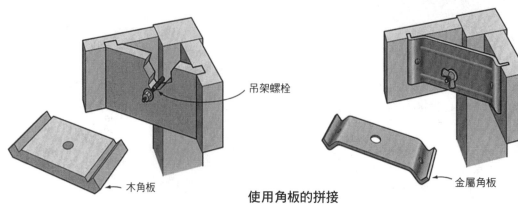

使用角板的拼接

中即可。吊架螺栓一頭是圓錐螺紋，另一頭是圓柱螺紋。組裝時將吊架螺栓的一端從家具腿的稜撐進家具腿中，另一端穿過角板上的孔。最後在吊架螺栓上擰螺母以固定角板，並且對望板施力，使其緊緊地與桌腿相連。

木角板是一種訂製的角板，用木材的邊角料製成，用的時候須在望板上開槽以固定角板的兩端。

金屬角板使用時只需在望板上開一條鋸縫。通常情況下固定用的吊架螺栓是隨角板一同出售的。

螺栓──橫孔螺母拼接：這是一種用於承重較小的家具腿──望板結構的拼接方式。橫孔螺母（常被稱作橫圓榫）是金屬材質，中間有¼吋（0.64cm）長的帶螺紋的孔。操作時先在望板正面鑽一個容納橫孔螺母的孔；再鑽一個容納螺栓的導航孔，這兩個孔要相接且相互垂直；然後在與望板相連接的部件上鑽出導航孔；最後將這兩個部件組裝在一起，並擰緊。可選用的螺栓種類很多，包括六角螺栓、圓頂螺栓、帽蓋螺栓、平頂螺栓，或者其他類型的螺栓。

▶ 橫紋槽拼接

這種拼接方式可以在連接桌腿與擱板時使用。操作時先在桌腿邊緣開一個橫紋槽，再切掉擱板的一個角，然後將這個切掉角的擱板插入橫紋槽中。

拼接時經常會用到圓榫。圓榫對兩部件的對齊有很大的幫助，但對拼接強度則無甚貢獻。

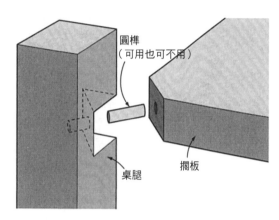

橫紋槽拼接

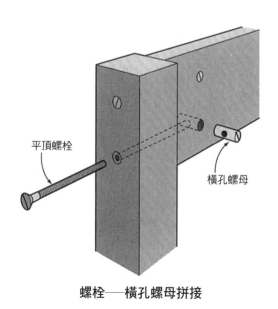

螺栓──橫孔螺母拼接

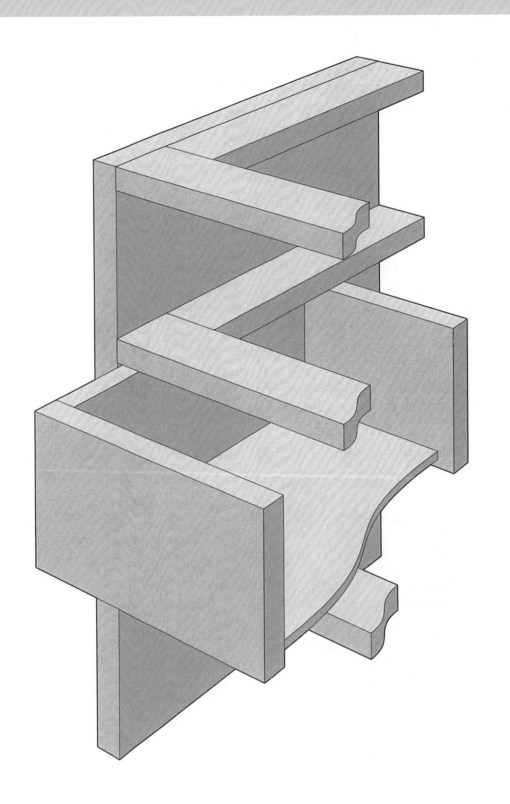

家具的部件

立柱—橫檔結構

豎直的立柱和水平的橫檔可拼接成家具裡最堅固的結構之一——立柱——橫檔結構。立柱——橫檔結構（以及家具腿—望板結構）是四腿家具的基礎，所謂四腿家具就是床、工作臺、桌子，甚至包括一些辦公桌的桌架和箱櫃的底座等。

可以把立柱——橫檔結構想像成一座橋。經認真設計建造的橋梁能很好地承重。同樣，設計家具中的立柱——橫檔結構時也需要考慮各部件的強度、拼接強度和比例等問題。需時刻牢記的一條基本原則是：橫檔越寬，立柱——橫檔結構就越牢固。設計家具時，你必須綜合考慮家具的牢固性、美觀性和實用性，在這三者之間取得平衡。

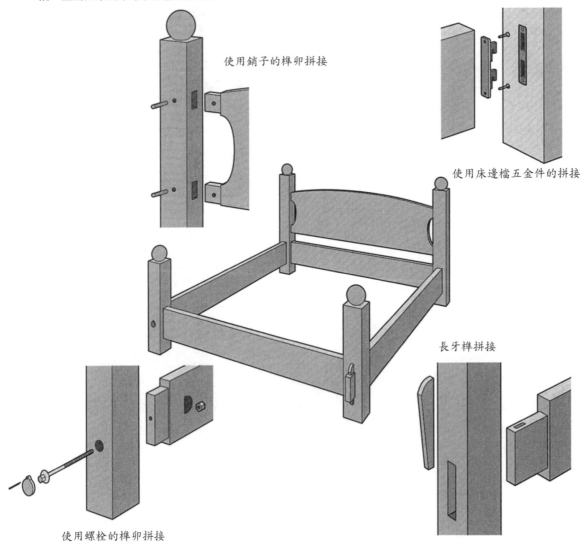

使用銷子的榫卯拼接

使用床邊檔五金件的拼接

長牙榫拼接

使用螺栓的榫卯拼接

製作床可選用的拼接方式

▶ 床

床架與桌子或工作臺的框架相似，它們最明顯的區別在於部件的尺寸，以及床架橫檔與立柱的頂端不平齊。另外，由於尺寸較大，組裝好的床架不易被抬起或搬到另一個房間，更別說被搬出大門了。因此，拼接好的床架中至少有些部件是可拆卸的。

第68頁圖向我們展示了製作床時常用的幾種拼接方式。通常來說，一張床由兩個端頭框架和兩根側檔組成，端頭框架是立柱——橫檔結構。圖中所示的床有一個床頭架和一個床尾架，它們的拼接方式是不可拆卸的，而側檔則是透過一種可拆卸的拼接方式連接到兩個框架上的。

將床頭板和床頭的橫檔連接到兩根立柱上時，使用銷子的榫卯拼接是一種不錯的方法。

將床的側檔連接到床頭架和床尾架上時，應該使用可拆卸的拼接方式，比如使用長牙榫、床用螺栓和床邊檔五金件進行拼接。

長牙榫拼接非常醒目，看上去也比較俐落，並且能夠體現木工的手藝。這種拼接很費事，特別是開那兩個貫穿榫頭的榫眼的時候。但如果製作精良，楔子豎直插入榫眼（如第68頁圖所示），那麼拼接處會很牢固，能夠抵抗每日使用和木材形變所造成

的應力。如果木材略有收縮，楔子會在榫眼裡插得更深。

床用螺栓要與榫卯拼接結合使用，因此使用床用螺栓的拼接可以說是一個「混血兒」。這種拼接既擁有榫卯拼接較好的機械強度，又擁有床用螺栓可拆卸的方便性。通常來說，可以用金屬片或可拔插的木塞遮蓋螺栓頭。

使用金屬連接件可以避開使用木質連接件拼接時存在的各種問題。使用兩個互扣的鋼質連接件時，一個連接邊檔的端面，另一個連接立柱的正面。這種五金件十分堅固，而且拼接好後我們從外面完全看不見它們。

▶ 工作臺

工作臺是一種非常結實的桌子，與其說它是桌腿——望板結構，倒不如說它是立柱——橫檔結構。拼接工作臺無須像拼接普通桌子那樣要求好看，所以它的橫檔通常是透過螺栓連接到立柱上的。在連接橫檔和立柱時，比用螺栓略好的方法是使用槽口拼接，這能讓工作臺在外觀和結構上均有所改善。

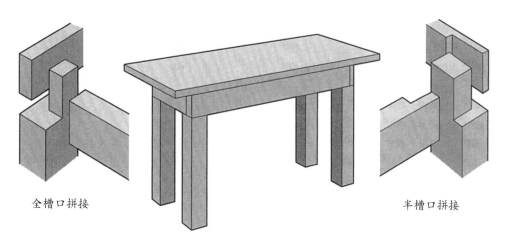

全槽口拼接　　　　　　　　　　　　　　　　半槽口拼接

製作工作臺可選用的拼接方式

使用槽口拼接時有兩種方法，如第69頁圖「製作工作臺可選用的拼接方式」所示。最簡單的方法是不對橫檔做任何處理，直接將其搭在立柱上。另一種方法是在橫檔和立柱上都做出尺寸相同的槽口，然後將它們整齊地疊搭在一起，橫檔的端頭與立柱平齊。無論採用哪種方法，都要確保立柱足夠大，這樣做出槽口後剩餘的部分仍足以與橫檔拼接。

最後一點，儘管槽口拼接處在上膠以後拼接強度會在一定程度上增大，但更明智的做法是用螺釘或螺栓加固拼接處。加裝拉檔可以大大增大工作臺的強度，所謂拉檔就是在立柱較低處安裝的橫檔。

▶ 普通的桌子

拼接桌腿和望板（輕型立柱——橫檔結構）是製作普通桌子的主要工作。桌腿望板結構的框架常被稱作「桌架」，桌架要求做到無須借助桌面就能保證結構上的牢固性。將實木桌面連接到桌架上的時候，要考慮木材膨脹或收縮的情況（具體參見第78頁「桌面」）。頻繁使用造成的各種作用力由桌子的下部結構，也即桌架承受。有許多好方法可以將桌腿和望板拼接起來，第71頁圖「製作桌腿——望板結構可選用的拼接方式」展示了其中的幾種。

榫卯拼接

就桌腿——望板結構而言，久經考驗的拼接方法是榫卯拼接，它有無數種變體。這種方法歷史悠久、值得信賴，是能讓桌腿——望板結構最堅固的方法之一。榫卯拼接既能保證機械強度良好，又能保證膠合面膠合的效果良好。另外還有一個好處是，與其他拼接方式相比，精確切割的榫頭和榫眼能更好地將兩部件拼接得方方正正。

全寬榫卯拼接常用於各種餐桌和休閒桌，它操作起來相對容易，拼接處很牢固並且樣式很傳統。嚴格來說，這種拼接方式也有一個缺點：榫眼在桌腿頂部是開口的，可以想見，極強的剪切應力會使拼接處鬆動（如果上膠方法正確的話，榫頭會先斷掉）。

為了解決這個問題，可以採用加腋榫拼接的方式。這樣一方面可以確保榫頭是全寬的，以抵抗扭變應力；另一方面，腋角前還有一部分桌腿。

如果設計要求望板與桌腿對齊，而你又不想犧牲拼接強度，可以使用光面榫頭。如第71頁圖所示，榫頭的厚度可能只有望板厚度的½，且榫頭的內側與望板的內側是平齊的。這樣榫眼就要開在桌腿中央，拼接處就比較牢固。雖然這樣一來榫頭只有一個榫肩，但這種結構也確實具備一定的抵抗扭變應力的能力。

製作桌腿——望板結構時，總是需要在大小有限的桌腿內插入不止一個榫頭，而正由於空間有限，多個榫頭在榫眼中會產生衝突。如果使榫眼偏移中心位置，則會增大拼接難度，甚至會減小拼接強度。一種解決辦法是將每個榫頭末端都做斜切處理，這樣能確保榫頭都盡可能地長且長度相等。如第71頁圖所示，一種更為複雜的方法是在兩個榫頭上做出相匹配的槽口和榫肩，使榫頭互扣。這樣做的確有難度，但成品絕對牢固。

圓榫拼接

使用圓榫拼接桌腿和望板是工業革命和大規模生產的產物。用機器加工出來的圓榫尺寸精確且很堅固。如果手工切割圓榫並進行拼接，則拼接強度會較小且成品易出問題。圓榫在桌腿上應高低相錯排列，這樣它們在桌腿內部才不會相互碰到。

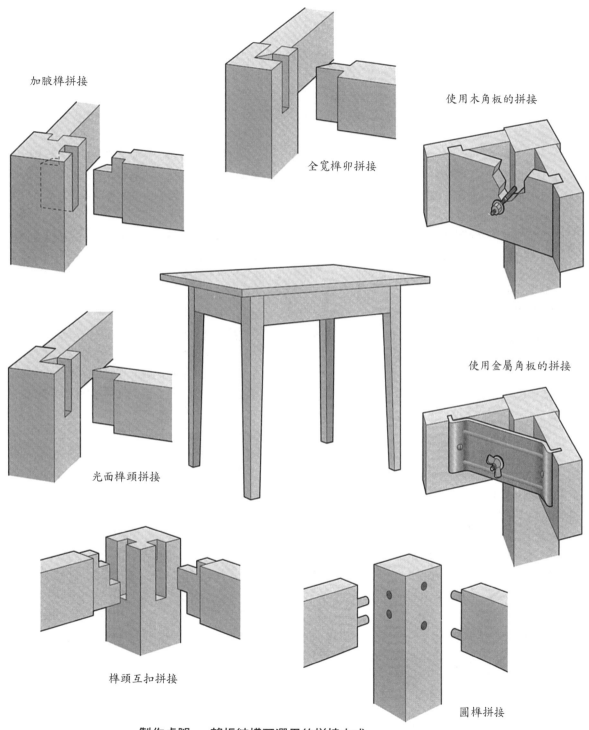

加腋榫拼接

全寬榫卯拼接

使用木角板的拼接

光面榫頭拼接

使用金屬角板的拼接

榫頭互扣拼接

圓榫拼接

製作桌腿──望板結構可選用的拼接方式

使用角板的拼接

一個世紀以前，木工在製作家具時常使用角塊，先將它們斜著置於桌腿——望板結構的內角裡，再用螺釘連接到望板上。這樣既使拼接效果得到了加強，又在組裝時確保框架方正。有的時候角塊也被用來連接桌架與桌面。

今天，它的衍生品——角板被用來製作桌架。角板是一塊木質或金屬薄板。使用時先將它插入望板上的橫紋槽裡，再用吊架螺栓將其與桌腿連接。吊架螺栓一頭是圓錐螺紋，另一頭是圓柱螺紋，沒有螺栓頭。使用時將吊架螺栓的一頭擰入桌腿，使另一頭穿過角板並用螺母擰緊。螺栓產生的拉力使桌腿緊緊抵住望板的端面，這樣拼接就完成了。

▶ 帶拉檔的桌子

拉檔是一種橫檔，安裝在桌腳或靠近桌腳的位置，對桌腿——望板結構起加強的作用。在17世紀，幾乎每一張桌子都裝有結實的拉檔。今天，帶拉檔的桌子已經不那麼流行了，但仍有很多桌子裝有拉檔，因為它們可以大大增大桌腿——望板結構的強度和穩定性。

第73頁圖「製作拉檔可選用的拼接方式」展示了4種樣式的拉檔，以及每種拉檔適用的拼接方式。

四周式拉檔將桌腿依次連接起來，這樣做增大了拼接強度，但拉檔可能會阻礙使用者活動腿腳。H形拉檔把一根長拉檔置於桌架的中央，長拉檔的兩頭與桌子兩端的短拉檔相連，這樣就解決了腿腳活動受限的問題。交叉式拉檔和雙Y形拉檔同樣可以解決這個問題，但它們對木工的要求更高。

▶ 帶抽屜的桌子

帶有一兩個抽屜的桌子非常實用。如果放在廚房使用，這樣的桌子就成了操作臺，抽屜可以用來放置廚具；如果放在書房使用，這樣的桌子又成了寫字檯，抽屜可以用來放置紙和筆。

對木工來說，製作帶抽屜的桌子將面臨更大的挑戰，因為原本只需要簡單地安裝望板，現在卻要做出抽屜。對設計師來說，要著重考慮的是抽屜的寬度。如果一個抽屜（或幾個抽屜）占據了從桌腿到桌腿的整個空間，就有必要製作雙橫檔結構的桌架。

製作抽屜最常用的一種方法可能是，在桌腿間安裝上下兩根橫檔，使橫檔表面與桌腿平齊，再將抽屜安裝在兩根橫檔之間。抽屜的上橫檔基本是透過普通的燕尾榫連接到桌腿頂部的，下橫檔則可以透過燕尾榫滑入式拼接或者雙榫頭拼接的方式與桌腿連接。有多種加強拼接效果的方式可供選擇，具體參見第104頁「抽屜」一節的內容。

如果在桌面下並排安裝兩個抽屜，它們之間就需要一個起分隔作用的豎直部件。這個豎直部件要連接到水平的抽屜橫檔上，可採用非貫通式橫紋槽拼接、雙榫頭拼接或燕尾榫滑入式拼接等方式。最後一種的拼接效果最好，因為它具有其他兩種所沒有的互扣作用，能使各部件更好地連接在一起。

如果要把一個小抽屜安裝到一塊大望板上，可以採用另外一種辦法——直接在望板上切割出抽屜口，切下來的部分用作抽屜的面板。這樣做的一個好處是美觀：關上抽屜時，望板的紋理看上去一點兒也沒有被破壞。

當然，做一個這樣的抽屜口說起來容易做起來難，第74頁圖「帶抽屜口的望板」向我們展示了一種可達到同樣目的（也更容易一些）的替代方法，先將望板水平鋸成三根木條，再在中間那根木條上縱向切出抽屜口，然後把除抽屜口以外的部分用膠水黏起來，這樣就製成了一塊帶抽屜口的望板。

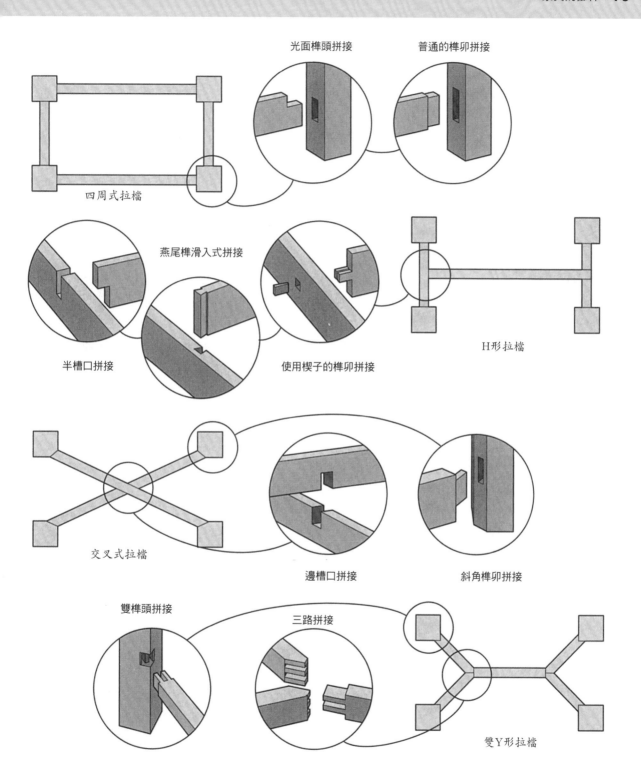

光面榫頭拼接

普通的榫卯拼接

四周式拉檔

燕尾榫滑入式拼接

半槽口拼接

使用楔子的榫卯拼接

H形拉檔

交叉式拉檔

邊槽口拼接

斜角榫卯拼接

雙榫頭拼接

三路拼接

雙Y形拉檔

製作拉檔可選用的拼接方式

這裡還有兩個要注意的地方。第一，在帶抽屜的桌子中，抽屜——橫檔結構就越容易出現中部下塌的問題；第二，抽屜——橫檔結構的總高度不要超過6吋（15.24cm），如果你坐在桌邊想把腿放在桌子下面的話。

▶ 桌腿的類型

桌腿或立柱既是基本的結構性部件，也是設計元素之一。幾百年來，桌腿的樣式非常多，設計者目的很簡單，就是讓它看起來吸引人。我們可以對桌腿進行雕刻和車旋，本節中的插圖僅僅展示了桌腿眾多樣式中的幾種。

直桌腿

你可能覺得又直又方的桌腿只適合工作臺或操作臺，但在齊本德爾式家具流行的年代，這種桌腿卻是非常受歡迎的，多用於時尚家具。如下圖所示，當時的直桌腿基本上都經過裝飾。斜切桌腿內側的

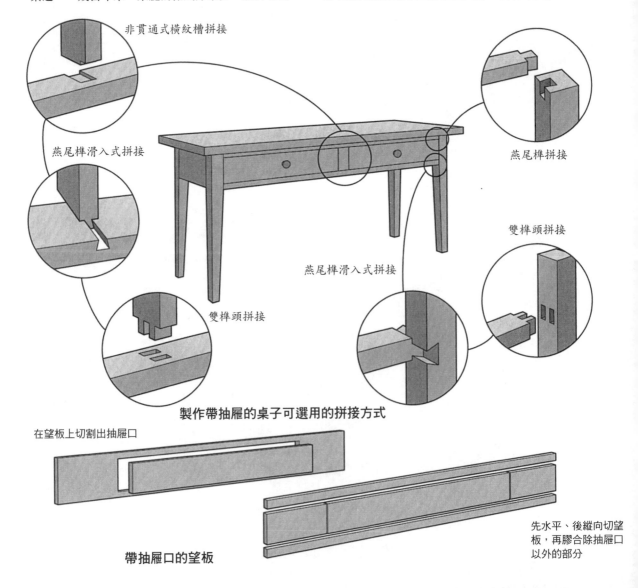

非貫通式橫紋槽拼接

燕尾榫滑入式拼接

雙榫頭拼接

燕尾榫拼接

雙榫頭拼接

燕尾榫滑入式拼接

製作帶抽屜的桌子可選用的拼接方式

在望板上切割出抽屜口

帶抽屜口的望板

先水平、後縱向切望板，再膠合除抽屜口以外的部分

稜將其做成倒角的樣式可以使桌腿看起來更輕盈，在桌腿上做凹槽紋飾、小凸嵌線和其他裝飾會使其更具吸引力。

漸細式桌腿

　　將桌腿做成漸細的樣式解決了桌腿設計中的一個基本問題：如何既能使桌腿看起來勻稱、漂亮，又能使桌腿上部足夠大，足以容納望板上的榫頭。

　　通常的做法是從連接望板處開始做漸細處理，直到桌腳。漸細的幅度可大可小，可以只對桌腿內側面做漸細處理，也可以對桌腿的四個面都做漸細處理。鏟形桌腳是這樣製作的：先對桌腳的四個面都做漸細處理，然後以更大的角度、更大的幅度對望板到桌腳之間的桌腿做漸細處理，如75頁圖所示。

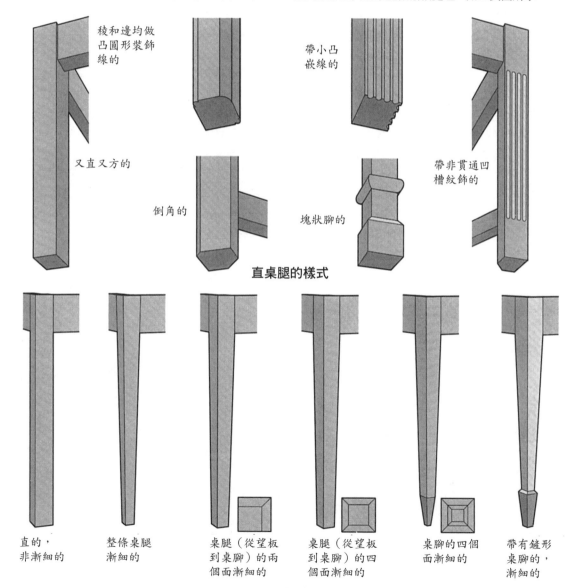

稜和邊均做凸圓形裝飾線的

帶小凸嵌線的

又直又方的

倒角的

塊狀腳的

帶非貫通凹槽紋飾的

直桌腿的樣式

直的，非漸細的

整條桌腿漸細的

桌腿（從望板到桌腳）的兩個面漸細的

桌腿（從望板到桌腳）的四個面漸細的

桌腳的四個面漸細的

帶有鏟形桌腳的，漸細的

漸細式桌腿的樣式

漸細式桌腿被廣泛用於聯邦式、震顫派式和鄉村式等風格的家具。

車旋桌腿

車旋桌腿在造型和裝飾上的樣式都十分豐富。使用車旋工藝可以將整條桌腿或部分桌腿做成漸細的樣式；可以將桌腿做成各種形狀，比如球形、線軸形、外環形、內凹形、杯形和花瓶形等等。車旋好後還可以在桌腿上做小凸嵌線或凹槽紋飾。無論你想將桌腿做成何種樣式，都要在車旋之前把桌腿上的榫眼做好。

使用車旋工藝製成的桌腿最能體現家具的風格特點。比如威廉——瑪麗式家具有對稱的花瓶形桌腿和帶凸圓形裝飾線的桌腿，聯邦式家具則有漸細的、帶凹槽紋飾的桌腿和極具特色的桌腳。

卡布里腿

在所有樣式的桌腿中，卡布里腿可能是最具特色、最為優雅且功能最為多樣的一種桌腿。這種桌腿最早主要出現在安妮女王式和齊本德爾式（略遜於前者）家具中，但它已被家具設計者、家具製作者和家具廠改造得適應了大多數風格的家具（常常越改越差）。

起初，卡布里腿也和其他部件一樣，是家具製作者純手工製作的，先將一塊木料鋸成卡布里腿特有的形狀，再手工雕刻。技藝高超的家具製作者仍在延續這一傳統，但家具廠則使用大型機器製作，每天可製作數千條卡布里腿。曲線不複雜的桌腿也可以車旋出來。

不同的卡布里腿在彎曲度、形狀、尺寸和其他許多細節上有所不同。安妮女王時代的家具製作者們製作的卡布里腿苗條、曲線優美，但不太結實；而沒過多少年，齊本德爾時代的家具製作者們製作的卡布里腿就變得短粗而敦實了。

甚至卡布里腳也有多種樣式，如第77頁圖所示。18世紀家具的修復者和收藏者正是透過觀察桌腳的細微差別來辨別它們出自哪位家具製作者之手的。多數卡布里腿的桌腳，特別是球爪腳的製作需要極高的工藝水平。

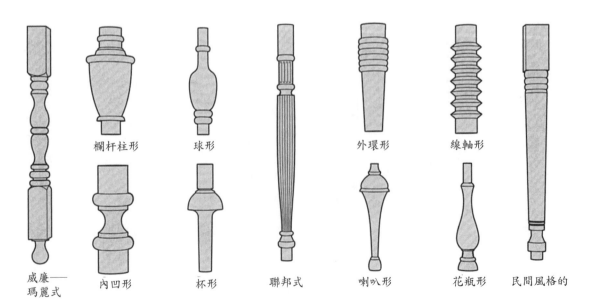

威廉——瑪麗式　　欄杆柱形　　內凹形　　球形　　杯形　　聯邦式　　外環形　　喇叭形　　線軸形　　花瓶形　　民間風格的

車旋桌腿的樣式

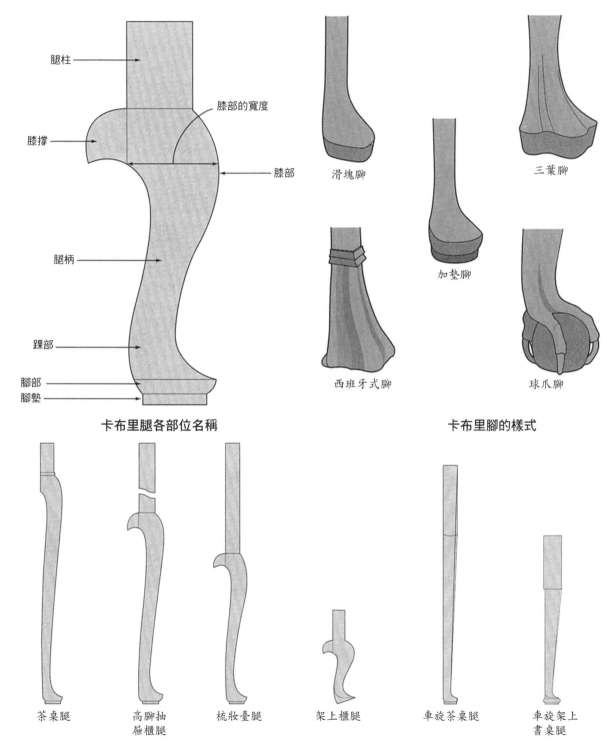

腿柱

膝撐

膝部的寬度

膝部

腿柄

踝部

腳部

腳墊

滑塊腳

三葉腳

加墊腳

西班牙式腳

球爪腳

卡布里腿各部位名稱

卡布里腳的樣式

茶桌腿

高腳抽屜櫃腿

梳妝臺腿

架上櫃腿

車旋茶桌腿

車旋架上書桌腿

卡布里腿的樣式

桌面

如果一位木工跟你說他曾經用一整塊實木板做了桌面，那我告訴你這是木工版大魚的故事。

漁夫會誇大他的漁獲所供養的人數，而木工會吹噓製作桌面是多麼容易，不用上膠，不用夾緊，拿螺釘一擰就行了。

但如果你閱讀了本書前面「木材形變」這一節的內容，你就會知道，每一塊木板，即使是比較寬的木板，也會因季節變化而膨脹和收縮。而木材一旦收縮或膨脹了，就易於發生杯形形變、弓形形變和扭曲。因此，即使是用一整塊木板做桌面，我們也不能掉以輕心。

➤ 木材形變

受空氣濕度變化的影響，木材會沿垂直於紋理的方向膨脹或收縮，但在與紋理平行的方向形變幅度很小。因此，一張桌面，無論它是由一整塊木板做成的還是由幾塊木板邊對邊膠合拼接而成的，都將發生一定幅度的形變。形變量最大可達⅜吋（0.95cm），具體形變情況取決於木材的種類和桌面的寬度。

木材形變對家具的外觀和結構都會產生影響。對外觀的影響是指，經過一段時間（比如一年）桌面的尺寸和形狀會發生變化。如果空氣濕度持續較低，一個原本圓形的桌面會沿垂直於木材紋理的方向收縮成橢圓形的。如果是一張較大的桌子，這種變化可能不那麼明顯；但如果是一張小桌子，這種變化就相當明顯了。

一張長方形的大桌面，特別是大幅超出桌架的桌面，可能出現輕微的杯形或弓形形變，桌面的端部也可能變成波浪形。傳統的預防措施是做案板頭，即在桌面端部分別加裝一根木條。

這種方法的確能保持桌面平整，但依然存在問題。案板頭和桌面端部的拼接處會因木材形變而發生變化：當空氣濕度大的時候，桌面會因膨脹而超出案板頭；當空氣濕度小的時候，桌面會因收縮而使案板頭兩端突出。

木材膨脹或收縮對桌子結構的影響非常明顯，如第79頁圖「木材形變造成的結構性問題」所示。如果桌面被牢牢地固定在桌腿──望板結構的桌架上，可能會出現以下幾種情況：木材膨脹時桌面彎曲，木材收縮時桌面開裂，此外桌架的拼接處也會受損。

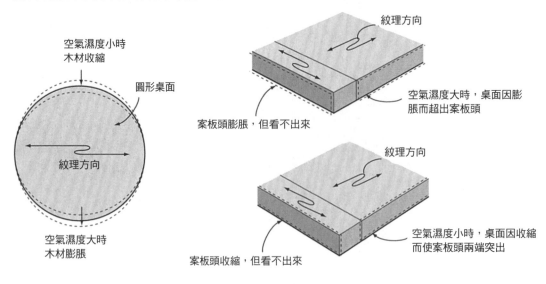

紋理方向

空氣濕度小時
木材收縮

圓形桌面

紋理方向

空氣濕度大時
木材膨脹

案板頭膨脹，但看不出來

空氣濕度大時，桌面因膨脹而超出案板頭

紋理方向

案板頭收縮，但看不出來

空氣濕度小時，桌面因收縮而使案板頭兩端突出

木材形變造成的外觀問題

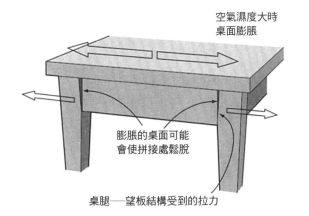

空氣濕度大時
桌面膨脹

膨脹的桌面可能
會使拼接處鬆脫

桌腿——望板結構受到的拉力

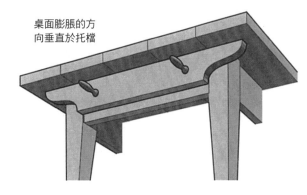

桌面膨脹的方
向垂直於托檔

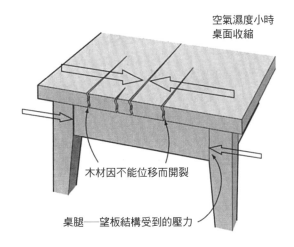

空氣濕度小時
桌面收縮

木材因不能位移而開裂

桌腿——望板結構受到的壓力

木材形變造成的結構性問題

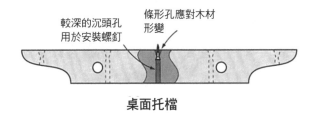

較深的沉頭孔
用於安裝螺釘

條形孔應對木材
形變

桌面托檔

▶ 保持桌面平整

製作桌面的第一要務是在不對桌面結構造成損害的前提下保持桌面平整。

製作支架桌或酒館桌的時候，保持桌面平整的方法通常是在桌面的底面用螺釘加裝托檔。托檔有時還能起到連接桌面和支架或桌腿的作用，這時其長度通常要加倍。無論托檔有多長，安裝時必須將螺釘擰入托檔上的條形孔內而不是很緊的導航孔內，以應對形變的情況。

安裝案板頭

另一種保持桌面（或其他面板，比如寫字檯的活動桌面）平整的方法是安裝案板頭。首先要確保案板頭本身絕對平整，然後把它仔細地安裝到桌面的端部，安裝時要考慮到木材可能出現的形變。因為案板頭蓋住了桌面的端面紋理，所以還能起到減小膨脹或收縮幅度的作用。另外，減少端面紋理的外露也有助於改善桌子的外觀，因為端面紋理與長紋理不一樣。

拼接案板頭的方式多種多樣，最初的方法是直接用釘子將案板頭釘在桌面的端部。釘子作為緊固件效果好得出人意料，它使拼接處留有一定的形變空間，同時又有很好的固定效果。

比釘釘子複雜一些的方法是採用舌榫——順紋槽拼接，拼接時只在舌榫的中部塗膠，這可能是最常用的拼接案板頭的方式了。這種拼接可以是全透式的或全隱式的，我們甚至還可以用螺釘來加固，如第80頁圖所示。

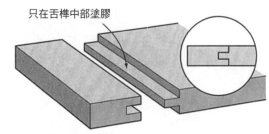

只在舌榫中部塗膠

全透式舌榫——順紋槽拼接

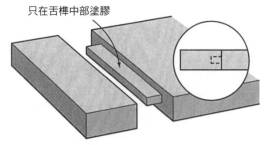

只在舌榫中部塗膠

全隱式舌榫——順紋槽拼接

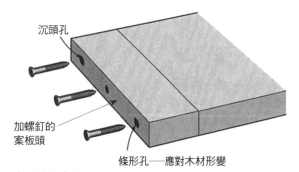

沉頭孔

加螺釘的
案板頭

條形孔——應對木材形變

透過螺釘連接

舌榫——順紋槽拼接

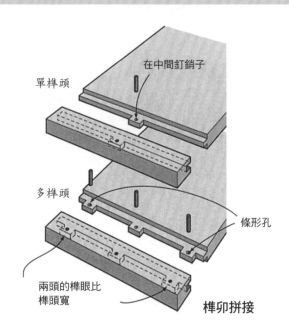

單榫頭

在中間釘銷子

多榫頭

條形孔

兩頭的榫眼比
榫頭寬

榫卯拼接

幾百年前,家具製作者們有時會採用更為複雜的方法一榫卯拼接一來拼接案板頭。他們在簡單的舌榫——順紋槽拼接的基礎上加做榫頭和榫眼,將兩側的榫眼做得比榫頭寬以應對木材形變。然後在中間的榫頭上釘一根銷子,或者在每個榫頭上都釘上銷子,這樣案板頭就完全固定在桌面端部了。

使用燕尾榫滑入式拼接也可以將案板頭與桌面拼接在一起,拼接時即使不使用膠水,也能很好地應對木材形變的情況。在拼接處的中間釘一根銷子可以防止案板頭滑動。

斜切拼接的案板頭多用在寫字檯的活動桌面或一些小而正式的桌子上,它的優點是能夠隱藏所有的端面紋理。

斜切有兩種做法,第一種效果很好,第二種效果沒有第一種好。第一種方法是只在案板頭的一端斜切,然後將其正確地裝到桌面上(詳見第81頁圖),這樣就能為桌面的形變留出餘地,這種方法非常有效。第二種方法是在實木桌面的四周都裝上斜切過的木條,這麼做一開始成品比較美觀,但時間一長,斜切拼接處最終都將開裂或壞掉。當桌面

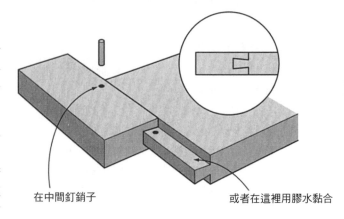

在中間釘銷子

或者在這裡用膠水黏合

燕尾榫滑入式拼接

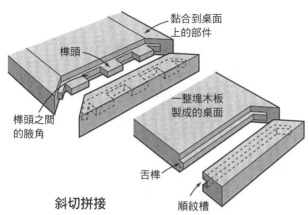

斜切拼接

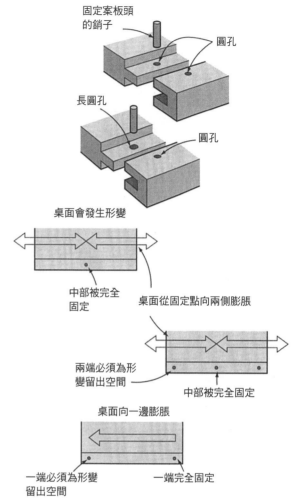

使用銷子拼接案板頭

收縮時，案板頭的兩端就會突出，這將使案板頭的各條斜切邊都承擔巨大的壓力。

使用銷子拼接案板頭時，既要將銷子牢牢釘在桌面端部，又要考慮到桌面可能出現的膨脹或收縮的情況。如果在拼接處中間開一個圓孔並釘上銷子，木材向案板頭兩端的膨脹不會受到阻礙，如右圖「使用銷子拼接案板頭」所示。如果銷子釘在拼接處的兩端，則容納銷子的孔必須是長圓孔，這樣才能應對木材的形變。要確保案板頭的一端一直與桌面邊緣平齊，可以在案板頭的一端透過圓孔釘一根銷子，另一端則透過長圓孔釘一根銷子，這也是一種可行的方法。

連接桌面與望板

幾百年前，家具製作者們會用木塊來連接桌面和桌架，具體做法就是用膠水把木塊牢固地黏在桌面和望板之間。然而，這種方法沒有考慮到桌面的膨脹和收縮，因此在各種應力的作用下，桌子最終會翹曲或開裂。我們應該吸取這些教訓。

現在還有一種與此十分類似的方法，就是先將木塊或木條用螺釘固定到望板上，再將螺釘穿過它們，使它們固定在桌面上。這也不是一種好方法，除非螺釘孔是條形孔，並且走向與桌面紋理垂直。

操作時，先用螺釘或膠水將木塊固定在望板上，然後將螺釘透過木塊上的條形孔擰入桌面。在木塊（橫紋理）的中間還應有一個固定用的導航孔，它

的孔徑必須與螺釘直徑相匹配。木塊中間的螺釘是用來固定桌面的，所有形變都發生在該螺釘的兩側。

你可以使用一種類似的方法，用螺釘將桌面直接安裝在望板上。使用這種方法時，你無須在望板上開條形孔，只要簡單地鑽一個大一些的或加長的沉頭孔，使螺釘頭能在孔中間移動就可以了，如下頁圖「使用螺釘直接連接桌面與望板」所示。望板的寬度不同，導航孔的方向也有所不同，可以是豎直的，也可以是傾斜的，並做出螺釘穴。

還有一種連接桌面與望板的方法，也無須開條形孔。「木扣」也被稱作木工扣，是從帶搭口的長木件

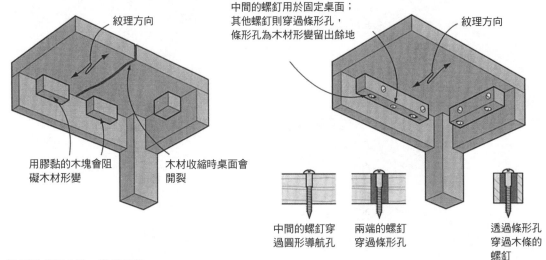

紋理方向

中間的螺釘用於固定桌面；
其他螺釘則穿過條形孔，
條形孔為木材形變留出餘地

紋理方向

用膠黏的木塊會阻
礙木材形變

木材收縮時桌面會
開裂

中間的螺釘穿
過圓形導航孔

兩端的螺釘
穿過條形孔

透過條形孔
穿過木條的
螺釘

無論採用哪種方法，導航孔的
走向都要與桌面紋理垂直。

使用木塊或木條連接桌面與望板

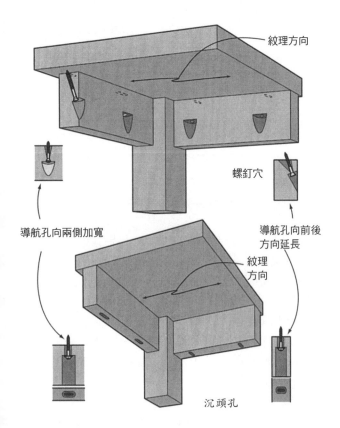

紋理方向

螺釘穴

導航孔向兩側加寬

導航孔向前後
方向延長

紋理
方向

沉頭孔

使用螺釘直接連接桌面與望板

上切下的木塊。操作時，在望板的內側開順紋槽，而木扣的榫舌會沿著順紋槽滑動或者進出。如第83頁圖「使用木扣連接桌面與望板」所示。市面上還有作用相似的金屬桌面緊固件。

▶ 尺子拼接

尺子拼接多用於帶有活動桌板的桌子上。它是一種比較特別的拼接方式，使用了鉸鏈，拼接後家具不是固定的。因與傳統的木工折疊尺所用的拼接方式相似，這種方法被稱為「尺子拼接」。

操作時，要將拼接處固定桌板的一條邊製成圓弧形的，並將與其相連的活動桌板的一條邊製成相匹配的內凹形的，然後將一種特製的、一邊長一邊短的鉸鏈裝入固定桌板和活動桌板底面開出的榫槽裡。

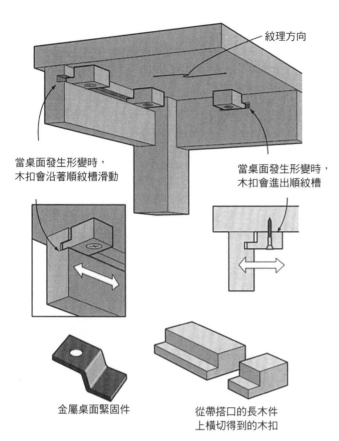

紋理方向

當桌面發生形變時，
木扣會沿著順紋槽滑動

當桌面發生形變時，
木扣會進出順紋槽

金屬桌面緊固件

從帶搭口的長木件
上橫切得到的木扣

使用木扣連接桌面與望板

翻起桌板後，固定桌板和活動桌板之間會有一道
很小的接縫。如果兩塊桌板匹配得很好，內凹邊的
端頭就會搭在圓弧邊的折角處，這樣可以減小鉸鏈
受到的力。放下桌板後，活動桌板的那條邊會略微
超出固定桌板的底面，所以我們看不到兩塊桌板之
間的空隙。為了防止桌板在收放的過程中被卡住，
固定桌板邊緣底部的圓弧弧度要小一點兒。

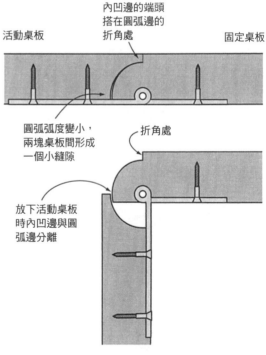

活動桌板

內凹邊的端頭
搭在圓弧邊的
折角處

固定桌板

圓弧弧度變小，
兩塊桌板間形成
一個小縫隙

折角處

放下活動桌板
時內凹邊與圓
弧邊分離

尺子拼接

櫃體結構

櫃體製作可以說是一種製作箱子的科學和藝術。對木工來說,任何一種合圍的結構,比如有蓋或無蓋的箱子、有抽屜或門的櫃子,甚至前後都是開放式的書架,都屬於櫃體結構。當然,我們通常認為櫃子是大型家具,跟廚櫃①、大抽屜櫃或者大箱子一樣,但實際上抽屜也是一種櫃體結構。

如何製作櫃體?櫃體有許多種類和製作方法,如下圖所示。選擇一種櫃體結構時,木工要考慮的因素有製作難度、外觀、成本、重量、強度和耐用性等。

在膠合板(以及其他人造板,如刨花板和中密度纖維板)出現之前,櫃體都是用實木製作的,製作時木工主要考慮的問題是如何應對木材的形變。

實木櫃體看起來可能是最漂亮的,但從木材形變方面來說,它也是最麻煩的。製作實木櫃體時你可能犯的最大錯誤是使相拼接的兩個部件的紋理互相垂直。第85頁圖「紋理垂直造成的結構問題」向我們展示了三種情況,在每一種情況中,紋理相互垂直都會導致一塊寬板開裂。

之前,解決上述問題的最佳方法是採用框板結構,用這種方法可以製成最牢固的實木櫃體。但膠合板把這一切都改變了,因為它既具有實木的美觀性,也具有框板結構的穩固性。

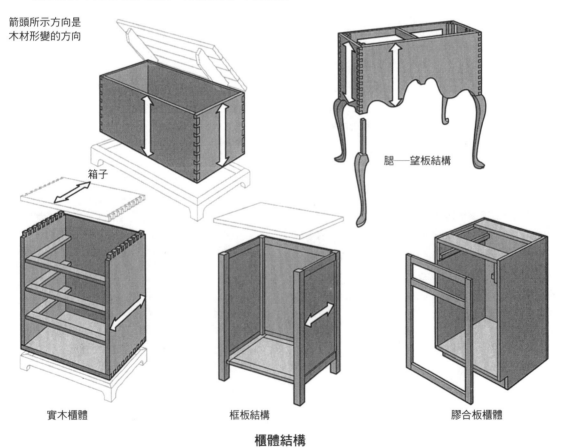

箭頭所示方向是木材形變的方向

箱子

腿——望板結構

實木櫃體　　　　框板結構　　　　膠合板櫃體

櫃體結構

---

①在本書中,廚櫃特指安裝在廚房裡的櫃子,多為組合式的;而櫥櫃是一大類櫃子的統稱,包括廚櫃、哈奇櫃、邊櫃、書櫃等。

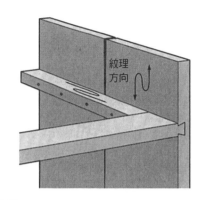

紋理方向

紋理方向

紋理方向

紋理垂直造成的結構問題

➤ 製作箱子

　　製作箱子的方法很多，很難說哪一種是最基本的方法。箱子做何用途，用哪種木材製作，外觀應該是什麼樣的，甚至木工的技術水平等等，都是影響箱子製作的重要因素。

　　櫃體最基本的形式是無蓋的箱子，它由4塊側板和1塊底板組成，透過適當的方式拼接而成（參見第27頁「櫃體拼接」）。

　　下圖「箱子的拼接」向我們展示了六板箱和幾種效果很好的櫃體拼接方式，前者是透過燕尾榫（全透式拼接）組裝起來的，這是一種最為經典的櫃體拼接方式。櫃體可以是一個小抽屜，也可以是一個大箱子，甚至可以是諸如梳妝臺上用到的腿——望板結構。但每一種櫃體製作時的要點都一樣，即無論如何都要保證所有側板的紋理走向相同，這樣當側板邊對邊拼接在一起的時候，它們的形變方向將一致。

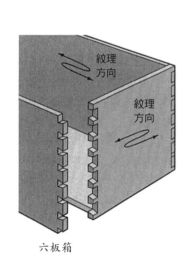

紋理方向

紋理方向

六板箱

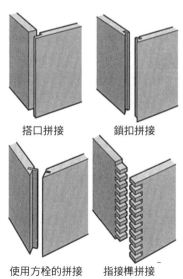

搭口拼接　　　　鎖扣拼接

使用方栓的拼接　　指接榫拼接

可用的拼接方式

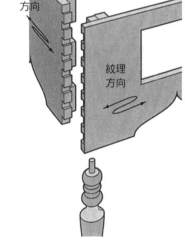

紋理方向

紋理方向

箱子的拼接

櫃體的製作

製作櫥櫃或抽屜櫃時又會遇到新問題。現在的櫃體是端面著地豎直放置和前後開放的,如下圖「櫃體的拼接」中的「基本櫃體」所示。在基本櫃體的基礎上加裝一扇門、一塊背板和一個底座,它就成了一個櫥櫃。

用實木板製作櫃體無疑是最古老的方法。由於各櫃體的寬度和所用木材的特性不同,櫃體各部件可能是一整塊實木板,也可能是由幾塊邊對邊膠合起來的木板組成的寬板。有一點我們要記住,膠合而成的寬板與寬度相同的整塊木板的膨脹和收縮幅度是相同的。

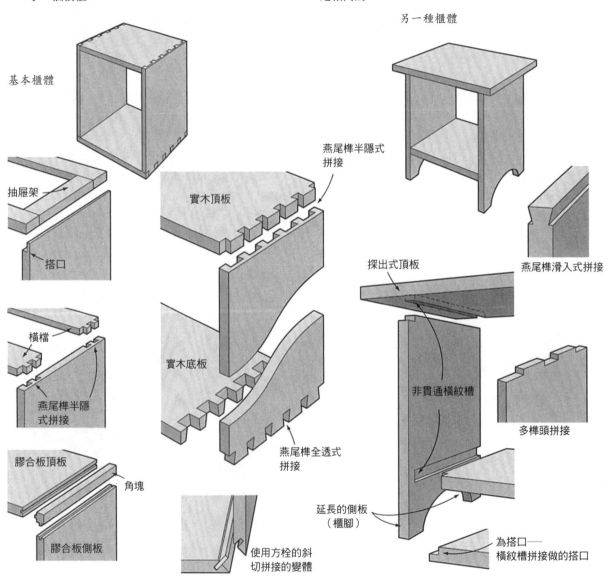

櫃體的拼接

對實木櫃體來說，側板、頂板和底板的紋理必須一致，各部件以端對端的方式拼接。理想的櫃體拼接要求拼接處既有良好的機械強度，又有較大的膠合面。透過燕尾榫拼接的家具是非常牢固的，有經驗的木工可以很快地做出燕尾榫，且規避實木家具製作中易出問題的橫紋理。當然，我們也可以使用其他方式拼接櫃體。

今天的木工更喜歡用膠合板或者中密度纖維板來製作櫃體，因為相比實木，人造板的穩定性更好，但這並沒有從根本上改變基本櫃體的製作方法。當然，與用實木相比，用人造板製作櫃體在方法上也有一定的改變，但這些改變主要體現在一些部件的製作上，比如抽屜滑軌和裝飾線等的組裝方法。第86頁的圖向我們展示了兩種拼接方式（斜切拼接和使用角塊的拼接），用它們都可以隱藏人造板的邊緣。當然，還有其他管用的方式。

櫃體的結構是非常靈活多變的，以至於有的櫃體看起來都不像箱子，如第86頁圖「另一種櫃體」所

示。側板可能超出底板（或頂板），頂板（或底板）也可能超出側板。第86頁的圖還展示了一些適用於這些櫃體的最常見的拼接方式，詳細內容請參閱「櫃體拼接」一節。圖「另一種櫃體」所展示的頂板既是一種結構性部件，也起到裝飾作用。

如果不需要或不想用實木頂板，可以用橫檔或者抽屜架代替，如下圖所示。它們都可以透過燕尾榫拼接、搭口拼接或者搭口──橫紋槽拼接連接到櫃體側板上。

框板結構的櫃體

採用框板結構是一種絕佳的方法，能做出非常牢固的櫃體，即使各部件全使用實木製作也沒有問題。

在確定採用這種結構前，我們還是要考慮其他結構的櫃體，進行對比和權衡。這種結構充分利用了窄板的優勢，對一個較大的平面（比如衣櫃的側板）來說，框板結構把原本是一個整體的平面分成了幾個相對較小的平面，這樣一來成品外觀將有所改善。

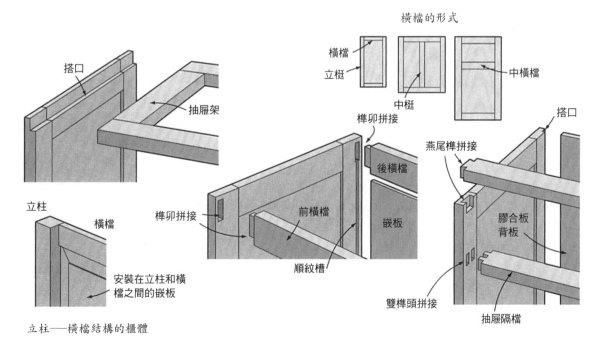

框板結構櫃體的拼接

88

但是製作框板耗時較長，而且跟類似的實木櫃體或膠合板櫃體相比更重。

製作框板的基本要點我們將在第94頁「門」這一節中詳細介紹，第87頁圖「框板結構櫃體的拼接」向我們直觀展示了將框架和嵌板組合成櫃體的方法。

▶ 分隔箱子

一個開口的、沒有分隔的箱子還算不上一件完工的家具，它還得有門、擱板或者抽屜。家具的正面可以裝上正面框架。

安裝擱板的典型方法是將其插入開在側板上的橫紋槽中，當然我們也可以使用其他的拼接方式。在廚櫃或碗櫥中安裝活動擱板的做法已出現數百年，但五金件的使用使製作活動擱板變得更加容易。在第295頁的圖「支撐可調節擱板的不同方法」中有這兩種方法的詳細介紹。

「門」這一節介紹了許多製作和安裝門的方法。

類似地，第104頁「抽屜」這一節介紹了各種製作和安裝抽屜的方法。很多方法要求木工在製作櫃體的時候就要考慮安裝抽屜的問題。要在一個開口的櫃體裡安裝抽屜，如果使用五金件的話很容易，但是五金件相當昂貴。而且，這種方法基本上僅限於用在廚櫃和類似的固定在牆面上的家具上。在大多數廚櫃或碗櫥之類的、我們認為的「真正的家具」用的還是傳統的方法，使用抽屜隔檔或抽屜架將櫃體分隔，為每一個抽屜留出空間。

抽屜隔檔：隔檔不僅能將多個抽屜分隔開來，還有助於保持櫃體側板豎直且互相平行。想讓隔檔起到這兩個作用，就需要在設計櫃體的時候考慮到它們並在製作櫃體時製作出隔檔。

將抽屜隔檔拼接到側板上的方法很多，具體參見右圖「抽屜隔檔的拼接」。

橫紋槽拼接和搭口——橫紋槽拼接操作起來容易，且適用於所有結構的櫃體（如實木櫃體、膠合

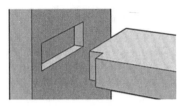
非貫通式橫紋槽拼接

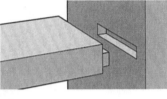
全隱式搭口橫紋槽拼接

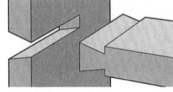
燕尾榫全透式拼接

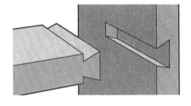
燕尾榫半隱式拼接

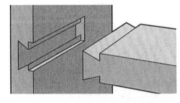
帶肩的燕尾榫半隱式拼接

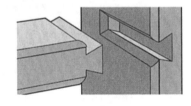
斜肩燕尾榫半隱式拼接

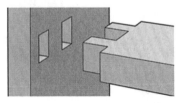
雙榫頭拼接

抽屜隔檔的拼接

板櫃體和框板結構的櫃體）。橫紋槽可以做成貫通的（會在正面露出舌榫），但一般都是不貫通的。如果是後者，就要將隔檔上與之相應的角切掉。這種拼接基本上不能承受拉力。從理論上講，這樣拼接的櫃體側板可能會向外鼓，拼接處容易鬆脫。

各種燕尾榫拼接都能很好地承受拉力，提供一種機械性抵抗力，以防側板向外鼓。

一種非常適合拼接膠合板櫃體和實木抽屜隔檔的現代方法是雙榫頭拼接。這樣拼接的木板上的榫眼是隔開的，這對櫃體表面飾面薄板的破壞比較小。設計需要的話，榫眼也可以做成貫通的，拼接後在榫頭上楔上楔子就行了。

抽屜滑軌：要支撐抽屜，就要用到抽屜滑軌，抽屜滑軌與側板的紋理必須是相互交叉的。如果沒有考慮到側板的膨脹和收縮，那麼裝好後抽屜滑軌會引起側板開裂或翹曲。

製作實木櫃體的時候，可在下圖中選用一種合適的方法。除下圖中右上角的方法，其他方法都要求

將滑軌安裝在較淺的橫紋槽中。橫紋槽拼接處需要承擔抽屜的重量，使用緊固件是為了確保滑軌始終位於橫紋槽中。

如果滑軌是安裝在框板結構上的，木材形變的情況會不太一樣。如果不打算將滑軌黏到嵌板上，那麼可以在滑軌的邊緣塗膠並將滑軌拼接到側板的橫檔上，或者將滑軌插入立梃（組裝在側板上）上的橫紋槽裡並塗膠，還可以將滑軌插入抽屜隔檔上的榫眼裡並黏到後面的立梃上。

抽屜架：在很多情況下，抽屜隔檔和滑軌就能夠組成一個完整的框架結構。前後有橫檔（抽屜隔檔），兩側有滑軌的框架結構，通常被叫作「抽屜架」。抽屜架的製作和組裝也有很多種方法。90頁上圖展示了3種可行的製作和組裝抽屜架的方法。抽屜架各部件之間的拼接通常不使用膠水，但整個抽屜架與櫃體的連接會用到膠水。

在大多數情況下，滑軌要比前後橫檔的間距略短，大約短⅛吋（0.32cm），這樣滑軌和後橫檔之

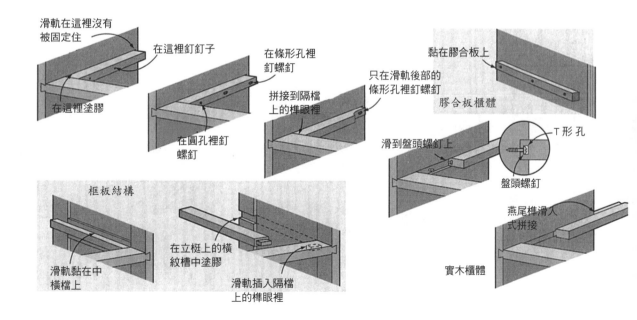

滑軌在這裡沒有被固定住

在這裡釘釘子

在這裡塗膠

在圓孔裡釘螺釘

在條形孔裡釘螺釘

拼接到隔檔上的榫眼裡

只在滑軌後部的條形孔裡釘螺釘

黏在膠合板上

膠合板櫃體

滑到盤頭螺釘上

T形孔

盤頭螺釘

框板結構

滑軌黏在中橫檔上

在立梃上的橫紋槽中塗膠

滑軌插入隔檔上的榫眼裡

實木櫃體

燕尾榫滑入式拼接

抽屜滑軌的結構

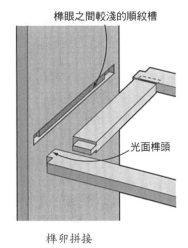

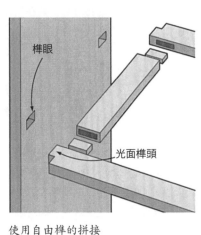

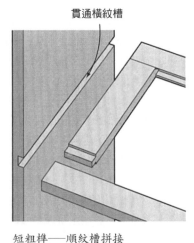

榫卯拼接　　　　　　　　　　使用自由榫的拼接　　　　　　　短粗榫——順紋槽拼接

抽屜架的結構

間就有一個小間隙，以應對側板收縮的情況，否則側板收縮時橫檔會被頂出去。

　　防塵板：為了確保抽屜裡所放物品乾淨整潔，木工們經常在抽屜架上加裝防塵板。下圖向我們展示了幾種組裝防塵板的方法。在膠合板出現之前，製作防塵板用的是實木板，後者身兼二職，既是防塵板又是滑軌。現在製作防塵板通常用的是膠合板或其他人造板，將它們組裝到抽屜架裡即可。

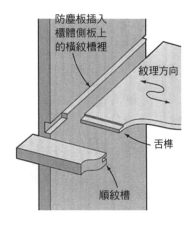

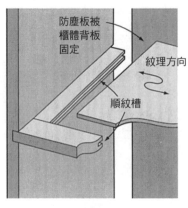

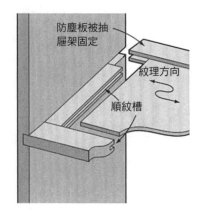

防塵板

正面框架

　　正面框架由橫檔和立梃組成，位於櫃體的正面，起美化櫃體並劃分櫃體空間的作用。

　　當然，不是所有的櫃體都有正面框架，但大多數廚櫃都有。對這類櫃子來說，正面框架既是結構性部件，又使櫃子非常漂亮。正面框架有助於加固櫃體側板，而且櫃門是透過鉸鏈連接到正面框架上的。抽屜則在櫃體側板上的滑軌上滑動，它的滑動跟正面框架無關。正面框架的主要功能是作為櫃體的門面。

　　右圖向我們展示了一個基本的正面框架，以及拼接正面框架時可用的各種方式。因為正面框架是永久貼附在櫃體上的，而且受力很小，所以我們選擇拼接正面框架的方式時一般主要考慮的是製作的難易程度，而不是拼接強度。我們可以用膠水將正面框架黏到櫃體上，也經常使用餅乾榫以便正面框架和櫃體對齊。

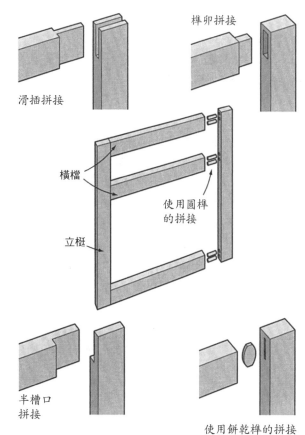

滑插拼接

榫卯拼接

橫檔

使用圓榫的拼接

立梃

半槽口拼接

使用餅乾榫的拼接

正面框架的結構

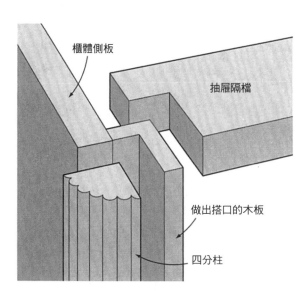

櫃體側板

抽屜隔檔

做出搭口的木板

四分柱

四分柱的結構

四分柱

　　使用四分柱可以使櫃子美觀、醒目。四分柱其實就是一根車旋的柱子的四分之一。你可以先將木材車旋成圓柱形的柱子，再在柱子上做小凸嵌線（或凹槽紋飾），然後將它縱向一分為四。在櫃體側板與正面框架或抽屜隔檔相接的地方留出一個類似於壁龕的空間，然後在這個空間裡安置四分柱。四分柱讓側板看起來更厚實也更有趣。

　　如左圖所示，在一塊木板上做出搭口，然後將這塊木板以邊對面的方式黏到櫃體側板上，這樣就形成了安置四分柱的空間，將四分柱黏到這個地方就可以了。如果還要安裝抽屜，抽屜隔檔和側板之間的拼接就要做得更精緻一些。

▶ 安裝背板

沒有背板的櫃體是不完整的。背板能夠封閉櫃體，為櫃體提供支撐以防其變形，偶爾也能支撐抽屜滑軌或擱板。

就美觀而言，不同的家具對背板的要求不同。對一個封閉的廚櫃來說，背板是純實用性的，美觀對它來說意義不大或者說根本沒有意義；而一個書櫃或展示櫃的背板的正面是能被看到的，因此需要做得美觀一些。少數櫃子的背板正面和背面都能被看到，因此這兩面都要做得比較美觀，這當然是可以實現的。

下面是幾種背板的製作方法。

實木背板：拼接背板時可以把板條直接用釘子釘到櫃體上，板條的走向可以是水平的，也可以是豎直的。粗糙一點兒的家具，其背板可能就是由板條簡單地邊對邊對接起來的；精細一點兒的家具，其背板板條不使用膠水黏在一起，而使用疊搭拼接或舌榫——順紋槽拼接的方式，這些拼接方式都考慮到了木材形變的情況。幾乎所有的實木背板都要插入側板上的搭口裡，有時還要插入頂板或底板上的搭口裡。如果是安裝、製作能被看見的背板，比如哈奇櫃或角櫃的背板，可以在板條的邊緣做凸圓形裝飾線或倒角處理。

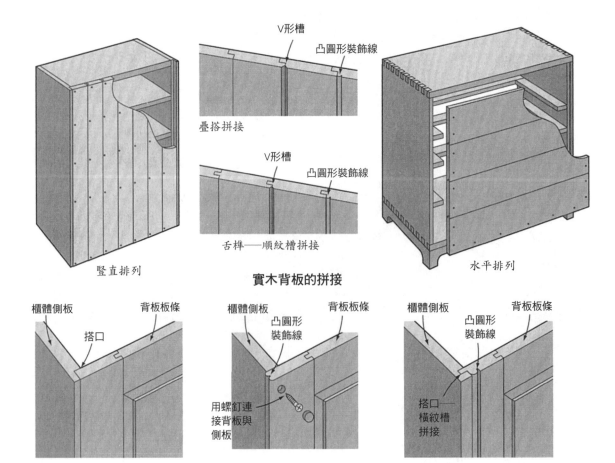

豎直排列

V形槽 凸圓形裝飾線
疊搭拼接

V形槽 凸圓形裝飾線
舌榫——順紋槽拼接

實木背板的拼接

水平排列

櫃體側板 搭口 背板板條

櫃體側板 凸圓形裝飾線 背板板條
用螺釘連接背板與側板

櫃體側板 凸圓形裝飾線 背板板條
搭口——橫紋槽拼接

框板結構的背板的安裝

框板結構的背板：框板結構的背板更結實，當然也更好看。因為製作起來更加費時，所以這種背板主要用於櫃體背面也要外露的家具，比如那些要放置在房間中央的家具。

第94頁「門」這一節中有關於框板結構的詳細介紹，第92頁圖「框板結構的背板的安裝」向我們介紹了幾種此類背板的安裝方法。

膠合板背板：今天我們通常使用膠合板製作背板。膠合板背板堅固、穩定、方便製作、便宜、輕便，從實用的角度來說是一種理想的背板。仔細安裝的話，用硬木膠合板製作的背板會非常漂亮。

下圖向我們展示了2種比較靈活的安裝膠合板背板的方法。

▶ 安裝頂板

如果頂板（即櫃子的臺面）與櫃體不是一體的，就需要將它安裝到櫃體上。因為安裝好的頂板常常超出櫃體的面板和側板，所以頂板的邊緣大多會做裝飾性處理，而且製作頂板所選用的木材也要美觀。

在大多數情況下，安裝櫃體頂板的方法與安裝桌面的方法相同，右圖向我們展示了4種好方法。

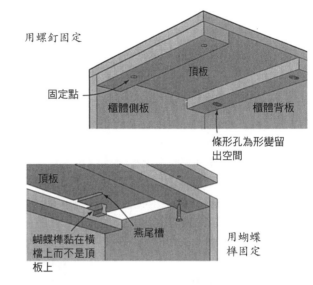
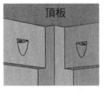

櫃體頂板的安裝

如果頂板是用螺釘固定在橫檔上的，那麼要在前橫檔兩端各開一個圓孔，然後用螺釘將頂板固定，這樣頂板與面板的相對位置就保持不變。背板一般是隱蔽的，所以頂板與背板的相對位置可以改變，以應對木材的形變，在後橫檔兩端各開一個條形孔並釘上螺釘即可。

18世紀的家具製作者發明了一種安裝頂板的方法——在後橫檔上使用蝴蝶榫。先在後橫檔上開一個燕尾槽，再用膠水將蝴蝶榫黏在燕尾槽裡，然後在頂板底面開出相匹配的燕尾槽。接著，將頂板滑插到蝴蝶榫上，無須塗膠。最後，用螺釘將頂板固定在前橫檔上。

螺釘也可以透過螺釘穴釘入側板、面板和背板，當然你也可以選擇使用木扣。

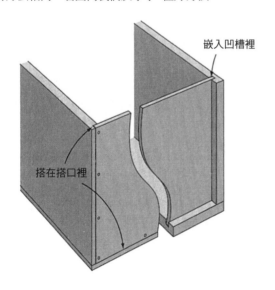

膠合板背板的安裝

門

門對家具來說只是一個簡單的部件，但我們對它的要求和期待卻甚高。門首先當然要美觀，其次在任何時候都要易於開關，此外還要保持平整、方正，不能鬆鬆垮垮的。當然，我們也不想聽到門上的嵌板和鉸鏈發出吱吱嘎嘎的聲音。

正常情況下，木工製作的門大多能夠滿足上述要求（少數幾扇不能滿足這些要求的門我們會記得很清楚）。儘管我們的要求很多，但門製作起來還是相對容易的，門的樣式相對較少，所需木材不多，適用的拼接方式也有限。

家具的風格通常決定了門的樣式和製作方法。例如，一件傳統的鄉村式家具，配上框板結構的門可能更好看；而簡潔、裝飾少的現代家具就需要一扇平齊的膠合板門。

設計和製作門的方法不止一種。你在設計一件家具時，在確定門的製作方法之前要先考慮櫃體和門如何搭配。

➤ 有關門的基礎知識

設計一件家具時從門的開關方式上打開思路是比較實際的，不要先為用材和拼接方式之類的事情冥思苦想。時機一旦成熟，你自然就知道用怎樣的木材和拼接方式製作門。

門的種類

在櫃體上安裝門的方法有很多，哪種方法最好取決於門的大小和櫃子的用途。側開門（用鉸鏈安裝在側板上的門）適用的櫃子最多，所以設計的時候我們應首先考慮這種門。

如果在特定的情況下，側開門不能滿足要求，我們則要考慮做其他樣式的門。比如說，對一個較寬且沒有中梃的櫃子而言，折疊門可能比一扇過寬的側開門（它肯定更重）更適合。如果櫃子前面的空間有限，那麼安裝推拉門可以解決這一問題。下翻門可以賦予門第二個功能——用作寫字板或櫃台臺面。對安裝在牆上的吊櫃來說，人們通常要站著將其打開，因此上翻門可能是最適合它的了。

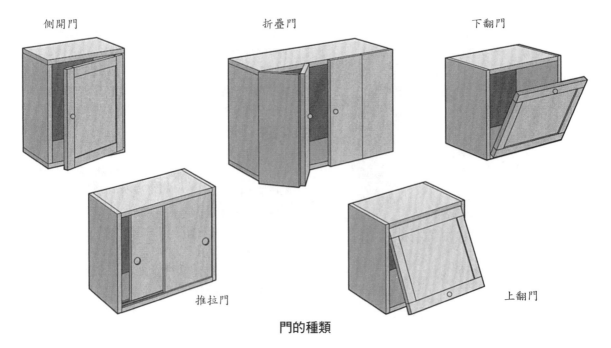

側開門　　　　　　　折疊門　　　　　　　下翻門

推拉門　　　　　　　上翻門

門的種類

門的相對位置

安裝時門與櫃體的位置關係也可以不同。如右圖所示，門可以是平齊式的（或內裝式的），也可以是疊壓式的，或者帶唇邊式的。這些基本的細節關係到家具的外觀、門的尺寸和五金件的選擇。

門的穩定性

穩定性也是木工製作門時要考慮的問題。要讓我們對門感到滿意，就要確保門開關起來不費勁且能關上。因此，門必須是平整的，由木材形變造成的變化要盡可能地小。如果門不穩定，冬天屋內供暖會使空氣變得非常乾燥，門就會鬆動；而在潮濕的夏天，門關起來會很緊或無法閉合。如果不穩定，門還會翹曲，組成門的各部件甚至可能鬆脫。

用膠水拼接實木板（或用一整塊實木板）製成的門容易在垂直於紋理的方向膨脹或收縮。幸虧有托檔。板條──托檔結構的門不像實木門那樣容易翹曲，但它在垂直於紋理的方向上仍然會發生形變。

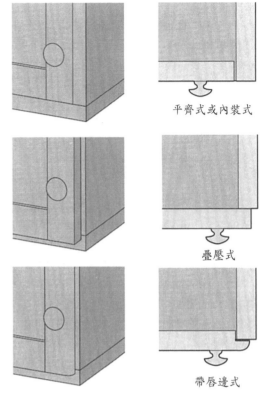

平齊式或內裝式

疊壓式

帶唇邊式

門的相對位置（俯視圖）

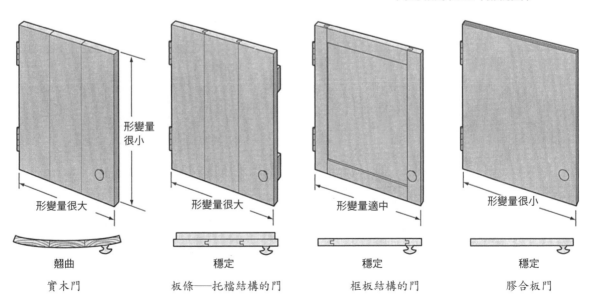

形變量很小

形變量很大　　翹曲　　**實木門**

形變量很大　　穩定　　**板條──托檔結構的門**

形變量適中　　穩定　　**框板結構的門**

形變量很小　　穩定　　**膠合板門**

門的結構及其穩定性

框板結構的門和膠合板門是最穩定的門。前者的形變僅限於嵌板，而嵌板被嵌在相對穩定的框架之中（參見第14頁的圖「框板結構」）。膠合板門的穩定性則源於材料本身的特性。

▶ 門的製作

其實門的製作方法並不多，外觀差別很大的門的結構可能非常相似。

板條──托檔結構的門

這是一種早期的門。做法是先將板條邊對邊對接，然後在板條上垂直地釘上一對托檔。板條與板條之間透過舌榫──順紋槽拼接的方式連接可防止門因木材收縮而出現縫隙。在舌榫的肩部做凸圓形裝飾線或倒角處理，可以改善門的外觀。

為了延長門的使用壽命，應在下圖「板條──托檔結構的門」中指示的位置用螺釘固定托檔，再用一根撐木將托檔之間的部分分割成兩個三角形，這樣可防止門變形。

實木門

只用實木無法做出穩定的門。無論是使用一整塊實木板還是由若干實木板條膠合而成的寬板，除非採用一些方法對其進行加固，否則門很容易翹曲。

一種加固方法是在靠近門兩端的位置各釘一根托檔，另一種方法是在門兩端安裝案板頭（參見第79頁「安裝案板頭」相關內容）。不管採用哪種方法，都要為木材沿垂直於紋理方向的形變留出餘地。

平齊門

平齊門是用人造板製成的，人造板包括膠合板、刨花板和中密度纖維板等。這些板材本身是穩定的，但使用不當也可能變形。比如說，只在板面（或底面）貼飾面薄板（或塑料層壓板），那麼由於各個面的濕度不均衡，板材很可能會翹曲。

膠合板特別適合製作平齊門，它相對較輕，而且對螺釘的握釘力比其他板材要好。膠合板需要封邊，第97頁圖展示了幾種封邊的方法。

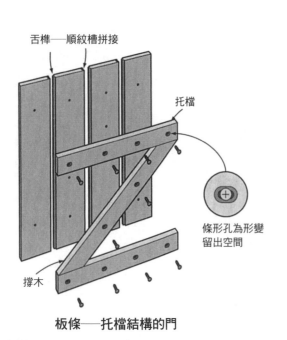

舌榫──順紋槽拼接

托檔

條形孔為形變留出空間

撐木

板條──托檔結構的門

托檔

案板頭

實木門

用封邊條封邊的
膠合板

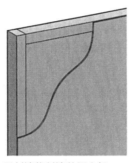

用封邊條封邊的膠合板，
飾面薄板蓋住了封邊條

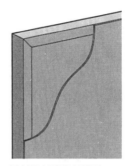

用斜切封邊條封邊的
膠合板，飾面薄板蓋
住了斜切封邊條

飾面薄板與斜切封邊
條不重疊的膠合板

平齊門

框板結構的門

採用框板結構是製作門的絕佳方法。如前所述，這種結構相對來說比較穩定，將框板結構的門與櫃體連接可選擇的方式非常多，而且我們有許多拼接框架和安裝嵌板的方法可以選擇。另外，這種門在外觀上也可以有多種變化，因為對框架做修飾性處理或者將裝飾線安裝到框架上都很容易，並且嵌板也有多種變化形式。

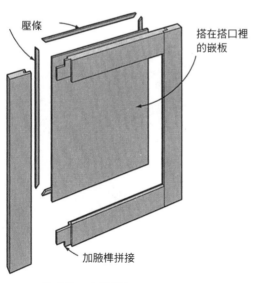

壓條

搭在搭口裡
的嵌板

加腋榫拼接

借助搭口安裝嵌板

嵌入順紋槽的嵌板

順紋槽在橫檔上是貫通的，
在立梃上不貫通

借助順紋槽安裝嵌板

框板結構的門

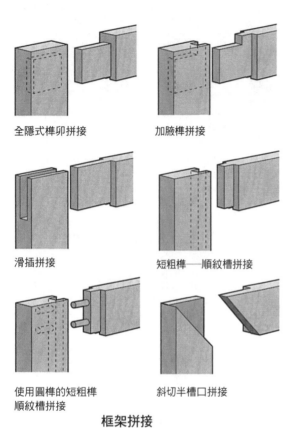

全隱式榫卯拼接　　　　加腋榫拼接

滑插拼接　　　　短粗榫──順紋槽拼接

使用圓榫的短粗榫
順紋槽拼接　　　　斜切半槽口拼接

框架拼接

　　97頁下圖「框板結構的門」告訴我們拼接框架的典型方式還是榫卯拼接，因為這樣做拼接強度最大。嵌板的安裝方法有兩種：一種是搭在搭口裡並壓上壓條，另一種是嵌入順紋槽中。框架的拼接和嵌板的安裝是影響門的基本要素。

　　上面所說的僅僅是製作門的最基本的方法，左圖「框架拼接」向我們展示了榫卯拼接的一部分變體形式以及斜切半槽口拼接，後者的拼接強度大到令人吃驚。

　　花式舌榫──凹槽拼接：這是現代應用廣泛的一種拼接方式，拼接處帶有裝飾邊。進行這種拼接時要用臺式電木銑或刨床進行加工。刀頭用的是配套的一對，先用一個刀頭削出凸邊（凸切）和順紋槽（框架的每個部件邊緣都要凸切）。再用另一個刀頭做出相對應的凸邊（凹切）和與順紋槽相匹配的短粗榫（只需在橫檔上凹切）。如果削得正確，各部件會拼接得很好，像給手戴上合適的手套一樣。

　　使用普通的銑刀甚至純手工對框架的所有部件做凸切處理也能達到同樣的效果，無須使用特製的刀頭。做好榫頭和榫眼之後，在拼接處對凸邊做斜切處理。

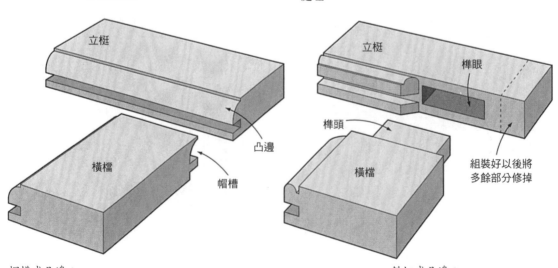

帽槽式凸邊：
用相匹配的一對刀頭做出帽槽──
凸邊的樣式

斜切式凸邊：
立梃和橫檔透過榫頭和榫眼連接，
凸邊處做斜切處理

帶凸邊裝飾的框架

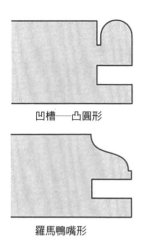

凹槽——凸圓形

凸邊弧形

拇指形

羅馬鴨嘴形

鴨嘴形

倒角形

常見的凸邊造型

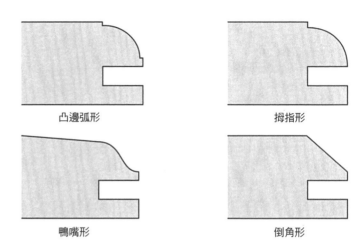

裝飾線貼裝
在搭口裡

上圖向我們展示了常見的凸邊造型的剖面圖，加工這些凸邊僅用帽槽——凸邊刀頭還不夠，比如說做凹槽——凸圓形樣式的凸邊時還得做斜切。

貼裝的裝飾線：還有一種對框架進行裝飾的方法，先把框架拼接好，然後在框架邊緣貼裝裝飾線，並對拼接處內角的裝飾線做斜切處理。用這種方法時，常常同時在框架上切割出能容納嵌板的搭口，而貼裝的裝飾線同時也可以固定嵌板。

另一種處理方法是在裝飾線上做出與框架邊緣相匹配的搭口，這樣的裝飾線被稱作凸嵌裝飾線。

貼裝裝飾線有一個很大的好處，那就是可以在組裝之前把嵌板做好，另外它也是製作只有一個框架（用於鑲嵌玻璃）的玻璃門的好方法。

嵌板的類型：製作鑲嵌在框架裡面的嵌板的方法有很多，選擇時必須綜合考慮所用的木材和門的結構。如第97頁圖「框板結構的門」所示，最簡單的就是做一塊又薄又平的嵌板，在¾吋（1.91cm）厚的框架上開順紋槽，然後將¼吋（0.64cm）厚的膠合板插入順紋槽中。這是製作簡單的櫃門的一種常用方法。

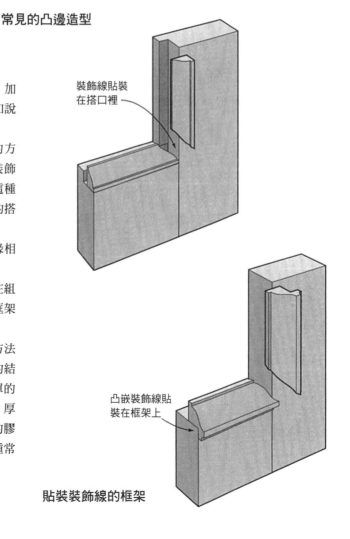

凸嵌裝飾線貼
裝在框架上

貼裝裝飾線的框架

如果製作嵌板所選用的木材較厚或是實木的，或者兩者兼備，可以把順紋槽開得寬一點兒，但更常用的方法是在嵌板上做搭口或者將嵌板邊緣削薄。從這裡我們就看到了木材的重要性。

如果嵌板是膠合板做的，那麼最好在嵌板上做搭口，這樣安裝時嵌板可以與框架平齊或比框架高（用裝飾線掩蓋接縫）。除非以後要在嵌板上刷漆，否則不要將嵌板邊緣削薄；而且即使以後刷漆嵌板也可能不平。

如果嵌板是實木做的，可以在嵌板上做搭口或將其邊緣削薄，可以只將嵌板一面的邊緣削薄，也可以將兩面都削薄。這裡沒有說具體要削得多薄，因為這取決於你所使用的刨床或電木銑刀頭的規格。

使用不同方法製作的框板結構的門外觀不同，但強度相當（除非膠合板嵌板是用膠黏在框架上的），因為嵌板在框架裡可以稍微活動。

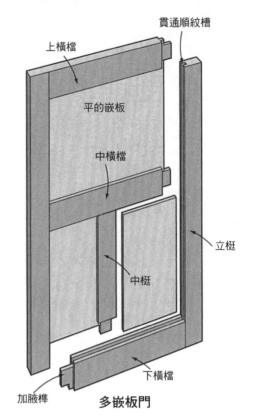

多嵌板門

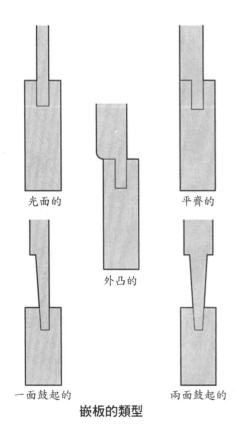

嵌板的類型

多嵌板門：門如果較大，通常就要被分隔成幾個部分，這樣做能讓門看上去更美觀，一整塊平板往往看起來不協調且很單調。當然，這樣做還有結構方面的原因，門較大則需要使用連接件，它們有助於將最外面的框架與嵌板牢固連接。此外，寬板的膨脹與收縮幅度比窄板的大，如果嵌板很寬，就可能出現相應的問題。

沿水平方向分隔門的方法是在中間加一根橫檔，如上圖所示。這根橫檔的做法與框架上橫檔或下橫檔的做法一樣，也是透過榫卯拼接的方式連接到立梃上的，所以再加一根橫檔也不是難事，當然我們要先在立梃上開一道順紋槽（或搭口）。

但要想沿豎直方向分隔門或門的一部分就頗具挑戰性了，因為組裝起來比較麻煩。用來分隔門的居中的豎直部件叫中梃，它必須與兩個水平部件（橫檔）拼接在一起。我們可以採用許多地方用到的榫卯拼接的方法，也可以做出短粗榫，將它們插入順紋槽裡。

如果做的門結構比較複雜，最好先設計好門的框架，把框架的各部件都做出來並組裝好，再確定嵌板的尺寸。

玻璃門

碗櫃、祕書桌上的書櫃部分和展示櫃通常使用的是玻璃門，這種門既能防塵又能展示櫃子裡的物品。玻璃門外層是一個標準的大框架，內含交叉的部件。這些部件將框架內的整塊空間分隔成安裝玻璃的小方格，使整個門呈網格狀。

有兩種做玻璃門的方法，我們先介紹一種傳統的手工方法。中梃由脊骨和裝飾線組成，脊骨是一根方正的木條，製作時在兩根脊骨的交叉處做交叉的

槽口，然後將它們安裝到框架上的凹槽中。裝飾線上開有順紋槽，它正是透過順紋槽卡在脊骨上的。製作時在裝飾線的交叉處做斜切處理，然後將裝飾線搭在框架上，具體做法見下圖。

從外觀上看，現代用機器加工的玻璃門與用傳統手法製作的非常相似，但它們所用的拼接方法其實不同。用機器加工玻璃門時，每一根中梃都是在完整的木件（不是由兩塊木件拼接而成的）上用特製的刀頭銑削而成的。在中梃的端頭用配套的刀頭，銑削出一個短粗榫，當中梃交叉連接時，將這個短粗榫插入手工製作的貫通榫眼裡（參見第98頁「花式舌榫——凹槽拼接」相關內容）。

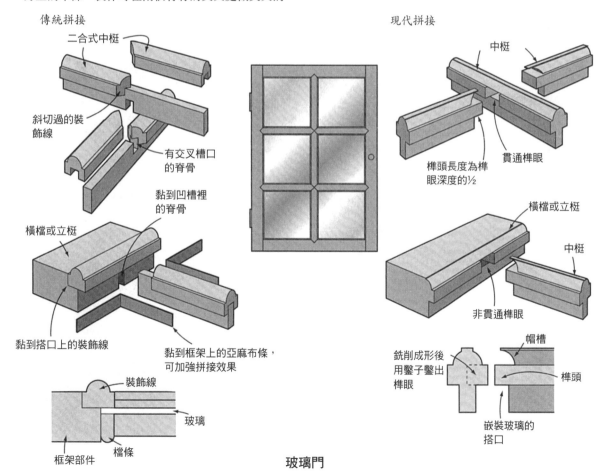

玻璃門

➤ 安裝門

門的安裝與製作幾乎同樣重要。假若鉸鏈運轉不暢、門和櫃體沒有對齊導致門關不上，時間一長，這些問題就會使門磨損，最終無法使用。

鉸鏈

不同的鉸鏈對安裝的容差要求不同，安裝方法也不同，所以應該提前確定要用的鉸鏈的型號。型號無法確定的話，至少應確定要用的鉸鏈的類型。

傳統的鉸鏈主要是平鉸鏈，用平鉸鏈安裝的門至今仍然是簡潔與大方的代表。安裝平鉸鏈時可以選擇開槽安裝或在表面安裝，見下圖。

刀形鉸鏈是另一種鉸鏈，只用在內裝門或平齊門上。將刀形鉸鏈裝在門的頂面和底面上後，這種鉸鏈幾乎是隱形的，門關上時，只有鉸鏈的扁平轉軸能被看到。

隱形鉸鏈在門關上時是完全看不到的，它們被設計成安裝在內裝門或平齊門的側面，如下圖所示。許多家具製作者把隱形鉸鏈叫作索斯鉸鏈，索斯是一個常見的品牌。

門的安裝曾經是家具製作過程中一個不容出錯的環節，因為一旦釘好螺釘，大多數鉸鏈就無法再做調整了。但歐式杯形鉸鏈改變了這種狀況。它的一部分被安裝在門背面，另一部分則安裝在櫃體側板的內側。安裝後，鉸鏈仍然可以從三個方向——上下、左右和前後——做調整。這種鉸鏈原本是用在無框架結構的櫃子上的，但是現在，它已經成為傳統的框架結構的櫃子的標準配置。

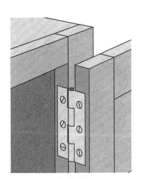

平鉸鏈

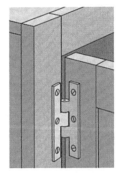

安裝於櫃體表面的鉸鏈

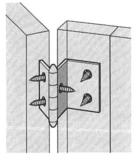

隱形偏心鉸鏈

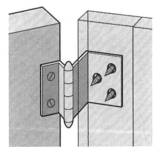

半隱形偏心鉸鏈

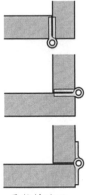

平鉸鏈的不同安裝方法

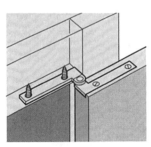

刀形鉸鏈

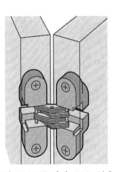

隱形鉸鏈（索斯鉸鏈）

歐式杯形鉸鏈

鉸鏈

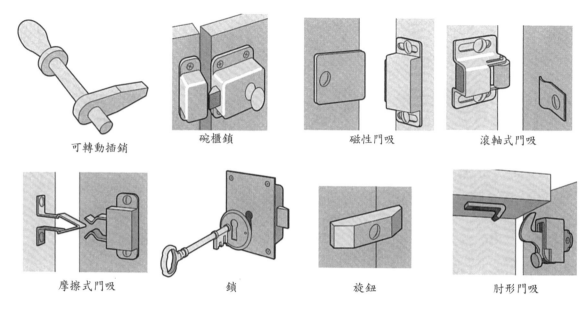

可轉動插銷　　碗櫃鎖　　磁性門吸　　滾軸式門吸

摩擦式門吸　　鎖　　旋鈕　　肘形門吸

常見的門吸和插銷

門吸和插銷

　　選擇使門保持關閉的方式通常是你在做好門之後才要考慮的事情。想要門保持關閉並不難，很多簡單的五金件就能夠做到這一點。你可以找到一些與任何結構的門及其安裝方式相適應的門吸。這類門吸大多需要與一個單獨的拉手配合使用，碗櫃鎖和可轉動插銷則兼具門拉手和門鎖的功能。

雙門的處理方法

　　右圖給出的是一些未完工的家具部件，向我們展示了兩扇門的連接方法。很顯然，如何連接是在設計之初就應該確定下來的事情，門的尺寸和門鎖類型都會受其影響。這裡提供了三種處理方法。

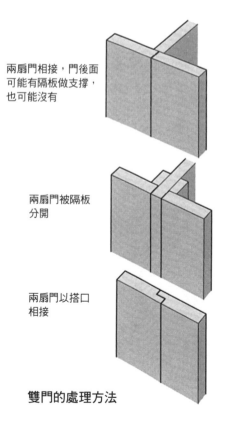

兩扇門相接，門後面可能有隔板做支撐，也可能沒有

兩扇門被隔板分開

兩扇門以搭口相接

雙門的處理方法

抽屜

　　抽屜要比家具的其他部件受到更多的「虐待」——開的時候猛拉，關的時候猛摔：開～砰～，關～砰～。所以，抽屜是否結實耐用，不僅僅是抽屜拼接的問題，也與它被裝到櫃子裡或者桌面下的方法有關，還與人們開關它的動作幅度有關。

　　之前，抽屜的製作和安裝要耗費大量的精力；而現在的木工更喜歡使用機器製作抽屜並且採用簡單的方法安裝，這樣一來就產生了多種製作抽屜的方法。

　　不同抽屜的區別通常在於抽屜面板與容納抽屜的櫃體之間的相對關係。如下圖「抽屜面板的相對位置」所示，抽屜面板可以與櫃體平齊，也可以完全疊壓在櫃體上，還可以帶有唇邊，部分疊壓在櫃體上。抽屜面板與櫃體的相對關係不同，木工製作時選用的方法也就不同。

▶ 抽屜拼接

　　家具發燒友喜歡拉開抽屜看看它採用的是哪種拼接方式。如果你是內行，透過拼接確實能判斷出抽屜製作工藝的好壞。

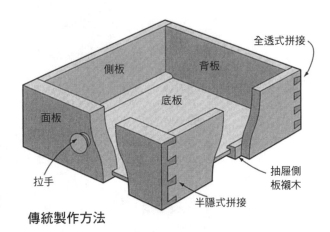

傳統製作方法

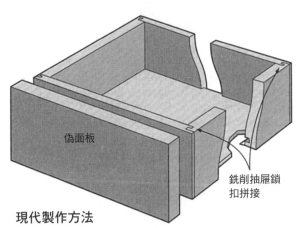

現代製作方法

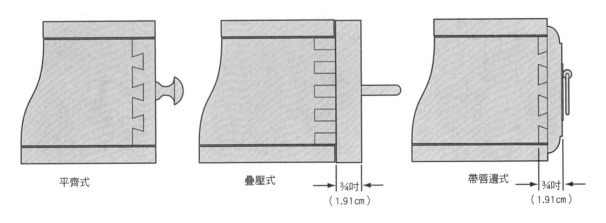

抽屜面板的相對位置

面板和側板的拼接

　　面板和側板的拼接處承受了抽屜上大部分的拉力，如果一個抽屜製作得不好的話，說不定某一天你拉它的時候，拉出來的就只有抽屜的面板。

　　製作精良的抽屜通常會使用燕尾榫。傳統的方法是採用半隱式拼接，製作上文提到的三種面板樣式不同的抽屜時都可以使用這種方法。當然，要想讓抽屜面板全部疊壓在櫃體上，還要裝一塊偽面板。

　　用燕尾榫做全透式拼接更結實，但燕尾榫會在抽屜的正面露出來。設計上需要這種效果的話可以採用全透式拼接，否則就要用一塊偽面板將其遮住。用燕尾榫做滑入式拼接的效果非常好且容易製作，但抽屜兩側都會多出一部分木板，所以這種方法只適合用來製作疊壓在櫃體上的抽屜（或者在側面安裝滑軌的、與櫃體平齊的抽屜）。

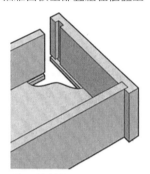

橫紋槽拼接

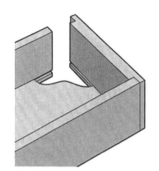

搭口拼接

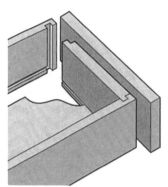

搭口——橫紋槽拼接

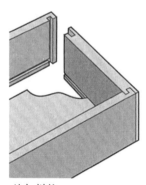

鎖扣拼接

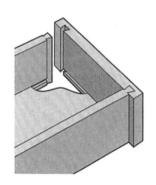

燕尾榫滑入式拼接

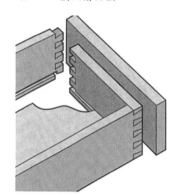

燕尾榫全透式拼接

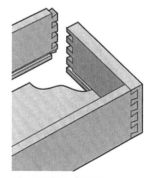

燕尾榫半隱式拼接

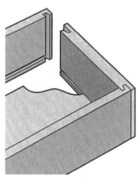

銑削抽屜鎖扣拼接

指接榫拼接

面板和側板的拼接

指接榫拼接的成品與燕尾榫拼接的成品在外觀上很像。指接榫完全是用機器（電木銑或臺鋸）做的，它不能像燕尾榫那樣扣住部件，但因為指接榫拼接形成了大面積的膠合面，所以拼接效果也不錯。能用燕尾榫拼接的地方都可以用指接榫拼接。

鎖扣拼接，包括銑削抽屜鎖扣拼接，非常容易製作且拼接效果很好。這種拼接用在面板是疊壓式或平齊式的抽屜上時效果就很好。

用搭口拼接或橫紋槽拼接這兩種簡單的方式連接抽屜面板和側板的好處是製作起來容易，但它們本身都沒有任何機械性的互扣機制，膠合效果也不夠好，所以你不要指望用這兩種方式拼接出來的抽屜能夠代代相傳。而搭口──橫紋槽拼接既可以扣住相關部件，製作起來又比較容易。

背板和側板的拼接

前人一直用燕尾榫連接抽屜背板和側板，但抽屜背板受的力要比面板小，所以現在人們普遍不在背板和側板的拼接上花太多的精力，用橫紋槽拼接、搭口──橫紋槽拼接，甚至直接用透過釘子加固的對接都可以。如果你是借助機器做面板與側板的拼接的話，那麼用同樣的方法做背板與側板的拼接是一個不錯的選擇。

安裝底板

可以用釘子直接將抽屜底板釘在其他部件的底部，這是18世紀以前人們安裝底板最常用的方法，現在人們偶爾還會用這種方法。但這種方法有一個缺點，那就是隨著時間的推移，抽屜裡的物品會使底板脫落。

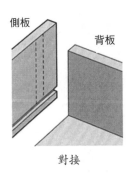

對接

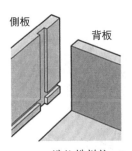

橫紋槽拼接

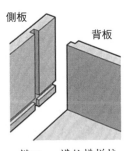

搭口──橫紋槽拼接

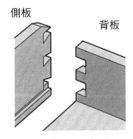

燕尾榫全透式拼接

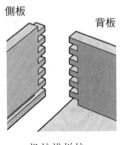

指接榫拼接

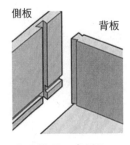

燕尾榫滑入式拼接

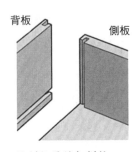

銑削抽屜鎖扣拼接

背板和側板的拼接

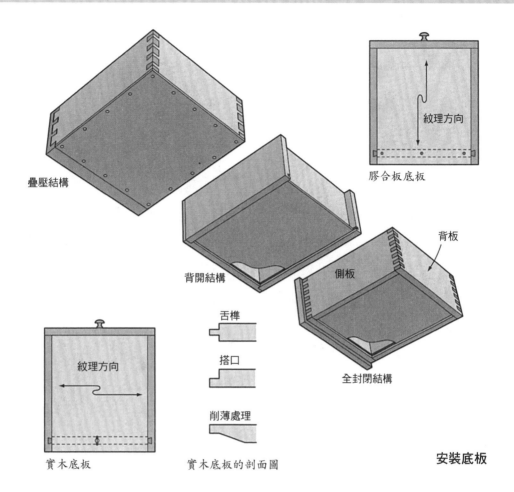

疊壓結構

膠合板底板

紋理方向

背板

側板

背開結構

全封閉結構

舌榫

搭口

削薄處理

紋理方向

實木底板

實木底板的剖面圖

安裝底板

　　其實，可以將抽屜底板裝在開在側板、背板和面板上的順紋槽裡，製作一個獨立的箱子（全封閉結構）時用的就是這種方法。用這種方法的話，必須在組裝抽屜時就安裝底板。

　　實際上，安裝抽屜底板最常用的方法是：將抽屜背板沿著長邊切掉一小條，使其略比側板窄，這樣底板就可以從背板下面插入開在側板和面板上的順紋槽裡。這種抽屜通常被稱為背開結構的抽屜，製作時需單獨製作底板，在主體做好以後再將底板插進去。

　　用膠合板做抽屜底板的話，因為膠合板的厚度通常只有¼吋（0.64cm），安裝將變得十分簡單，開好順紋槽後就可以輕鬆地將底板滑進去。

　　實木底板厚度要大於¼吋（0.64cm），因為與膠合板相比，較薄的實木板容易開裂，除非抽屜底板非常小。為了減小底板插入順紋槽部分的厚度，可以在底板邊緣做舌榫或搭口，或者將底板邊緣削薄。實木底板只適用於背開結構的抽屜，且底板的紋理要與背板的紋理一致。為了固定底板，同時確保底板可以膨脹和收縮，要在底板上靠背板的地方開一個條形孔並釘上螺釘。

　　對很寬的抽屜，如果用一整塊很大的木板做底板，則底板容易下凹，並最終斷裂。這時可以在框架中間安裝一根中梃，這樣底板就被分成了兩部分。在中梃的兩側都必須開出與側板上一樣的順紋槽，而中梃本身必須牢固地連接在面板和背板上。應透過舌榫或者燕尾榫連接中梃與面板，而中梃與背板的連接可採用簡單的搭口拼接。

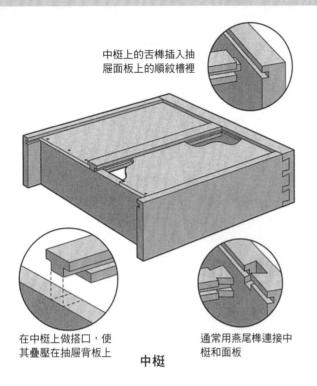

中梃上的舌榫插入抽屜面板上的順紋槽裡

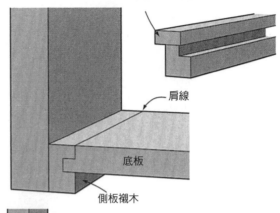

側板襯木上的榫頭插入抽屜面板上的順紋槽裡

肩線

底板

側板襯木

在中梃上做搭口，使其疊壓在抽屜背板上

通常用燕尾榫連接中梃和面板

中梃

倒圓的側板襯木

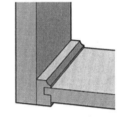

內凹形側板襯木

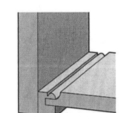

帶凸圓形裝飾線的滑條

側板襯木

安裝側板襯木

如果抽屜側板用的是較薄的板材，那麼在上面做能容納底板的順紋槽就會大大降低側板的強度，並使側板更容易開裂。此外，抽屜側板年復一年地在滑軌上滑動，會逐漸被磨損，與滑軌的配合度也會變差。安裝側板襯木是解決這一問題的好辦法。

側板襯木的長度應與側板的寬度相等，我們用膠將側板襯木黏到側板的下邊緣處就能增強側板抗磨損的能力。安裝底板時，要在側板襯木上開一道順紋槽，在底板上做出對應的搭口，底板就是透過搭口——順紋槽拼接的方式連接到側板襯木上的。最後用常規方法將底板的前端插入面板上的順紋槽裡即可。

➤ 安裝抽屜

抽屜在櫃體內的滑進和滑出可以透過幾種不同的方式實現。有的抽屜的安裝是與櫃體的組裝同步進行的，有的抽屜則在櫃體組裝好後安裝。但無論如何，具體的安裝都需要進行認真設計，要在設計櫃體和抽屜的時候就考慮抽屜的安裝問題。

滑軌、導軌和止傾條

最常使用的支撐抽屜的方法是使用滑軌，如第109頁圖「滑軌、導軌和傾止條」所示。

最簡單的做法是將滑軌直接安裝在櫃體側板上，但有一點很重要，我們在這裡必須說明，滑軌不能用膠水直接黏到實木側板上，因為這樣會妨礙側板的膨脹和收縮。正確的做法是將滑軌嵌入側板上的橫紋槽裡，並用穿過條形孔的螺釘加固，這時只需在滑軌的一端塗膠；或透過將滑軌插到燕尾槽裡（不塗膠）加固。其實，長期以來一直採用的安裝

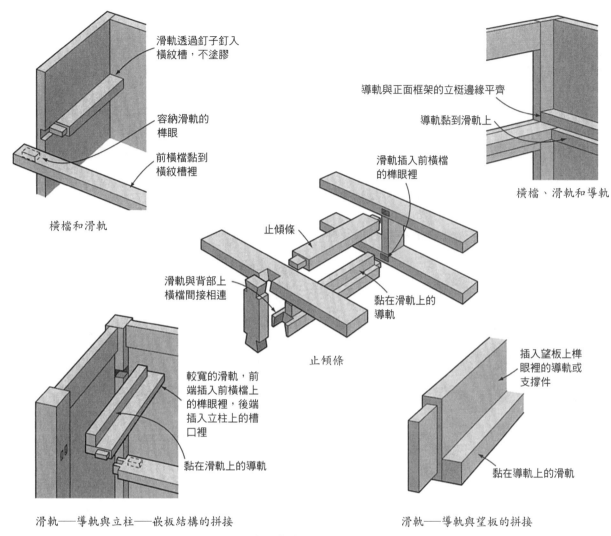

滑軌透過釘子釘入
橫紋槽，不塗膠

容納滑軌的
榫眼

前橫檔黏到
橫紋槽裡

橫檔和滑軌

導軌與正面框架的立梃邊緣平齊

導軌黏到滑軌上

橫檔、滑軌和導軌

滑軌插入前橫檔
的榫眼裡

止傾條

滑軌與背部上
橫檔間接相連

黏在滑軌上的
導軌

止傾條

較寬的滑軌，前
端插入前橫檔上
的榫眼裡，後端
插入立柱上的槽
口裡

黏在滑軌上的導軌

插入望板上榫
眼裡的導軌或
支撐件

黏在導軌上的滑軌

滑軌──導軌與立柱──嵌板結構的拼接

滑軌──導軌與望板的拼接

滑軌、導軌和止傾條

滑軌的做法是，直接將滑軌（略短一點兒的）安裝在前後橫檔之間（不塗膠），具體參見第84頁「櫃體結構」一節的內容。

安裝正面框架的櫃子還需要安裝一個部件──導軌，它主要是用來防止抽屜向兩側移動的。

上圖還展示了另外一些安裝抽屜的方法，主要用於製作帶有並排抽屜的櫃子、立柱──嵌板結構和框板結構的櫃子，以及帶有望板的桌子等。

大多數抽屜在安裝時都會用到一個重要的部件──止傾條，它主要是用來防止拉開的抽屜前部向下墜。止傾條的形狀類似於滑軌，一般安裝在抽屜側板的上方。最上層的抽屜還可以在抽屜上方的中央安裝一根止傾條。

側裝滑軌

有的家具，特別是現代家具，設計方案本身就造成滑軌的安裝十分困難。例如，請思考一個沒有用橫檔分隔抽屜的櫃子，它的滑軌該如何安裝。在這

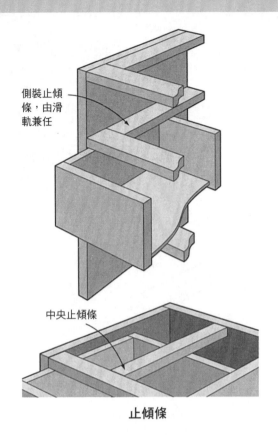

側裝止傾條，由滑軌兼任

中央止傾條

止傾條

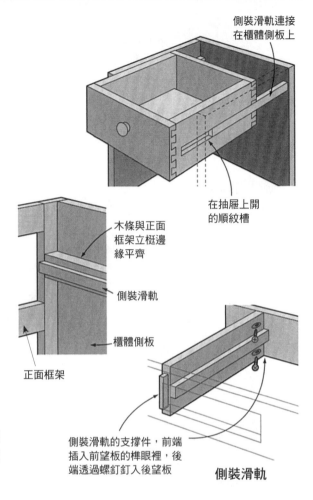

側裝滑軌連接在櫃體側板上

在抽屜上開的順紋槽

木條與正面框架立梃邊緣平齊

側裝滑軌

櫃體側板

正面框架

側裝滑軌的支撐件，前端插入前望板的榫眼裡，後端透過螺釘釘入後望板

側裝滑軌

種情況下，我們可以使用側裝滑軌，它是連在櫃體側板上的一根木條。為安裝側裝滑軌我們必須在櫃體側板上開一道順紋槽。

中央滑軌

由兩側滑軌支撐的抽屜，在拉動時可能會輕微地翹起並出現卡頓的情況。抽屜越寬，出現這些問題的可能性就越大。

在抽屜中央安裝一副滑軌是解決這個問題的有效方法。如第111頁圖「中央滑軌」所示，中央滑軌的一部分（滑槽）連在抽屜底板的底面上，並且上面開了一道貫通的槽，它正是透過這道槽跨騎在滑軌的另一部分（滑條）上的，而滑條連接在望板或抽屜架上。

使用金屬滑軌安裝

使用帶滾珠軸承輪的金屬滑軌是安裝抽屜的另一

種方法。這類滑軌要麼成對地安裝在抽屜或櫃子上，要麼單獨安裝在抽屜底部。使用金屬滑軌的抽屜開關起來平滑，不會受木材形變的影響。這種滑軌在大多數家具上都可以使用。使用全拉伸滑軌可以把整個抽屜都拉出來，這是其他抽屜安裝方法所不具備的功能。此外，市面上還有為文件抽屜或類似的承重較大的抽屜專門設計的滑軌。

在桌面安裝

我們在安裝抽屜時會遇到一種非常特殊的情況，沒有望板或側板可以利用。支架桌和工作臺就是典型的例子。

想要在這種情況下安裝抽屜，就要將一根L形的

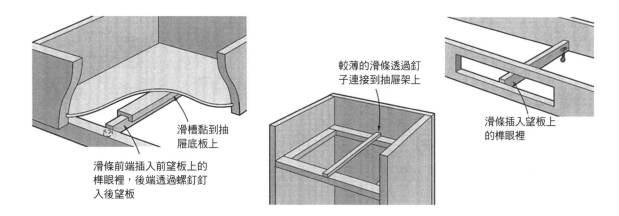

較薄的滑條透過釘子連接到抽屜架上

滑槽黏到抽屜底板上

滑條前端插入前望板上的榫眼裡，後端透過螺釘釘入後望板

滑條插入望板上的榫眼裡

中央滑軌

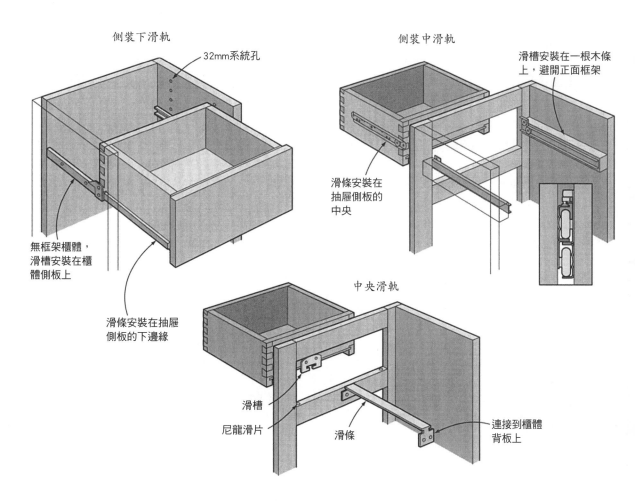

側裝下滑軌

32mm系統孔

側裝中滑軌

滑槽安裝在一根木條上，避開正面框架

滑條安裝在抽屜側板的中央

無框架櫃體，滑槽安裝在櫃體側板上

滑條安裝在抽屜側板的下邊緣

中央滑軌

滑槽

尼龍滑片

滑條

連接到櫃體背板上

安裝抽屜用的金屬滑軌

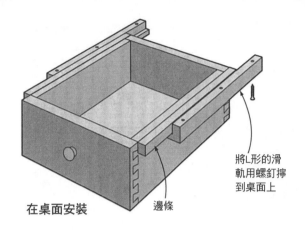

在桌面安裝

將L形的滑軌用螺釘擰到桌面上

邊條

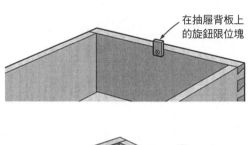

在抽屜背板上的旋鈕限位塊

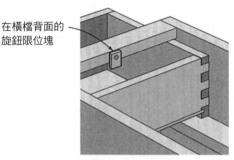

在橫檔背面的旋鈕限位塊

開啟用限位塊

滑軌用螺釘擰到桌面上。如第112頁圖「在桌面安裝」所示，得先在抽屜側板最上邊安裝一根邊條，然後讓L形滑軌托住邊條。

抽屜限位塊

抽屜限位塊可以對各種類型的抽屜起到限位作用，防止它們被從櫃子裡拉出來（開啟限位塊）和過深地滑入櫃體（關閉用限位塊，適用於與櫃體平齊的抽屜）。

旋鈕是最簡單的開啟用限位塊，我們可以將它安裝在抽屜背板的內表面或前橫檔的背面。將它轉一下使之不擋道，就可以將抽屜推入或抽出。

將一塊小木塊釘或黏到滑軌的後方，是製作關閉用限位塊最簡單的方法。製作時先將櫃體背板拿掉，推入抽屜，使其與櫃體正面平齊，再用少許膠水黏好關閉用限位塊，然後釘上幾枚小無頭釘或擰上一枚小螺釘加固。也可以在前橫檔上安裝關閉用限位塊，如下圖「關閉用限位塊」所示。這裡的關閉用限位塊是靠抵住抽屜面板起作用的，對前橫檔上的限位塊進行定位和固定難度都更大，可它在推抽屜和拉抽屜時都能對抽屜起到限位作用。

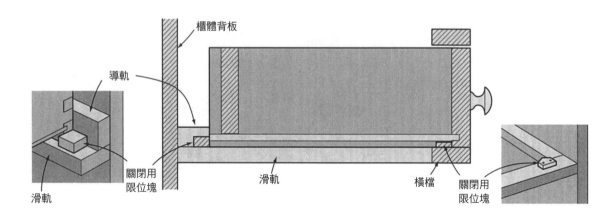

櫃體背板

導軌

關閉用限位塊

滑軌

滑軌

橫檔

關閉用限位塊

關閉用限位塊

櫃體底座

通常情況下，被直接放在地上的箱子或櫃子十分少見，人們習慣給它們加上腳或者底座，將它們支離地面。

選擇家具腳或底座的樣式時既要考慮家具的風格，又要考慮家具的結構，這兩者都很重要。正如人們所期望的那樣，實現某種特定外觀的方法不止一種。比如說，櫃子的底座可以是由延長的櫃體側板製成的，也可以是由單獨製作的框架連接到櫃體的底部製成的。

此外，還可以對大多數結構的底座進行調整，使其適用於某種風格的家具。比如撐架腳，從17世紀

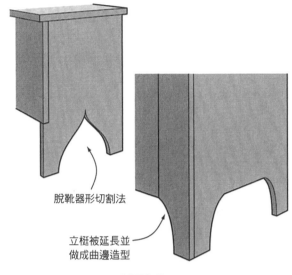

脫靴器形切割法

立梃被延長並做成曲邊造型

延長側板

到現在，它就一直被用在各種風格的家具上。撐架腳可以做成簡樸的、鄉村的、傳統的和現代的等多種風格。

一體式家具腳

要想將箱子或櫃子支離地面，最容易的方法就是延長櫃體側板，使其超過底板，這樣箱子或櫃子就會透過側板底面落地，如上圖所示。為了減小側板與地面的實際接觸面積，可以對側板進行切割，將其做成腳。切割後櫃子就依靠4個點支撐，能夠適應地面高低不平的情況。

在歷史上，一些家具腳切割的樣式與脫靴器的樣式非常相似，所以做出這種家具腳的切割方法就被人們稱作「脫靴器形切割法」。

這種方法看似古老，常令人想到一些老式家具，比如掀蓋箱。其實現在許多鄉村式家具仍然在使用這種做法，比如哈奇櫃、果醬櫃、書櫃、洗漱架等。例子中提到的這幾種家具的家具腳往往頗具裝飾性效果，而這種裝飾性效果或韻味會透過正面框架上的立梃（如果有的話）傳遞到整件家具上。

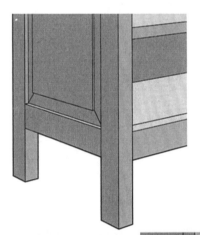

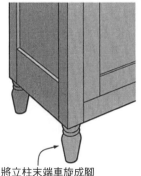

將立柱末端車旋成腳

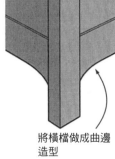

將橫檔做成曲邊造型

延長立柱

如果櫃子是立柱——嵌板結構的，如第113頁圖「延長立柱」中的櫃子所示，則我們只需將立柱延長幾吋（1吋=2.54公分），使其超過櫃體的底板就可以了。從雅各賓時代到現在，這一直是家具腳常見的做法。人們還可以透過車旋家具腳或對橫檔做曲邊處理對家具腳進行裝飾。

貼裝式底座

貼裝式底座是用來裝飾一件立式家具的底部的，也就是說家具本身在結構上已經具備了底座，比如超過底板落地的側板。人們現在需要做的就是對底座進行裝飾。

直踢腳板：對牢固地安裝在牆上的架子或櫃子，可以直接將房間的踢腳板延伸出來，貼裝在家具的正面和側面，這樣視覺上房間和家具就融為一體了。如果家具不是安裝在牆上的，也可以用類似於踢腳板的木板裝飾家具的正面和側面。透過這種方法做出來的底座都屬於貼裝式底座。

通常情況下，家具的底座高數吋，並且是完整、連續的，底座的頂部裝有裝飾線，在正面的拐角處會做斜切處理。如果櫃子擺放的位置不固定，各個面都有可能被看到，那麼我們可以將底座上的踢腳板沿櫃體環繞一圈。

切割式踢腳板：正面被切割的踢腳板會給人家具長腳了的錯覺。少數情況下，家具製作者也會在踢腳板的側面做切割，這時必須把櫃體的側板也切去一些，以免它露出來。有時只在櫃體正面貼裝踢腳板。踢腳板貼裝在正面時，櫃子最下層的擱架可以疊搭在它上面。

內裝式踢腳板：也可以用內嵌的方式安裝踢腳板。如果有一個書櫃，它的側板是平直的，那麼家具製作者就可以用一塊平直的踢腳板連接底板和地面，安裝踢腳板時將其向內移約⅛吋（0.32cm），以形成一條陰影線。這種底座有時被稱作基座，它可以是平直且連續的，也可以被切割成某種樣式。

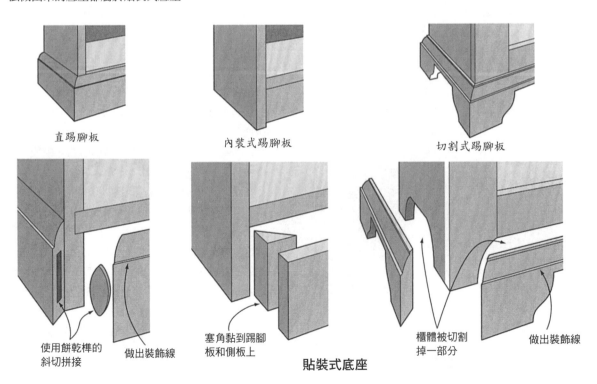

直踢腳板

內裝式踢腳板

切割式踢腳板

使用餅乾榫的斜切拼接　　做出裝飾線

塞角黏到踢腳板和側板上

櫃體被切割掉一部分　　做出裝飾線

貼裝式底座

▶ 附加腳

有的時候家具的側板不能或不可以被延長。比如說，一個按常規方法做出來的、用燕尾榫拼接好的掀蓋箱，它怎麼能有腳呢？此時有幾種結構的家具腳適用，從設計的角度看，它們都很靈動；從結構的角度看，它們都足夠堅固。

採用下面任何一種結構的家具腳時，我們一般都要考慮以下兩個問題：一個是我們都已經很熟悉的木材形變問題，另一個是櫃子的移動問題。當我們在地板上推拉家具時，家具腳很容易脫落。

支架腳

支架腳是一種很少見的家具腳。一些賓夕法尼亞德式箱子是用支架腳支撐的。這是一種早期的家具腳，如下圖「支架腳」所示，但它非常實用。

造型腳

更為常見的家具腳是使用車旋或其他加工方法製作的造型腳（比如捲曲的C形、方形或加裝飾邊的腳）。這類腳被用在掀蓋箱、抽屜櫃，甚至是廚房家具上。

在過去，家具腳和櫃體是透過圓榫連接的，有時會加一塊墊塊以增加榫眼的深度。右圖「造型腳」向我們展示了一些現代的做法。

球爪腳

如果與家具主體搭配得當的話，球爪腳看起來會非常漂亮，但它的安裝是個令人頭痛的問題。下圖「球爪腳」向我們展示了齊本德爾時代家具製作者

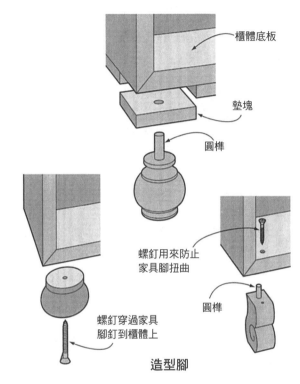

櫃體底板

墊塊

圓榫

螺釘用來防止
家具腳扭曲

圓榫

螺釘穿過家具
腳釘到櫃體上

造型腳

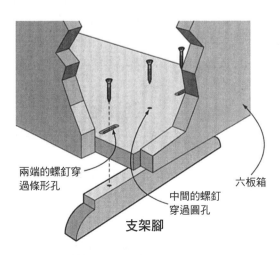

兩端的螺釘穿
過條形孔

中間的螺釘
穿過圓孔

六板箱

支架腳

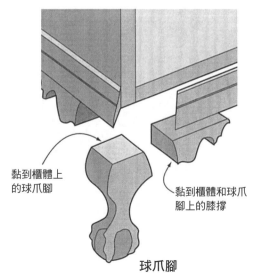

黏到櫃體上
的球爪腳

黏到櫃體和球爪
腳上的膝撐

球爪腳

們安裝球爪腳的方法，就是簡單地將球爪腳黏到櫃體底板上，再用膝撐對拼接處進行加固。實際上，球爪腳和底板之間的拼接是端面紋理對長紋理的，膠合效果很差；膝撐與球爪腳拼接處的紋理情況也是這樣，膠合效果也不好。但令人意外的是，至今還有很多櫃子上裝的是球爪腳。

撐架腳

外行可能對「撐架腳」的說法感到困惑：底座的裝飾線已經將所有部件連在一起了，撐架腳的樣式與底座相似，那為什麼還把這種結構的部件稱為「腳」呢？原因很簡單，因為每個櫃角處都有這樣一個獨立的部件。

撐架腳經典的、較為傳統的做法是：將兩塊木塊端對端互相垂直地拼接起來。並且撐架腳是與塞角和立柱一起安裝在櫃角下面的，如下圖所示。大多數情況下，櫃子的重量由立柱承擔，立柱在豎直方向上要比撐架腳略微長一點兒。安裝好的撐架腳是突出櫃體的，因此底座的裝飾線大多搭在撐架腳突出部分的上邊緣。

撐架腳歷史悠久並且十分常見，但它存在的問題也很多，老式家具的損壞常常發生在它這裡。為什麼會這樣呢？最主要的原因就是所有膠合面的紋理都是交叉的。總是有一塊塞角的紋理與櫃體底板的紋理交叉，立柱與撐架腳拼接處的紋理也是交叉的。儘管相關部件的尺寸都較小，木材形變量也不大，但年復一年的形變仍然會減小膠合強度。此時如果我們在地板上推拉櫃子，撐架腳就可能脫落。

下圖還向我們展示了一種製作撐架腳的改良方法。立柱是由一塊塊木塊組裝而成的，這樣它的紋理與撐架腳的就能一致了。將撐板黏到撐架腳上的搭口裡，並用螺釘將撐板連接到櫃體底板上。螺釘的孔是條形孔，這樣既能為底板的形變留出空間，又能使撐架腳保持不動。

裝飾線黏到櫃體上

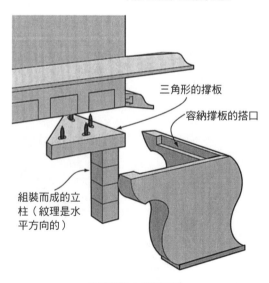

裝飾線透過穿過T形槽（第123頁）的螺釘固定

三角形的撐板

容納撐板的搭口

做斜切

塞角黏到立柱上

立柱（紋理是豎直方向的）

組裝而成的立柱（紋理是水平方向的）

家具腳裝在裝飾線下面，而不是櫃體下面。

傳統做法

家具腳裝在撐板下面。

改良做法

撐架腳

➤ 獨立的底座

最後一種方法是製作一個獨立的底座來支撐櫃體或箱體。底座支撐能力良好的話櫃體或箱體會更牢固。安裝這種底座既能兼顧木材形變的情況，又非常容易，並且安裝好後的外觀還比較吸引人。

基座式底座

基座是建築物底部的部件，它樣式非常簡單且不加任何修飾。

按傳統的做法，基座式底座要比它所支撐的櫃子略寬一點兒，在櫃體和底座相接的地方貼裝裝飾線，這樣兩者的過渡會更為順暢。一種更為現代的做法是把基座式底座做得比櫃體小一點兒（內裝式基座），這樣在櫃體與地面之間就有一塊內凹的空間。

不管櫃子的具體風格是什麼樣的，基座式底座基本上就是一個方盒狀的框架，並透過一個或多個中間部件和角塊進行加固。底座與櫃體是透過螺釘連接的，且螺釘須穿過角塊、螺釘穴或者托檔。

撐架式底座

切割基座式底座可以形成若干「家具腳」，這樣，基座式底座就成了撐架式底座。

撐架式底座的具體結構有多種，下圖向我們展示了其中的兩種。注意，一般情況下櫃體和裝飾線都要安裝在底座的上邊緣，可以用安裝托檔的方法加寬底座的上邊緣。少數情況下，櫃體後面的底座可以不使用貫通的部件，而用家具腳代替。

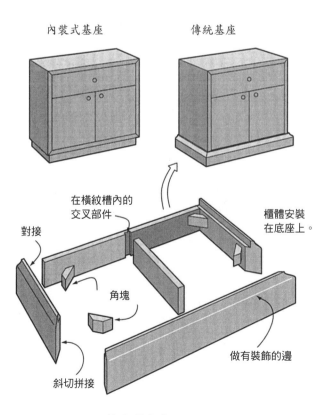

基座式底座

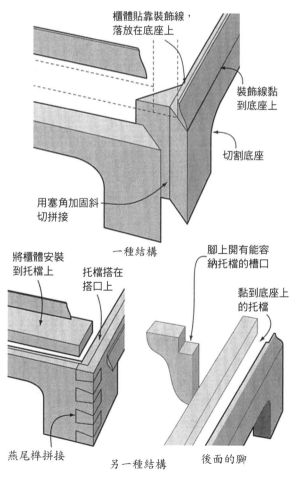

撐架式底座

撐架腳式底座

撐架腳式底座不常見，但支撐能力非常強。將橫檔用燕尾榫拼接到低矮的立柱上，這樣就形成了底

座的大體結構，再把撐架和裝飾線連接到底座上，裝飾線遮住了橫檔，並且形成了一條小唇邊，以遮擋櫃體和底座之間的接縫。

組裝好的底座可以用螺釘連接到櫃體底板上，螺釘孔要做成條形孔，為底板的形變留出空間。

法式家具腳

這種底座的結構較為複雜，在法式家具上比較流行。法式家具腳通常較高且較窄（與撐架腳相比），腳底外張。下圖「法式家具腳」向我們展示了此類底座的兩種製作方法，每一種方法都有至少一個不可避免的缺點。請注意法式家具腳的外張造型是如何製作出來的。

這種家具腳傳統的做法是，先把望板和腳以榫卯拼接的方式連接，形成一個框架，再用斜切拼接的方式將這個框架拼接成底座。一個不可避免的問題就是望板和腳的紋理是互相交叉的。

另一種做法是在一整塊木板上切割出腳——望板結構的部件，這樣做的好處是兩者的紋理方向是一致的，然後將這個部件黏到一個水平框架上，兩個腳——望板結構部件的拼接處做斜切處理。這樣做的一個不可避免的問題是，受紋理方向的影響，家具腳的支撐能力可能相對較差。

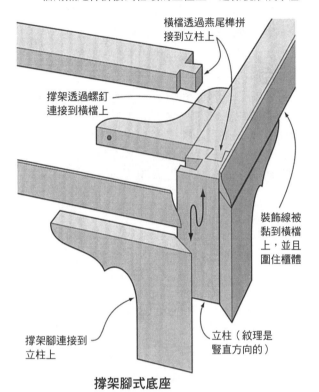

橫檔透過燕尾榫拼接到立柱上

撐架透過螺釘連接到橫檔上

裝飾線被黏到橫檔上，並且圍住櫃體

撐架腳連接到立柱上

立柱（紋理是豎直方向的）

撐架腳式底座

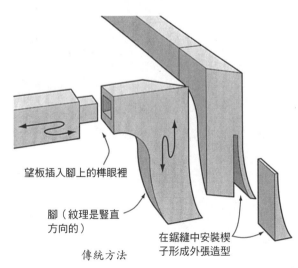

望板插入腳上的榫眼裡

腳（紋理是豎直方向的）

在鋸縫中安裝楔子形成外張造型

傳統方法

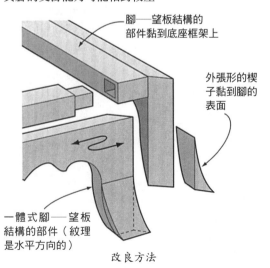

腳——望板結構的部件黏到底座框架上

外張形的楔子黏到腳的表面

一體式腳——望板結構的部件（紋理是水平方向的）

改良方法

法式家具腳

裝飾線

　　裝飾線往往是一種家具風格的標誌。這些凹凹凸凸的線條就是家具所謂的造型，不可否認的是，它們對家具的外觀有著巨大的影響。

　　它們可以使家具各個部件之間平穩過渡，可以分隔較大的部件，可以修飾邊角，以使整件家具非常悅目。裝飾線的大小和形狀可以強化（或打破）家具在視覺上的平衡或比例，甚至能夠造成一種家具在運動的錯覺。

　　裝飾線在家具中還常常具有實用性：隱藏拼接痕跡、緊固件或端面紋理，遮蓋縫隙，建立家具中兩個獨立部件之間的物理連接等等。

　　下圖向我們展示較大的櫃子上常見的裝飾線。

　　最明顯的就是安裝在櫃子頂部和底部的裝飾線。這些裝飾線明確地劃定了家具上下的邊緣，把家具和房間在視覺上加以區分。它們通常是家具裝飾線中最引人注目的。

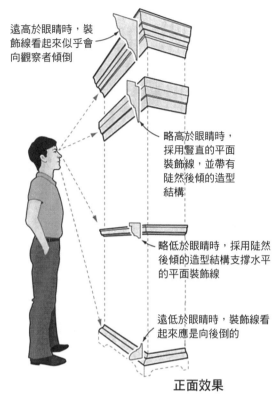

遠高於眼睛時，裝飾線看起來似乎會向觀察者傾倒

略高於眼睛時，採用豎直的平面裝飾線，並帶有陡然後傾的造型結構

略低於眼睛時，採用陡然後傾的造型結構支撐水平的平面裝飾線

遠低於眼睛時，裝飾線看起來應是向後倒的

正面效果

　　如果一件家具是由兩個櫃體組成的，那麼我們可以在上下櫃之間安裝裝飾線，以在視覺上形成一種過渡效果。這種裝飾線通常被稱作腰線，它同時還能起到上下櫃結構上的連接作用，裝飾線通常安裝在下櫃上，安裝好後會形成唇邊，這樣上櫃就可以剛好貼靠在唇邊上；裝飾線圍住上櫃，確保上櫃安裝到位，之後上櫃靠重力保持不動。

　　在抽屜、門和櫃子的豎直邊緣上也可以安裝裝飾線。

　　正面效果：為家具設計裝飾線時，你要認真研究裝飾線的結構，以使其看起來非常漂亮。大量來自設計師和觀察者的經驗表明：為達到最佳外觀效果，裝飾線的正面應與視線成一定角度。要依據安裝的位置（高於還是低於眼睛）來確定所選擇的裝飾線的造型，並且裝飾線的尺寸要與它到眼睛的距離成比例。

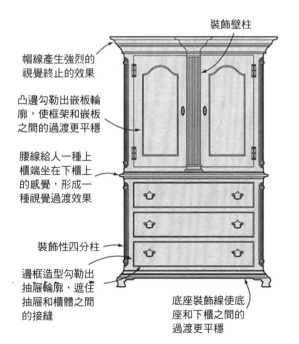

裝飾壁柱

帽線產生強烈的視覺終止的效果

凸邊勾勒出嵌板輪廓，使框架和嵌板之間的過渡更平穩

腰線給人一種上櫃端坐在下櫃上的感覺，形成一種視覺過渡效果

裝飾性四分柱

邊框造型勾勒出抽屜輪廓，遮住抽屜和櫃體之間的接縫

底座裝飾線使底座和下櫃之間的過渡更平穩

常見的裝飾線

例如，遠高於眼睛的裝飾線看起來似乎會向觀察者傾倒，所以這樣的裝飾線的造型應多為凹度較大的內凹形、反鴨嘴形，並且水平平面窄、豎直平面寬。眼睛附近的裝飾線下部結構是陡然後傾的造型，上部平直結構則取決於裝飾線的高度──是略高於眼睛還是略低於眼睛，略高於眼睛時上部結構豎直平面較寬，略低於眼睛時上部結構則水平平面較寬。遠低於眼睛的裝飾線，或者說安裝在底座上的裝飾線，看起來好像是向後倒的，上部應呈鴨嘴形或內凹形。

▶ 造型

裝飾線有兩種類型：單一的和複合的。單一裝飾線只呈現出一個基本造型，複合裝飾線則呈現出兩個或更多的基本造型。

也就是說不管裝飾線的尺寸和複雜程度如何，它的造型都是由幾個基本的幾何形狀組成的，你可以改變基本幾何形狀的尺寸，你可以改變它們的組合方式，但你基本上不可能創造出新的幾何形狀，因為已經被窮盡了。

下圖向我們展示了裝飾線的基本造型，第121頁圖「裝飾線的複合造型」則向我們展示了基本裝飾線造型的幾種組合方式。

當然這些都不是什麼新東西了。這些基本的平直的或帶折角的直線造型和凹凹凸凸的曲線造型，古希臘和古羅馬時代人們就已經採用並將其分類整理

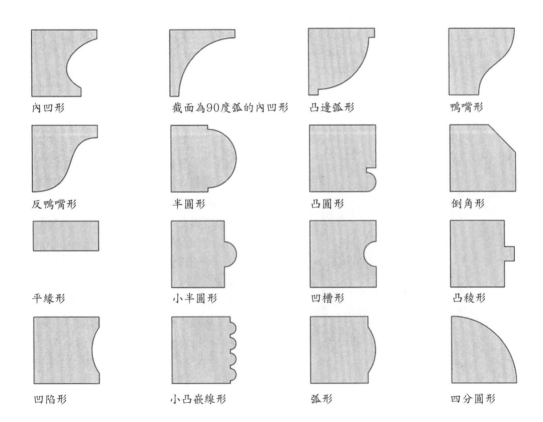

內凹形	截面為90度弧的內凹形	凸邊弧形	鴨嘴形
反鴨嘴形	半圓形	凸圓形	倒角形
平緣形	小半圓形	凹槽形	凸稜形
凹陷形	小凸嵌線形	弧形	四分圓形

裝飾線的基本造型

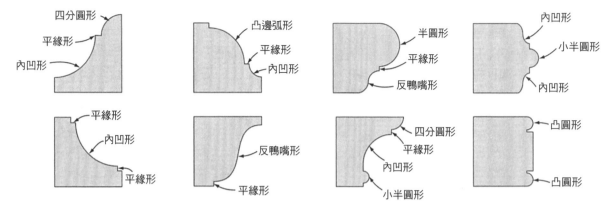

裝飾線的複合造型

了。古希臘人做的曲線造型是基於橢圓形做的，古羅馬人做的曲線造型則是基於圓形做的。從實際來看，現在市售的裝飾線和加工刀頭大部分是羅馬式的。

設計裝飾線時首先要記住的是，不是所有的裝飾線都必須是獨立的部件。相當多的裝飾線是直接在家具部件上，比如桌面或工作臺面、抽屜面板、櫃子邊緣、桌腿、底座等切刻出來的。單一裝飾線的造型用一個刀頭就能做出來，幾個刀頭組合使用就能做出許多複合裝飾線。

造型單一的裝飾線也能起到很好的裝飾效果。比如一根長木條，我們可以去掉它的一個角或一條稜，將其做成倒角形的；也可以將木條的一條稜修圓，將其做成四分圓形的；或者更進一步，將其做成凸邊弧形的，以四分圓形的造型為基礎，在圓弧的兩端各加上一條凸邊。

可是，有時候裝飾線需要做得很大，且包含多種元素，以至於不能在一整塊木頭上做出來。在這種情況下，家具製作者就要先做出裝飾線各個獨立的部件，再將它們拼接在一起。下圖「組合式裝飾線」向我們展示了一些這樣的裝飾線。

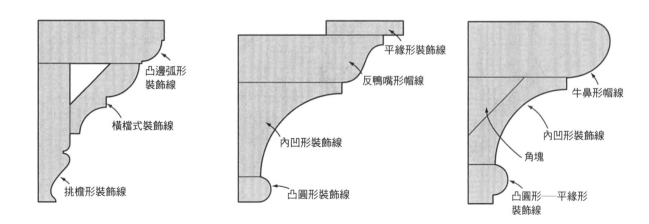

組合式裝飾線

▶ 貼裝裝飾線

好的櫃體結構可以使側板、頂板和底板的木材形變保持協調一致。在櫃體的正面，裝飾線的紋理與櫃體面板的紋理平行，所以可以直接將裝飾線黏在櫃體面板上，也可以使用緊固件，還可以將二者組合使用。而在側板上貼裝裝飾線時，裝飾線與側板的紋理是互相交叉的。如果裝飾線貼得不好，它們會限制木材的形變。我們現在已經知道，由此帶來的張力會使櫃體側板開裂、底座損壞，甚至使裝飾線崩裂、掉落。

隨著時間的推移，家具製作者們已經積累了多種不會限制木材形變的貼裝裝飾線的方法。

一種最簡單的方法是，將側板上的裝飾線和面板上裝飾線的斜切拼接處用膠水黏合，然後用無頭釘將側板上的裝飾線釘緊且不塗膠。櫃體側板形變時，無頭釘會彎曲，這樣能確保裝飾線的位置不變。如果裝飾線比較重，比如組合式飛檐裝飾線，可以用普通的釘子代替無頭釘。普通的釘子穿過裝飾線並被釘入櫃體側板時，會讓導航孔變大，從而為側板的形變留出空間，釘子的位置則會保持相對固定並且拼接將很牢固。

下圖向我們展示了另外兩種更為複雜的方法。其中一種方法是將側板上的裝飾線用螺釘固定住，螺釘是從櫃體裡面擰進的，並且螺釘孔是條形孔，這麼做為木材形變留出餘地。

另一種方法是將側板上的裝飾線安裝在一根短滑軌上，因為滑軌本身很短，所以我們可以用螺釘將它緊緊地固定在側板上。滑軌可以是一枚簡單的盤頭螺釘或圓頭螺釘，可以是一個燕尾榫榫頭，還可以是一個T形榫頭。如果是後面的兩種，那麼裝飾線的背面要開出貫通的凹槽以容納榫頭。貼裝側板上的裝飾線時要先將裝飾線與榫頭相接，再用膠水將其連接到櫃體和相鄰的裝飾線上。

底座裝飾線

底座裝飾線的製作往往與帽線或腰線不同，因為它與底座常常是一體的。如果底座裝飾線是獨立的，我們可以將它黏到底座上，這樣能避開木材形變的問題。

這裡有3種略微不同的底座裝飾線。

貼裝在櫃體上的底座裝飾線：這種裝飾線直接貼裝在櫃體上，在拐角處用斜切拼接的方式連接。櫃體正面的裝飾線黏在櫃體上，用的是簡單的邊對邊拼接的方式。但在側面，從木材形變的角度考慮貼裝裝飾線可能會出現問題，可以選擇上文介紹的任何一種方法。

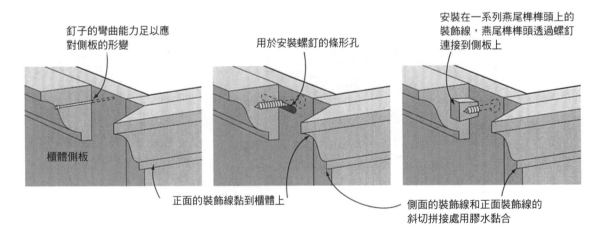

釘子的彎曲能力足以應對側板的形變

用於安裝螺釘的條形孔

安裝在一系列燕尾榫榫頭上的裝飾線，燕尾榫榫頭透過螺釘連接到側板上

櫃體側板

正面的裝飾線黏到櫃體上

側面的裝飾線和正面裝飾線的斜切拼接處用膠水黏合

側板上裝飾線的貼裝

右上圖向我們展示的是將裝飾線安裝在螺釘上的方法，這樣既能給櫃體側板的膨脹或收縮留出餘地，又能確保靠面板一端的裝飾線斜切拼接處牢固。操作時，先在裝飾線的背面開出一道T形槽，再在櫃體側板相應的位置釘入盤頭螺釘或圓頭螺釘，要把螺釘頭露出來，然後將裝飾線推按到螺釘頭上，並在斜切拼接處塗膠。塗膠使側板上的裝飾線相對櫃體面板上的裝飾線保持不動，而螺釘的使用又使裝飾線緊貼側板，與此同時側板還能自由地膨脹和收縮。

裝飾性底座：如果做的是撐架式底座或者傳統的基座式底座，我們可以將裝飾線與底座做成一體式的，不用單獨做。換句話說，就是在底座上直接切刻出我們想要的裝飾線。

右中圖向我們展示的是透過一個獨立的框架安裝的撐架式底座，框架是透過榫卯拼接的方式連接在一起的。做好的底座各部件帶有裝飾線並且呈渦卷形，底座各部件是黏到框架上的，而各部件之間則是先透過斜切拼接的方式連接，再膠合一塊塞角對斜切拼接進行加固。框架略小於底座，這樣底座經裝飾處理的邊緣能略微超出櫃體。

組裝好的結構透過螺釘連接到櫃體底板上。框架正面部件上的螺釘孔是圓孔，側面部件上的則是長圓孔，這樣當櫃體側板膨脹或收縮時螺釘可以做一定的運動。要注意的是，在框架的背面部件上不使用螺釘。

裝飾性框架：如果櫃體是安裝在撐架腳上的，最好的做法是先將撐架腳連接到一個框架上，再用螺釘把框架連接到櫃體上。如果框架的拼接方式是斜切拼接，如右下圖所示，那麼我們可以直接在框架上做出裝飾性造型。

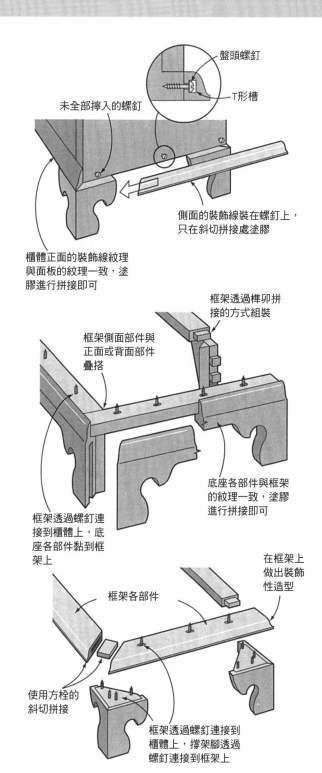

盤頭螺釘

T形槽

未全部擰入的螺釘

側面的裝飾線裝在螺釘上，只在斜切拼接處塗膠

櫃體正面的裝飾線紋理與面板的紋理一致，塗膠進行拼接即可

框架透過榫卯拼接的方式組裝

框架側面部件與正面或背面部件疊搭

底座各部件與框架的紋理一致，塗膠進行拼接即可

框架透過螺釘連接到櫃體上，底座各部件黏到框架上

在框架上做出裝飾性造型

框架各部件

使用方栓的斜切拼接

框架透過螺釘連接到櫃體上，撐架腳透過螺釘連接到框架上

底座裝飾線的貼裝

家具

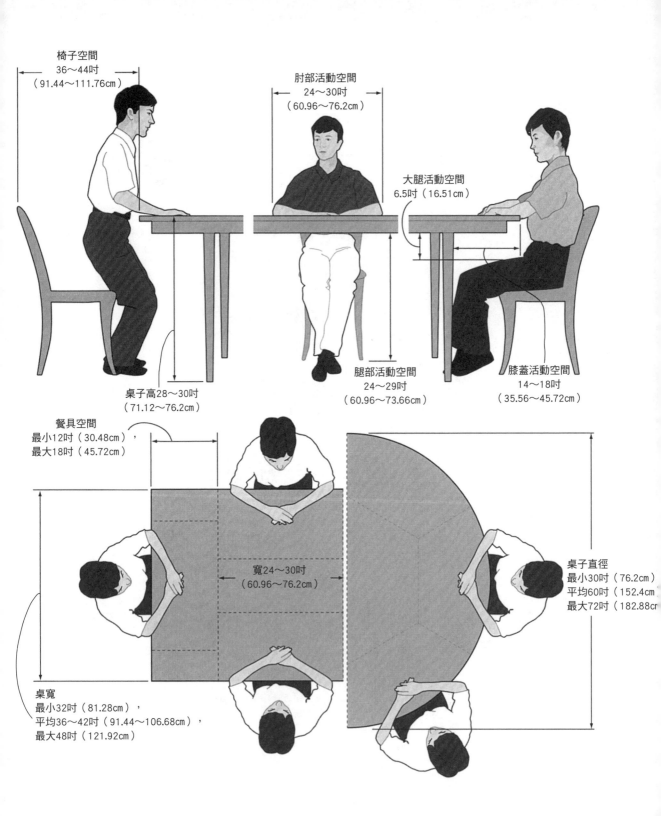

椅子空間
36～44吋
（91.44～111.76cm）

肘部活動空間
24～30吋
（60.96～76.2cm）

大腿活動空間
6.5吋（16.51cm）

桌子高28～30吋
（71.12～76.2cm）

腿部活動空間
24～29吋
（60.96～73.66cm）

膝蓋活動空間
14～18吋
（35.56～45.72cm）

餐具空間
最小12吋（30.48cm），
最大18吋（45.72cm）

寬24～30吋
（60.96～76.2cm）

桌子直徑
最小30吋（76.2cm）
平均60吋（152.4cm）
最大72吋（182.88cr）

桌寬
最小32吋（81.28cm），
平均36～42吋（91.44～106.68cm），
最大48吋（121.92cm）

餐 桌

有個現象雖好似違背常理，卻又是事實：你記憶最深刻的餐桌往往是那些設計得不合理的，過高的或過矮的、讓你腿腳活動不開的，或是桌面空間不夠大的。下面我們將給出一些餐桌的基本數據，有了它們，你就只會記住那些設計合理的餐桌了。

桌子高度：從地面到桌面頂面的距離，通常是28～30吋（71.12～76.2cm）。

腿部活動空間：從地面到望板下邊緣的距離，是供腿部活動的空間的高度，應至少為24吋（60.96cm）。

膝蓋活動空間：從桌子的邊緣到你的膝蓋的距離，即當椅子被推放到位時膝蓋能前後活動的距離，最小應為10～16吋（25.4～40.64cm），距離大一些的為14～18吋（35.56～45.72cm）。

大腿活動空間：從大腿上面到望板下邊緣的距離，即當你坐在椅子上時大腿可以活動的空間的高度，應至少為6.5吋（16.51cm）。

肘部活動空間：每位就餐者所占據的桌面空間的寬度，最小應為24吋（60.96cm），這個寬度剛剛好，但寬度為30吋（76.2cm）的話，人坐著會更舒適。

餐具空間：每位就餐者擺放餐具所需的空間，如果這一空間的深度不足12吋（30.48cm），那就太小了，而深度超過18吋（45.72cm）的話又太大了。

椅子空間：你把椅子向後推開並站起來時從桌面邊緣到椅背之間的空間。設計師認為桌面邊緣到椅背的距離最小要36吋（91.44cm），44吋（111.76cm）是最佳距離。

桌腿——望板桌

廚房桌
工作桌

談起桌子的時候，你腦海裡出現的難道不是由四條腿支撐的一塊平板嗎？難道不是右圖所示的那種桌子嗎？這樣的桌子可謂經典中的經典。

右圖所示的是一種最簡單的桌子，它僅由三種部件組成：桌腿、望板和桌面。桌腿和望板拼接在一起形成了堅固且開放的支撐結構。從結構上來講，許多桌子都是桌腿——望板結構的，雖然它們很少被叫成桌腿——望板桌。我們更習慣於按照用途或被放置的地點給桌子命名，比如廚房桌、床頭桌、咖啡桌等。

在本書的後面，你會發現其他各種桌子的原型，其中的許多都與這種基本結構的桌子有一定的淵源。

這是一種你最有可能在家裡的餐廳裡看到的桌子。它們厚重的外觀給人以堅固之感。對厚重的

桌腿，我們可以透過車旋工藝做出裝飾性造型以減輕它在視覺上給人的笨重感。此外，粗大的腿柱對拼接來說也是非常重要的。

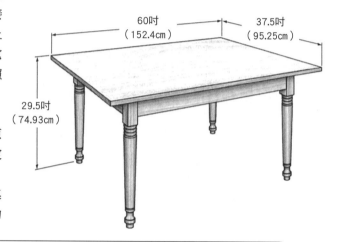

60吋
（152.4cm）

37.5吋
（95.25cm）

29.5吋
（74.93cm）

儘管結構簡單，但桌腿——望板桌有無數的變體。桌面可以是圓形、正方形、橢圓形或長方形的，桌腿可以是方正的、車旋的、漸細的或帶雕花的，而望板的造型甚至能改變桌子的外觀。

設計變化

比如下圖所示的圓面桌，雖然其桌腿與上圖所示的桌子一樣是車旋出來的，但看起來完全不同。圓形桌面和方正的桌腿——望板結構組合在一起就造成了這種外觀上的不同。中間那張安妮女王式的桌子儘管帶有優美的卡布里腿，但那寬大的望板讓人一看就知道它是一張工作桌。第三張桌子的望板變窄了，與前面兩張相比在外觀和實用性上都有很大的不同。這張桌子看起來比較輕巧，也比較高，從而增大了大腿的活動空間。

圓面桌

安妮女王式工作桌

裝有輕巧望板的桌子

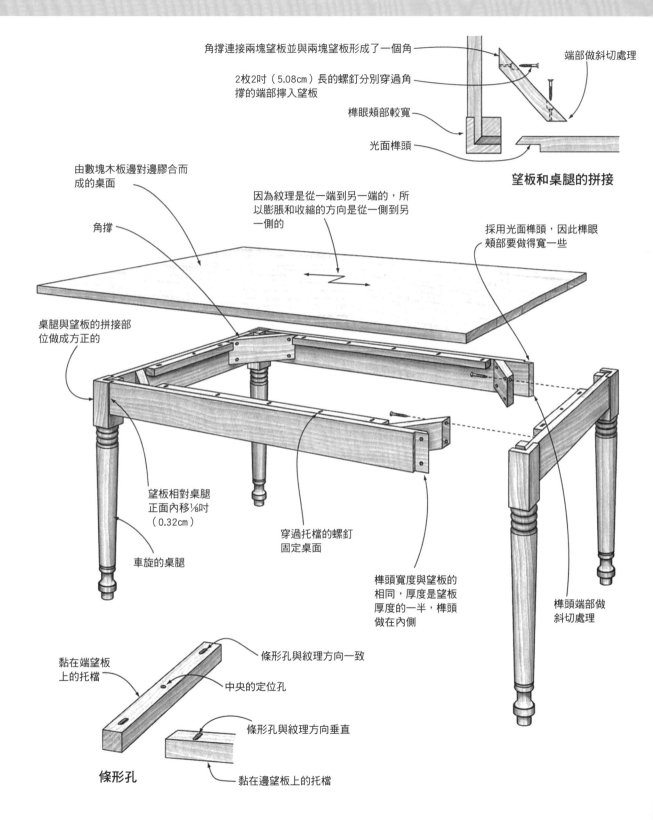

角撐連接兩塊望板並與兩塊望板形成了一個角

2枚2吋（5.08cm）長的螺釘分別穿過角撐的端部擰入望板

端部做斜切處理

榫眼頰部較寬

光面榫頭

望板和桌腿的拼接

由數塊木板邊對邊膠合而成的桌面

角撐

因為紋理是從一端到另一端的，所以膨脹和收縮的方向是從一側到另一側的

採用光面榫頭，因此榫眼頰部要做得寬一些

桌腿與望板的拼接部位做成方正的

望板相對桌腿正面內移⅛吋（0.32cm）

車旋的桌腿

穿過托檔的螺釘固定桌面

榫頭寬度與望板的相同，厚度是望板厚度的一半，榫頭做在內側

榫頭端部做斜切處理

黏在端望板上的托檔

條形孔與紋理方向一致

中央的定位孔

條形孔與紋理方向垂直

條形孔

黏在邊望板上的托檔

酒館桌

每個人心目中的酒館桌都略有不同。家具研究者通常將酒館桌描述成一種樸素的、較矮的、桌面呈長方形的桌子。它桌架堅固，桌腿是方方正正的或帶車旋造型的，並且帶有拉檔。這樣的描述基本上指明了它的本質，一種桌腿帶有拉檔的桌腿——望板桌。

拉檔，特別是像右上圖所示的這種粗大的拉檔，能夠大大增大桌子的強度、提高桌子的抗形變能力。如果桌子被用得多，那麼拉檔有助於延長桌子的使用壽命。17世紀和18世紀的酒館和小客棧常配置這種類型的桌子，「酒館桌」這個名稱就是由此而來的。儘管現在保存下來的酒館桌的拉檔經過千萬次踩踏已經被磨損得很厲害了，但一般都還很粗大。

右上圖所示的酒館桌的拉檔是中央拉檔，而不是邊拉檔，這樣人們坐在桌旁更為方便。然而，許多早期的酒館桌的拉檔是邊拉檔。

酒館桌組裝起來非常簡單：先將望板和拉檔透過榫卯拼接的方式連接到桌腿上，再釘入釘子加固。此外，桌面通常帶有案板頭。

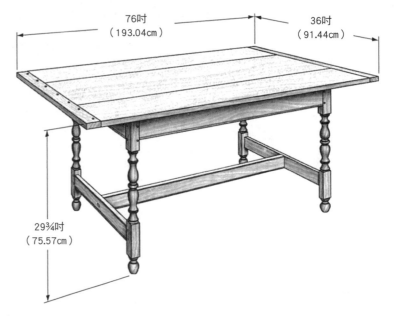

76吋（193.04cm）

36吋（91.44cm）

29¾吋（75.57cm）

設計變化

改變桌子外觀最簡單的方法就是改變桌腿的造型。典型酒館桌的桌腿是車旋的，而車旋的方式變化無窮，只要確保一點：拉檔與桌腿的拼接處必須是方正的。除了桌腿，還可以改變拉檔的外觀和布局，如下圖所示。

端拉檔

只有端拉檔、沒有邊拉檔和中央拉檔的桌子

漸細的桌腿

方正的桌腿

車旋的桌腿

邊拉檔

端拉檔

兼具端拉檔和邊拉檔的桌子

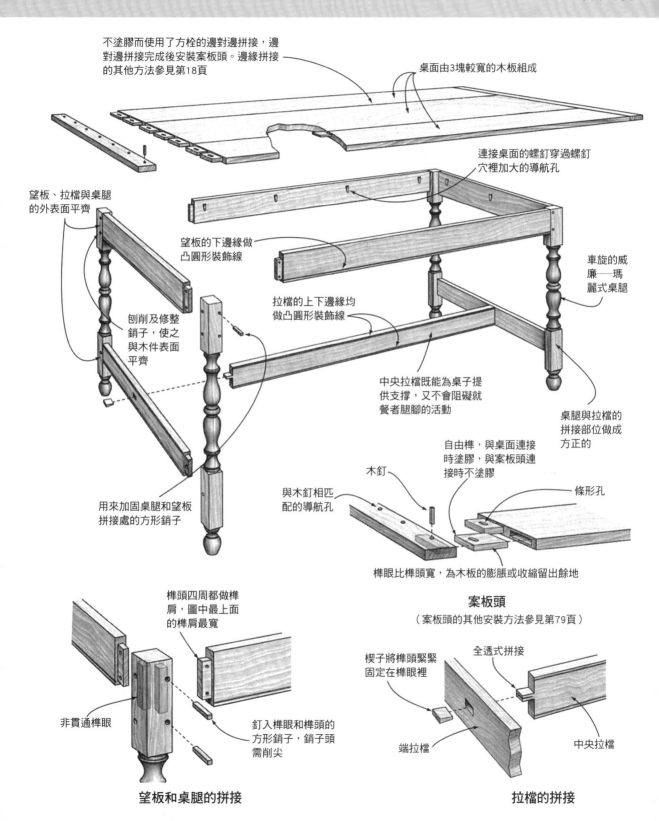

不塗膠而使用了方栓的邊對邊拼接，邊對邊拼接完成後安裝案板頭。邊緣拼接的其他方法參見第18頁

桌面由3塊較寬的木板組成

連接桌面的螺釘穿過螺釘穴裡加大的導航孔

望板、拉檔與桌腿的外表面平齊

望板的下邊緣做凸圓形裝飾線

車旋的威廉──瑪麗式桌腿

刨削及修整銷子，使之與木件表面平齊

拉檔的上下邊緣均做凸圓形裝飾線

中央拉檔既能為桌子提供支撐，又不會阻礙就餐者腿腳的活動

桌腿與拉檔的拼接部位做成方正的

用來加固桌腿和望板拼接處的方形銷子

自由榫，與桌面連接時塗膠，與案板頭連接時不塗膠

木釘

條形孔

與木釘相匹配的導航孔

榫眼比榫頭寬，為木板的膨脹或收縮留出餘地

案板頭
（案板頭的其他安裝方法參見第79頁）

榫頭四周都做榫肩，圖中最上面的榫肩最寬

非貫通榫眼

釘入榫眼和榫頭的方形銷子，銷子頭需削尖

望板和桌腿的拼接

楔子將榫頭緊緊固定在榫眼裡

全透式拼接

端拉檔

中央拉檔

拉檔的拼接

帶抽屜的桌腿——望板桌

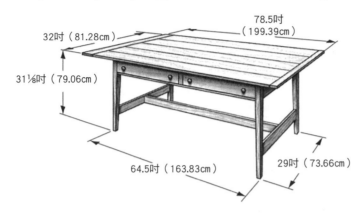

32吋（81.28cm）

78.5吋（199.39cm）

31⅛吋（79.06cm）

64.5吋（163.83cm）

29吋（73.66cm）

「桌腿——望板桌」這種叫法更多地是指一類結構相同的桌子，而不是一類造型相同的桌子。桌腿——望板桌是廚房桌、圖書館桌、寫字檯甚至工作臺等桌子的基礎。

在桌子上安裝一兩個抽屜會增強它的實用性，因為抽屜可以用來存放工作時要用到的工具。有的時候一個小抽屜就能滿足使用者所有的需求，但必要的時候還是要把抽屜做得盡可能地大。

安裝抽屜的方法有好幾種。最簡單的方法就是直接在望板上做出抽屜口。如果望板很寬而抽屜相對較小，那麼這種方法是非常適用的。如果抽屜口要做得很大，以至於會破壞望板的完整性，這時最好用橫檔代替抽屜。可以對橫檔的邊緣做車旋處理，使其寬度與桌腿的厚度相匹配。採用多榫頭拼接可以使桌腿——望板結構更為穩固。設計時最好讓抽屜上下方都有橫檔，上方的橫檔可以防止桌腿彎曲和內拐。

設計變化

將一個抽屜安裝到圓桌的望板裡是可以做到的，但如果桌子的桌腿——望板結構是方方正正的，那麼抽屜拉開時它的一大部分內部空間將被桌面遮住，不能被充分利用。而如果望板是彎曲的，那麼抽屜的面板也要做成弧形或用彎曲的層壓板製作，從而與望板相匹配。

望板平直的桌子

抽屜拉開時它的很大一部分內部空間被桌面遮住

望板彎曲的桌子

抽屜正面必須做成彎曲的以與望板相匹配

抽屜拉開時被桌面遮住的內部空間小得多

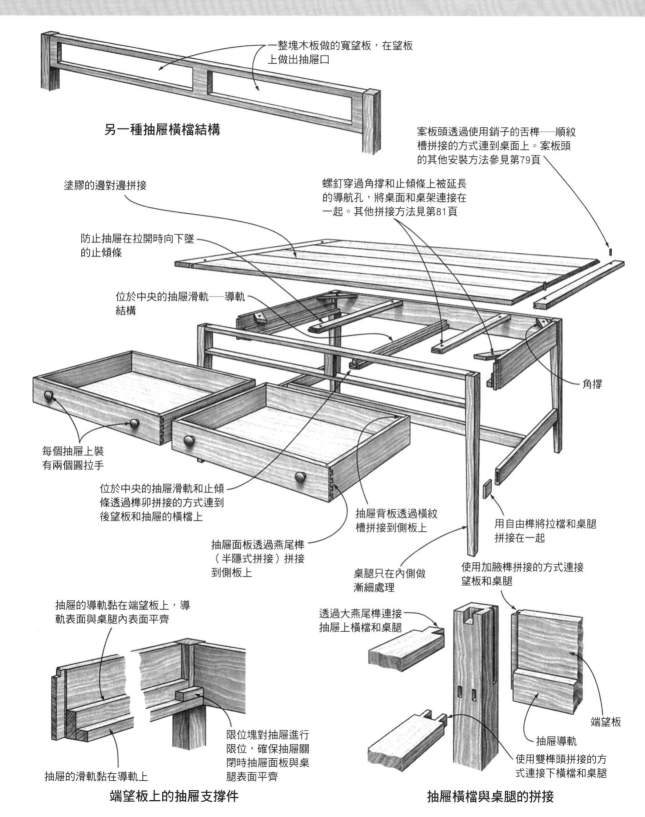

一整塊木板做的寬望板，在望板上做出抽屜口

另一種抽屜橫檔結構

案板頭透過使用銷子的舌榫——順紋槽拼接的方式連到桌面上。案板頭的其他安裝方法參見第79頁

塗膠的邊對邊拼接

螺釘穿過角撐和止傾條上被延長的導航孔，將桌面和桌架連接在一起。其他拼接方法見第81頁

防止抽屜在拉開時向下墜的止傾條

位於中央的抽屜滑軌——導軌結構

角撐

每個抽屜上裝有兩個圓拉手

位於中央的抽屜滑軌和止傾條透過榫卯拼接的方式連到後望板和抽屜的橫檔上

抽屜背板透過橫紋槽拼接到側板上

用自由榫將拉檔和桌腿拼接在一起

抽屜面板透過燕尾榫（半隱式拼接）拼接到側板上

桌腿只在內側做漸細處理

使用加腋榫拼接的方式連接望板和桌腿

抽屜的導軌黏在端望板上，導軌表面與桌腿內表面平齊

透過大燕尾榫連接抽屜上橫檔和桌腿

抽屜的滑軌黏在導軌上

限位塊對抽屜進行限位，確保抽屜關閉時抽屜面板與桌腿表面平齊

端望板

抽屜導軌

使用雙榫頭拼接的方式連接下橫檔和桌腿

端望板上的抽屜支撐件

抽屜橫檔與桌腿的拼接

支柱桌

製作桌子時可以採用每個桌角下都有一條桌腿的結構，也可以採用支柱結構。支柱桌的桌面連接在一個位於桌面下方正中央的支柱上，而支柱立在底座或低矮且外張的桌腳上。從結構上來說，望板不是支柱桌必要的部件，雖然有一些支柱桌有望板。

對使用者來說，沒有桌腿（和望板）的支柱桌貌似不會限制他們腿腳的活動。不過實際情況通常是，使用者的腿和膝蓋確實有充足的活動空間，但底座會妨礙他們腳的自由活動。這是為獲得穩定性而付出的代價：在任何方向上，桌面都不能超出底座6吋（15.24cm）。否則，有人用力壓桌面邊緣的話，桌子就有翻倒的危險。

結構上需要著重注意的是中央支柱的強度和支柱與底座或桌腳的拼接強度。右上圖所示的支柱桌桌面是橢圓形的，為了與橢圓的長軸和短軸相匹配，桌腳也有兩種長度的。使用雙滑插拼接法將桌腳與

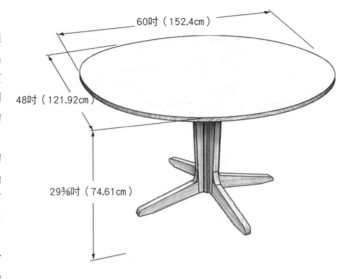

60吋（152.4cm）
48吋（121.92cm）
29⅜吋（74.61cm）

漸細的豎直部件相連接，桌面下方的支撐件與豎直部件連接時採用的也是同樣的方法。組裝好這些局部結構以後，再將它們依次黏到一個方正的核心部件上，豎直放立時向外伸展的支柱就做好了。

設計變化

支柱結構起源於18世紀，當時用在一種裝有三腳架式底座的小型桌子——休閒桌上。為了做出餐桌大小的桌子，早期的家具製作者們採用的方法是將兩張支柱桌拼接在一起，或者在一張長方形桌面下安裝兩個三腳架式底座。現在的支柱桌既有單支柱結構的，又有多支柱結構的。多支柱結構的優點是抗扭曲的能力更強，儘管這種結構的桌子的桌面超出底座的部分大得多，但一張帶有這種底座的大桌子仍然可以保持穩定，因為它有多個支柱支撐。

聯邦式支柱桌

四柱桌

極簡支柱桌

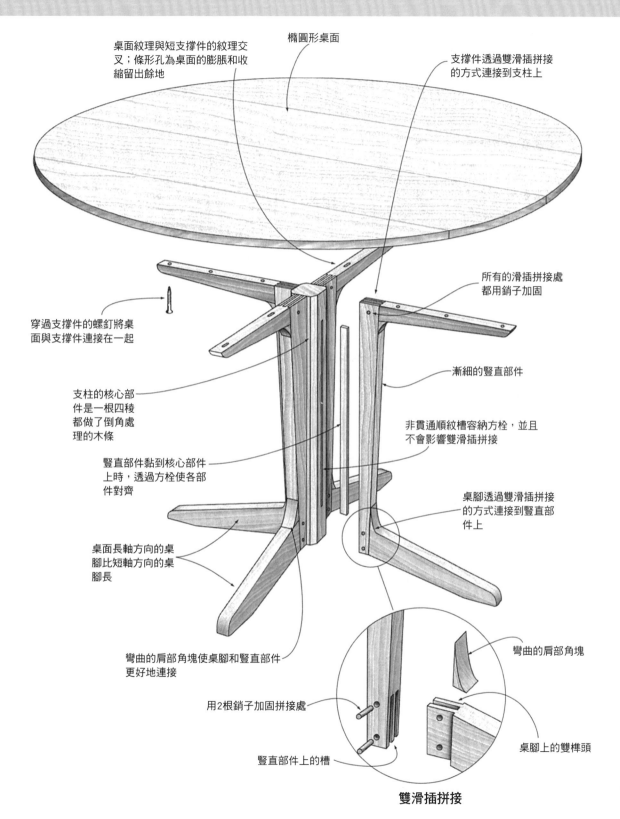

桌面紋理與短支撐件的紋理交叉；條形孔為桌面的膨脹和收縮留出餘地

橢圓形桌面

支撐件透過雙滑插拼接的方式連接到支柱上

所有的滑插拼接處都用銷子加固

穿過支撐件的螺釘將桌面與支撐件連接在一起

漸細的豎直部件

支柱的核心部件是一根四稜都做了倒角處理的木條

非貫通順紋槽容納方栓，並且不會影響雙滑插拼接

豎直部件黏到核心部件上時，透過方栓使各部件對齊

桌腳透過雙滑插拼接的方式連接到豎直部件上

桌面長軸方向的桌腳比短軸方向的桌腳長

彎曲的肩部角塊使桌腳和豎直部件更好地連接

彎曲的肩部角塊

用2根銷子加固拼接處

桌腳上的雙榫頭

豎直部件上的槽

雙滑插拼接

支架桌

將一塊又寬又厚的木板平放在兩個馬凳或支架上，就拼成了一張桌子。這就是支架桌的起源，並且支架桌的樣式可能是桌子最早的樣式。中世紀開始，這種桌子的結構就變得越來越複雜，但它仍保留了易於製作和拆卸的特點。

支架桌最初是一塊平放在兩個可自由移動的馬凳或支架上的木板（或膠合板）。只有當支架不再能夠自由移動的時候，它才成了一張真正的桌子。這就要求兩個支架相互連接，或者支架與桌面相互連接，或者這幾個部件全都相互連接。

上圖所示的支架桌的每個支架都由一根相當寬的立柱及上方的支撐件和下方的桌腳組合而成，它們都是透過榫卯拼接的方式連接的。支架越寬，其抵抗桌子向兩側形變的能力就越強。一根長而粗的拉檔透過榫卯拼接的方式與兩個支架相連接。桌面是用螺釘固定到支架上的，桌面固定好以後支架桌就做好了。

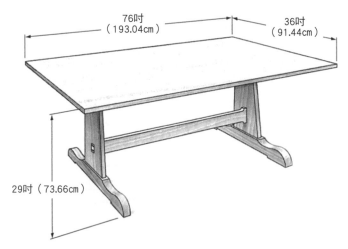

使用支架桌時使用者活動腿腳的空間相當大，但需要注意拉檔，沒人願意坐下時小腿總是被磕碰。類似地，桌面的端頭必須超出支架14～18吋（35.56～45.72cm），這樣坐在桌子兩端的人的腿腳才有充足的活動空間。

許多支架桌是可快速拆卸的，製作這種便於拆卸的桌子的方法見第137頁。

設計變化　改變支架和桌腳的樣式是改變支架桌外觀最容易的方法，這裡給出了幾個例子。雖然最初的支架類似於鋸木架，但中世紀的歐洲最常見的是X形的支架。德裔賓夕法尼亞人和其他地方的德裔移民將這種結構帶到了美洲，它現在仍然常用於野餐桌。現在最常見的是I形支架。震顫派教徒製作過不少支架桌，它們的桌腳通常是「高腳背」且較纖細的桌腳。

I形支架桌側面圖

X形支架桌側面圖

震顫派式支架桌側面圖

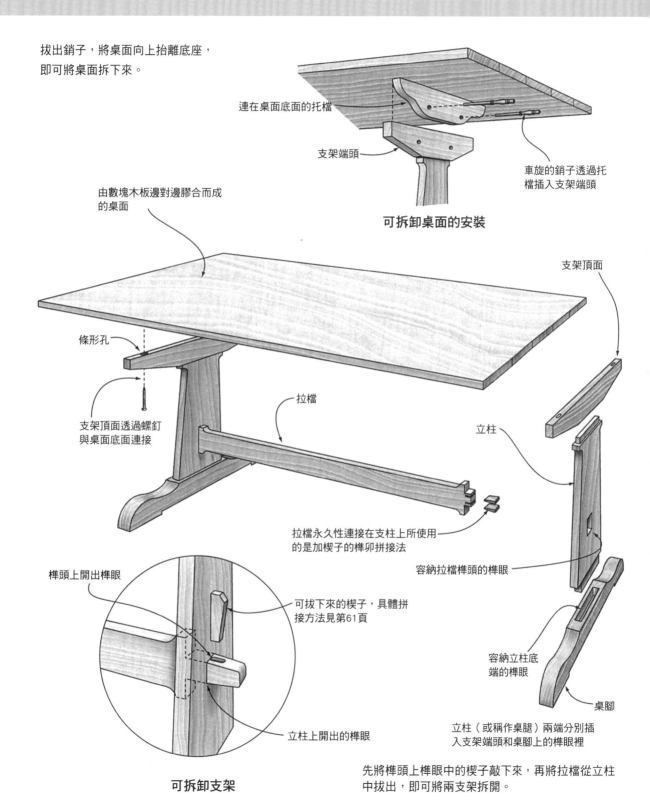

拔出銷子,將桌面向上抬離底座,
即可將桌面拆下來。

連在桌面底面的托檔

支架端頭

車旋的銷子透過托
檔插入支架端頭

可拆卸桌面的安裝

由數塊木板邊對邊膠合而成
的桌面

支架頂面

條形孔

支架頂面透過螺釘
與桌面底面連接

拉檔

立柱

容納拉檔榫頭的榫眼

拉檔永久性連接在支柱上所使用
的是加楔子的榫卯拼接法

榫頭上開出榫眼

可拔下來的楔子,具體拼
接方法見第61頁

容納立柱底
端的榫眼

桌腳

立柱上開出的榫眼

立柱(或稱作桌腿)兩端分別插
入支架端頭和桌腳上的榫眼裡

可拆卸支架

先將榫頭上榫眼中的楔子敲下來,再將拉檔從立柱
中拔出,即可將兩支架拆開。

伸縮桌

抽拉桌
英式抽拉桌

透過增加桌板來擴大桌面面積的餐桌大家都很熟悉。這種餐桌收起時剛好適合所有家庭成員就餐使用，而在來客人的時候，我們可以將其拉開擴大桌面面積。

不太容易看出來的是，伸縮桌實際上就是桌面被鋸成兩半再用特殊的滑軌重新拼接起來的桌腿——望板桌。這種特殊的滑軌，木工可以直接購買成品，也可以與桌子一同製作。增加的活動桌板每一塊的寬度應為24吋（60.96㎝），這是擺放一套餐具所需的寬度。

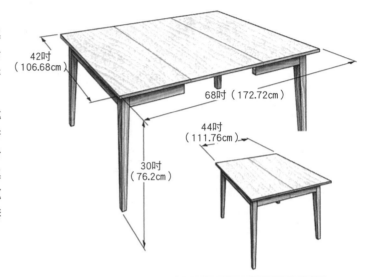

42吋
（106.68cm）

68吋（172.72cm）

44吋
（111.76cm）

30吋
（76.2cm）

設計變化

有很多常見的方法能夠改變伸縮桌的外觀，比如改變桌腿或望板的造型等。桌面的形狀（還有望板的輪廓）與伸縮桌的製作關係不大。甚至完全無關。因為從本質上來說伸縮桌仍然屬於桌腿——望板桌，所以可以用與製作桌腿——望板桌同樣的方法來製作。但是當桌子可拉開的幅度比較大的時候，就要在中間再安裝一條桌腿，以支撐增加的桌板。另外，不要忽視一些小部件的作用，比如桌板下加裝的望板。

帶望板的桌板

圓形伸縮桌

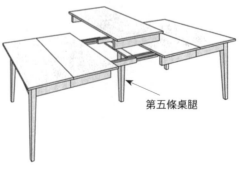

第五條桌腿

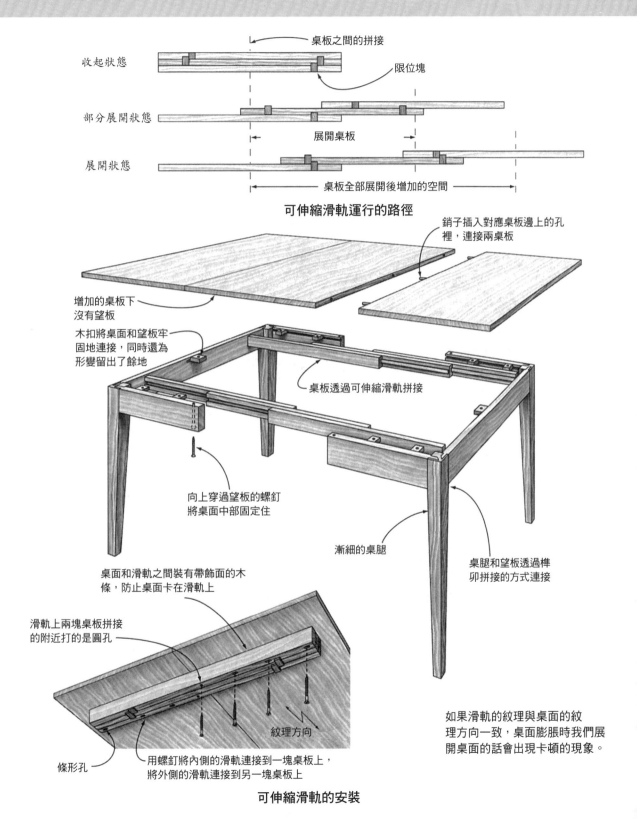

桌板之間的拼接

限位塊

收起狀態

部分展開狀態

展開桌板

展開狀態

桌板全部展開後增加的空間

可伸縮滑軌運行的路徑

銷子插入對應桌板邊上的孔裡，連接兩桌板

增加的桌板下沒有望板

木扣將桌面和望板牢固地連接，同時還為形變留出了餘地

桌板透過可伸縮滑軌拼接

向上穿過望板的螺釘將桌面中部固定住

漸細的桌腿

桌腿和望板透過榫卯拼接的方式連接

桌面和滑軌之間裝有帶飾面的木條，防止桌面卡在滑軌上

滑軌上兩塊桌板拼接的附近打的是圓孔

紋理方向

條形孔

用螺釘將內側的滑軌連接到一塊桌板上，將外側的滑軌連接到另一塊桌板上

如果滑軌的紋理與桌面的紋理方向一致，桌面膨脹時我們展開桌面的話會出現卡頓的現象。

可伸縮滑軌的安裝

伸縮式支柱桌

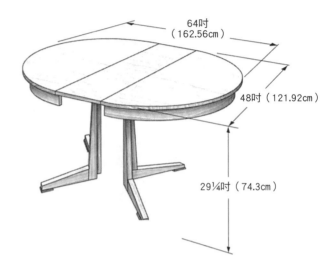

64吋
（162.56cm）

48吋（121.92cm）

29¼吋（74.3cm）

與桌腿──望板桌不同，支柱桌是另一種結構的桌子，它具有自己的優勢。如果你需要一張可以伸縮的桌子，別忘了考慮使用支柱結構。

可以將下垂桌板、抽拉桌板或者折疊桌板整合到一張支柱桌裡，使其能夠伸縮。但擴展支柱桌最常見的方法是使用拉開式的伸展結構。

具體操作如第141頁圖所示，可以先將桌面一分為二，再用特製的滑軌將兩塊桌板重新連接起來。這樣就能在兩塊桌板之間再加一塊桌板了。

對家具製作者來說，支柱可能出現的問題才是最需要關注的。桌面的尺寸要與支柱相匹配，這樣才能確保桌子穩定。上圖所示的支柱桌中的支柱被沿豎直方向分成兩部分，每一部分的支柱連接到一塊桌板上。當桌板被拉開時，支柱也會分開。

設計變化

經典的伸縮式支柱桌，當桌板被拉開時，桌子的支柱也會分開。但這不是伸縮式支柱桌唯一的做法。如果桌板伸展的幅度無須太大，比如伸展12～16吋（30.48～40.64cm）就可以的話，那麼這種伸縮式支柱桌可以只使用一根支柱。另一種方法是採用兩根支柱，一根支柱支撐一塊桌板，用這種方法能夠做出很大的桌子，長3～4呎（91.44～121.92cm）。

伸縮式單支柱桌

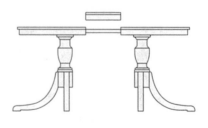

伸縮式雙支柱桌

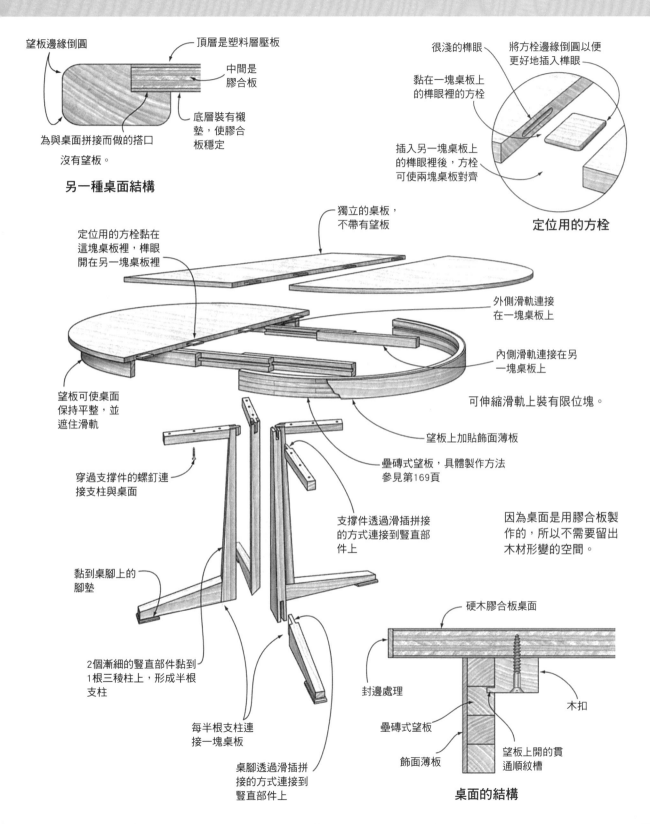

望板邊緣倒圓

頂層是塑料層壓板

中間是膠合板

為與桌面拼接而做的搭口沒有望板。

底層裝有襯墊，使膠合板穩定

另一種桌面結構

很淺的榫眼

將方栓邊緣倒圓以便更好地插入榫眼

黏在一塊桌板上的榫眼裡的方栓

插入另一塊桌板上的榫眼裡後，方栓可使兩塊桌板對齊

定位用的方栓

定位用的方栓黏在這塊桌板裡，榫眼開在另一塊桌板裡

獨立的桌板，不帶有望板

外側滑軌連接在一塊桌板上

內側滑軌連接在另一塊桌板上

望板可使桌面保持平整，並遮住滑軌

可伸縮滑軌上裝有限位塊。

穿過支撐件的螺釘連接支柱與桌面

望板上加貼飾面薄板

疊磚式望板，具體製作方法參見第169頁

黏到桌腳上的腳墊

支撐件透過滑插拼接的方式連接到豎直部件上

因為桌面是用膠合板製作的，所以不需要留出木材形變的空間。

2個漸細的豎直部件黏到1根三稜柱上，形成半根支柱

每半根支柱連接一塊桌板

桌腳透過滑插拼接的方式連接到豎直部件上

硬木膠合板桌面

封邊處理

木扣

疊磚式望板

飾面薄板

望板上開的貫通順紋槽

桌面的結構

抽拉桌

如果你想製作一張可以伸展的桌子，一種值得考慮的有趣的桌型就是抽拉桌。它製作起來很簡單，使用起來很方便。

其實各種桌子的基本結構都差不多。除了會在兩端的望板上開出槽口外，抽拉桌與其他任何一種桌腿——望板桌基本一樣，區別只在於桌腿和望板。

抽拉桌的桌腿——望板結構上連接的不是固定桌板，而是活動桌板。先將活動桌板連接到長而漸細的滑軌上，再將活動桌板連同滑軌安裝到桌腿——望板結構上，滑軌須與望板上開出的槽口相匹配。要用一塊中心板將兩塊活動桌板分開，並且中心板透過螺釘固定在望板上。固定桌板被安裝在中心板和活動桌板之上，但沒有用緊固件加固。

如果想擴展桌子，只需簡單地把活動桌板從固定

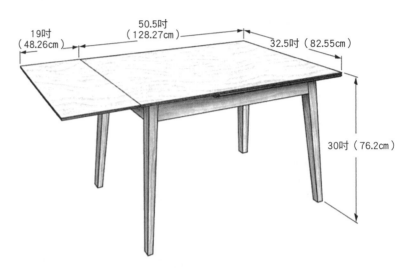

桌板下抽拉出來即可。滑軌上裝有限位條，可以防止桌板被拉出過多。抽拉過程中活動桌板會向上翹起，但最終會與固定桌板齊平。

因為活動桌板與桌子是一體的，所以當需要在桌邊增加一個人的位置的時候，你不必翻箱倒櫃地找桌板，直接把活動桌板向外一拉就成，哪怕桌子上已經擺上了飯菜也沒問題。

設計
變化

抽拉桌板結構可以用在任何有望板的桌子支撐結構上。因此裝有望板的支架桌或支柱桌（如下圖所示）是可以透過安裝抽拉桌板來擴大桌面的。

但是，這種結構只適用於方形桌面。不用的時候，活動桌板會被收到固定桌板下面，此時它的邊緣應該是能被看到的。如果活動桌板的形狀與固定桌板的不一樣，收好活動桌板後桌子看起來可能有點怪異。如果將一塊半圓形的活動桌板收在一塊正方形或長方形的固定桌板下，固定桌板和望板之間會有空隙。

雙支柱抽拉桌

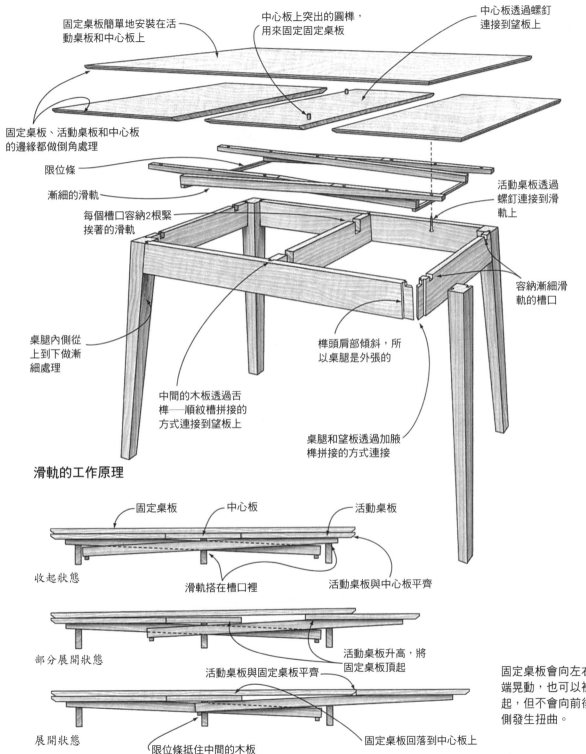

固定桌板簡單地安裝在活動桌板和中心板上

中心板上突出的圓榫，用來固定固定桌板

中心板透過螺釘連接到望板上

固定桌板、活動桌板和中心板的邊緣都做倒角處理

限位條

漸細的滑軌

每個槽口容納2根緊挨著的滑軌

活動桌板透過螺釘連接到滑軌上

桌腿內側從上到下做漸細處理

榫頭肩部傾斜，所以桌腿是外張的

容納漸細滑軌的槽口

中間的木板透過舌榫——順紋槽拼接的方式連接到望板上

桌腿和望板透過加腋榫拼接的方式連接

滑軌的工作原理

固定桌板　　　中心板　　　活動桌板

收起狀態

滑軌搭在槽口裡

活動桌板與中心板平齊

部分展開狀態

活動桌板升高，將固定桌板頂起

活動桌板與固定桌板平齊

展開狀態

限位條抵住中間的木板

固定桌板回落到中心板上

固定桌板會向左右兩端晃動，也可以被抬起，但不會向前後兩側發生扭曲。

滑動折疊桌

有一種很少見的可以伸展的桌子，那就是滑動折疊桌。儘管少見，但這種滑動折疊桌的桌面結構其實非常好。滑動折疊桌的兩塊桌板完全一樣，兩塊桌板之間是透過鉸鏈連接在一起的。在不使用的時候，可以將兩塊桌板折起來疊放在一起。要展開桌子的時候，先滑動一塊桌板到滑不動為止，此時這塊桌板只能覆蓋一半的桌架，然後翻開另一塊桌板。應在望板的上邊緣貼上氈墊，以確保桌板滑動順暢。

製作這種滑動結構非常容易，每一塊滑塊都有一個舌榫，將舌榫嵌入滑軌上的順紋槽裡即可。這種結構也有一個小問題，那就是在空氣濕度特別大的時候，舌榫可能會卡在順紋槽裡。

經典的滑動折疊桌很像邊桌。桌子展開後桌面的

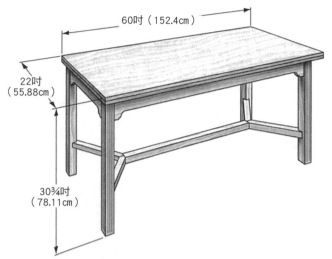

60吋（152.4cm）

22吋（55.88cm）

30¾吋（78.11cm）

邊緣與桌架距離較遠，這樣坐在桌兩側的人腿腳就擁有很充足的活動空間。而雙Y形拉檔又為坐在桌子兩端的人的腿腳提供了足夠的活動空間。

設計變化　為了使桌面完全展開後不至於超出桌架太多，桌架的尺寸必須與折疊後桌面的尺寸嚴格匹配。這樣一來，折疊桌面超出桌架的部分就相對較少了。這種桌子用作餐桌的話比較怪異，做其他用途時看起來就不那麼奇怪了。折疊桌面應該裝在那些適合的桌架上，比如四腿邊桌、下圖所示的沙發桌和其他休閒桌的桌架。桌面被折疊起來之後，這類桌子可以靠牆放置。

折疊桌面在傳統的牌桌上很常見，滑動結構則少見得多。不管怎樣，將折疊桌面與滑動結構相結合沒有任何問題。要是沒有使用滑動結構，那下圖所示的牌桌就與第168頁的轉面牌桌一樣了。

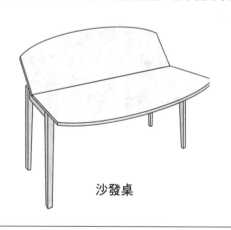

沙發桌

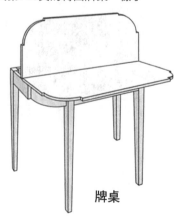

牌桌

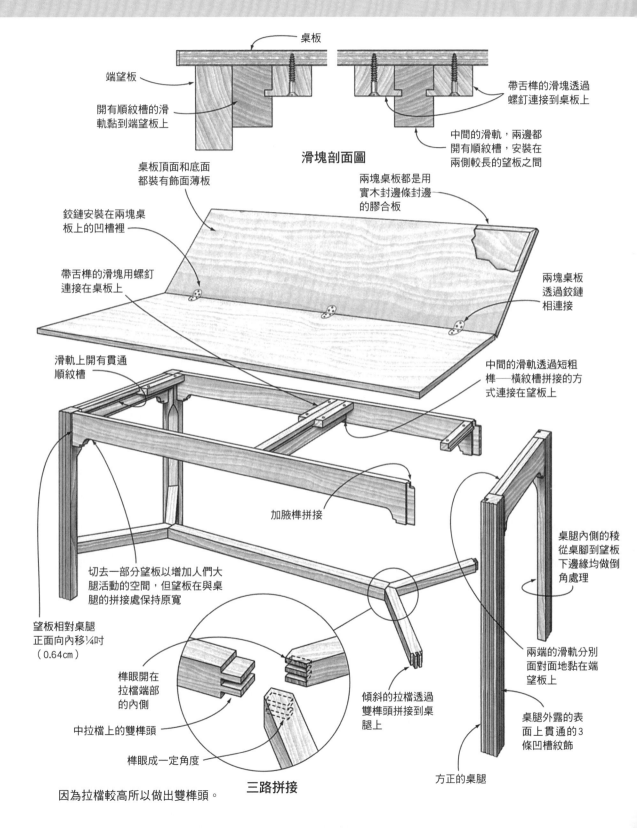

桌板

端望板

開有順紋槽的滑軌黏到端望板上

帶舌榫的滑塊透過螺釘連接到桌板上

中間的滑軌，兩邊都開有順紋槽，安裝在兩側較長的望板之間

滑塊剖面圖

桌板頂面和底面都裝有飾面薄板

兩塊桌板都是用實木封邊條封邊的膠合板

鉸鏈安裝在兩塊桌板上的凹槽裡

帶舌榫的滑塊用螺釘連接在桌板上

兩塊桌板透過鉸鏈相連接

滑軌上開有貫通順紋槽

中間的滑軌透過短粗榫——橫紋槽拼接的方式連接在望板上

加腋榫拼接

桌腿內側的稜從桌腳到望板下邊緣均做倒角處理

切去一部分望板以增加人們大腿活動的空間，但望板在與桌腿的拼接處保持原寬

望板相對桌腿正面向內移¼吋（0.64cm）

榫眼開在拉檔端部的內側

中拉檔上的雙榫頭

榫眼成一定角度

傾斜的拉檔透過雙榫頭拼接到桌腿上

兩端的滑軌分別面對面地黏在端望板上

桌腿外露的表面上貫通的3條凹槽紋飾

方正的桌腿

三路拼接

因為拉檔較高所以做出雙榫頭。

垂板桌

折疊桌
豐收桌

21吋
（53.34cm）

29吋
（73.66cm）

78吋（198.12cm）

10吋
（25.4cm）

垂板桌是固定桌板上透過鉸鏈裝有活動桌板的一類桌子的統稱。它曾一直是整個美洲非常常見的一種桌子。在威廉——瑪麗時代至今的各種風格的家具裡，都可以看到垂板桌。

活動桌板是垂板桌桌面的一部分，不用時，可以將它們放下，使之垂直懸掛在固定桌板上，這樣就減小了桌子所占據的空間。支撐展開的活動桌板的方法有很多種。上圖所示的垂板桌使用的是滑動式支撐件，先將活動桌板抬起，再將手伸到桌板下方把滑動件從望板下拉出來（就像拉開抽屜一樣）。其他支撐活動桌板的方法參見第148頁的「門腿桌」、第150頁的「擺腿桌」、第170頁的「蝴蝶桌」以及幾種牌桌。

這裡有一個需要我們特別注意的問題，那就是活動桌板的寬度要適當，確保滑動式或者轉動式支撐件能夠牢固地支撐活動桌板。這樣的支撐件適用於較窄的活動桌板，即寬度不超過15吋（38.1cm）的。如果活動桌板比這寬，請參閱本書有關門腿桌和擺腿桌的內容。如果活動桌板較長，比如上圖所示的豐收桌，則需要多使用幾個支撐件。

豐收桌其實是20世紀人們對那種相對較長且不太正規的垂板桌的叫法。這樣的叫法讓人聯想到一張大桌子：桌子要盡可能大，上面擺滿了食物，供飢餓的、在收穫的季節勞作的農場工人們享用。不管我們現在管它叫什麼，在1840年或1880年，坐在桌邊的人們可能叫它垂板桌或折疊桌。

設計變化

經典的四腿桌是長而且相對較窄的，桌面為長方形，桌角是直角。但垂板桌幾乎可以做成任何尺寸、任何比例和任何形狀的桌子。可以將活動桌板的邊緣倒圓，也可以讓它略向外凸出。在一個短一點兒或者方正的桌腿——望板結構上，可以安裝正方形、圓形或橢圓形的桌面，也可以將活動桌板的桌角倒圓或將外露的桌板邊緣做得略微外凸。

4個座位，每塊活動桌板使用1個支撐件

6個座位，每塊活動桌板使用2個支撐件

8個座位，每塊活動桌板使用2個豎直滑動式支撐件

6個座位，每塊活動桌板使用2個支撐件

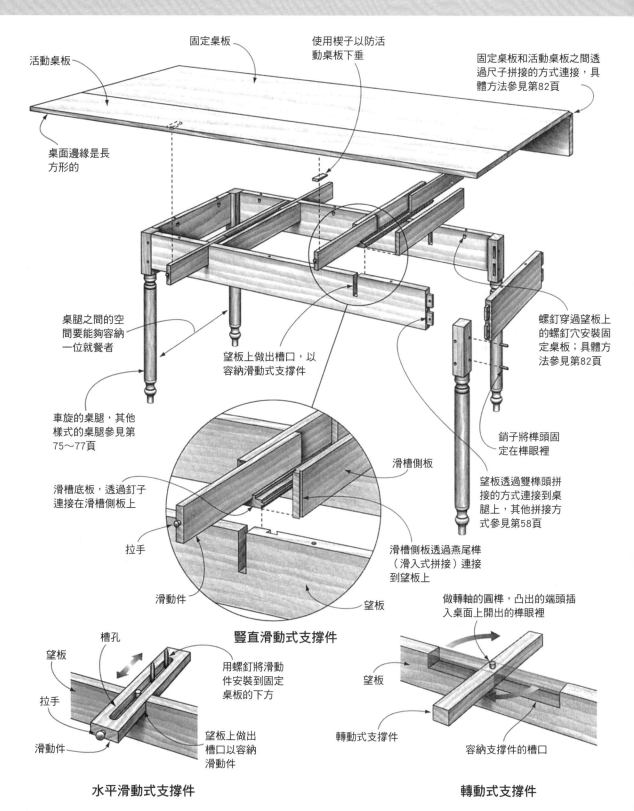

活動桌板

固定桌板

使用楔子以防活動桌板下垂

固定桌板和活動桌板之間透過尺子拼接的方式連接,具體方法參見第82頁

桌面邊緣是長方形的

桌腿之間的空間要能夠容納一位就餐者

車旋的桌腿,其他樣式的桌腿參見第75～77頁

望板上做出槽口,以容納滑動式支撐件

螺釘穿過望板上的螺釘穴安裝固定桌板;具體方法參見第82頁

銷子將榫頭固定在榫眼裡

望板透過雙榫頭拼接的方式連接到桌腿上,其他拼接方式參見第58頁

滑槽側板

滑槽底板,透過釘子連接在滑槽側板上

拉手

滑動件

望板

滑槽側板透過燕尾榫(滑入式拼接)連接到望板上

豎直滑動式支撐件

槽孔

望板

拉手

滑動件

用螺釘將滑動件安裝到固定桌板的下方

望板上做出槽口以容納滑動件

水平滑動式支撐件

做轉軸的圓榫,凸出的端頭插入桌面上開出的榫眼裡

望板

轉動式支撐件

容納支撐件的槽口

轉動式支撐件

門腿桌

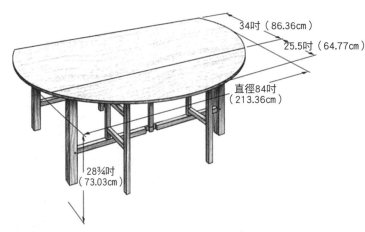

34吋（86.36cm）

25.5吋（64.77cm）

直徑84吋（213.36cm）

28¾吋（73.03cm）

門腿是透過鉸鏈連接到桌腿──望板──拉檔結構上的，安裝方式類似於大門的安裝，故而得名。門腿透過上下門橫檔（或稱拉檔）連接到軸柱上，連接是靠鉸鏈完成的。所以當活動桌板被抬起後，門腿可以在其下擺動並支撐起它。

門腿是擺腿的前輩。門腿桌出現於16世紀，其中許多結構的設計可以反映出那個時候家具製作者們的技藝水平。正如一扇製作精良的大門一樣，門腿非常堅固，能夠非常好地支撐活動桌板。

雖然經典的早期門腿桌有兩條門腿，一條門腿支撐一塊活動桌板，但只有一條門腿和一塊活動桌板的門腿桌也很常見。甚至有的巨無霸型門腿桌擁有多達12條門腿。將門腿收起來的時候，桌子通常較窄，這樣能夠節省空間。

對較大的桌子而言，一塊活動桌板就需要兩條門腿支撐，門腿的布局可以設計成相互靠攏或相互遠離兩種形式。如果轉動門腿時它們是相互靠攏的，則放下活動桌板時，門腿將倚靠在主桌腿上，這會讓門腿桌看上去更笨重。如果轉動門腿時它們是相互遠離的，則放下活動桌板後2條門腿會緊挨著立在那裡，這讓桌子看起來好像有6條主桌腿。

早期的門腿桌通常是巴洛克式的，桌腿被車旋出精美的造型。上圖所示的則完全是現代的門腿桌。

設計變化　　門腿的一個顯著的優點就是它能夠支撐很寬的活動桌板。因為門腿桌實際上就是在活動桌板下面加裝了一條桌腿，所以桌子非常穩，即使只有一側的活動桌板被抬起，桌子也不會翹起。這樣我們就可以製作出附帶較寬活動桌板的窄桌，收起時，桌子所占空間很小；展開後，桌面很大。

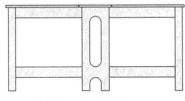

從側面看，收起狀態　　　　　　　　從側面看，展開狀態

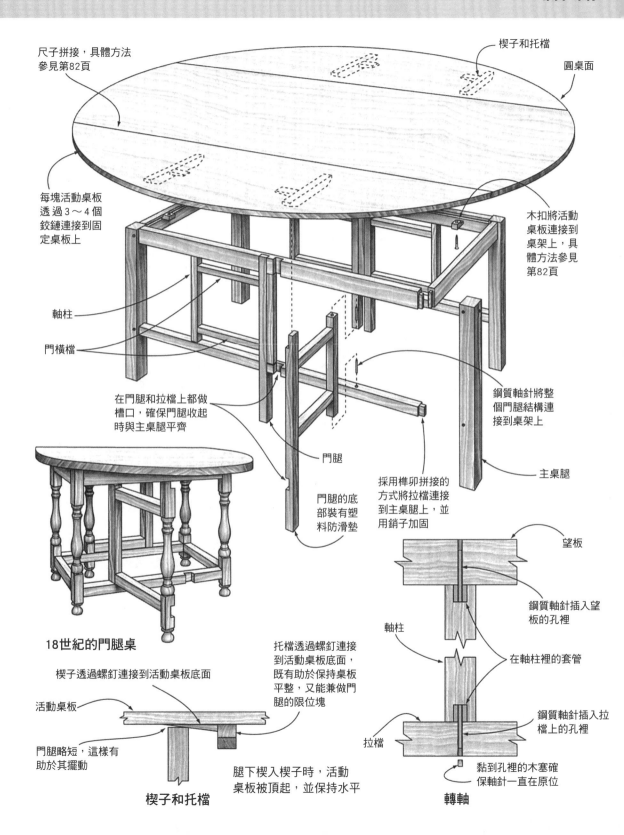

尺子拼接,具體方法參見第82頁

楔子和托檔

圓桌面

每塊活動桌板透過3～4個鉸鏈連接到固定桌板上

木扣將活動桌板連接到桌架上,具體方法參見第82頁

軸柱

門橫檔

在門腿和拉檔上都做槽口,確保門腿收起時與主桌腿平齊

門腿

鋼質軸針將整個門腿結構連接到桌架上

門腿的底部裝有塑料防滑墊

採用榫卯拼接的方式將拉檔連接到主桌腿上,並用銷子加固

主桌腿

18世紀的門腿桌

望板

鋼質軸針插入望板的孔裡

軸柱

在軸柱裡的套管

托檔透過螺釘連接到活動桌板底面,既有助於保持桌板平整,又能兼做門腿的限位塊

楔子透過螺釘連接到活動桌板底面

活動桌板

門腿略短,這樣有助於其擺動

腿下楔入楔子時,活動桌板被頂起,並保持水平

楔子和托檔

鋼質軸針插入拉檔上的孔裡

拉檔

黏到孔裡的木塞確保軸針一直在原位

轉軸

擺腿桌

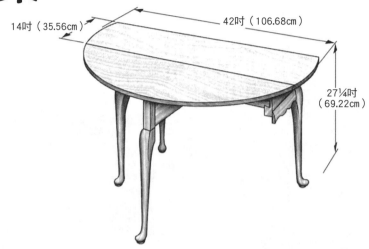

14吋（35.56cm）

42吋（106.68cm）

27¼吋（69.22cm）

　　嚴格來說，擺腿桌也是一種垂板桌，但是擺動的桌腿又讓它與普通的垂板桌有所不同。擺腿是由門腿演變而來的（參見第148頁「門腿桌」），門腿是透過望板和拉檔與桌架相連的，就像一扇大門。而擺腿只與望板相連，因此擺腿桌看起來比較輕巧。

　　擺腿桌能夠作為餐桌主要是因為其尺寸較大，而不是因為它的擺腿結構。直徑42吋（106.68cm）的桌子供4個人使用是綽綽有餘的。擺腿結構通常也被用在牌桌上，牌桌桌面通常要小一點兒，而且是可折疊的。在安妮女王時代，使用了擺腿結構但尺寸小一點兒的桌子被稱為早餐桌，人們多在它上面做遊戲、喝茶和吃早餐。再大一點兒的桌子可能裝有更多的擺腿，以對活動桌板提供更有力的支撐。

　　製作擺腿時實際上使用的是一種木鉸鏈，它讓桌腿可以擺動。還有一種比這裡所用的木鉸鏈更為精巧的連接件，看起來很像金屬鉸鏈。

設計變化

　　在垂板桌上加裝擺腿的設計起源於18世紀上半葉，從安妮女王時代開始，很多不同風格的桌子上都使用了擺腿結構，而擺腿通常是某種風格的家具的標誌。

　　齊本德爾式擺腿桌的桌腿通常是卡布里腿，桌腳卻通常是球爪腳。方正且安裝了裝飾線的桌腿也常被用在齊本德爾式擺腿桌上。在聯邦時代，赫普爾懷特式擺腿桌裝有漸細的桌腿，如右圖所示。而謝拉頓式擺腿桌的桌腿則採用車旋工藝，且常帶有小凸嵌線。

活動桌板被抬起後長方形 桌面變成了正方形桌面。

漸細的桌腿　　　　平直的望板

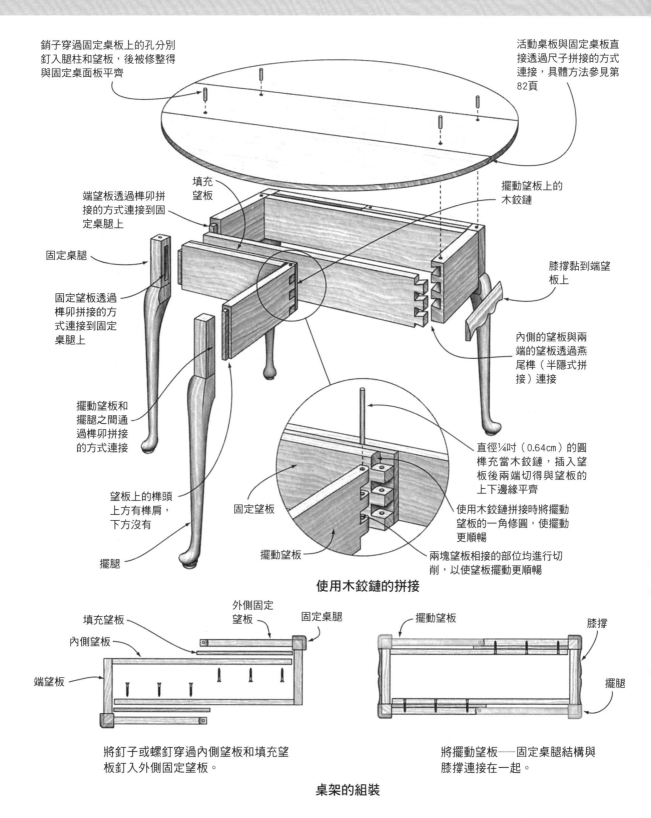

銷子穿過固定桌板上的孔分別釘入腿柱和望板,後被修整得與固定桌面板平齊

活動桌板與固定桌板直接透過尺子拼接的方式連接,具體方法參見第82頁

端望板透過榫卯拼接的方式連接到固定桌腿上

填充望板

擺動望板上的木鉸鏈

固定桌腿

固定望板透過榫卯拼接的方式連接到固定桌腿上

膝撐黏到端望板上

內側的望板與兩端的望板透過燕尾榫(半隱式拼接)連接

擺動望板和擺腿之間通過榫卯拼接的方式連接

望板上的榫頭上方有榫肩,下方沒有

固定望板

擺動望板

直徑¼吋(0.64cm)的圓榫充當木鉸鏈,插入望板後兩端切得與望板的上下邊緣平齊

使用木鉸鏈拼接時將擺動望板的一角修圓,使擺動更順暢

兩塊望板相接的部位均進行切削,以使望板擺動更順暢

擺腿

使用木鉸鏈的拼接

外側固定望板

填充望板

固定桌腿

擺動望板

膝撐

內側望板

端望板

擺腿

將釘子或螺釘穿過內側望板和填充望板釘入外側固定望板。

將擺動望板——固定桌腿結構與膝撐連接在一起。

桌架的組裝

滑腿桌

與擺腿桌相比，門腿桌的一個優勢是，新增的桌腿讓它變得更穩，活動桌板被抬起後，展開的2條新增的桌腿支撐起活動桌板。滑腿桌與擺腿桌相比也擁有同樣的優勢，而它相比門腿桌還有一個優勢。

與門腿桌一樣，滑腿桌也是用一條新增的桌腿支撐一塊活動桌板，但滑腿桌新增的這條桌腿僅僅透過一根很窄的滑桿與主桌架相連接。滑桿置於兩個交叉部件之間，而交叉部件安裝在兩側望板上。每塊望板上開有一個槽孔，滑桿可以穿過槽孔滑動。

抬起活動桌板，拉出新增的桌腿（滑腿），再放下活動桌板將其擱在滑腿上就展開了滑腿桌。滑腿

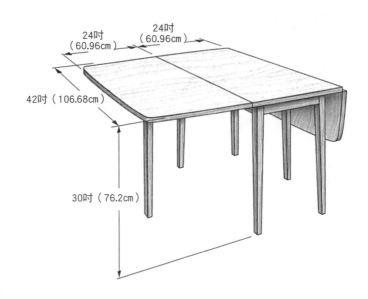

24吋（60.96cm）
24吋（60.96cm）
42吋（106.68cm）
30吋（76.2cm）

是用來支撐活動桌板的，此外滑腿桌上還有4條固定桌腿支撐著固定桌板。這種滑腿結構可以支撐很寬的活動桌板。

設計變化

下圖展示了兩種外觀差別很大的滑腿桌，它們都具有穩固性好的優點，這是由新增的桌腿帶來的。

當你把滑腿牌桌收起來並靠牆放置的時候，新增的桌腿並不礙眼；當你把滑腿牌桌展開在上面開展娛樂活動時，新增的桌腿支撐著活動桌板，這時你會發現，每個桌角下面都有一條桌腿，多麼完美！

滑腿對很長的豐收桌來說也是一個很好的輔助部件。長長的活動桌板下面增加了兩條桌腿的話，桌子就不會因一邊被重壓而翹起。

滑腿牌桌

滑腿豐收桌

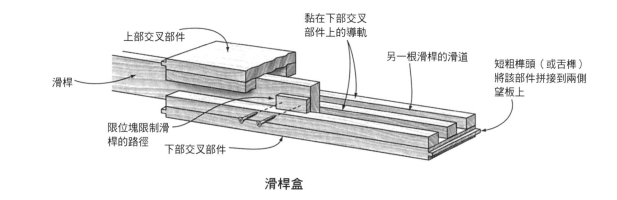

上部交叉部件

黏在下部交叉
部件上的導軌

另一根滑桿的滑道

短粗榫頭（或舌榫）
將該部件拼接到兩側
望板上

滑桿

限位塊限制滑
桿的路徑

下部交叉部件

滑桿盒

幾塊木板邊對邊膠
合成桌面

螺釘分別穿過滑桿盒兩側的條
形孔和端望板兩側的木扣連接
固定桌板，這樣就為固定桌板
的膨脹或收縮留出了餘地

活動桌板透過平鉸
鏈與固定桌板連接

滑腿──滑桿結
構向外展開可支
撐活動桌板

加腋榫榫頭末端
做斜切處理

滑腿的三
側均做漸
細處理

兩側望板上為
滑桿滑動開出
的槽孔

螺釘分別穿過滑桿盒
中部的導航孔和端望
板中部的螺釘穴來固
定桌板

收起滑腿時，這裡開
出的槽口讓滑腿能夠
擠靠到望板下面

固定桌腿這兩
側做漸細處理

滑腿與滑桿之間透過非全
透式榫卯拼接的方式連接

椅桌

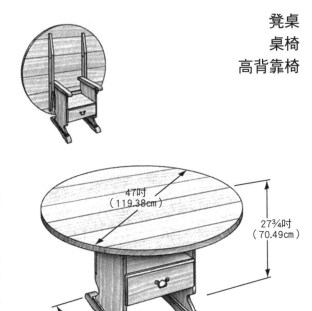

椅桌發展於中世紀。當時房屋很小且四處透風,每件家具都是人們用手工工具製作出來的,十分珍貴。因此,如果一件家具的功能不止一種,那就再好不過了。

椅桌的功能顯然不止一種。放下桌面,它是一張桌子;抬起桌面,它就成了一把椅子。當然,跟其他多功能的物件一樣,它的實用性其實並不十分理想。

隨著家具的發展,椅桌在外觀上更加精緻、在結構上更加精細。右圖所示的椅桌有桌腳和扶手,它們透過榫卯拼接的方式連接到椅桌側板上。很有特色的鞋形腳使椅桌更加穩固,較寬且銑削過的扶手讓人們坐在椅桌上時更舒服。甚至在座板下面還裝有一個抽屜,這是比掀蓋箱更為精巧的儲物器具。桌面的拼接用的是燕尾榫滑入式拼接。

47吋
(119.38cm)

27¾吋
(70.49cm)

20吋
(50.8cm)

21⅞吋(55.56cm)

設計
變化

早期的美洲椅桌可追溯到17世紀。美洲最早的椅桌帶有華麗的裝飾。在接下來的幾個世紀裡,這種家具被流傳了下來,特別是在農村,只不過流傳過程中椅桌上的裝飾被逐漸去掉了。

下圖展示了兩種早期的椅桌,從圖上我們可以看出將一張五板凳轉換成一張桌子非常容易。桌腿就是五板凳側板延伸下來製成的。雖然這種椅桌是純實用性的,但也挺耐看的。此外,有一些椅桌,家具製作者僅用最基本的工具就能快速地製作出來。

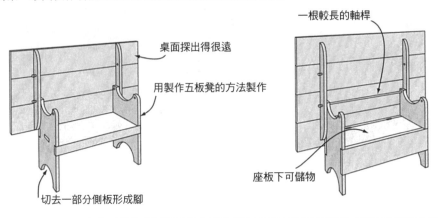

桌面探出得很遠

用製作五板凳的方法製作

切去一部分側板形成腳

一根較長的軸桿

座板下可儲物

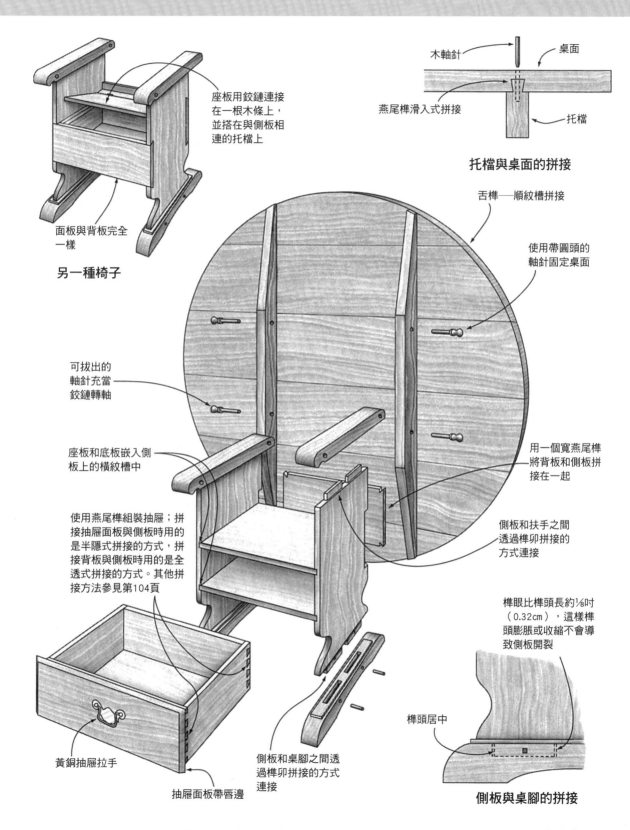

座板用鉸鏈連接在一根木條上，並搭在與側板相連的托檔上

面板與背板完全一樣

另一種椅子

木軸針

桌面

燕尾榫滑入式拼接

托檔

托檔與桌面的拼接

舌榫──順紋槽拼接

使用帶圓頭的軸針固定桌面

可拔出的軸針充當鉸鏈轉軸

座板和底板嵌入側板上的橫紋槽中

使用燕尾榫組裝抽屜；拼接抽屜面板與側板時用的是半隱式拼接的方式，拼接背板與側板時用的是全透式拼接的方式。其他拼接方法參見第104頁

用一個寬燕尾榫將背板和側板拼接在一起

側板和扶手之間透過榫卯拼接的方式連接

榫眼比榫頭長約⅛吋（0.32cm），這樣榫頭膨脹或收縮不會導致側板開裂

榫頭居中

黃銅抽屜拉手

側板和桌腳之間透過榫卯拼接的方式連接

抽屜面板帶唇邊

側板與桌腳的拼接

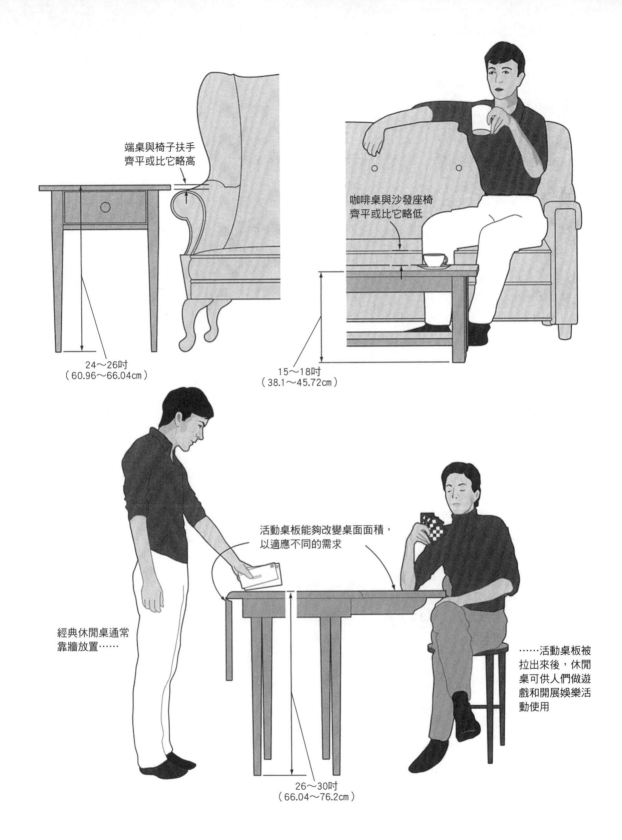

端桌與椅子扶手
齊平或比它略高

24～26吋
（60.96～66.04cm）

咖啡桌與沙發座椅
齊平或比它略低

15～18吋
（38.1～45.72cm）

活動桌板能夠改變桌面面積，
以適應不同的需求

經典休閒桌通常
靠牆放置……

……活動桌板被
拉出來後，休閒
桌可供人們做遊
戲和開展娛樂活
動使用

26～30吋
（66.04～76.2cm）

休閒桌

休閒桌可以滿足人們特定的需求，包括沙發、休閒椅、床、走廊上的壁龕和其他用於休閒活動的桌子。休閒桌具體尺寸須與相配套的家具或活動相匹配。

端桌：端桌與沙發或休閒椅的扶手齊平或比扶手略高，製作時要確保端桌能放得下一盞檯燈、一個電視遙控器、一杯飲料和一些零食。因此，端桌前後的深度通常要大於寬度。經典的端桌通常高24吋（60.96cm），寬14～16吋（35.56～40.64cm），深20～23吋（50.8～58.42cm）。

傳統的休閒桌比較小，但它們配有活動桌板，活動桌板被放下或收起來後，休閒桌就可用作邊桌或門廳桌。活動桌板被放下後，休閒桌就變大了，這樣就座者彼此的距離足夠大，也就能舒舒服服地吃一點兒零食或下棋了。

咖啡桌：咖啡桌通常會被放在相對較長且低矮的沙發前，所以它本身也要較長且低矮，只有這樣咖啡桌和桌子上面的東西才不會阻礙坐在沙發上的人與房間裡其他的人互動。在設計咖啡桌的高度和深度時，應該確保坐在桌邊的人很容易就能接觸到桌子。經典咖啡桌的高度為15～18吋（38.1～45.72cm），寬度為22～30吋（55.88～76.2cm），長度為3～5呎（91.44～152.4cm）。

床頭桌：床頭桌一般與床墊的上表面平齊或比它略低。床頭桌的桌面曾一度很小──18～20吋（45.72～50.8cm）見方，因為躺在床上的人手能觸及的範圍有限。但由於我們需要放在床頭桌上的東西越來越多了，檯燈、鬧鐘、電話、電視遙控器、飲料、零食、眼鏡和紙巾盒等，所以床頭桌有變大的趨勢。

門廳桌：門廳桌長而窄，且相對較高。它具有這樣的特點有以下兩點原因：其一，它是單獨擺放的；其二，是由我們使用它的方式決定的，比如人們通常在它上面整理信件或擺放一些小擺件等等。

邊桌：邊桌通常高30吋（76.2cm），寬20～24吋（50.8～60.96cm），比端桌寬。

半月桌

這種桌子的名稱來源於其半月形的桌面。這是一個包容性很強的名稱，你會發現，有很多桌子都可以被名正言順地稱作半月桌或半圓桌。

這種桌子最早可能出現在17世紀初期的歐洲大陸和英國，當時它只是一種笨重的三腿邊桌。在17世紀，帶折疊桌面的四腿桌（如第168頁「轉面牌桌」）是一種非常流行的牌桌。後來，與右圖所示的十分相似的桌子流行了起來，它們或被成對使用，或被放在壁龕裡，或被擺在兩扇窗戶之間。小一點兒的半月桌被放在走廊上使用，但令人奇怪的是，這些桌子卻被歸為了門廳桌。

在製作半月桌時，最麻煩的是製作彎曲的望板。它可以像右圖所示的那樣做成一整塊的樣子，桌子前腿透過卡口拼接的方式與其相連。製作這種彎曲的一體式望板時，我們可以先用疊磚法（第169頁的「疊磚結構」）製作，再在外面貼一層飾面薄板；或者先將很薄的木板用膠水黏成層壓板，再將層壓板繞在一個彎曲的物體上使之成形。另一種方法是先分別製作三個獨立的部件，再將它們組合成彎曲的望板，每一個部件都是用來連接兩條桌腿的，並且每一個部件都是從較厚的坯料上鋸割出來的。

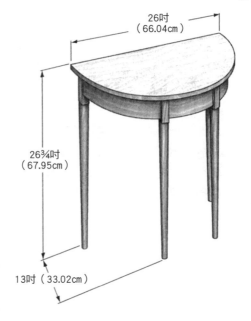

26吋
（66.04cm）

26¾吋
（67.95cm）

13吋（33.02cm）

設計變化

改變半月桌桌腿的造型、裝飾和其他細節，可以製成不同樣式的半月桌。右圖所示的是半月桌中兩種極端變體的代表。

較上檔次的是一種外觀很優美的半橢圓形桌子。桌面的形狀和位於彎曲的望板中部的抽屜，使得它的製作難度更大。

較質樸的是一種鄉村式半月桌。這種早期的三腿桌有兩塊平直的望板，它們透過榫卯拼接的方式連接在一起，形成T字形。

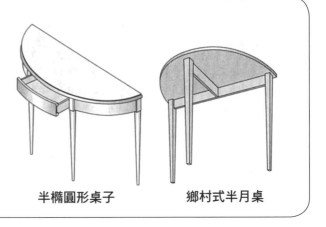

半橢圓形桌子　　　　鄉村式半月桌

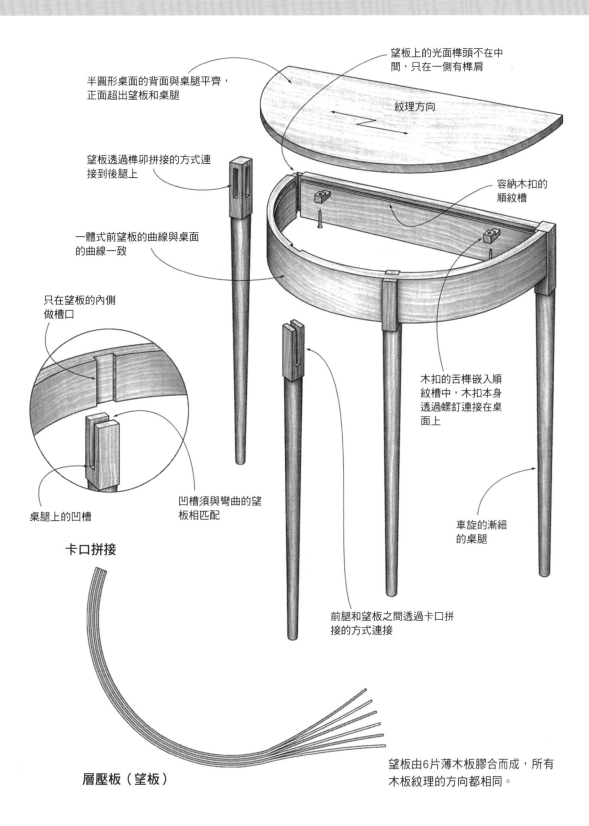

望板上的光面榫頭不在中間，只在一側有榫肩

半圓形桌面的背面與桌腿平齊，正面超出望板和桌腿

紋理方向

望板透過榫卯拼接的方式連接到後腿上

容納木扣的順紋槽

一體式前望板的曲線與桌面的曲線一致

只在望板的內側做槽口

木扣的舌榫嵌入順紋槽中，木扣本身透過螺釘連接在桌面上

桌腿上的凹槽

凹槽須與彎曲的望板相匹配

車旋的漸細的桌腿

卡口拼接

前腿和望板之間透過卡口拼接的方式連接

層壓板（望板）

望板由6片薄木板膠合而成，所有木板紋理的方向都相同。

茶桌

托盤面茶桌

16世紀晚期，英國人開始養成了喝茶的習慣。茶壺、茶杯、茶匙、茶罐，甚至是過濾器具，都被發明出來或從東方引入。到了18世紀初期，喝茶已經形成一套複雜的禮儀，喝茶時的舉止、情趣和喝茶的器具都體現出喝茶者的教養和財富，甚至在殖民地也是如此。

右圖所示的茶桌是安妮女王式的，當時的茶桌本身就是喝茶禮儀的一部分。一開始，茶桌只是簡單的休閒桌，但隨著喝茶禮儀的不斷發展，它們變得越來越精緻。

右圖所示的茶桌用的拼接方式要比19世紀茶桌所用的更好，後者常見的做法是用釘子把桌面直接釘在底座上。而右圖所示的茶桌桌面是透過木扣與望板相連的。當然，過去家具製作者們的做法也並不都合理。

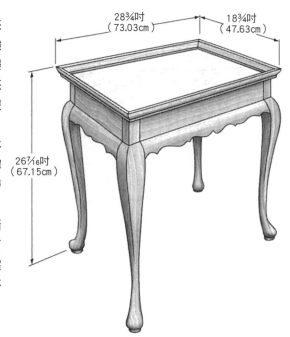

28¾吋（73.03cm） 18¾吋（47.63cm） 26⁷⁄₁₆吋（67.15cm）

設計變化

托盤面茶桌是安妮女王時代茶桌的樣式，但這並不是那個時代唯一的茶桌樣式。粥碗面茶桌帶有車旋的卡布里腿，很顯然它的名稱來源於桌面四角上粥碗狀的「角樓」。它是一種靈活性較強的休閒桌，結構也較為簡單。但托盤面茶桌並沒有隨著安妮女王時代的終結而消失。

從這裡我們可以看出，在齊本德爾時代和聯邦時代，人們仍然在製作托盤面茶桌。帶有極富裝飾性的拉檔的蛇形桌，其設計靈感就直接來源於齊本德爾式茶桌。同樣有著蛇形外觀的是聯邦式茶壺架，比如下圖的南部赫普爾懷特式茶壺架，它相對較小，因為它只是用來放置大茶壺的，而不是用來放全部的茶具的。

安妮女王式粥碗面茶桌

費城齊本德爾式茶桌

南部赫普爾懷特式茶壺架

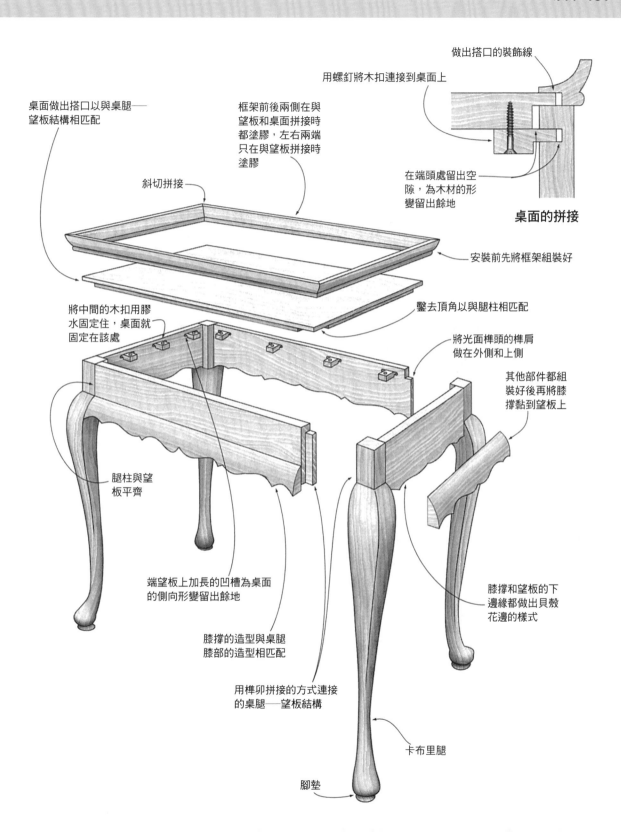

桌面做出搭口以與桌腿——望板結構相匹配

框架前後兩側在與望板和桌面拼接時都塗膠，左右兩端只在與望板拼接時塗膠

用螺釘將木扣連接到桌面上

做出搭口的裝飾線

在端頭處留出空隙，為木材的形變留出餘地

桌面的拼接

斜切拼接

安裝前先將框架組裝好

鑿去頂角以與腿柱相匹配

將中間的木扣用膠水固定住，桌面就固定在該處

將光面榫頭的榫肩做在外側和上側

其他部件都組裝好後再將膝撐黏到望板上

腿柱與望板平齊

端望板上加長的凹槽為桌面的側向形變留出餘地

膝撐的造型與桌腿膝部的造型相匹配

用榫卯拼接的方式連接的桌腿——望板結構

膝撐和望板的下邊緣都做出貝殼花邊的樣式

卡布里腿

腳墊

彭布羅克桌

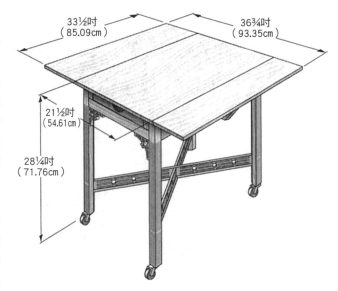

早餐桌

33½吋
（85.09cm）

36¾吋
（93.35cm）

21½吋
（54.61cm）

28¼吋
（71.76cm）

彭布羅克桌是一種非常簡單的帶垂板和抽屜的小桌子。因常用來擺放早餐，所以也被稱作早餐桌。

儘管活動桌板一般都比較窄，但對大多數彭布羅克桌來說，活動桌板被收起時桌面原本的寬邊還是成了長邊。不變的是，活動桌板總是被用一個被稱作「飛板」的部件支撐著，它其實是一塊可以轉動的望板。除了這些共同點之外，彭布羅克桌桌面的樣式變化很多。常見的桌面是長方形和橢圓形的。此外還有那種總體上是長方形，但四邊呈曲線的桌面。

彭布羅克桌桌腿的變化形式也相當多。有許多彭布羅克桌安裝了拉檔，沒有拉檔的也不少。那些有交叉拉檔的彭布羅克桌能夠為坐在桌邊的人提供充足的腿腳活動空間。桌腿的截面形狀通常是正方形，但也會有所變化──從寬厚且上下同粗的到纖巧漸細的，造型各異。

關於這種桌子名稱的由來尚沒有權威的說法，傳說是以彭布羅克伯爵或者彭布羅克夫人的名字命名的。

設計變化

彭布羅克桌有很多精彩的設計樣式，從製作工藝來看，也多為典範之作。上圖所示的彭布羅克桌是齊本德爾式的，方正的桌腿上刻著細密的凹槽紋飾，拉檔上做出的鏤空樣式使得拉檔的承重能力非常差，而腳輪則顯示出其作為早餐桌的實用性特徵。

下圖所示的另一種齊本德爾式的彭布羅克桌的桌腿也是方正的，但桌腿表面沒有做裝飾，它的特色是蛇形邊的桌面和銑削的交叉拉檔。

另一種彭布羅克桌是鄉村式的。皮埃蒙特式彭布羅克桌帶有銑削的活動桌板和少許鑲嵌裝飾。新英格蘭式彭布羅克桌則帶有極富特色的交叉拉檔。

齊本德爾式彭布羅克桌　　　皮埃蒙特式彭布羅克桌　　　新英格蘭式彭布羅克桌

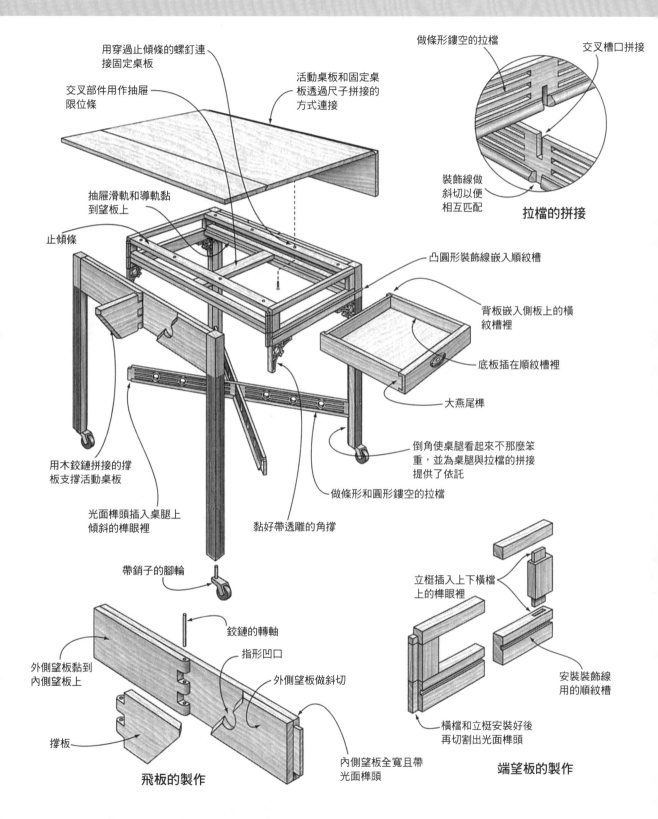

用穿過止傾條的螺釘連接固定桌板

交叉部件用作抽屜限位條

活動桌板和固定桌板透過尺子拼接的方式連接

做條形鏤空的拉檔

交叉槽口拼接

裝飾線做斜切以便相互匹配

拉檔的拼接

抽屜滑軌和導軌黏到望板上

止傾條

凸圓形裝飾線嵌入順紋槽

背板嵌入側板上的橫紋槽裡

底板插在順紋槽裡

大燕尾榫

用木鉸鏈拼接的撐板支撐活動桌板

倒角使桌腿看起來不那麼笨重，並為桌腿與拉檔的拼接提供了依託

光面榫頭插入桌腿上傾斜的榫眼裡

做條形和圓形鏤空的拉檔

黏好帶透雕的角撐

帶銷子的腳輪

立梃插入上下橫檔上的榫眼裡

鉸鏈的轉軸

指形凹口

外側望板做斜切

外側望板黏到內側望板上

安裝裝飾線用的順紋槽

撐板

橫檔和立梃安裝好後再切割出光面榫頭

內側望板全寬且帶光面榫頭

飛板的製作

端望板的製作

擺腿牌桌

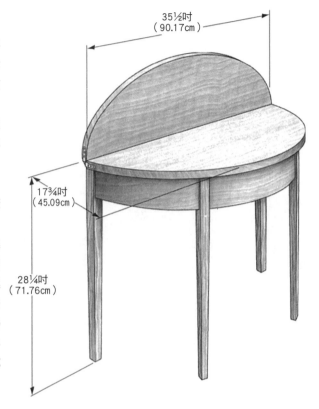

35½吋
（90.17cm）

17¾吋
（45.09cm）

28¼吋
（71.76cm）

　　200年前沒有櫥櫃，這是否就是右圖這種好看的牌桌被製作出來的原因呢？現代的牌桌——不結實的金屬折疊腿支起的硬紙板桌面，毫無價值可言。不用的時候，牌桌就會被收起來放入櫥櫃。

　　當右圖這樣的牌桌被製作出來以後，它就被一直擺在外面。朋友或鄰居來串門時常進行的活動就是打牌或玩其他流行的遊戲，主人就可以把擺腿牌桌展開，使它的尺寸擴大一倍。

　　不用的時候，擺腿牌桌會被靠牆擺放，不會擋道礙事，但它仍然是室內布置中醒目且吸引人的部分。

　　製作擺腿牌桌的關鍵是製作由兩塊桌板組成的桌面。兩塊桌板是用鉸鏈連接在一起的，我們在不使用擺腿牌桌的時候可以將活動桌板折疊起來放在固定桌板上。右圖所示的是半月形的擺腿牌桌，它的一條後腿連接在帶鉸鏈的望板上，望板可以擺動45度～60度，為展開的活動桌板提供支撐。這種結構的桌子不太穩，桌子展開後，人們如果倚靠在兩條後腿之間那部分的桌面上，很容易把桌子掀翻。

設計
變化

　　許多擺腿牌桌出現在聯邦時代之前，安妮女王式擺腿牌桌比較輕巧、優美，通常它的望板上都裝有一個抽屜。齊本德爾式擺腿牌桌裝飾非常豐富，其中一些牌桌裝有五條腿，這就讓桌子展開後更穩固。許多齊本德爾式擺腿牌桌桌面帶有凹坑，用來放籌碼或計分器，並且還專門設置了放燭台的地方。在農村，擺腿牌桌多是方方正正的。

安妮女王式擺腿牌桌

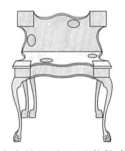

齊本德爾式五腿遊戲桌

鄉村式擺腿牌桌

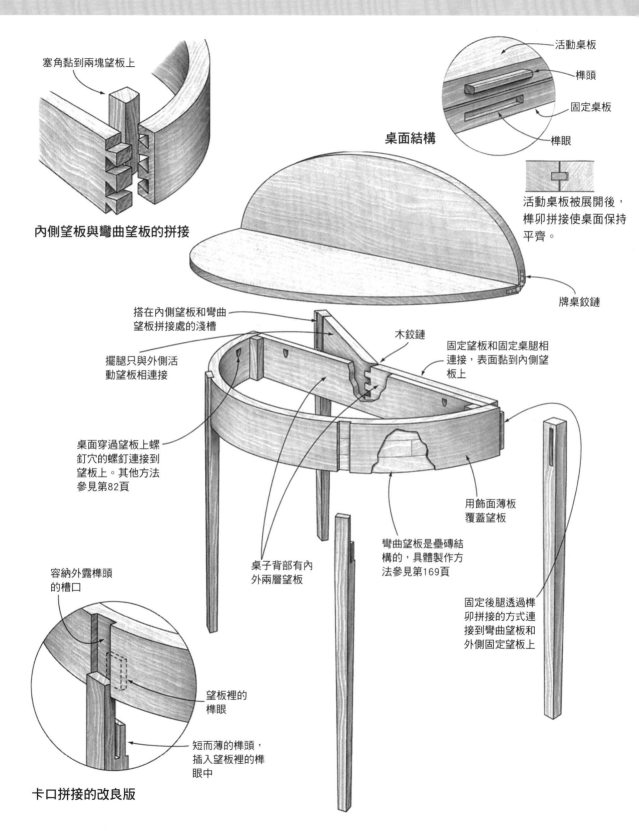

塞角黏到兩塊望板上

內側望板與彎曲望板的拼接

桌面結構

活動桌板

榫頭

固定桌板

榫眼

活動桌板被展開後，榫卯拼接使桌面保持平齊。

牌桌鉸鏈

搭在內側望板和彎曲望板拼接處的淺槽

擺腿只與外側活動望板相連接

木鉸鏈

固定望板和固定桌腿相連接，表面黏到內側望板上

桌面穿過望板上螺釘穴的螺釘連接到望板上。其他方法參見第82頁

用飾面薄板覆蓋望板

容納外露榫頭的槽口

桌子背部有內外兩層望板

彎曲望板是疊磚結構的，具體製作方法參見第169頁

固定後腿透過榫卯拼接的方式連接到彎曲望板和外側固定望板上

望板裡的榫眼

短而薄的榫頭，插入望板裡的榫眼中

卡口拼接的改良版

擴展桌架牌桌

　　與擺腿牌桌相比，擴展桌架牌桌的優點是非常穩。它不是用一條偏在一側的桌腿支撐一半的桌面，而是用兩條桌腿支撐，每個桌角下都裝有一條桌腿。兩側的望板既使桌子更美觀，又增強了桌子的穩固性。當它們與桌架一起展開的時候，無論是在外觀上還是在功能上，它們都與一體式望板相似。

　　想要得到這些好處勢必付出更大的代價——桌架的製作更為複雜，對工藝的要求也更高。用12個鉸鏈就能組裝好整個擴展桌架。儘管桌架尺寸較小，但它與擺腿桌的桌架一樣，也需要額外的支撐件。

　　右圖所示的是一張精緻的安妮女王式擴展桌架牌桌，桌腿是卡布里腿，桌角處有「角樓」，正面還裝有一個抽屜。桌面的中央覆了一層毛呢，這層毛呢相對嬌嫩，但活動桌板與固定桌板折疊後可以對其起到保護作用。

　　右圖所示的這種擴展桌架牌桌是18世紀時髦桌子的代表，擴展桌架結構並不是這種桌子所獨有的。

35⅝吋（90.49cm）

35⅛吋（89.22cm）

27吋（68.58cm）

設計變化

　　擴展桌架牌桌不太常見，但將擴展桌架結構整合到一張尺寸不算大的折疊桌中相對容易。桌架必須是長方形的，不能是半月形或其他形狀的。下圖所示的是其中的兩種牌桌：一種是帶裝飾線和透雕的中式牌桌，另一種是非常簡單的望板平直、桌腿被車旋了的牌桌。

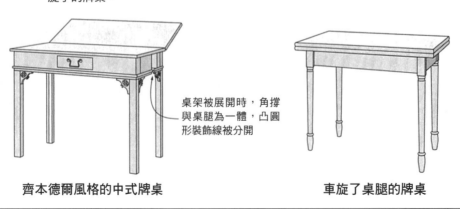

桌架被展開時，角撐與桌腿為一體，凸圓形裝飾線被分開

齊本德爾風格的中式牌桌

車旋了桌腿的牌桌

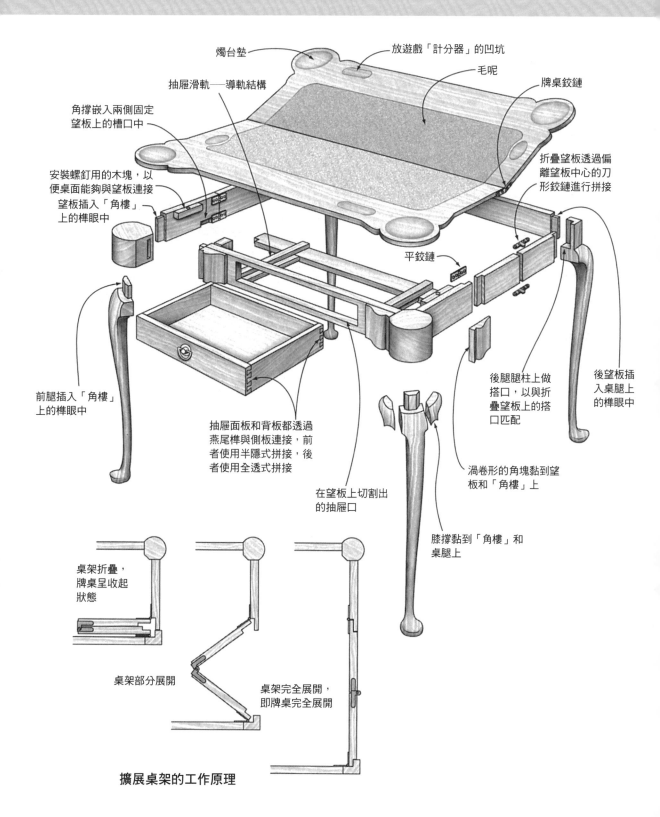

燭台墊

放遊戲「計分器」的凹坑

毛呢

牌桌鉸鏈

抽屜滑軌──導軌結構

角撐嵌入兩側固定望板上的槽口中

折疊望板透過偏離望板中心的刀形鉸鏈進行拼接

安裝螺釘用的木塊，以便桌面能夠與望板連接望板插入「角樓」上的榫眼中

平鉸鏈

前腿插入「角樓」上的榫眼中

後腿腿柱上做搭口，以與折疊望板上的搭口匹配

後望板插入桌腿上的榫眼中

抽屜面板和背板都透過燕尾榫與側板連接，前者使用半隱式拼接，後者使用全透式拼接

渦卷形的角塊黏到望板和「角樓」上

在望板上切割出的抽屜口

膝撐黏到「角樓」和桌腿上

桌架折疊，牌桌呈收起狀態

桌架部分展開

桌架完全展開，即牌桌完全展開

擴展桌架的工作原理

轉面牌桌

轉面牌桌的這種轉動機制具有擴展桌架結構所具有的穩固性，但製作起來沒有後者那麼複雜。

轉面牌桌的桌架採用的不是擺腿和折疊望板之類的結構，而是一種由桌腿、望板和支撐件組成的穩固結構。需要擴展桌面時，將「固定桌板」轉動90度後即可展開活動桌板。兩塊桌板之間的接縫位於桌架中央，桌面超出桌架的部分是均勻的。製作轉面牌桌唯一的難點是轉軸位置的確定。

桌面僅僅透過轉軸與桌架相連，因此桌面的開合不是問題，但是這種結構不能防止桌面翹曲。

右圖所示的是D形桌，這種樣式的桌子在聯邦時代非常常見，當時折疊桌面的牌桌非常流行。傳統上彎曲的望板是疊磚結構的，如第169頁圖「疊磚結構」所示。儘管桌腿的布局不太理想，但是支撐彎曲望板的撐板和桌腿的布局能夠使桌架更穩。

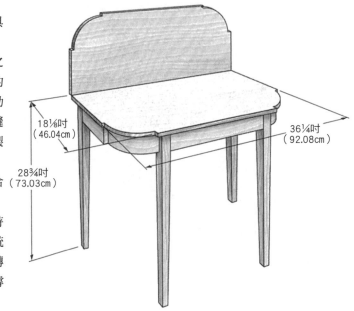

18⅛吋
（46.04cm）

36¼吋
（92.08cm）

28¾吋
（73.03cm）

設計變化

採用轉面結構是某些類型的桌子實現桌面折疊的唯一方法，因為其他方法都不適用。下圖展示了兩種牌桌。

隱藏在支柱牌桌銑削望板後的是支撐件和轉軸，桌面因此可以轉動並被展開。擺腿結構和擴展桌架結構都不能用在支柱桌上。第二幅圖中這種簡樸的現代牌桌可以採用其他結構，但無論就外觀還是就功能來說，轉面結構仍然是最好的選擇。

支柱牌桌

現代牌桌

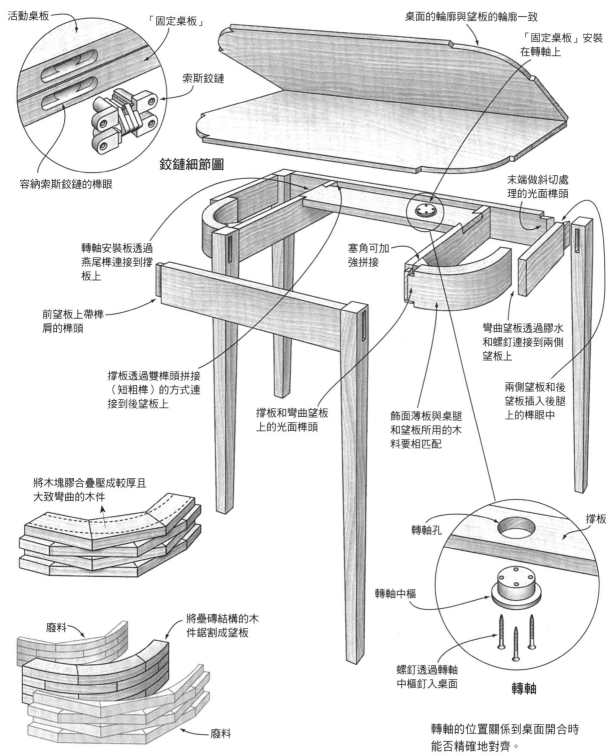

活動桌板

「固定桌板」

索斯鉸鏈

容納索斯鉸鏈的榫眼

鉸鏈細節圖

桌面的輪廓與望板的輪廓一致

「固定桌板」安裝在轉軸上

末端做斜切處理的光面榫頭

轉軸安裝板透過燕尾榫連接到撐板上

前望板上帶榫肩的榫頭

撐板透過雙榫頭拼接（短粗榫）的方式連接到後望板上

撐板和彎曲望板上的光面榫頭

塞角可加強拼接

彎曲望板透過膠水和螺釘連接到兩側望板上

兩側望板和後望板插入後腿上的榫眼中

飾面薄板與桌腿和望板所用的木料要相匹配

將木塊膠合疊壓成較厚且大致彎曲的木件

轉軸孔

撐板

轉軸中樞

螺釘透過轉軸中樞釘入桌面

轉軸

廢料

將疊磚結構的木件鋸割成望板

廢料

疊磚結構

轉軸的位置關係到桌面開合時能否精確地對齊。

蝴蝶桌

之所以將這種小型垂板桌稱為蝴蝶桌，是因為它的支撐件（撐翼）展開後像蝴蝶的翅膀。

蝴蝶桌非常少見。在相對晚些時候英式蝴蝶桌被發現之前，人們一直認為這種桌子是道地的美式家具。蝴蝶桌在威廉——瑪麗時代最為引人注目。

通常蝴蝶桌的桌面由兩塊較寬的活動桌板和一塊較窄的固定桌板組成。保存至今的蝴蝶桌桌面通常是圓形或橢圓形的。但專家們認為，許多蝴蝶桌的桌面原本是方形的，在其漫長的使用過程中桌面被人們重新鋸割過，因而變成了圓形的。

為了加寬底座，使桌子更穩，蝴蝶桌的桌腿是外張的。但由於沒有一條桌腿能架在活動桌板下起到充分的支撐作用，在展開活動桌板後，蝴蝶桌多少有一點兒不穩。因此，蝴蝶桌通常比更為常見的門腿桌要小。

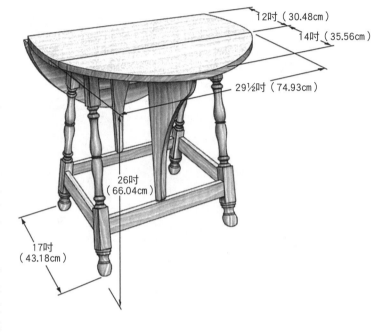

12吋（30.48cm）
14吋（35.56cm）
29½吋（74.93cm）
26吋（66.04cm）
17吋（43.18cm）

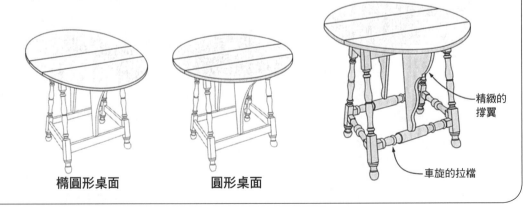

設計變化

蝴蝶桌明顯是一種清教徒式家具。下圖展示的蝴蝶桌是此類家具的巔峰之作。蝴蝶桌常見的變化方式是對拉檔和桌腿做車旋處理。起支撐作用的撐翼有的是船舵狀的，有的則被做成貝殼花邊的樣式。桌面可以是圓形的，也可以是橢圓形的。

精緻的撐翼

車旋的拉檔

橢圓形桌面　　　　　圓形桌面

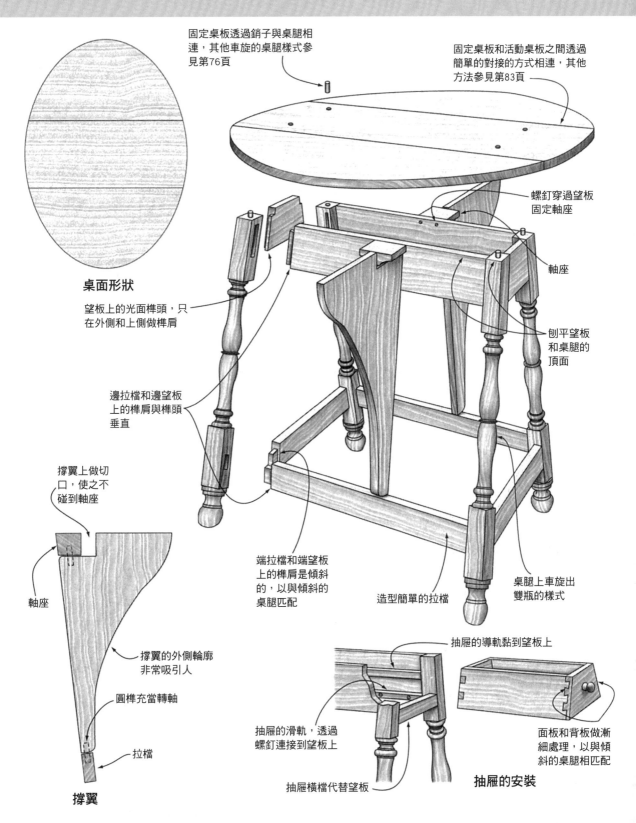

固定桌板透過銷子與桌腿相連，其他車旋的桌腿樣式參見第76頁

固定桌板和活動桌板之間透過簡單的對接的方式相連，其他方法參見第83頁

螺釘穿過望板固定軸座

軸座

刨平望板和桌腿的頂面

桌面形狀

望板上的光面榫頭，只在外側和上側做榫肩

邊拉檔和邊望板上的榫肩與榫頭垂直

撐翼上做切口，使之不碰到軸座

軸座

端拉檔和端望板上的榫肩是傾斜的，以與傾斜的桌腿匹配

造型簡單的拉檔

桌腿上車旋出雙瓶的樣式

撐翼的外側輪廓非常吸引人

圓榫充當轉軸

拉檔

撐翼

抽屜的導軌黏到望板上

抽屜的滑軌，透過螺釘連接到望板上

抽屜橫檔代替望板

面板和背板做漸細處理，以與傾斜的桌腿相匹配

抽屜的安裝

手帕桌

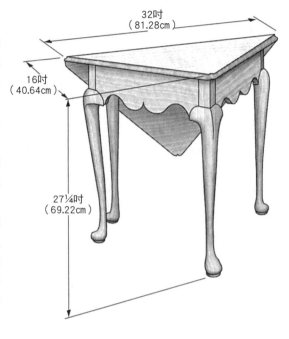

手帕桌是一種非常特別且少見的擺腿垂板桌。活動桌板被抬起後，手帕桌就變成了每個桌角下面都帶有一條桌腿的正方形桌子；而桌腿被收起、活動桌板被放下後，桌面就變成了三角形。

手帕桌的製作始於安妮女王時代，那時的手帕桌保存至今的不足兩打。如果你喜歡安妮女王式家具的纖巧優雅，右圖所示的手帕桌無疑是首選；而如果你喜歡這種桌型但更偏愛現代家具，也可以對其進行改造。

作為一種小型休閒桌，手帕桌多被人們用來做遊戲、喝茶和吃便餐。不用的時候，可以收起活動桌板，將手帕桌靠牆放置，還可以將其放在牆角（因而有了折角桌這個名稱）。將手帕桌置於角落的時候，放下的活動桌板應該朝外；而將它靠牆擺放的時候，渦卷形的望板則應該朝外。無論怎麼擺放，手帕桌都可以被當作小型展示桌或小型邊桌使用。

手帕桌雖小，但製作起來一點兒也不比製作一張正常尺寸的垂板桌省工。四條桌腿中只有兩條是一樣的，因此製作桌腿就要花費更多的時間和精力。將兩個銳角桌角拼接起來也不容易。比較省事的是只需要進行一次尺子拼接，因為只有一塊活動桌板（注意，右上圖手帕桌的拼接方式不常用）。

當然，付出總有回報。你付出了複雜的製作工藝，得到的當然是一件不同尋常且很吸引人的家具。

圖中標註：
32吋（81.28cm）
16吋（40.64cm）
27¼吋（69.22cm）

設計變化

下圖所示的兩種手帕桌完全可以滿足你對創造性的追求。新英格蘭式手帕桌的活動桌腿是拉出式的（參見第152頁的「滑腿桌」），而不是擺動式的。所以這條桌腿位於較長望板的中間，這種手帕桌還裝有一個小抽屜。弗吉尼亞式手帕桌帶有用車床車旋的卡布里腿，這種桌腿有時也被稱作鄉村卡布里腿。

新英格蘭式手帕桌

弗吉尼亞式手帕桌

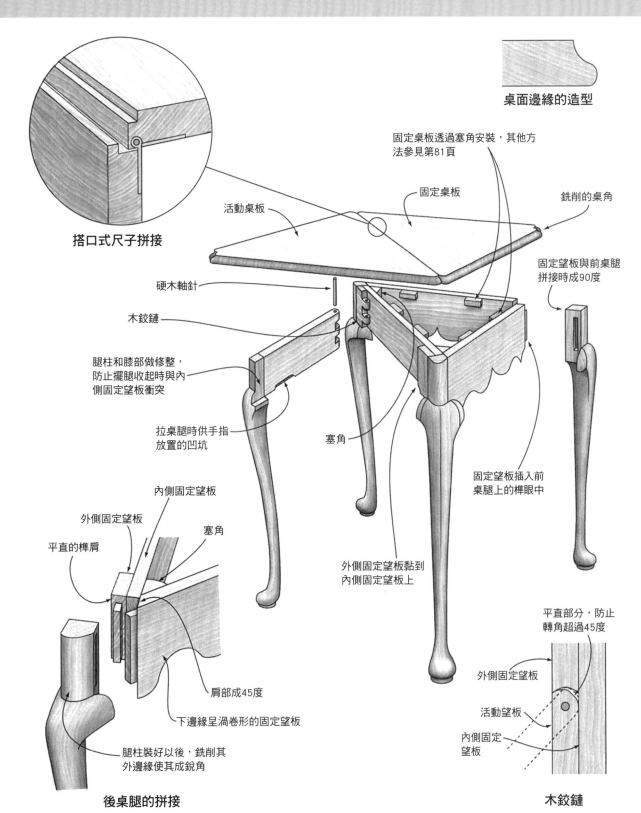

搭口式尺子拼接

桌面邊緣的造型

固定桌板透過塞角安裝，其他方法參見第81頁

固定桌板

銑削的桌角

活動桌板

硬木軸針

木鉸鏈

固定望板與前桌腿拼接時成90度

腿柱和膝部做修整，防止擺腿收起時與內側固定望板衝突

拉桌腿時供手指放置的凹坑

塞角

固定望板插入前桌腿上的榫眼中

內側固定望板

外側固定望板

塞角

平直的榫肩

外側固定望板黏到內側固定望板上

肩部成45度

下邊緣呈渦卷形的固定望板

腿柱裝好以後，銑削其外邊緣使其成銳角

後桌腿的拼接

平直部分，防止轉角超過45度

外側固定望板

活動望板

內側固定望板

木鉸鏈

邊桌

18世紀，在美洲和歐洲上層社會的餐廳裡，你會看到一張長條桌貼靠在廚房附近的一面牆上，這張長條桌就是邊桌。邊桌最初的用途是僕人上菜的一個中轉區。

有些人家用的不是邊桌，而是邊櫃（第284頁），邊櫃不僅能夠用作上菜的中轉區，還具有儲物功能。雖然現在基本都沒有僕人了，但我們還在使用邊桌，把它放在餐廳、廚房或寬敞的門廳裡。右圖所示的邊桌是一件科茨沃爾德風格——一種英式鄉村家具的區域性風格——的家具。望板的下邊緣做有裝飾性造型，以改善其外觀，倒角處理的桌腿使整張桌子看起來更加輕巧。

這種桌子的亮點在於一種被稱為乾草耙式拉檔的結構，這種拉檔的外形與早期的木製

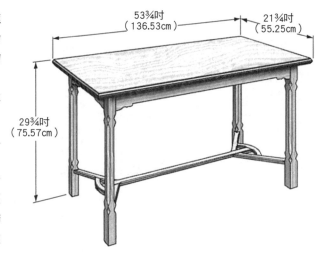

53¾吋（136.53cm）
21¾吋（55.25cm）
29¾吋（75.57cm）

乾草耙相似，因而得名。彎曲的支撐件使乾草耙式拉檔非常穩固。

設計變化

重量上的區別是人們看到這裡的兩種邊桌的第一感覺。如果將這兩種邊桌與上圖的相比，上圖的則屬於中等重量之列。

加裝飾面薄板的邊桌是一種英式邊桌，很顯然它較輕。這種邊桌外表看上去輕盈優美，車旋的纖細桌腿使它看起來更高。雖然沒有裝拉手，但它弓形的前望板是由三個抽屜的面板組成的，作為邊桌，裝有這麼多抽屜非常實用。此外，這種邊桌沒前拉檔，這樣就為侍者的腳提供了充足的空間。

較重的邊桌帶有粗重的桌腿，在原本拉檔位置上的是一塊擱板，此外還裝有較寬的望板和大理石桌面，這種桌面的實際重量比感覺上的更大。

加裝飾面薄板的邊桌

大理石桌面的邊桌

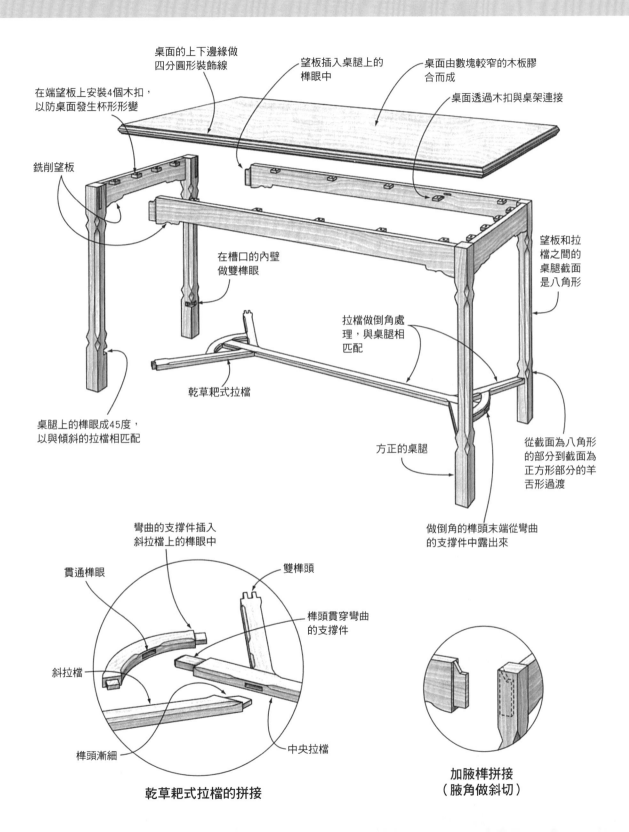

桌面的上下邊緣做
四分圓形裝飾線

望板插入桌腿上的
榫眼中

桌面由數塊較窄的木板膠
合而成

在端望板上安裝4個木扣，
以防桌面發生杯形形變

桌面透過木扣與桌架連接

銑削望板

在槽口的內壁
做雙榫眼

望板和拉
檔之間的
桌腿截面
是八角形

拉檔做倒角處
理，與桌腿相
匹配

乾草耙式拉檔

桌腿上的榫眼成45度，
以與傾斜的拉檔相匹配

方正的桌腿

從截面為八角形
的部分到截面為
正方形部分的羊
舌形過渡

彎曲的支撐件插入
斜拉檔上的榫眼中

做倒角的榫頭末端從彎曲
的支撐件中露出來

貫通榫眼

雙榫頭

榫頭貫穿彎曲
的支撐件

斜拉檔

榫頭漸細

中央拉檔

乾草耙式拉檔的拼接

加腋榫拼接
（腋角做斜切）

沙發桌

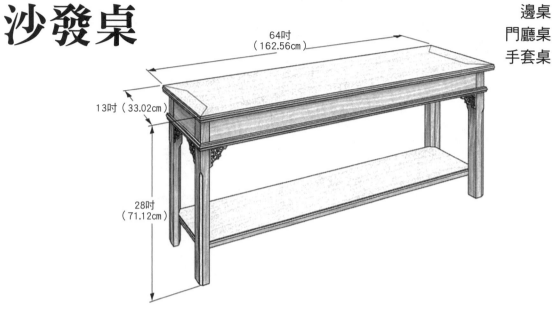

邊桌
門廳桌
手套桌

64吋
（162.56cm）

13吋（33.02cm）

28吋
（71.12cm）

　　研究家具的歷史學家把沙發桌的發明歸功於托馬斯·謝拉頓，後者看到今天的沙發桌肯定認不出來。18世紀90年代謝拉頓的設計圖書出版以來，很多東西都改變了。上圖所示的沙發桌與邊桌相似，雖然前者要窄一些。設計沙發桌的初衷是將其放在房間中央的沙發背後，而不是將其背靠牆壁放置。沙發桌的高度基本與沙發靠背的高度一致，人們還可以在沙發桌上放一盞檯燈。

　　沙發桌屬於那種經常被稱作齊本德爾風格的中式桌，採用馬爾伯勒腿，一種豎直且截面呈正方形的桌腿，並且帶有相當寬的望板。桌架上的裝飾包括精細且工藝複雜的透雕，以及凸圓形裝飾線。這種沙發桌沒有拉檔，安裝的是擱板。

　　謝拉頓式沙發桌是一種放在沙發前面的低矮的休閒桌，用來放置茶水、點心、棋牌和書本等，具體參見下面「設計變化」中的介紹。

設計變化　　早期沙發桌帶有抽屜和垂板，它看起來與現代沙發桌相去甚遠，其實不然。早期沙發桌本質上是中等高度的長條桌，桌面的造型和支架的風格是其可變因素。

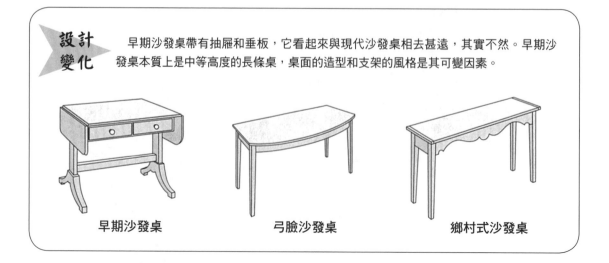

早期沙發桌　　　　　　弓臉沙發桌　　　　　　鄉村式沙發桌

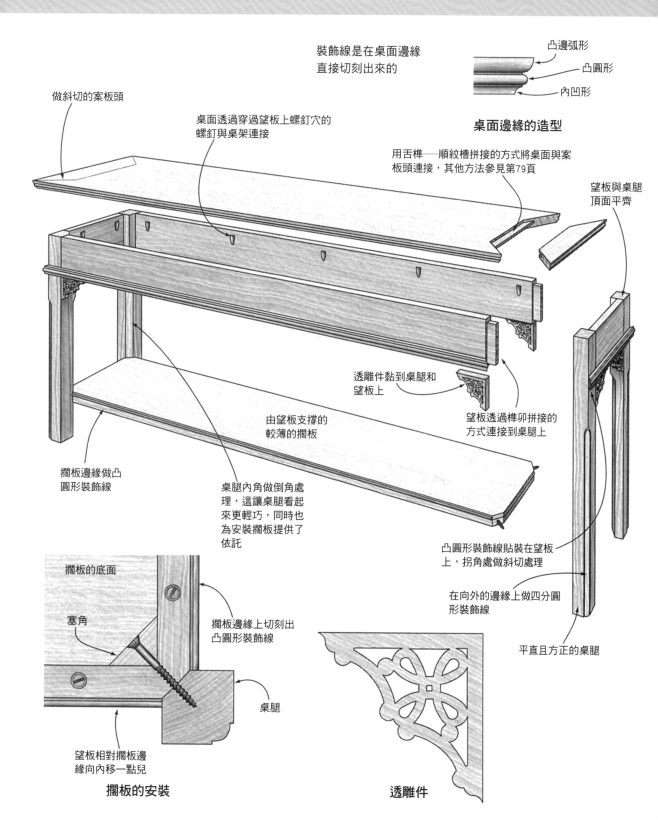

裝飾線是在桌面邊緣
直接切刻出來的

凸邊弧形
凸圓形
內凹形

桌面邊緣的造型

做斜切的案板頭

桌面透過穿過望板上螺釘穴的
螺釘與桌架連接

用舌榫──順紋槽拼接的方式將桌面與案
板頭連接,其他方法參見第79頁

望板與桌腿
頂面平齊

透雕件黏到桌腿和
望板上

望板透過榫卯拼接的
方式連接到桌腿上

由望板支撐的
較薄的擱板

擱板邊緣做凸
圓形裝飾線

桌腿內角做倒角處
理,這讓桌腿看起
來更輕巧,同時也
為安裝擱板提供了
依託

凸圓形裝飾線貼裝在望板
上,拐角處做斜切處理

在向外的邊緣上做四分圓
形裝飾線

平直且方正的桌腿

擱板的底面

塞角

擱板邊緣上切刻出
凸圓形裝飾線

桌腿

望板相對擱板邊
緣向內移一點兒

擱板的安裝

透雕件

端桌

　　許多人會在沙發的一端放一張端桌。理想的端桌應與沙發扶手同高，這樣你胳膊稍微一動手就能到桌子上拿杯子、拿雜誌、選糖果或者開燈。

　　右圖所示的端桌非常簡單，屬於現代家具。它高18吋（45.72㎝），比標準的端桌——高22～23吋（55.88～58.42㎝）略矮，「設計變化」中所示的幾張端桌就是這種標準高度的。但如果坐具較矮，端桌也要相應矮一點兒。

　　平直方正的桌子自帶一種裝飾效果，而桌面和桌腿——望板結構色調上的反差是端桌最大的特色。

　　右圖所示的端桌桌腿的內側漸細，外側的稜則做了倒角處理，較窄的望板插入桌腿上的榫眼中，膠合板桌面上則貼著帶有異國風情的飾面薄板。桌面是嵌在望板裡的，而不是蓋在它的上面。

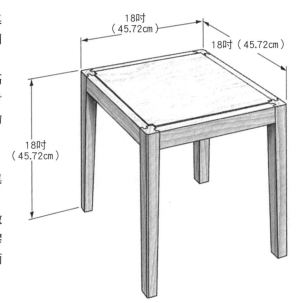

18吋（45.72cm）

18吋（45.72cm）

18吋（45.72cm）

設計變化

　　端桌有無數種變體，這裡僅舉三種。

　　第一種是傳統的桌腿——望板結構的端桌，桌腿是用不同顏色的木料透過表面膠合而成的，桌腿外側的稜是深色的。

　　第二種工藝美術式端桌安裝了擱板，這種做法在端桌上比較常見。

　　最後一種玻璃面端桌是現代風格的，它的桌腿直而圓，每條桌腿的頂部都裝了一個車旋的球，望板與桌腿緊挨著球的部位相連，玻璃桌面放在球上。

桌腿漸細的端桌　　　　**工藝美術式端桌**　　　　**玻璃面端桌**

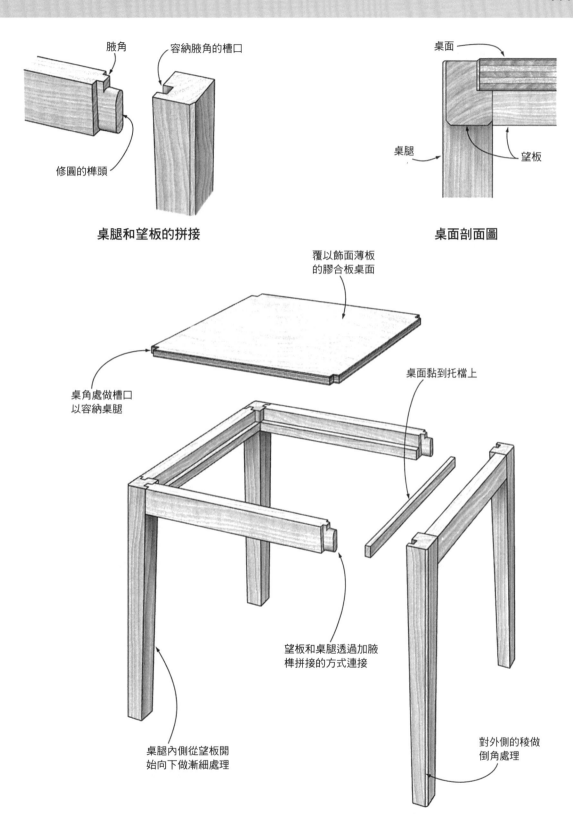

腋角

容納腋角的槽口

修圓的榫頭

桌腿和望板的拼接

桌面

桌腿

望板

桌面剖面圖

覆以飾面薄板
的膠合板桌面

桌面黏到托檔上

桌角處做槽口
以容納桌腿

望板和桌腿透過加腋
榫拼接的方式連接

桌腿內側從望板開
始向下做漸細處理

對外側的稜做
倒角處理

外張腿端桌

外張腿端桌很小很輕，占不了多大地方，外張的桌腿使得它很穩，不容易被翻倒。這些優點使外張腿端桌成為一種理想的休閒桌，它可以完成很多對承重要求不高卻很切實的任務。

外張腿端桌起源於殖民地時期的小酒館，那時這種桌子是供那些不能或不願坐在正常桌子旁的顧客使用的。因為較輕，桌子易於被搬到任何地方，並且外張的桌腿使它可以跨立在使用者的腿上。

外張腿桌的結構意味著桌腿和望板之間的角度關係非常複雜，也即製作起來可能難度較大。右圖所示的外張腿端桌卻不會這樣，它的望板也成一定的角度，家具製作者處理起來卻比較簡單。組裝好整張桌子以後，桌腿與望板的拼接看起來比較複雜而已。

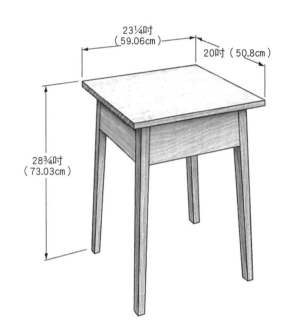

23¼吋（59.06cm）
20吋（50.8cm）
28¾吋（73.03cm）

設計變化　　木工們都知道，小桌子的桌腿靠得太近的話，小桌子就容易翻倒。桌腿外張能夠形成更寬的底座，桌子也因此更穩，並且桌腳不會超出桌面垂直投影的範圍。不管桌子的大小和風格如何，這種結構都非常穩固，比如下圖所示的外張腿端桌的三種變體。

桌腿傾斜得更厲害的端桌

圓面端桌

帶拉檔的圓面端桌

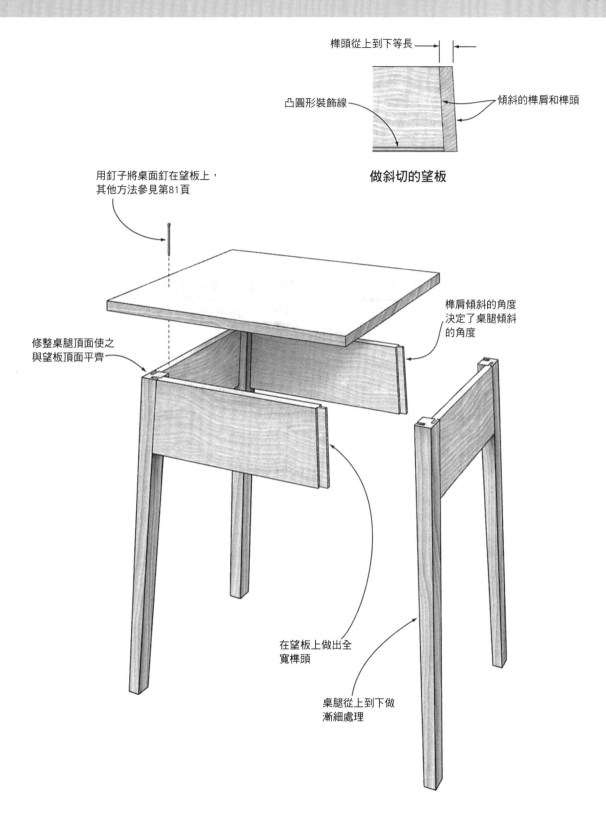

椎頭從上到下等長

凸圓形裝飾線

傾斜的榫肩和榫頭

做斜切的望板

用釘子將桌面釘在望板上，
其他方法參見第81頁

榫肩傾斜的角度
決定了桌腿傾斜
的角度

修整桌腿頂面使之
與望板頂面平齊

在望板上做出全
寬榫頭

桌腿從上到下做
漸細處理

帶抽屜的端桌

邊桌
床頭桌
燈桌

　　如果休閒桌裡只有一種能被稱為典範之作，那麼肯定是帶抽屜的端桌。

　　這種桌子其實就是一種桌面是正方形並帶有一個抽屜的小桌子，因此它適合用於在家裡或辦公室裡進行的各種工作，它可以是椅子邊上的小桌子或床頭桌，可以是燈架（擺上燈後能照亮整條走廊），也可以是電話桌（書放進抽屜裡，近在手邊卻不會礙事），還可以是一位立在門口的沉默的僕人。

　　這種桌子的具體尺寸應與它的用途相適應，但結構無須改變。不管它的尺寸和風格如何，製作時都可以採用第183頁介紹的方法。

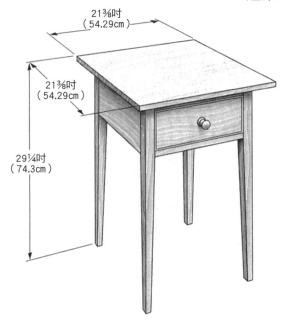

21⅜吋
（54.29cm）

21⅜吋
（54.29cm）

29¼吋
（74.3cm）

設計變化

　　採用這種休閒桌的基本結構的話，可以製作出很多有格調的桌子，比如下面的三種。蛇面端桌儘管沒有標誌性的鑲嵌線和裝飾線，卻是正宗的赫普爾懷特式桌子。它的魅力在於它造型精緻的桌面。震顫派式端桌有一種樸素的優雅美，它的魅力在於協調的比例和簡單的線條。它不帶有其他裝飾，震顫派式家具基本都不帶有裝飾。第三種屬於民間風格的桌子，有車旋的圓桌腿，設計初衷是將它作為床頭桌使用。

蛇面端桌

震顫派式端桌

桌腿被車旋的端桌

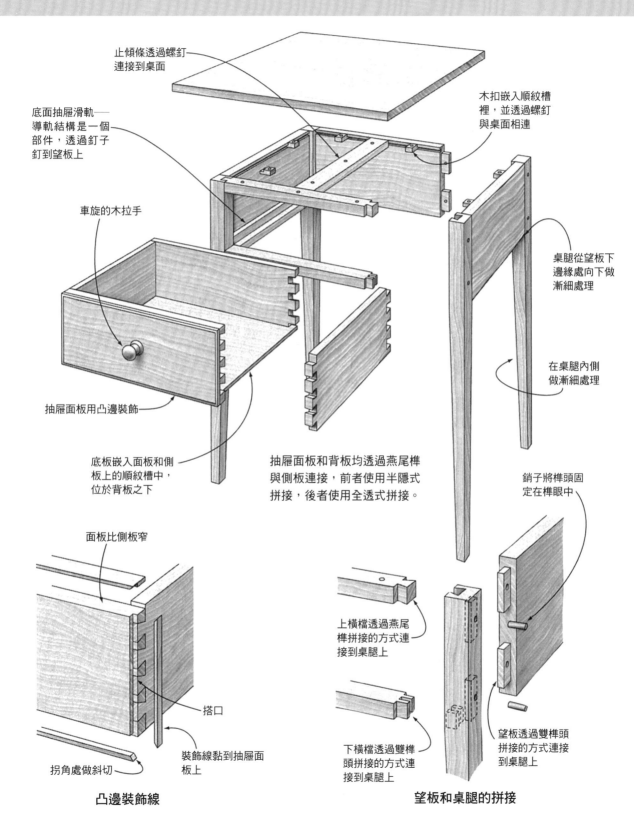

止傾條透過螺釘連接到桌面

木扣嵌入順紋槽裡，並透過螺釘與桌面相連

底面抽屜滑軌──導軌結構是一個部件，透過釘子釘到望板上

車旋的木拉手

桌腿從望板下邊緣處向下做漸細處理

在桌腿內側做漸細處理

抽屜面板用凸邊裝飾

底板嵌入面板和側板上的順紋槽中，位於背板之下

抽屜面板和背板均透過燕尾榫與側板連接，前者使用半隱式拼接，後者使用全透式拼接。

面板比側板窄

搭口

拐角處做斜切

裝飾線黏到抽屜面板上

上橫檔透過燕尾榫拼接的方式連接到桌腿上

銷子將榫頭固定在榫眼中

望板透過雙榫頭拼接的方式連接到桌腿上

下橫檔透過雙榫頭拼接的方式連接到桌腿上

凸邊裝飾線

望板和桌腿的拼接

管家桌

早期的管家桌外形雅致，是托盤——支架結構的。現在這種桌子主要用作咖啡桌，但它一開始是管家為主人上茶時使用的，因而被稱為管家桌。

在18世紀英國的貴族家庭中，任何粗陋寒酸的東西都是不能進門的，甚至管家用的托盤也是如此。管家用的托盤及其支架都是造型優美、用料考究的。

管家桌其實就是一種帶活動桌板的、桌腿——望板結構的支架桌。右圖所示桌架裝的是馬爾伯勒腿和交叉拉檔。

半月形活動桌板被向上翻折起來後，桌面就變成了一個方正的托盤。活動桌板和固定桌板之間是透過帶彈簧的特殊鉸鏈連接的，製作時將鉸鏈嵌入固定桌板

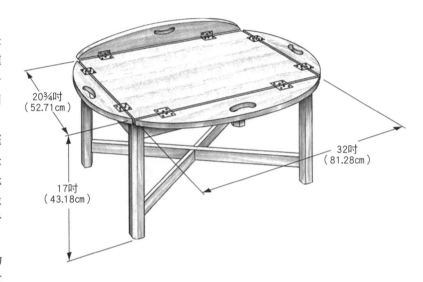

上的凹槽中即可。每一塊活動桌板上都做有供手抓握的洞口。上翻的活動桌板在固定桌板四周形成了一圈圍欄，這樣一來托盤就變得易於搬運了。活動桌板被放下後，托盤就變成了一張橢圓形的桌面。

設計
變化

管家桌的設計變化往往出現在支架上，托盤則基本保持不變（除了尺寸之外），可能是因為這種桌子的根本就是托盤。早期的管家桌採用的是拒馬式支架，很像現在飯店裡還在使用的那種托盤支架。可以透過各種方法改造早期的管家桌，比如改變拉檔的布局、去掉拉檔或者用擱板代替拉檔等等。

沒有拉檔的管家桌

帶擱板的管家桌

可收起的拒馬式管家桌

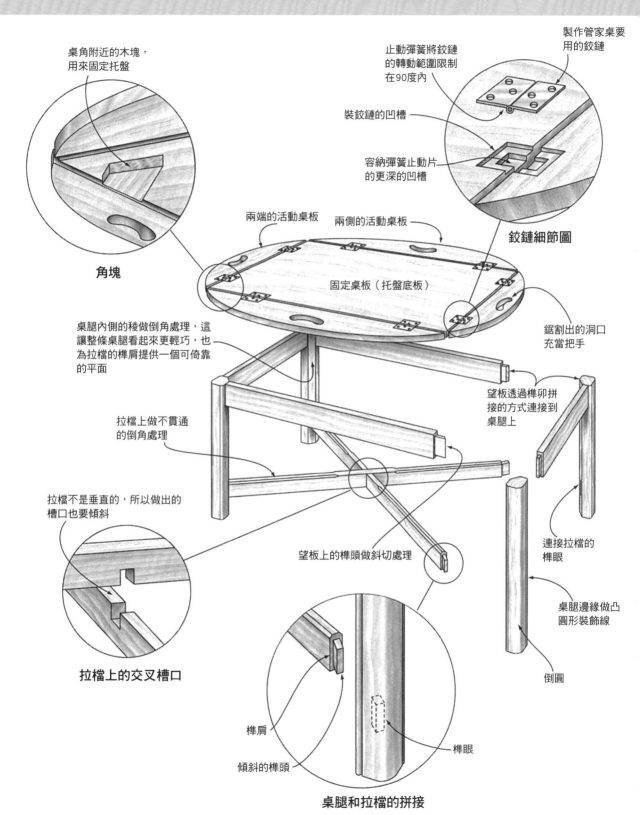

桌角附近的木塊，
用來固定托盤

止動彈簧將鉸鏈
的轉動範圍限制
在90度內

製作管家桌要
用的鉸鏈

裝鉸鏈的凹槽

容納彈簧止動片
的更深的凹槽

鉸鏈細節圖

兩端的活動桌板

兩側的活動桌板

角塊

固定桌板（托盤底板）

鋸割出的洞口
充當把手

桌腿內側的稜做倒角處理，這
讓整條桌腿看起來更輕巧，也
為拉檔的榫肩提供一個可倚靠
的平面

望板透過榫卯拼
接的方式連接到
桌腿上

拉檔上做不貫通
的倒角處理

拉檔不是垂直的，所以做出的
槽口也要傾斜

連接拉檔的
榫眼

望板上的榫頭做斜切處理

桌腿邊緣做凸
圓形裝飾線

拉檔上的交叉槽口

倒圓

榫肩

榫眼

傾斜的榫頭

桌腿和拉檔的拼接

咖啡桌

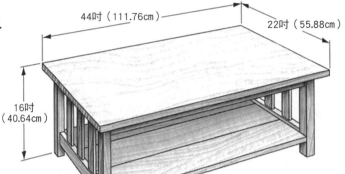

咖啡桌的出現說明我們會花更多的時間在家裡放鬆、休息、聊天,以及閱讀報紙和雜誌。與現代咖啡桌的尺寸(包括高度)差不多的帶有齊本德爾風格或安妮女王風格的桌子可謂製作精良,非常吸引人,但它肯定不是某種老式家具的仿製品。

確定咖啡桌的尺寸(包括高度)時,要確保坐在沙發上的人能夠拿到桌上的飲料或點心,而如果帶裙撐的裙子還在流行的話,這是不可能實現的。咖啡桌一般高16～18吋(40.64～45.72cm),寬18～30吋(45.72～76.2cm),並且通常較長,常常跟沙發差不多長。大多數人會將咖啡桌置於客廳的中央。咖啡桌是家具設計師和製作者都喜歡的家具。

設計變化

咖啡桌變化多端的樣式讓人眼花撩亂。它們可能輕而飄逸,也可能重而堅實;可能傳統,也可能前衛;桌面下方可能置有抽屜,也可能沒有;可能裝有兼做拉檔的用來放雜誌的擱板,也可能沒有。有一種咖啡桌比較流行,它是玻璃桌面的,桌面下方是錢匣似的抽屜,可以用來放一些收藏品。

傳統的咖啡桌是透過與望板相連的四條桌腿支撐起一張桌面的,這種結構的咖啡桌非常常見,當然支架式、垂板式、支柱式的咖啡桌也很多。只要咖啡桌的高度基本保持不變,在16～18吋(40.64～45.72cm)間就可以了。

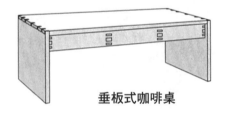

垂板式咖啡桌

現代咖啡桌

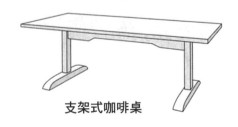

支架式咖啡桌

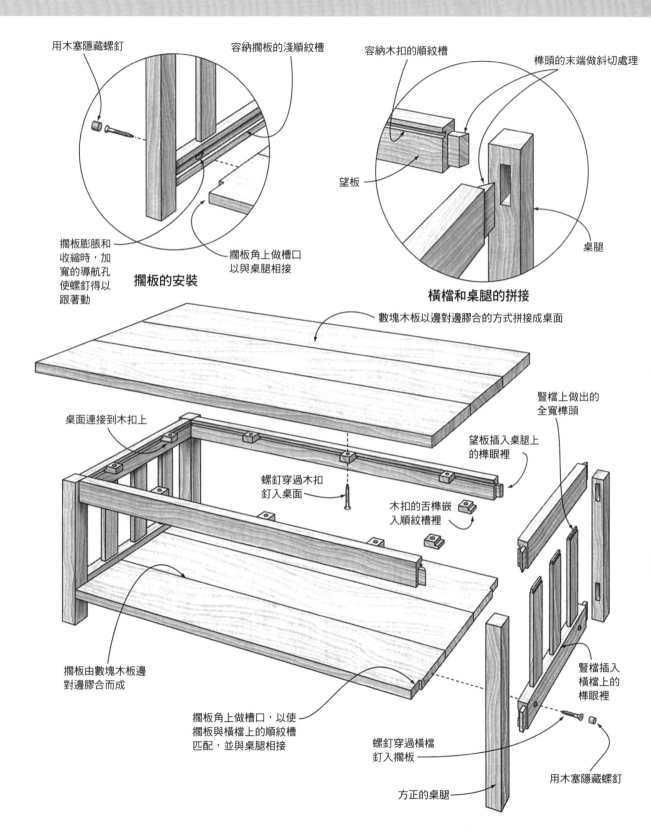

用木塞隱藏螺釘

容納擱板的淺順紋槽

容納木扣的順紋槽

榫頭的末端做斜切處理

望板

擱板膨脹和收縮時,加寬的導航孔使螺釘得以跟著動

擱板的安裝

擱板角上做槽口以與桌腿相接

桌腿

橫檔和桌腿的拼接

數塊木板以邊對邊膠合的方式拼接成桌面

桌面連接到木扣上

豎檔上做出的全寬榫頭

望板插入桌腿上的榫眼裡

螺釘穿過木扣釘入桌面

木扣的舌榫嵌入順紋槽裡

擱板由數塊木板邊對邊膠合而成

擱板角上做槽口,以使擱板與橫檔上的順紋槽匹配,並與桌腿相接

豎檔插入橫檔上的榫眼裡

螺釘穿過橫檔釘入擱板

方正的桌腿

用木塞隱藏螺釘

三腳桌

　　三腳桌在18世紀非常流行。它們被用來放各種東西，從燭台、酒杯到茶壺、縫紉用具等。

　　在19世紀，震顫派教徒們製作的三腳桌無論是在種類上還是在數量上都非常多。事實上，除了板式靠背椅，最具震顫派風格特徵的家具就是圓面架了。當然，正如右圖所示，三腳桌並不是只有圓面架這一種形式。震顫派教徒們曾製作出了獨一無二的縫紉機架，這種家具帶有正方形或長方形的桌面，桌面底面吊裝著抽屜。

　　第189頁的圖向我們展示了可安裝在同一個三腳架式底座上的不同的震顫派式桌面。

　　我們先來看看三腳架式底座，桌腿因為外張而承受了相當大的扭變應力，這讓它們遠離支柱。為了加強拼接，製作時可以用釘子或螺釘將一塊金屬片——「蜘蛛片」（spider）釘在支柱和桌腿相接的地方。

　　桌面與支柱的連接須使用托檔或撐木。操作時先用螺釘將它們連接到桌面底面，再將支柱頂部的榫頭插入托檔上的榫眼裡，並用塗膠和加楔楔子的方法加固。

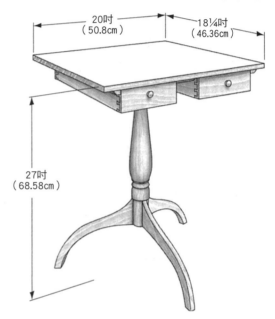

　　20吋
（50.8cm）　18¼吋
（46.36cm）

27吋
（68.58cm）

 設計
變化

　　震顫派教徒並不是三腳桌的唯一製作者。如下圖所示，纖細而雅致的安妮女王式蠟燭架今天仍然被很多人複製，其實我們從它很小的桌面就可以看出它是一個蠟燭架。在聯邦時代，人們透過改變桌腿樣式、桌面形狀和風格創造出了更多種類的三角桌。下圖所示的兩種聯邦式三腳桌，儘管它們的支柱是一樣的，但桌腿形狀不同，因而總體外觀就大不一樣了。

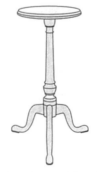

聯邦式三腳桌　　　　安妮女王式蠟燭架　　　　聯邦式三腳桌

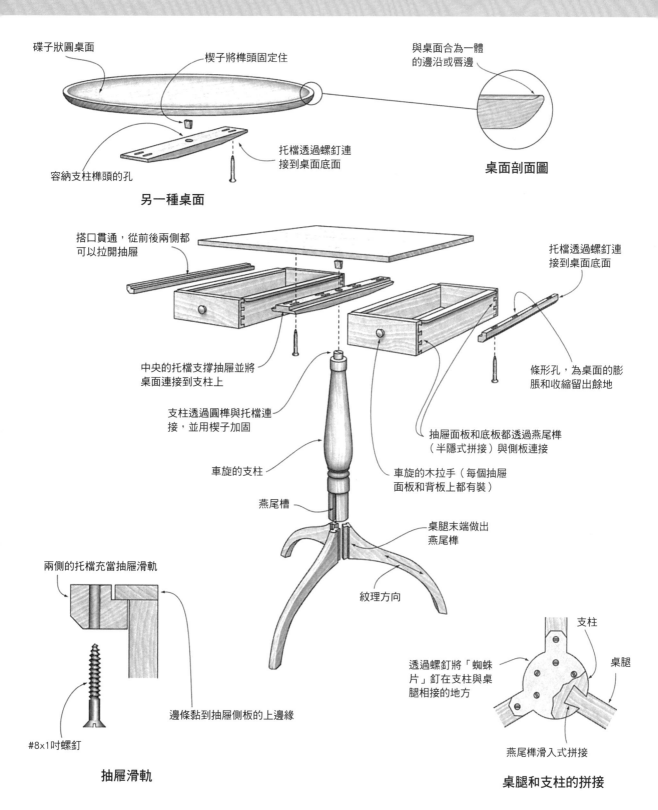

碟子狀圓桌面

楔子將榫頭固定住

與桌面合為一體的邊沿或唇邊

托檔透過螺釘連接到桌面底面

容納支柱榫頭的孔

桌面剖面圖

另一種桌面

搭口貫通，從前後兩側都可以拉開抽屜

托檔透過螺釘連接到桌面底面

中央的托檔支撐抽屜並將桌面連接到支柱上

條形孔，為桌面的膨脹和收縮留出餘地

支柱透過圓榫與托檔連接，並用楔子加固

抽屜面板和底板都透過燕尾榫（半隱式拼接）與側板連接

車旋的支柱

車旋的木拉手（每個抽屜面板和背板上都有裝）

燕尾槽

桌腿末端做出燕尾榫

兩側的托檔充當抽屜滑軌

紋理方向

邊條黏到抽屜側板的上邊緣

透過螺釘將「蜘蛛片」釘在支柱與桌腿相接的地方

#8x1吋螺釘

支柱

桌腿

燕尾榫滑入式拼接

抽屜滑軌

桌腿和支柱的拼接

翻面桌

翻面桌在安妮女王時代成為當時的主流家具。在那個萬事講究實用的年代，一張廢置不用的桌子就是一個障礙物。在不用的時候，人們可以將翻面桌的桌面翻折下來，並將桌子靠牆放置，所以翻面桌占不了多大地方。

不同翻面桌的區別主要在於支柱車旋的造型、桌腳的形狀、桌面邊緣裝飾線的樣式，當然還有桌子的尺寸。桌面直徑小於20吋（50.8cm）的翻面桌，通常用作蠟燭架，大一點兒的可用做茶桌或展示架。

有的翻面桌桌面不僅能夠翻折，還能轉動（因此有了「翻轉桌」這個說法）。主人倒一杯茶，然後就可以轉動桌面將它轉到坐在對面的客人面前。這一功能是靠一個被稱作「鳥籠架」的部件實現的。

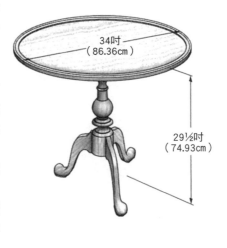
34吋
（86.36cm）

29½吋
（74.93cm）

設計
變化

　　和其他許多家具一樣，翻面桌的設計變化也主要是細節上的。可以改變桌面的尺寸和形狀；同一個桌架上可以搭配圓形、橢圓形、碟形、派皮形、正方形等各種形狀的桌面。當然，特殊情況下，還可以將支柱和桌腿的比例做調整。桌面比桌架小太多的話，桌子看起來會很滑稽；而桌面比桌架大太多的話，桌子又會不穩。

　　此外，還可以嘗試對支柱車旋的樣式和桌腿的風格做出改變。下面展示了4種桌腿。

橢圓形桌面

派皮形桌面

蛇邊正方形桌面

帶球爪腳的桌腿

帶可滑動腳的桌腿

低鴨嘴形曲線式桌腿

高鴨嘴形曲線式桌腿

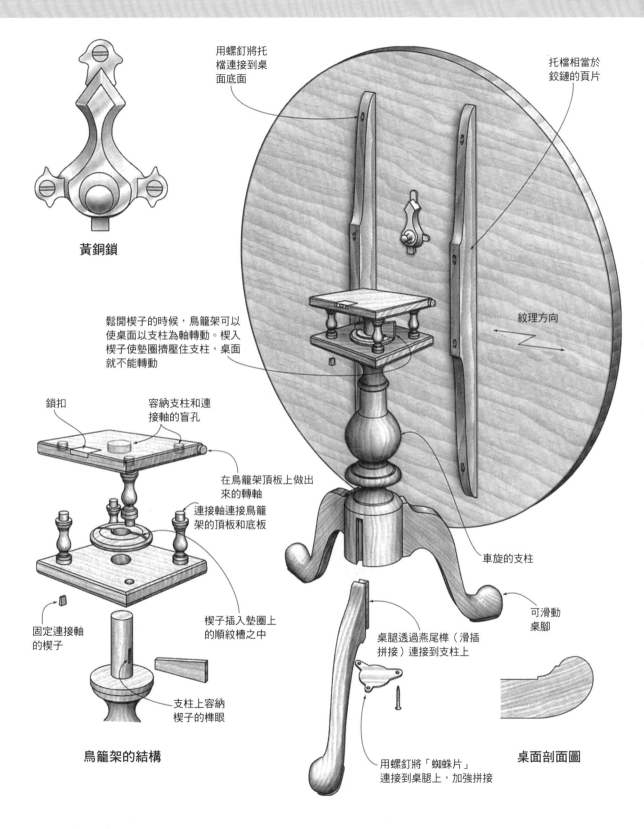

黃銅鎖

用螺釘將托檔連接到桌面底面

托檔相當於鉸鏈的頁片

紋理方向

鬆開楔子的時候，鳥籠架可以使桌面以支柱為軸轉動。楔入楔子使墊圈擠壓住支柱，桌面就不能轉動

鎖扣

容納支柱和連接軸的盲孔

在鳥籠架頂板上做出來的轉軸

連接軸連接鳥籠架的頂板和底板

固定連接軸的楔子

楔子插入墊圈上的順紋槽之中

支柱上容納楔子的榫眼

車旋的支柱

可滑動桌腳

桌腿透過燕尾榫（滑插拼接）連接到支柱上

鳥籠架的結構

用螺釘將「蜘蛛片」連接到桌腿上，加強拼接

桌面剖面圖

臉盆架

早晨起來我們需要洗洗臉，洗去眼中的睡意，這是我們永恆的需求，正是這種需求激發了設計師的靈感，設計出了臉盆架。一些樣式的臉盆架滿足人們的這一需求長達數百年之久。臉盆架其實只要符合兩個要求：一是提供一個放置從抽水機處提水用的水罐的地方，二是提供一個能放置臉盆且適合人們洗臉的地方。

目前保存下來的最常見的臉盆架製作於20世紀和21世紀早期，除了滿足上述能夠放置水罐和臉盆兩個最基本的要求之外，它們一般還有兩個功能。有這兩個功能的可謂是「豪華配置」的部件就是擋水板和抽屜，擋水板用來防止臉盆架附近的物品被水濺濕，抽屜則用來放置洗漱用具。

臉盆架是一種實用型家具，而不是展示型的。儘管如此，一些臉盆架仍然帶有自己獨特的品位和裝飾，比如擁有精緻的桌腿或擋水板等基本部件。雖然現在我們的供水系統不同了，但有些人仍把這種簡單而雅致的家具搬到家中，用它來充當放置家養植物的架子，或者僅僅當作一件裝飾品，並且還真在上面放置水罐和臉盆。

24⅛吋（61.28cm）
16½吋（41.91cm）
34½吋（87.63cm）

設計變化

臉盆架在設計上的常見變化包括裝飾的多少、裝飾上反映出的品位和風格、所占空間的大小等。其中最常見的是車旋的桌腿、銑削的富有創造性的擋水板和望板、適合將臉盆架置於牆角的設計等。質樸、實用性很強的臉盆架可能是所有家具裡最普通的，用舊以後也是最不可能被保留下來的。

雙層臉盆架

震顫派式臉盆架

角架

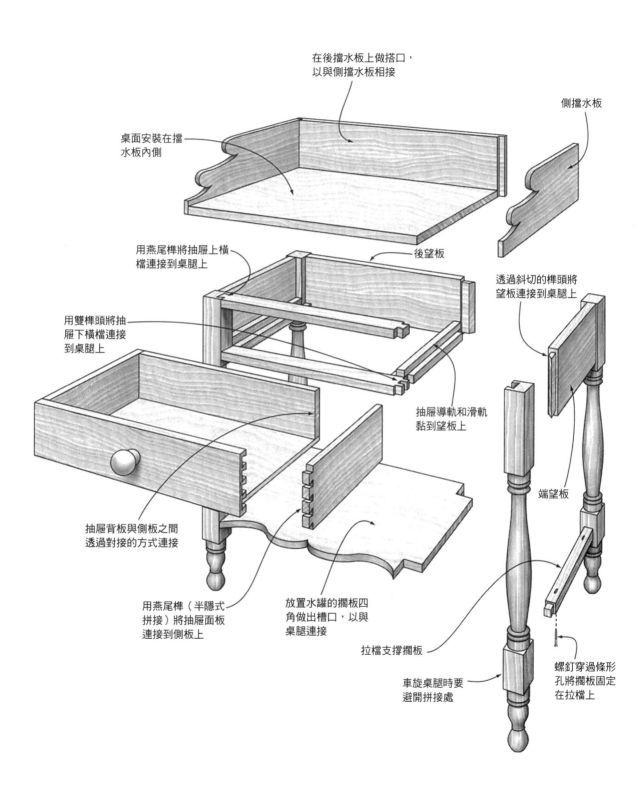

在後擋水板上做搭口，
以與側擋水板相接

側擋水板

桌面安裝在擋
水板內側

用燕尾榫將抽屜上橫
檔連接到桌腿上

後望板

透過斜切的榫頭將
望板連接到桌腿上

用雙榫頭將抽
屜下橫檔連接
到桌腿上

抽屜導軌和滑軌
黏到望板上

端望板

抽屜背板與側板之間
透過對接的方式連接

用燕尾榫（半隱式
拼接）將抽屜面板
連接到側板上

放置水罐的擱板四
角做出槽口，以與
桌腿連接

拉檔支撐擱板

車旋桌腿時要
避開拼接處

螺釘穿過條形
孔將擱板固定
在拉檔上

梳妝架

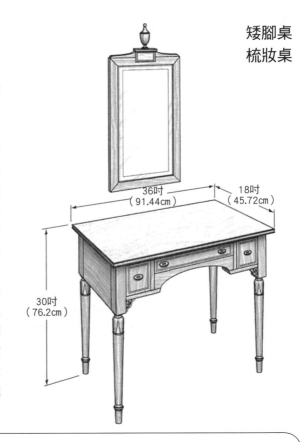

與洗漱架和床不同，梳妝架不是用來滿足人類基本需求的，它的出現完全源於中上層社會的生活習慣，上層社會的人有足夠的錢花在化妝品、珠寶以及華麗的衣服上。因此，我們看不到純實用型的梳妝架。在那些具有反對浮誇裝飾傳統的地方，比如在震顫派教徒之中，我們不會看到梳妝架這樣的家具。多數形制粗簡的梳妝架來自於鄉村，因為那裡沒有優秀的家具製作者。其實即使梳妝架較簡陋，我們也能看出它的主人是有一定經濟實力的。

梳妝架有著漫長的歷史，因此它基本能反映出所有主要家具製作的傳統。梳妝架的典型特徵包括：高度適宜，便於人們舒服地坐著並且腿腳擁有充足的活動空間；帶有用來放化妝品和珠寶的抽屜、一面或多面鏡子；用料優質；大多擁有大量的裝飾，也有的裝飾較少；做工精細，擁有纖細甚至是柔和的線條。

設計變化　梳妝架的造型反映了整個家具設計傳統的各個方面。如果梳妝架本身沒有鏡子，那麼人們一般會在牆上相應的位置掛一面鏡子。如果有多面鏡子，那麼兩側的鏡子通常是用鉸鏈安裝上去的。博·布魯梅爾式梳妝桌上的鏡子可以被翻折下來，這樣梳妝桌的兩翼就能覆蓋在它上面，從而在無須使用鏡子時大大減小了梳妝桌所占的空間。帶有多個抽屜的梳妝桌，抽屜的大小都應與化妝盒的大小相適應，並且有一個抽屜被設計成專門用來存放珠寶。

威廉——瑪麗式梳妝桌

博·布魯梅爾式梳妝桌

20世紀的梳妝桌

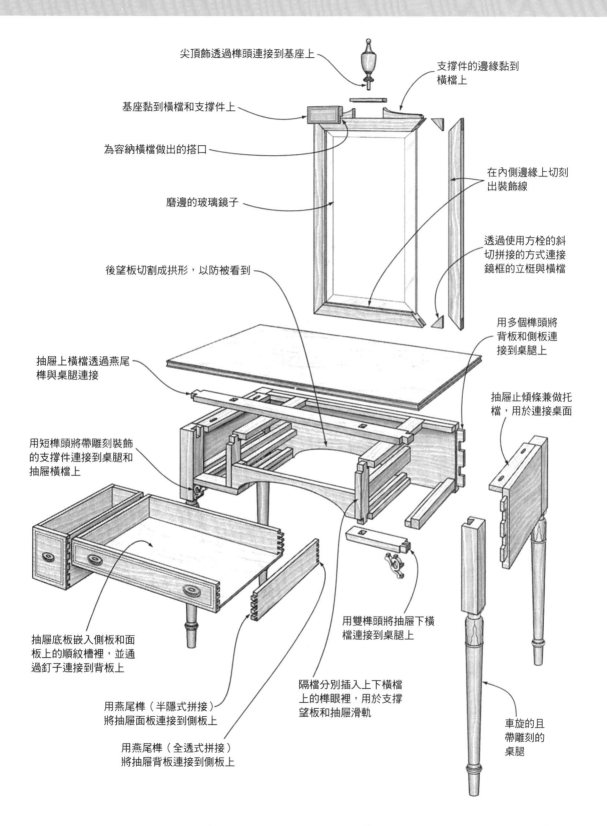

尖頂飾透過榫頭連接到基座上

支撐件的邊緣黏到橫檔上

基座黏到橫檔和支撐件上

為容納橫檔做出的搭口

在內側邊緣上切刻出裝飾線

磨邊的玻璃鏡子

透過使用方栓的斜切拼接的方式連接鏡框的立梃與橫檔

後望板切割成拱形，以防被看到

用多個榫頭將背板和側板連接到桌腿上

抽屜上橫檔透過燕尾榫與桌腿連接

抽屜止傾條兼做托檔，用於連接桌面

用短榫頭將帶雕刻裝飾的支撐件連接到桌腿和抽屜橫檔上

抽屜底板嵌入側板和面板上的順紋槽裡，並通過釘子連接到背板上

用雙榫頭將抽屜下橫檔連接到桌腿上

用燕尾榫（半隱式拼接）將抽屜面板連接到側板上

隔檔分別插入上下橫檔上的榫眼裡，用於支撐望板和抽屜滑軌

用燕尾榫（全透式拼接）將抽屜背板連接到側板上

車旋的且帶雕刻的桌腿

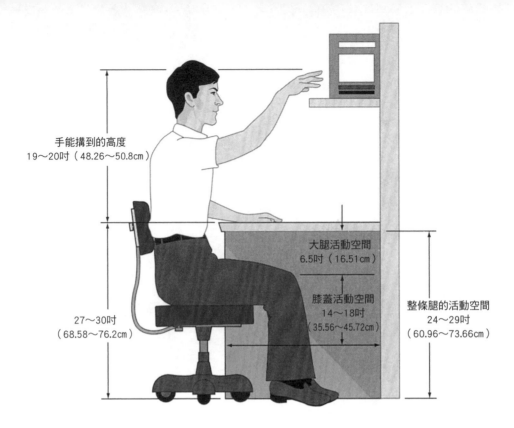

手能搆到的高度
19～20吋（48.26～50.8cm）

27～30吋
（68.58～76.2cm）

大腿活動空間
6.5吋（16.51cm）

膝蓋活動空間
14～18吋
（35.56～45.72cm）

整條腿的活動空間
24～29吋
（60.96～73.66cm）

到顯示器的距
離至少為28吋
（71.12cm）

看向鍵盤和顯示器的視線之
間的夾角不超過60度

大臂和小臂之間的夾
角在70度～135度

顯示器安裝
在可旋轉的
底座上，高
度可調節

20～30吋
（50.8～76.2cm）

鍵盤高度可調，
在24～27吋
（60.96～68.58cm）

27～30吋
（68.58～76.2cm）

座椅高度可調，
在16～20吋
（40.64～50.8cm）

辦公桌

不管我們是否願意，大多數人坐在辦公桌前的時間要比坐在休閒椅上的時間長。而且我們坐在辦公桌前做的工作也多為重複性的，因此哪怕辦公桌的尺寸只有一點點偏差，由此造成的工作時的不便和不適最終會演化成身體上的疼痛，如頭痛等。

為了幫助你設計出一張用著舒適且能讓你集中精力工作的辦公桌，我們在這裡給出了一些基本數據。

辦公桌高度：地面到桌面頂面的距離，平均為27～30吋（68.58～76.2cm）。

整條腿的活動空間：地面到桌面底面的距離，平均落在為24～29吋（60.96～73.66cm）。

大腿活動空間：人坐在桌邊時，膝蓋到桌面底面的距離，平均最小為6.5吋（16.51cm）。

膝蓋活動空間：當椅子被拉到桌子下面時，辦公桌的邊緣到可能阻礙使用者腿腳活動的障礙物的距離（腿腳可能被拉檔、面板或桌子後面的牆壁阻礙）。設計恰當的話，這一距離應該在14～18吋（35.56～45.72cm）。

手能搆到的高度：使用者坐著時桌面頂面到他的手所能觸及的物件的距離，這裡給出的標準數據是19～20吋（48.26～50.8cm）。

一張原本使用起來很舒適的辦公桌，放上計算機以後，用起來可能就很痛苦了。因此專門用來放計算機的辦公桌在尺寸上要做一些改變。你仍然需要充足的腿腳活動空間，但鍵盤和顯示器擺放的位置必須適宜，否則你用起來會覺得脖子發硬、腰痠、眼睛累。

鍵盤高度：地面到鍵盤上表面的距離，這一距離應該是可調的，一般在24～27吋（60.96～68.58cm）。鍵盤高度要比辦公桌高度小。

視線夾角：人們看向鍵盤的視線和看向顯示器視線之間的夾角，不應超過60度。

寫字檯

顧名思義，寫字檯是專為寫字而設計的。與支柱式辦公桌不同的是，它的桌面是由四條桌腿支撐的，而後者的桌面是由兩個較窄的抽屜櫃支撐的。

隨著人們讀寫能力的增強，寫字檯逐步流行起來。那時除了面對面談話之外，人與人交流的唯一手段就是手寫的書信。經典的寫字檯有一個用皮革覆蓋的寫字檯面，因為那時人們用的是羽毛筆。打字機發明以後，這種寫字檯的需求量有所減少；電話普及後，它的需求量更是直線暴跌。現在它又回歸人們的生活了，它的流行其實是高層領導們促成的，這些人喜歡它乾淨俐落的設計，以及它傳遞的信息──「在這裡沒有任何完不成的工作」！

好的寫字檯確實是為書寫而設計的。就拿右圖所示的寫字檯來說，它的前望板上鋸出了便於腿活動

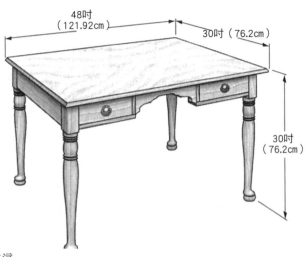

的缺口。有時這個缺口會偏左，因為大多數使用者慣用的都是右手。通常寫字檯還至少有一個抽屜，用來存放紙、筆和墨水。

設計變化

家具整體風格的改變帶動了寫字檯風格的改變，當然使用者的需求也進一步推動了寫字檯設計上的改變。今天，和200年前一樣，外觀優美意味著雅致且整齊俐落。但是，一位有強迫症的記者會要求自己的寫字檯帶有鴿籠式分類架和小抽屜。

勤奮工作的楷模喬治·華盛頓又把寫字檯的設計向前推進了一步，使之更接近我們所說的支柱式辦公桌：桌面兩端和部分後邊緣有矮圍板，這樣可以防止工作材料掉到地上。

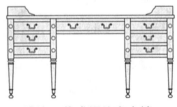

喬治·華盛頓的寫字檯

聯邦式寫字檯

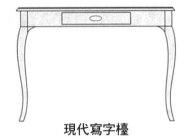

現代寫字檯

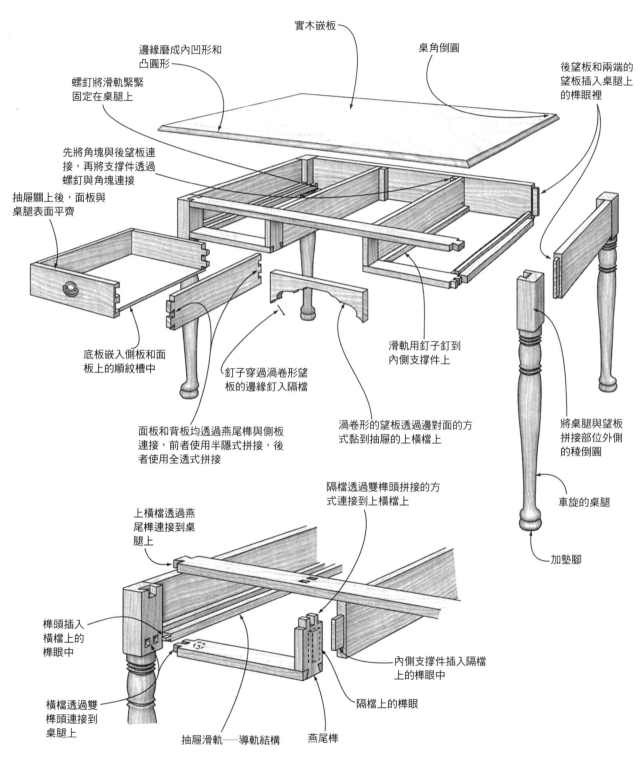

實木嵌板

桌角倒圓

邊緣磨成內凹形和凸圓形

後望板和兩端的望板插入桌腿上的榫眼裡

螺釘將滑軌緊緊固定在桌腿上

先將角塊與後望板連接，再將支撐件透過螺釘與角塊連接

抽屜關上後，面板與桌腿表面平齊

底板嵌入側板和面板上的順紋槽中

釘子穿過渦卷形望板的邊緣釘入隔檔

滑軌用釘子釘到內側支撐件上

渦卷形的望板透過邊對面的方式黏到抽屜的上橫檔上

面板和背板均透過燕尾榫與側板連接，前者使用半隱式拼接，後者使用全透式拼接

將桌腿與望板拼接部位外側的稜倒圓

車旋的桌腿

加墊腳

隔檔透過雙榫頭拼接的方式連接到上橫檔上

上橫檔透過燕尾榫連接到桌腿上

榫頭插入橫檔上的榫眼中

內側支撐件插入隔檔上的榫眼中

橫檔透過雙榫頭連接到桌腿上

隔檔上的榫眼

抽屜滑軌──導軌結構

燕尾榫

抽屜支撐件的結構

斜面桌

講台
立式辦公桌
高桌
寫字檯

這是一種能激發人們想像力的家具。看到這種辦公桌，我們的腦海中不由自主地就會出現鮑勃·克拉特基特、文書巴托比[1]、綠眼罩[2]和帳本，還可能出現一位老師站在講台和黑板之間怒目瞪視坐在較矮的斜面桌前伏案學習的學生的畫面。

斜面桌是專為伏案工作的人設計的。對要寫字、畫畫或從事類似工作的人來說，緩坡形桌面比水平桌面更好用。你如果連續數小時伏案工作，就會對此深有體會。斜面桌桌面的坡度是可控的，但一般來說是10度。

經典斜面桌的桌面是透過鉸鏈安裝的，這樣就為下方形狀不規則的隔層提供了一個開口。隔層的深度和布局有很多種。這裡的隔層與一個帶掀蓋的儲物箱並無二致。正如右圖所示，隔層的下方通常還有一個抽屜。

同樣，斜面桌的上層結構也有很多種，這裡的是吸引人且很實用的抽屜櫃和隔層，它們便於人們整理和存放辦公用品。

42吋（106.68cm）
28吋（71.12cm）
48吋（121.92cm）

設計變化

這種辦公桌的外觀和實用性如何取決於它的大小比例。上圖所示的是一張立式辦公桌，但它可能不適合你。你如果想把它變成一張寫字檯，也就是可以坐在椅子上使用的桌子，可以直接把桌腿截短，需要的話再去掉拉檔。改變桌腿和上層結構的樣式也能起到改變桌子外觀的效果。

斜面桌另一種常見的變體是店員桌。這種立式辦公桌的櫃體部分很深，裝有兩個或更多的抽屜，掀蓋下面也有隔層。

矮桌

店員桌

---

①鮑勃·克拉特基特和巴托比均為19世紀英美小說中的人物，從事文案工作。
②過去從事文案工作的人員的護眼用具。

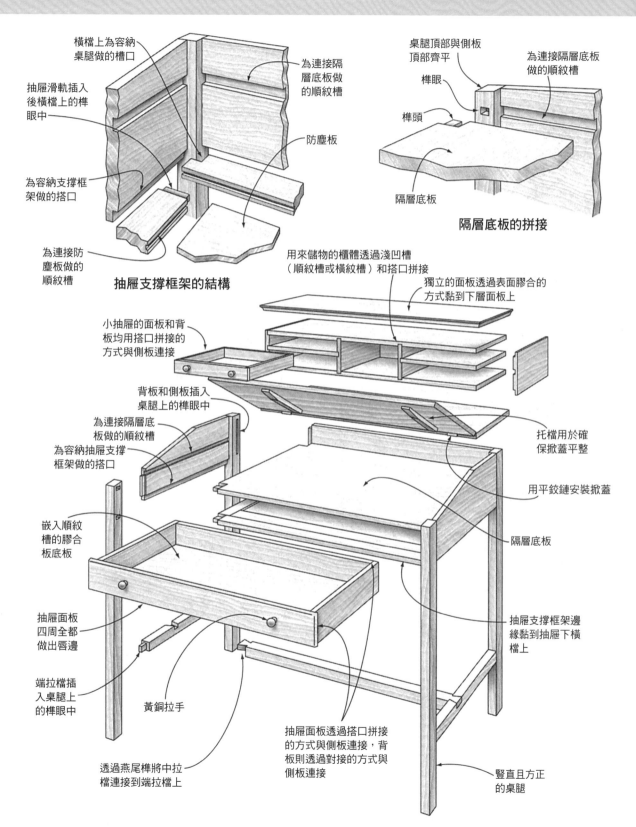

橫檔上為容納桌腿做的槽口

抽屜滑軌插入後橫檔上的榫眼中

為容納支撐框架做的搭口

為連接防塵板做的順紋槽

為連接隔層底板做的順紋槽

防塵板

抽屜支撐框架的結構

桌腿頂部與側板頂部齊平

榫眼

榫頭

為連接隔層底板做的順紋槽

隔層底板

隔層底板的拼接

用來儲物的櫃體透過淺凹槽（順紋槽或橫紋槽）和搭口拼接

獨立的面板透過表面膠合的方式黏到下層面板上

小抽屜的面板和背板均用搭口拼接的方式與側板連接

背板和側板插入桌腿上的榫眼中

為連接隔層底板做的順紋槽

為容納抽屜支撐框架做的搭口

托檔用於確保掀蓋平整

用平鉸鏈安裝掀蓋

隔層底板

嵌入順紋槽的膠合板底板

抽屜面板四周全都做出唇邊

端拉檔插入桌腿上的榫眼中

黃銅拉手

透過燕尾榫將中拉檔連接到端拉檔上

抽屜面板透過搭口拼接的方式與側板連接，背板則透過對接的方式與側板連接

抽屜支撐框架邊緣黏到抽屜下橫檔上

豎直且方正的桌腿

郵局桌

農村人一般比較實際、節儉和心靈手巧。你可能覺得這種辦公桌看起來不過是上面裝有櫃子的桌子，你猜的一點兒也沒錯，實際上它就是這樣的。下圖所示的僅僅是辦公桌中的一種，其實還有許多家具是按照這種思路製作的——將兩種不同的家具結合，比如將桌子和櫥櫃結合。

但辦公桌畢竟是辦公桌，它要滿足人們的兩大需求：一是提供一個寫字和存放書籍的地方，二是提供一個分類擺放文檔、收據、帳單和信件的地方。我們可以在牆上做一個帶隔板和小抽屜的壁櫃，這種壁櫃在功能上跟斜面桌、卷頂桌和祕書桌上面的鴿籠式分類架並無太大區別，只是它製作起來更容易。而寫字檯也與桌腿——望板結構的桌子沒有太大區別。

「郵局桌」無疑是一種現代叫法，在美國農村的許多地區，雜貨店店員也兼做郵遞員。下圖所示的這種桌子通常被店員放在雜貨店的一角，充當郵筒。

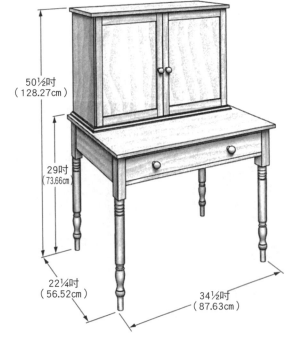

50½吋
（128.27cm）

29吋
（73.66cm）

22¼吋
（56.52cm）

34½吋
（87.63cm）

設計變化 想一下你見過的不同風格的桌子，再想一下各種風格的壁櫃，然後思考一下它們之間所有可能的組合方式。有一些組合是行不通的，但許多還是可以實現的。郵局桌其實就是這麼被設計出來的。下面只展示了許多變體中的一種。

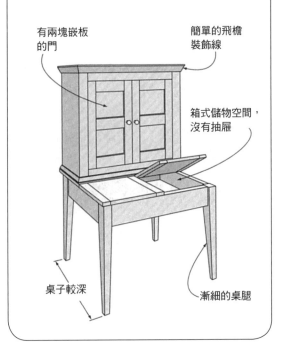

有兩塊嵌板的門

簡單的飛檐裝飾線

箱式儲物空間，沒有抽屜

桌子較深

漸細的桌腿

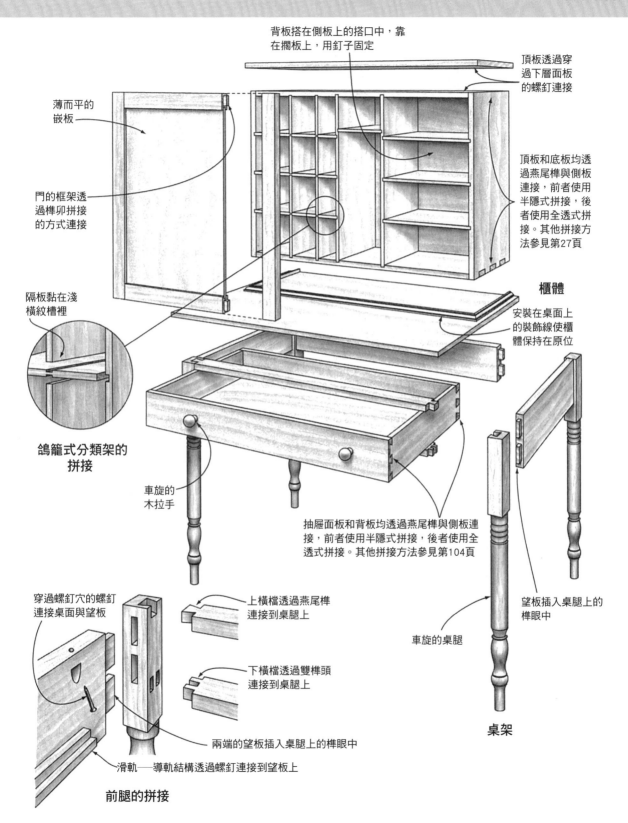

背板搭在側板上的搭口中，靠
在擱板上，用釘子固定

頂板透過穿
過下層面板
的螺釘連接

薄而平的
嵌板

門的框架透
過榫卯拼接
的方式連接

頂板和底板均透
過燕尾榫與側板
連接，前者使用
半隱式拼接，後
者使用全透式拼
接。其他拼接方
法參見第27頁

櫃體

隔板黏在淺
橫紋槽裡

安裝在桌面上
的裝飾線使櫃
體保持在原位

**鴿籠式分類架的
拼接**

車旋的
木拉手

抽屜面板和背板均透過燕尾榫與側板連
接，前者使用半隱式拼接，後者使用全
透式拼接。其他拼接方法參見第104頁

望板插入桌腿上的
榫眼中

車旋的桌腿

穿過螺釘穴的螺釘
連接桌面與望板

上橫檔透過燕尾榫
連接到桌腿上

下橫檔透過雙榫頭
連接到桌腿上

兩端的望板插入桌腿上的榫眼中

滑軌——導軌結構透過螺釘連接到望板上

前腿的拼接

桌架

架上斜面桌

　　最早的斜面桌其實就是一個帶有傾斜箱蓋的箱子，人們用的時候將箱蓋掀開放在桌腿或者桌子上即可。18世紀人們將這種箱子和桌子結合在一起，從而創造出了一種帶有供書寫和儲物功能的新家具。

　　右圖所示的架上斜面桌就是一個很好的例子，它兼有實用性和工藝美。這種桌子占地很小，但蓋子被打開以後，它就會露出一個大到令人吃驚的工作臺面和用於存放家庭文書和信件的寬大的儲存空間。

　　架上斜面桌與兩種桌子有很多共同點，一種是第200頁介紹的「斜面桌」，一種是第206頁介紹的「斜面櫃」，前者是箱體在桌腿上，後者是箱體在抽屜櫃上。

　　斜面桌的掀蓋相對水平桌傾斜了幾度，上邊緣透過鉸鏈連接，掀蓋被蓋上的時候就成了寫字檯面。斜面櫃則不同，掀蓋相對鉛垂面傾斜了幾度，下邊緣透過鉸鏈連接，掀蓋被打開後也是寫字檯面。

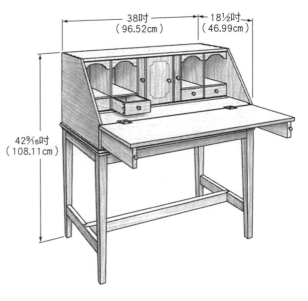

38吋（96.52cm）　18½吋（46.99cm）
42⁹⁄₁₆吋（108.11cm）

⭐ **設計變化**

　　下圖所示的是架上斜面桌的兩種不同的變體。被稱作「女士桌」的這張架上斜面桌是聯邦式家具，但因為要容納抽屜，它的桌架較深，而桌子部分較短。

　　另一張是鄉村安妮女王式家具，帶有車旋的卡布里腿和渦卷形的望板。但這張架上斜面桌的箱體較高，在可翻折的掀蓋下面裝有抽屜。

女士桌

鄉村安妮女王式桌

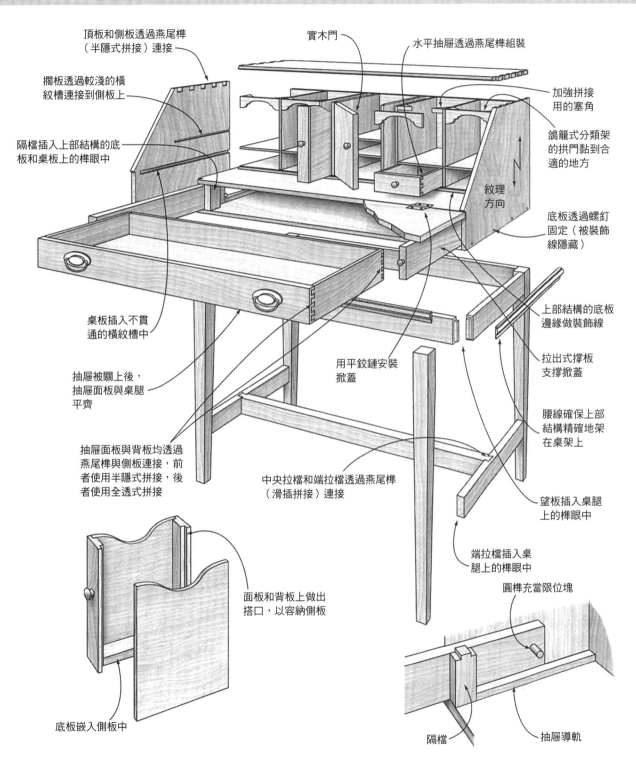

頂板和側板透過燕尾榫
（半隱式拼接）連接

攔板透過較淺的橫
紋槽連接到側板上

隔檔插入上部結構的底
板和桌板上的榫眼中

實木門

水平抽屜透過燕尾榫組裝

加強拼接
用的塞角

鴿籠式分類架
的拱門黏到合
適的地方

紋理
方向

底板透過螺釘
固定（被裝飾
線隱藏）

桌板插入不貫
通的橫紋槽中

抽屜被關上後，
抽屜面板與桌腿
平齊

用平鉸鏈安裝
掀蓋

抽屜面板與背板均透過
燕尾榫與側板連接，前
者使用半隱式拼接，後
者使用全透式拼接

中央拉檔和端拉檔透過燕尾榫
（滑插拼接）連接

上部結構的底板
邊緣做裝飾線

拉出式撐板
支撐掀蓋

腰線確保上部
結構精確地架
在桌架上

望板插入桌腿
上的榫眼中

端拉檔插入桌
腿上的榫眼中

圓榫充當限位塊

面板和背板上做出
搭口，以容納側板

底板嵌入側板中

豎直抽屜

隔檔

抽屜導軌

拉出式撐板細節圖

斜面櫃

斜面桌
翻面桌

對現在的美國人來說，這是一種相當怪異的辦公桌。它一眼看上去很漂亮，實際上實用性很差。你不能把椅子整齊地貼靠在寫字檯面下邊；坐下時你的膝蓋會被抽屜頂住；寫字檯面僅夠放最小巧的筆記本電腦；由於尺寸設計不當，抽屜不適合用來存放文件或紙張。

即使這樣，它仍然很受歡迎。現在這種斜面櫃多作為展示性家具，其實它的歷史可以追溯到18世紀早期。當時人們可能將斜面櫃放在臥室裡，私人文件和工作文件被放在上面的分類架裡，抽屜則用來存放衣物。

斜面櫃的基本結構類似於抽屜櫃，但側板上部的前邊緣要傾斜一定的角度，以安放合上的掀蓋。掀蓋下邊緣透過鉸鏈安裝到櫃體上，掀蓋被打開後由拉出式撐板支撐。

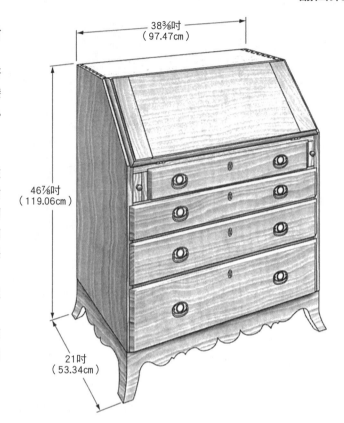

38⅜吋
（97.47cm）

46⅞吋
（119.06cm）

21吋
（53.34cm）

設計
變化

斜面櫃出現於威廉——瑪麗時代，興盛至今。不同風格的斜面櫃的區別主要在細節上——裝飾線、櫃腳的樣式等等。右圖所示的是威廉——瑪麗式斜面櫃，底座上帶有非常明顯的裝飾線，雙層凸圓形裝飾線勾勒出抽屜和掀蓋的輪廓，還帶有車旋的球形腳。齊本德爾式斜面櫃則一般採用球爪腳，並且櫃面上的雕刻比較多。現代斜面櫃基本不帶有任何裝飾。

威廉——瑪麗式斜面櫃

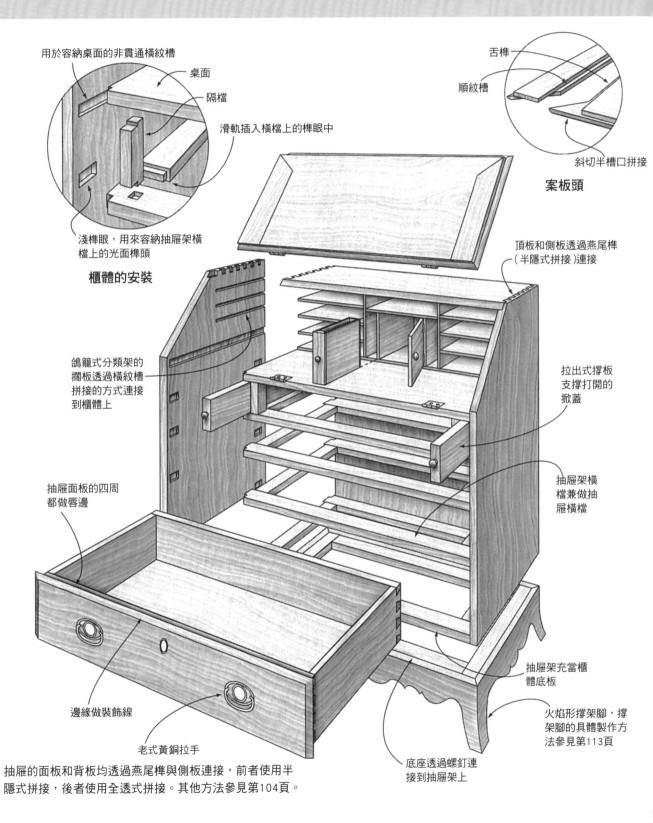

用於容納桌面的非貫通橫紋槽

桌面

隔檔

滑軌插入橫檔上的榫眼中

淺榫眼，用來容納抽屜架橫檔上的光面榫頭

櫃體的安裝

舌榫

順紋槽

斜切半槽口拼接

案板頭

頂板和側板透過燕尾榫（半隱式拼接）連接

鴿籠式分類架的擱板透過橫紋槽拼接的方式連接到櫃體上

拉出式撐板支撐打開的掀蓋

抽屜架橫檔兼做抽屜橫檔

抽屜面板的四周都做唇邊

抽屜架充當櫃體底板

邊緣做裝飾線

老式黃銅拉手

底座透過螺釘連接到抽屜架上

火焰形撐架腳，撐架腳的具體製作方法參見第113頁

抽屜的面板和背板均透過燕尾榫與側板連接，前者使用半隱式拼接，後者使用全透式拼接。其他方法參見第104頁。

下翻桌

「下翻板」其實是一扇門，鉸鏈安裝在它的下邊緣。關閉時它是豎直的，被翻開後它通常就成了一個水平的寫字檯面。下翻桌就是因為這塊板而得名的。

右圖所示的下翻桌的樣式是18世紀的。其實所謂的「桌」就是一個抽屜。在當時，這樣的抽屜常常被整合到祕書桌、書櫃、斷層式書桌，甚至是櫃上櫃裡。把抽屜拉出約一半，然後把下翻板翻開，就會露出由許多小抽屜和鴿籠式分類架組成的文具櫃。這種桌子常常帶有一些隱藏的部件。

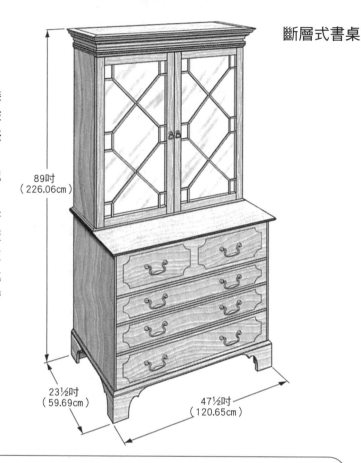

斷層式書桌

89吋
（226.06cm）

23½吋
（59.69cm）

47½吋
（120.65cm）

設計變化

下翻桌並不都是櫃子或櫥櫃裡的一個「抽屜」，有一些下翻桌的功能是單一的，寫字檯面很大，如下圖所示。

雙人桌是一種廣為人知的震顫派式書桌，可供兩個人使用。因為它是震顫派式家具，所以幾乎沒有任何裝飾，也不浮誇造作，非常實用。

帝國式書桌則是另一種情況，它帶有裝飾柱和其他新古典主義家具特有的紋飾，是一種展示性家具，同時也非常實用──帶有裝文具用的抽屜和較寬的寫字檯面。與前面介紹的斜面櫃相比，帝國式書桌儘管僅比它高1呎（30.48cm），但似乎提供了大得多的工作空間。之所以這樣可能是因為下翻板可以做得很大（與斜面櫃供書寫的掀蓋相比），並且看起來還不會很怪異，因為它關閉時是豎直的。

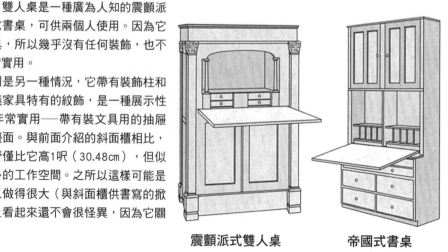

震顫派式雙人桌　　　帝國式書桌

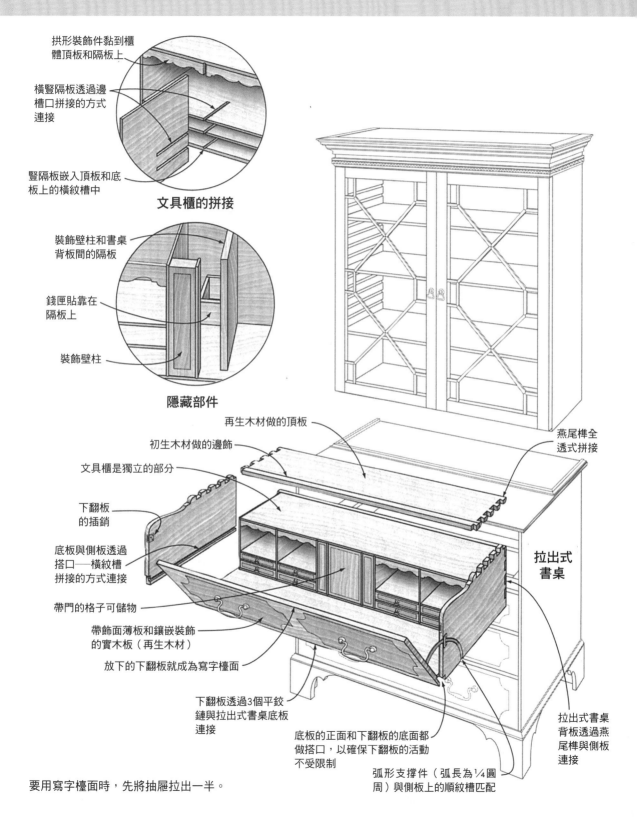

拱形裝飾件黏到櫃體頂板和隔板上

橫豎隔板透過邊槽口拼接的方式連接

豎隔板嵌入頂板和底板上的橫紋槽中

文具櫃的拼接

裝飾壁柱和書桌背板間的隔板

錢匣貼靠在隔板上

裝飾壁柱

隱藏部件

再生木材做的頂板

初生木材做的邊飾

文具櫃是獨立的部分

燕尾榫全透式拼接

下翻板的插銷

底板與側板透過搭口──橫紋槽拼接的方式連接

帶門的格子可儲物

帶飾面薄板和鑲嵌裝飾的實木板（再生木材）

放下的下翻板就成為寫字檯面

拉出式書桌

下翻板透過3個平鉸鏈與拉出式書桌底板連接

底板的正面和下翻板的底面都做搭口，以確保下翻板的活動不受限制

弧形支撐件（弧長為¼圓周）與側板上的順紋槽匹配

拉出式書桌背板透過燕尾榫與側板連接

要用寫字檯面時，先將抽屜拉出一半。

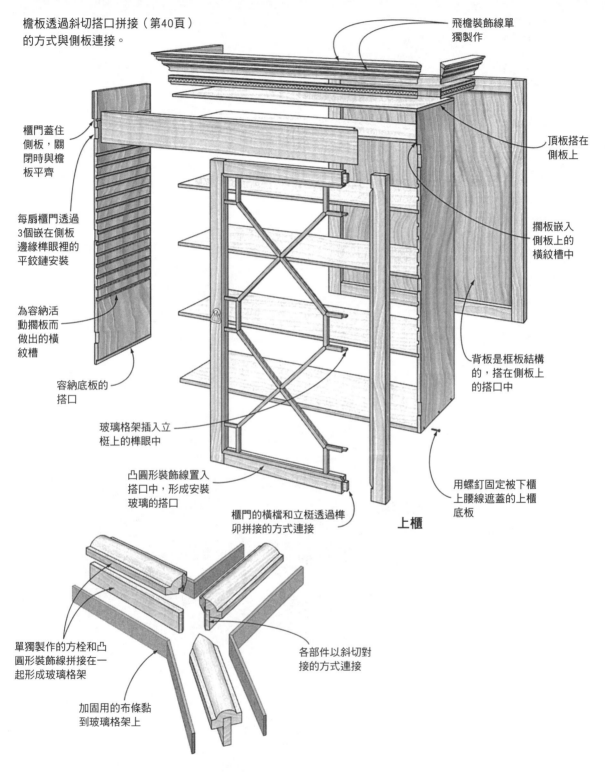

檐板透過斜切搭口拼接（第40頁）的方式與側板連接。

飛檐裝飾線單獨製作

櫃門蓋住側板，關閉時與檐板平齊

頂板搭在側板上

每扇櫃門透過3個嵌在側板邊緣榫眼裡的平鉸鏈安裝

擱板嵌入側板上的橫紋槽中

為容納活動擱板而做出的橫紋槽

背板是框板結構的，搭在側板上的搭口中

容納底板的搭口

玻璃格架插入立梃上的榫眼中

用螺釘固定被下櫃上腰線遮蓋的上櫃底板

凸圓形裝飾線置入搭口中，形成安裝玻璃的搭口

櫃門的橫檔和立梃透過榫卯拼接的方式連接

上櫃

單獨製作的方栓和凸圓形裝飾線拼接在一起形成玻璃格架

各部件以斜切對接的方式連接

加固用的布條黏到玻璃格架上

玻璃格架的拼接

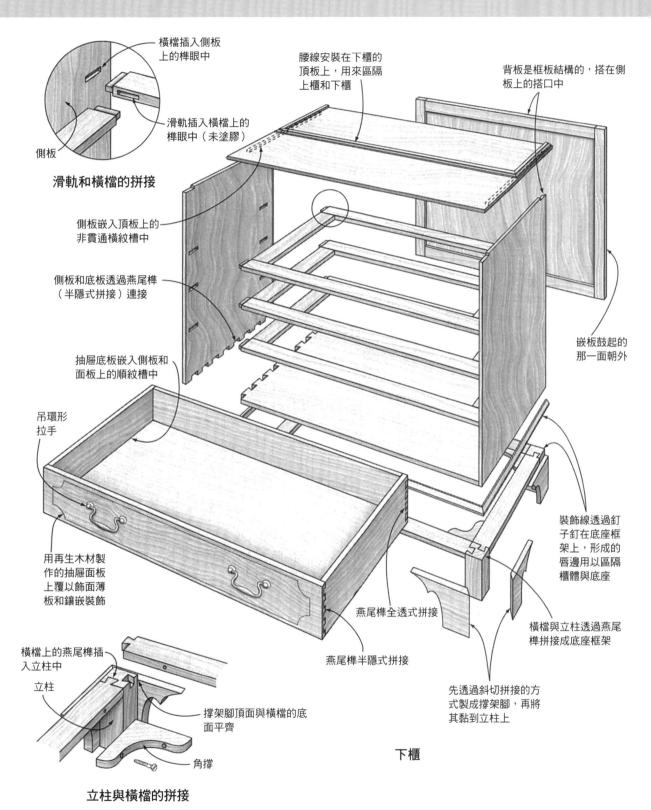

橫檔插入側板上的榫眼中

滑軌插入橫檔上的榫眼中（未塗膠）

側板

滑軌和橫檔的拼接

腰線安裝在下櫃的頂板上，用來區隔上櫃和下櫃

背板是框板結構的，搭在側板上的搭口中

側板嵌入頂板上的非貫通橫紋槽中

側板和底板透過燕尾榫（半隱式拼接）連接

抽屜底板嵌入側板和面板上的順紋槽中

嵌板鼓起的那一面朝外

吊環形拉手

用再生木材製作的抽屜面板上覆以飾面薄板和鑲嵌裝飾

燕尾榫全透式拼接

裝飾線透過釘子釘在底座框架上，形成的唇邊用以區隔櫃體與底座

橫檔與立柱透過燕尾榫拼接成底座框架

橫檔上的燕尾榫插入立柱中

立柱

燕尾榫半隱式拼接

撐架腳頂面與橫檔的底面平齊

角撐

先透過斜切拼接的方式製成撐架腳，再將其黏到立柱上

下櫃

立柱與橫檔的拼接

祕書桌

在家具的世界裡，如果一個可翻折的寫字檯面跟抽屜櫃結合，就成了書桌；而如果該書桌再跟一個書櫃結合，就成了祕書桌。將書桌和書櫃整合到一起的做法可以追溯到18世紀，那時候這種祕書桌就很常見了。

右圖所示的祕書桌很好地展示了經典的「桌上書櫃」的基本結構，但它的很多細節在設計上與眾不同且非常吸引人。

比如說下面的書桌部分裝有四個抽屜而不是三個；書桌翻板被翻開後裡面沒有文具櫃，放文具的抽屜被整合到了上面的書櫃裡；無論是被翻開還是被關上，翻板都是傾斜的。

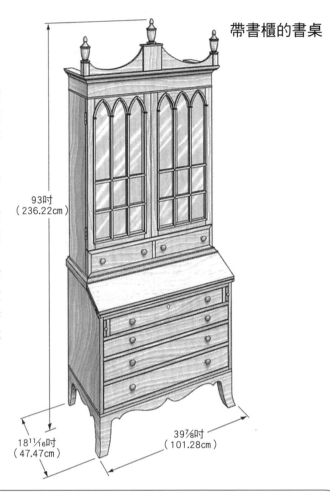

帶書櫃的書桌

93吋
（236.22cm）

18¹¹⁄₁₆吋
（47.47cm）

39⅞吋
（101.28cm）

**設計
變化**

祕書桌的變體非常多。英國人尤其喜歡繁複的樣式，英式祕書桌通常帶有浮誇的山形頂飾和尖頂飾、極富異國情調的飾面薄板和複雜的鑲嵌裝飾。

與之相反的是右圖所示的鄉村式祕書桌。與大多鄉村式家具一樣，這種祕書桌比較低調（屬於鄉村保守主義風格），任何一件高檔家具都不會這樣。圖中的祕書桌下半部分是一張簡單的斜面桌，上面的書櫃採用的是實木嵌板門，祕書桌的頂面是平整的，還安裝了一個簡單的飛檐。

下面的書桌部分比上面的書櫃部分可變化的樣式更多。大多數翻板在關閉時是傾斜的，而打開後是水平的。但傾斜的角度差別可能很大，甚至有一些翻板關閉時是豎直的。有的書桌翻板被打開後會露出複雜的抽屜和鴿籠式分類架，有的書桌翻板被打開後就只是一個簡單的寫字檯面。

摩拉維亞式祕書桌

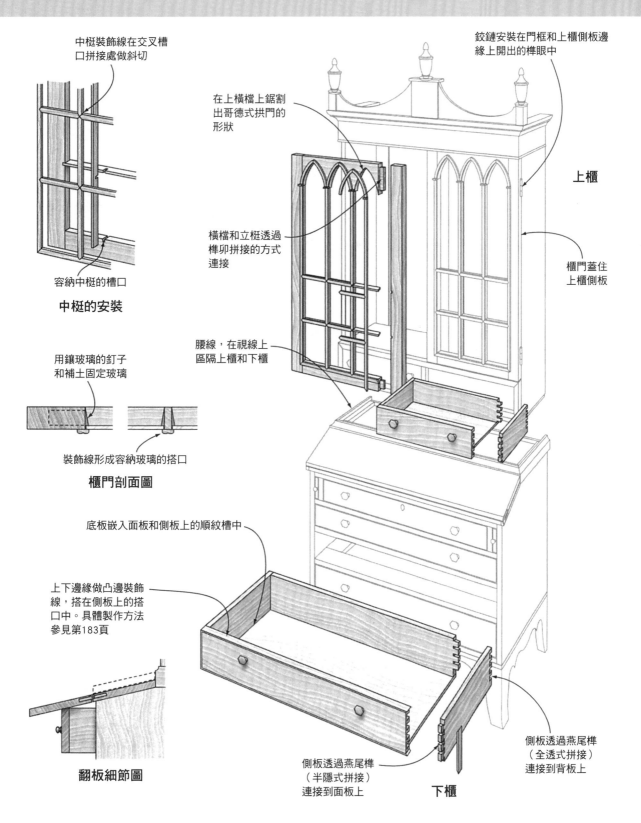

中梃裝飾線在交叉槽口拼接處做斜切

容納中梃的槽口

中梃的安裝

在上橫檔上鋸割出哥德式拱門的形狀

橫檔和立梃透過榫卯拼接的方式連接

鉸鏈安裝在門框和上櫃側板邊緣上開出的榫眼中

上櫃

櫃門蓋住上櫃側板

用鑲玻璃的釘子和補土固定玻璃

裝飾線形成容納玻璃的搭口

櫃門剖面圖

腰線，在視線上區隔上櫃和下櫃

底板嵌入面板和側板上的順紋槽中

上下邊緣做凸邊裝飾線，搭在側板上的搭口中。具體製作方法參見第183頁

翻板細節圖

側板透過燕尾榫（半隱式拼接）連接到面板上

側板透過燕尾榫（全透式拼接）連接到背板上

下櫃

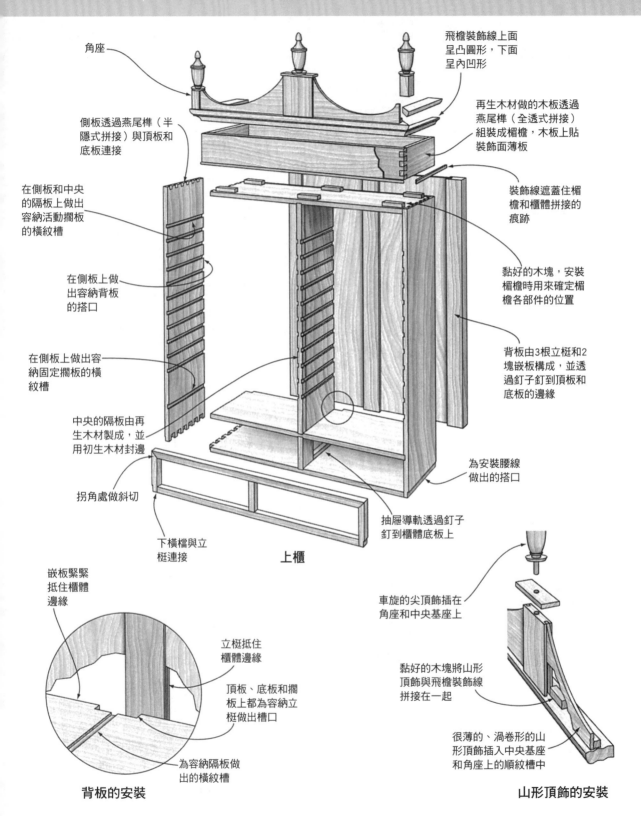

角座

飛檐裝飾線上面
呈凸圓形，下面
呈內凹形

再生木材做的木板透過
燕尾榫（全透式拼接）
組裝成楣檐，木板上貼
裝飾面薄板

側板透過燕尾榫（半
隱式拼接）與頂板和
底板連接

裝飾線遮蓋住楣
檐和櫃體拼接的
痕跡

在側板和中央
的隔板上做出
容納活動擱板
的橫紋槽

在側板上做
出容納背板
的搭口

黏好的木塊，安裝
楣檐時用來確定楣
檐各部件的位置

在側板上做出容
納固定擱板的橫
紋槽

背板由3根立梃和2
塊嵌板構成，並透
過釘子釘到頂板和
底板的邊緣

中央的隔板由再
生木材製成，並
用初生木材封邊

為安裝腰線
做出的搭口

拐角處做斜切

下橫檔與立
梃連接

抽屜導軌透過釘子
釘到櫃體底板上

上櫃

嵌板緊緊
抵住櫃體
邊緣

立梃抵住
櫃體邊緣

頂板、底板和擱
板上都為容納立
梃做出槽口

車旋的尖頂飾插在
角座和中央基座上

黏好的木塊將山形
頂飾與飛檐裝飾線
拼接在一起

為容納隔板做
出的橫紋槽

很薄的、渦卷形的山
形頂飾插入中央基座
和角座上的順紋槽中

背板的安裝

山形頂飾的安裝

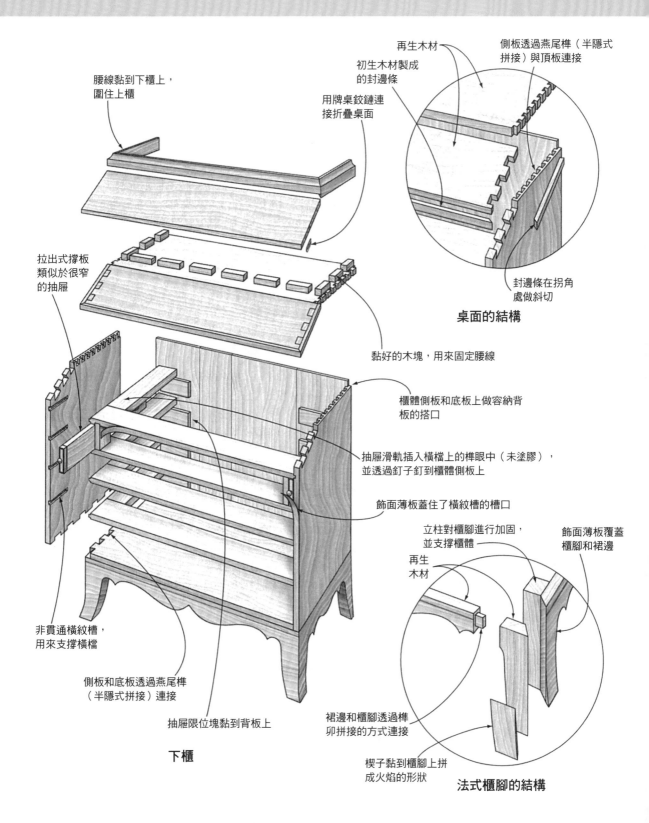

腰線黏到下櫃上，圍住上櫃

再生木材

初生木材製成的封邊條

用牌桌鉸鏈連接折疊桌面

側板透過燕尾榫（半隱式拼接）與頂板連接

封邊條在拐角處做斜切

桌面的結構

拉出式撐板類似於很窄的抽屜

黏好的木塊，用來固定腰線

櫃體側板和底板上做容納背板的搭口

抽屜滑軌插入橫檔上的榫眼中（未塗膠），並透過釘子釘到櫃體側板上

飾面薄板蓋住了橫紋槽的槽口

立柱對櫃腳進行加固，並支撐櫃體

再生木材

飾面薄板覆蓋櫃腳和裙邊

非貫通橫紋槽，用來支撐橫檔

側板和底板透過燕尾榫（半隱式拼接）連接

抽屜限位塊黏到背板上

下櫃

裙邊和櫃腳透過榫卯拼接的方式連接

楔子黏到櫃腳上拼成火焰的形狀

法式櫃腳的結構

容膝桌

容膝桌是幾種基本家具結構的混合體。右圖所示的容膝桌由兩個抽屜櫃充當支柱，支撐起一張桌面。兩根「支柱」通常是用最上層抽屜的上下橫檔連接的。容膝洞上方裝的是一個淺抽屜。通常情況下，我們還會在與使用者位置相對的另一頭安裝一塊嵌板，用來封閉容膝洞。

用兩個28吋（71.12cm）高的文件櫃做支柱，一扇平板門做桌面，然後將它們簡單地拼接在一起，就可以做出一張粗陋的容膝桌，實用性強且非常耐用。為適應當今辦公室的辦公條件，容膝桌上一般還會安裝一個拉出式鍵盤架。右圖所示的容膝桌顯然不是簡單拼接而成的，它的桌面是用硬木膠合板製作的，並且配有鑲嵌裝飾和實木封邊，由兩個安裝在撐架底座上的抽屜櫃支撐。除了小抽屜之外，每個抽屜櫃還各帶一個文件抽屜，這個文件抽屜由專門

設計的、承重能力強且裝有滾輪軸承的、雙倍伸展的滑軌支撐。容膝洞上方還裝有一個抽屜。

這麼大的容膝桌應該做成可拆卸的樣式，以便於人們搬動。

設計變化

除了風格可以變化之外，容膝桌在尺寸上的變化也非常大，從巨無霸型的銀行老闆專用辦公桌，到迷你型的僅夠寫「感謝便條」的家用書桌，各種尺寸俱全。有些小型容膝桌僅有一根支柱，桌子另一端的支柱用兩條桌腿代替。少數情況下，像下圖所示的鼓面容膝桌，容膝洞更多的是象徵性的，而不是實用性的。

一張書桌的預期用途從抽屜的尺寸上就能看出來，正規的工作用書桌通常至少會在一側充當支柱的抽屜櫃上裝有文件抽屜。有的經理桌配有專門放酒瓶和酒杯的抽屜。寫信用的書桌可能裝有一個專門設計來放置成套文具托盤的抽屜。

大多數容膝桌在容膝洞上方都裝有一個淺抽屜，在抽屜裡緊挨抽屜面板處還常常裝有一個放筆的托盤。

經理桌

鼓面容膝桌

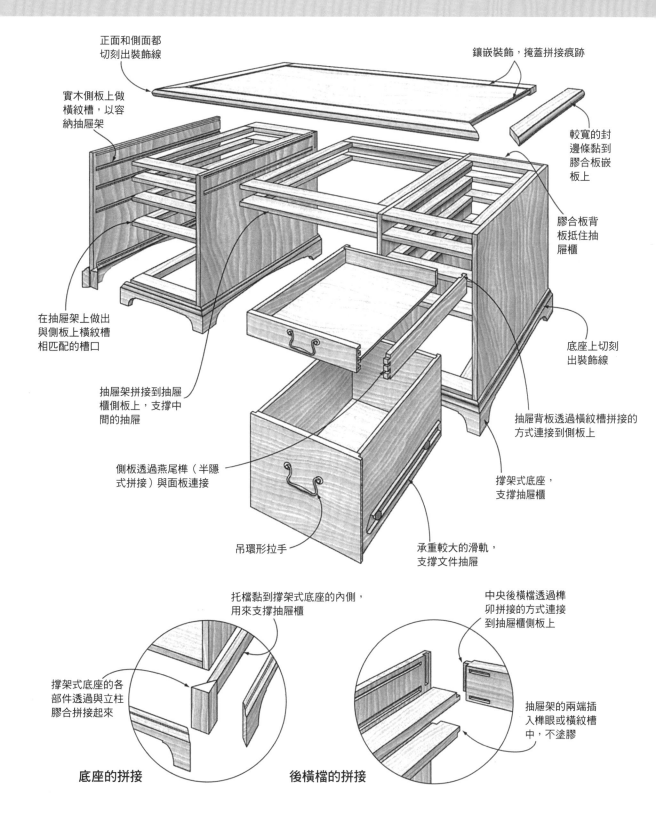

正面和側面都切刻出裝飾線

鑲嵌裝飾，掩蓋拼接痕跡

實木側板上做橫紋槽，以容納抽屜架

較寬的封邊條黏到膠合板嵌板上

膠合板背板抵住抽屜櫃

在抽屜架上做出與側板上橫紋槽相匹配的槽口

底座上切刻出裝飾線

抽屜架拼接到抽屜櫃側板上，支撐中間的抽屜

側板透過燕尾榫（半隱式拼接）與面板連接

抽屜背板透過橫紋槽拼接的方式連接到側板上

撐架式底座，支撐抽屜櫃

吊環形拉手

承重較大的滑軌，支撐文件抽屜

托檔黏到撐架式底座的內側，用來支撐抽屜櫃

中央後橫檔透過榫卯拼接的方式連接到抽屜櫃側板上

撐架式底座的各部件透過與立柱膠合拼接起來

抽屜架的兩端插入榫眼或橫紋槽中，不塗膠

底座的拼接

後橫檔的拼接

達文波特桌

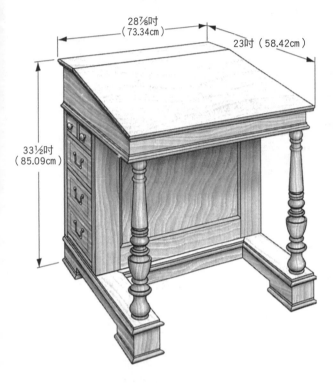

28⅞吋
（73.34cm）

23吋（58.42cm）

33½吋
（85.09cm）

正面一樣做了表面修飾處理，所以人們可以將它放在房間的中央。

左圖所示的是19世紀中期達文波特桌的樣式。那時這種桌子的特點是用具有異國情調的飾面薄板做複雜的裝飾，左圖所示的桌子也是如此。

設計變化　達文波特桌的固有樣式似乎會限制設計者的思維，但實際上並非如此。一些早期達文波特桌的設計者極其聰明，設計出了隱祕的小格子、擺出式抽屜、由隱蔽的機關控制的可升起來的鴿籠式分類架等等。

下面左圖所示的桌子的箱體部分帶有比上圖所示的桌子更為精緻的裝飾。寫字檯面更傾斜，鑲嵌裝飾線在寫字檯面上形成了一個方框，桌面上設有圍沿，這種圍沿在達文波特桌上比較常見。因為桌子箱體部分向外探出的不多，所以黏在下方櫃子上的半身柱可以支撐起整張桌子。

下面右圖所示的達文波特桌裝飾得更華麗。上方箱體部分邊沿呈蛇形，用渦卷形的立柱代替了車旋或漸細的立柱。這種桌子還配有滾輪，移動起來很方便。

第一張這樣的桌子誕生於18世紀晚期的倫敦，顧客是達文波特船長，貌似當時他想要一張適合放在他狹小的輪船駕駛室裡的小型桌。然後他就拿到了圖中所示的這種桌子，後來人們就以他的名字來稱呼這種桌子。故事是這樣講的，但是否是真人真事我們無從得知。

達文波特桌比較小，上部是桌面傾斜的箱體，有的箱體放在一個抽屜櫃上，有的則放在一個櫥櫃上。櫥櫃或抽屜從兩側都可以打開，但從正面不能。上方的箱體超出櫥櫃或抽屜櫃的部分用立柱支撐，由此形成的容膝洞十分小，不能給人腿腳留下足夠的活動空間。

這種桌子雖然結構緊湊，但好像並不適合放在狹小的輪船駕駛室裡，因為如果想要打開抽屜，桌子兩側必須留有足夠的空間。因為這種桌子的背面也跟

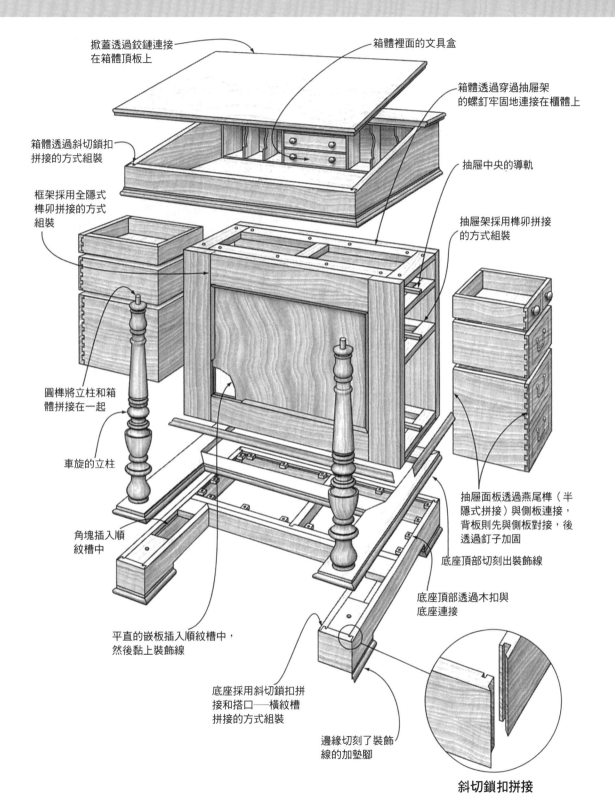

掀蓋透過鉸鏈連接在箱體頂板上

箱體裡面的文具盒

箱體透過穿過抽屜架的螺釘牢固地連接在櫃體上

箱體透過斜切鎖扣拼接的方式組裝

框架採用全隱式榫卯拼接的方式組裝

圓榫將立柱和箱體拼接在一起

車旋的立柱

角塊插入順紋槽中

抽屜中央的導軌

抽屜架採用榫卯拼接的方式組裝

抽屜面板透過燕尾榫（半隱式拼接）與側板連接，背板則先與側板對接，後透過釘子加固

底座頂部切刻出裝飾線

底座頂部透過木扣與底座連接

平直的嵌板插入順紋槽中，然後黏上裝飾線

底座採用斜切鎖扣拼接和搭口──橫紋槽拼接的方式組裝

邊緣切刻了裝飾線的加墊腳

斜切鎖扣拼接

卷頂桌

　　能夠隱藏桌面上的文件而又不弄亂它們，這就是卷頂桌的優勢，除非桌面上的文件已經被擺得太高。把木簾拉下來就可以掩蓋桌上的各種東西、帳單、文件、信件、咖啡杯、計算器和帳本等。當你再次把木簾拉開的時候，所有的物品還原封不動地在那裡（當然，這可能是好事，也可能不是）。

　　美式卷頂桌的創意來自阿布納‧卡特勒，他還申請了專利。在19世紀50年代，卡特勒綜合當時已有的一些設計元素，自創了一種雙支柱桌（通常叫作容膝桌），這種雙支柱桌上還裝有木簾，木簾被拉下來以後可以完全遮蓋寫字檯面和鴿籠式分類架。

　　木簾由平直的或切刻有裝飾線的木條組裝而成，木條邊對邊排好以後，再用膠水黏到一個結實且柔韌性很強的襯墊上，襯墊通常是帆布的。組裝時將木簾木條的兩端插入卷頂架側板上刻出的順紋槽裡。當拉動木簾打開桌子的時候，木簾向上運動，然後落到鴿籠式分類架的後面。除了能夠掩蓋桌面的雜亂，安裝木簾也有利於物品安全——在木簾上裝鎖就行了。

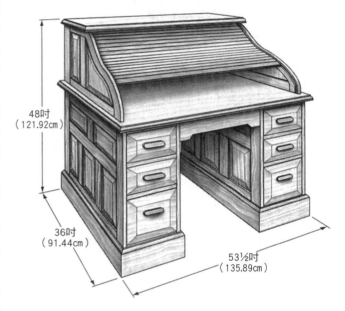

48吋
（121.92cm）

36吋
（91.44cm）

53½吋
（135.89cm）

設計變化

　　卡特勒式卷頂桌可以從聯邦式捲簾桌一直追溯到法式圓筒桌。法式圓筒桌最早出現於18世紀初期，使用的是一種弧狀的硬質蓋板，這也是圓筒桌的由來，這種蓋板可以向後轉動，使桌子的寫字檯面暴露出來。很快，笨重的弧狀蓋板就被木簾取代了。在最初的設計中，木簾只可以水平移動，蓋住文具盒。謝拉頓和赫普爾懷特設計出了可豎直移動的木簾，但仍然不能完全蓋住寫字檯面。右圖所示的赫普爾懷特式卷頂桌帶有一個拉出式寫字檯面。

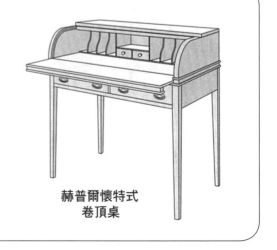

**赫普爾懷特式
卷頂桌**

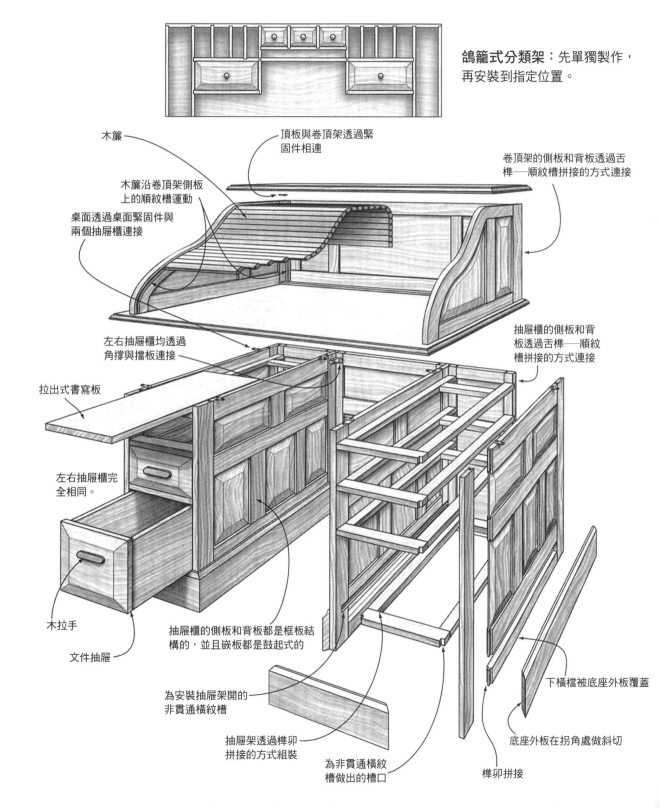

鴿籠式分類架：先單獨製作，再安裝到指定位置。

木簾

頂板與卷頂架透過緊固件相連

卷頂架的側板和背板透過舌榫——順紋槽拼接的方式連接

木簾沿卷頂架側板上的順紋槽運動

桌面透過桌面緊固件與兩個抽屜櫃連接

抽屜櫃的側板和背板透過舌榫——順紋槽拼接的方式連接

左右抽屜櫃均透過角撐與擋板連接

拉出式書寫板

左右抽屜櫃完全相同。

木拉手

文件抽屜

抽屜櫃的側板和背板都是框板結構的，並且嵌板都是鼓起式的

為安裝抽屜架開的非貫通橫紋槽

抽屜架透過榫卯拼接的方式組裝

為非貫通橫紋槽做出的槽口

下橫檔被底座外板覆蓋

底座外板在拐角處做斜切

榫卯拼接

電腦桌

電腦不僅改變了人們的工作方式，也改變了辦公室和辦公桌的樣式。電腦桌既要能夠擺放電腦這個數字化的「獨裁者」，也要與傳統辦公桌的外觀相似。

可以把電腦的主機和一台小型印表機或者傳真機放在辦公桌左邊的櫃子裡，從而將它們隱藏起來。可以從市面上買到專門的導線孔和格柵，這樣安裝電腦所必需的通風孔和電纜導孔製作起來就很容易了。將物品放在抽屜裡，並且在支柱背面安裝一扇櫃門，這些都會使取用物品更為方便。

右邊的抽屜櫃上裝有兩個文件抽屜，電腦顯示器直接放在特製的桌面上，鍵盤架則安裝在左右櫃子之間。

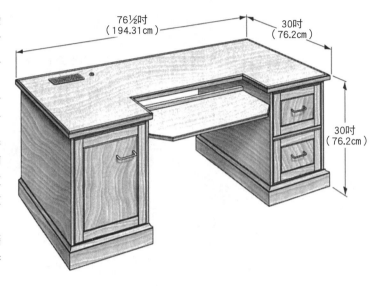

76½吋
（194.31cm）

30吋
（76.2cm）

30吋
（76.2cm）

設計
變化

從上圖所示的電腦桌我們可以看出，傳統的辦公桌被整改後就能用來放電腦。從下面展示的單支柱辦公桌我們知道，即使只是一張小辦公桌，也能用來放置功能強大的電腦。主機和印表機或傳真機可以放在左邊的櫃子裡，桌面的另一端則用桌腿——望板結構支撐。拉出式擱板可用來放置鍵盤和滑鼠。

計算機時代出現的帶書櫃的書桌使用了現代材料和快速便捷的拼接方式，效果還不錯。這種書桌提供了放書本和文件的空間，但電腦硬體是露在外邊的。在容膝洞處設置了一塊用來放主機的擱板和一個拉出式鍵盤架。電腦的顯示器被放在桌面上，也就是鍵盤的上方。

單支柱辦公桌

帶書櫃的書桌

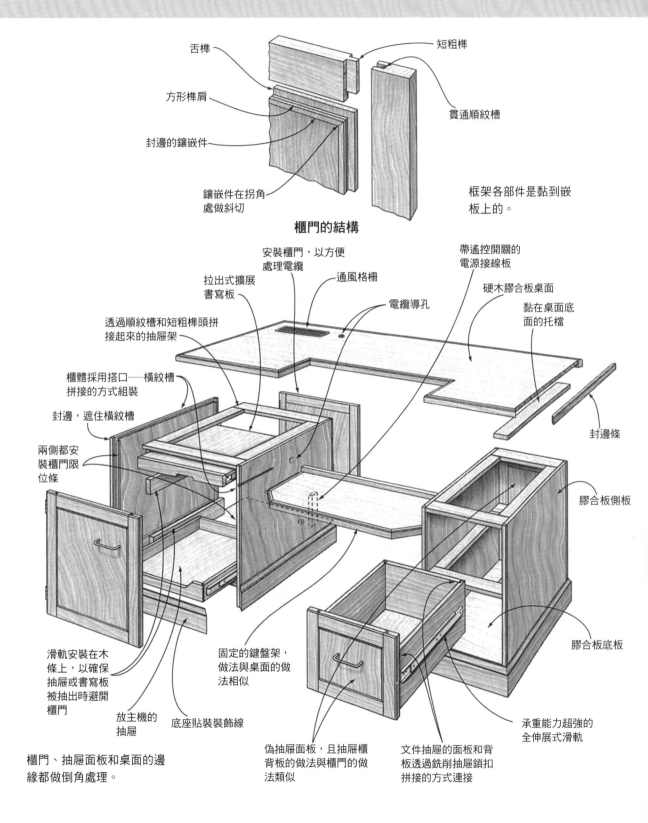

舌榫

短粗榫

方形榫肩

封邊的鑲嵌件

貫通順紋槽

鑲嵌件在拐角處做斜切

框架各部件是黏到嵌板上的。

櫃門的結構

安裝櫃門，以方便處理電纜

帶遙控開關的電源接線板

拉出式擴展書寫板

通風格柵

硬木膠合板桌面

電纜導孔

透過順紋槽和短粗榫頭拼接起來的抽屜架

黏在桌面底面的托檔

櫃體採用搭口──橫紋槽拼接的方式組裝

封邊，遮住橫紋槽

封邊條

兩側都安裝櫃門限位條

膠合板側板

滑軌安裝在木條上，以確保抽屜或書寫板被抽出時避開櫃門

固定的鍵盤架，做法與桌面的做法相似

膠合板底板

放主機的抽屜

底座貼裝裝飾線

偽抽屜面板，且抽屜櫃背板的做法與櫃門的做法類似

文件抽屜的面板和背板透過銑削抽屜鎖扣拼接的方式連接

承重能力超強的全伸展式滑軌

櫃門、抽屜面板和桌面的邊緣都做倒角處理。

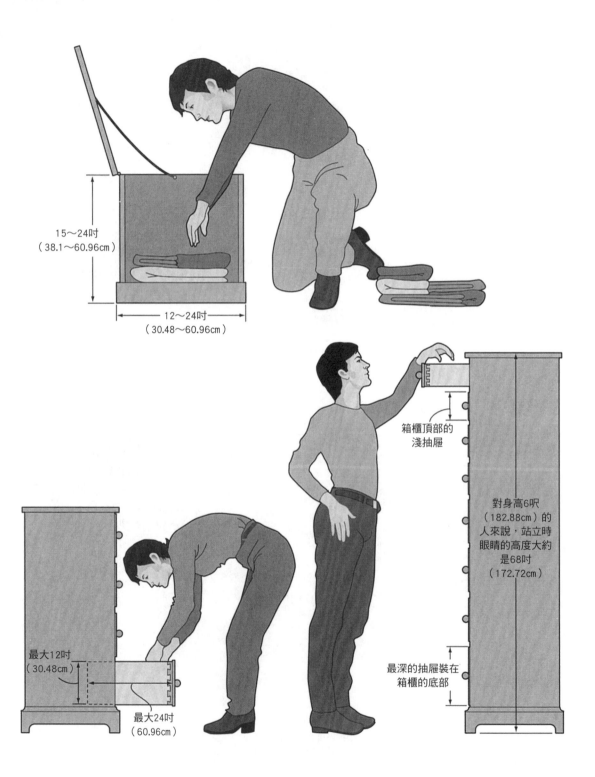

15～24吋
（38.1～60.96cm）

12～24吋
（30.48～60.96cm）

箱櫃頂部的
淺抽屜

對身高6呎
（182.88cm）的
人來說，站立時
眼睛的高度大約
是68吋
（172.72cm）

最大12吋
（30.48cm）

最大24吋
（60.96cm）

最深的抽屜裝在
箱櫃的底部

箱　櫃

箱櫃看起來很漂亮，可被當成一件藝術品，但其功能卻很有限：只能儲物。

毯箱：這是掀蓋箱最基本的形式，它的分類功能是最差的：物品要麼被放在箱子裡，要麼不是。要取出放在箱底的一床床罩或者一條毛毯，你得單膝著地，老老實實地把箱子裡的每件東西都翻出來才行。

不同的掀蓋箱尺寸相差很大，製作時，過長或過短一般都不成問題，但過寬和過深就會出問題。掀蓋箱的寬度應在12～24吋（30.48～60.96cm），深度在15～24吋（38.1～60.96cm），長度則一般在30～60吋（76.2～152.4cm）。

抽屜櫃：在櫃子上安裝抽屜可以解決很多物品拿取和整理的問題。製作抽屜櫃的關鍵在於要同時規劃好抽屜和櫃子的尺寸，以便於人們整理物品，當然也便於人們使用。

這裡有一些常識：大抽屜裝在櫃底，小抽屜裝在櫃頂；抽屜不要做得太大以至於不易抽拉（現代的五金件已經使抽屜的尺寸盡可能地增大了）；抽屜不要裝得太高以至於人們無法看到抽屜內部；一個櫃子上的抽屜不要太多，防止你記不住每個抽屜裡都放了些什麼。

為了使做出來的抽屜櫃能滿足盡可能多的人的需求，最大的抽屜高度不要超過12吋（30.48cm），深度不要超過24吋（60.96cm），寬度則最好不要超過48吋（121.92cm）。其實實際容許的抽屜尺寸變化的範圍是比較大的。

櫃上櫃：這種家具強調了「最高抽屜」規則，從櫃上櫃的尺寸我們就能知道為什麼它通常被看作男士家具。櫃上櫃高72～84吋（182.88～213.36cm），因此，不及櫃上櫃高的人站立時眼睛都沒有最高抽屜高。櫃上櫃的寬度在36～48吋（91.44～121.92cm），對體型較小的人來說，這麼寬的抽屜不易操控。櫃上櫃應深18～24吋（45.72～60.96cm）。

梳妝臺：作為置於臥室的家具，這種低矮且較寬的抽屜櫃常常被看作女士家具。它的高度通常在29～34吋（73.66～86.36cm），因此所有的抽屜都在成年人的視線範圍內。梳妝臺並排安裝了多個抽屜，這樣一來，每個抽屜不至於過寬而造成人們使用不便，即使整個櫃子長達72吋（182.88cm）。

六板箱

不同的六板箱在尺寸、製作方法、外觀和使用方法等方面差別很大，但結構是一致的。從結構上來說，它其實就是一個帶蓋的盒子，功能就是儲物。六板箱有可能是最古老的家具。

六板箱的名稱來源於製作時所需板材的數量。雖然有的箱子確實就是嚴格用六塊木板做成的，但在外觀上它們跟右圖所示的這種樣式更複雜的六板箱極為相似。

六板箱的內部沒有分隔，想要找到某個特定的物品，使用者可能需要翻遍整個箱子，而且必須先把箱蓋上堆放的物品移走。因此，這種箱子常用來存放長期不用的東西。

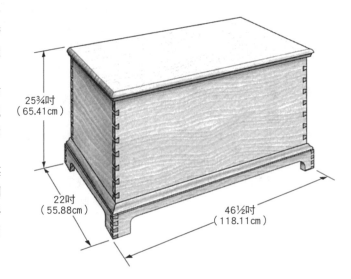

25¾吋
（65.41cm）

22吋
（55.88cm）

46½吋
（118.11cm）

設計變化

儘管結構簡單，但六板箱其實是一種非常有趣的家具，因為它有無窮的變化形式，這裡只展示了其中的三種。早期六板箱側板的紋理方向與面板和背板相垂直，而且側板下端延長至底板以下形成箱腳。腳箱有蘿蔔形箱腳、粗大的燕尾榫和木鉸鏈。無底座箱結構簡單，有底座裝飾線，沒有箱腳。

箱子底板直接接觸地面

無底座箱

木鉸鏈

兩端延長至底板以下

蘿蔔形箱腳

對接（紋理交叉），用釘子加固

早期六板箱

燕尾榫，用釘子加固

腳箱

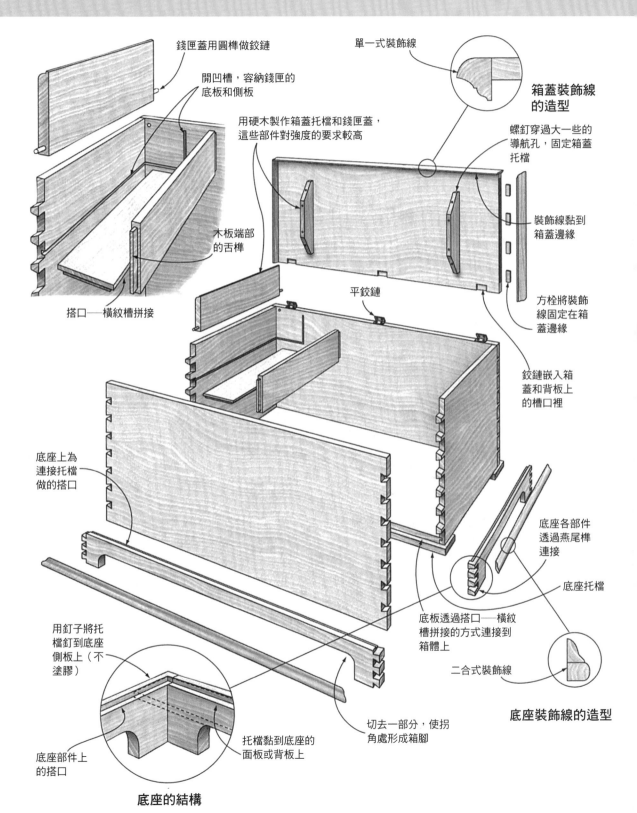

錢匣蓋用圓榫做鉸鏈

單一式裝飾線

開凹槽，容納錢匣的底板和側板

箱蓋裝飾線的造型

用硬木製作箱蓋托檔和錢匣蓋，這些部件對強度的要求較高

螺釘穿過大一些的導航孔，固定箱蓋托檔

木板端部的舌榫

裝飾線黏到箱蓋邊緣

搭口──橫紋槽拼接

平鉸鏈

方栓將裝飾線固定在箱蓋邊緣

鉸鏈嵌入箱蓋和背板上的槽口裡

底座上為連接托檔做的搭口

底座各部件透過燕尾榫連接

底座托檔

用釘子將托檔釘到底座側板上（不塗膠）

底板透過搭口──橫紋槽拼接的方式連接到箱體上

二合式裝飾線

底座部件上的搭口

托檔黏到底座的面板或背板上

切去一部分，使拐角處形成箱腳

底座裝飾線的造型

底座的結構

騾箱

嫁妝箱
毯箱

當抽屜被安裝到六板箱上的時候，根據各種不同設計樣式和製作方法做成的「大雜燴」就出現了。你可以仔細研究幾種傳統的箱櫃，這有助於你更好地設計和製作出你自己的作品。

我們熟悉的毯箱是一種大致齊膝的掀蓋箱，若在它上方（緊貼底座）安裝兩三個淺抽屜，它就成了一種賓夕法尼亞德式箱子。右圖所示的箱子僅是其中的一種。

源於新英格蘭的箱子通常是真正的騾箱，一種掀蓋箱和抽屜櫃的雜交品種（就像騾子是馬和驢雜交而生的一樣）。有的騾箱的尺寸比例與毯箱相近，只有一個抽屜。大多數騾箱比毯箱高得多，裝有兩三個深抽屜，抽屜上面是一個加蓋的箱體。有的騾箱正面安裝了模仿抽屜外觀的裝飾線。

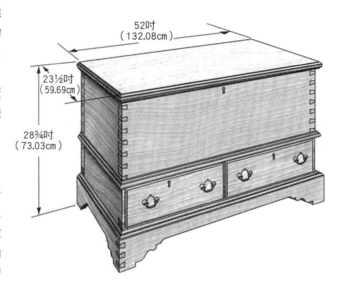

52吋
（132.08cm）

23½吋
（59.69cm）

28¾吋
（73.03cm）

設計變化

這裡展示的是三個不同風格的箱子，它們體現了同一種家具的不同製作方法。它們的尺寸和比例不同，抽屜的大小和數量也不同。賓夕法尼亞德式嫁妝箱是今天毯箱的原型，而新英格蘭式騾箱後來演變成了抽屜櫃。

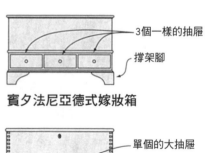

3個一樣的抽屜

撐架腳

賓夕法尼亞德式嫁妝箱

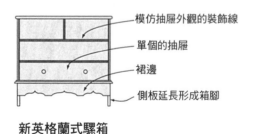

模仿抽屜外觀的裝飾線

單個的抽屜

裙邊

側板延長形成箱腳

新英格蘭式騾箱

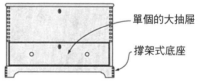

單個的大抽屜

撐架式底座

帶抽屜的震顫派式掀蓋箱

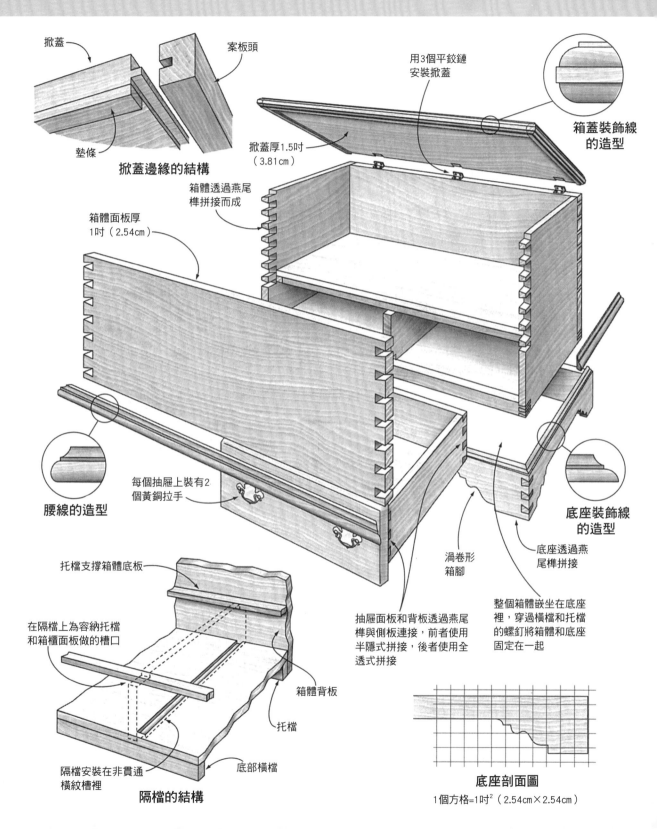

掀蓋

案板頭

墊條

掀蓋邊緣的結構

用3個平鉸鏈
安裝掀蓋

箱蓋裝飾線
的造型

掀蓋厚1.5吋
（3.81cm）

箱體透過燕尾
榫拼接而成

箱體面板厚
1吋（2.54cm）

腰線的造型

每個抽屜上裝有2
個黃銅拉手

底座裝飾線
的造型

底座透過燕
尾榫拼接

渦卷形
箱腳

整個箱體嵌坐在底座
裡，穿過橫檔和托檔
的螺釘將箱體和底座
固定在一起

托檔支撐箱體底板

在隔檔上為容納托檔
和箱櫃面板做的槽口

箱體背板

托檔

抽屜面板和背板透過燕尾
榫與側板連接，前者使用
半隱式拼接，後者使用全
透式拼接

隔檔安裝在非貫通
橫紋槽裡

底部橫檔

隔檔的結構

底座剖面圖

1個方格=1吋²（2.54cm×2.54cm）

框板箱

這種箱櫃的面板、背板和側板都是單獨製作的框板結構。為了使框板箱看上去更靈動,設計者在面板上添加了拱形頂的設計元素。

在大多數情況下,採用框板結構的目的是將木材形變的影響減到最小。但如果你閱讀了第226頁「六板箱」的相關內容,你會發現木材形變幾乎不會對六板箱造成任何影響,所以採用框板結構是出於美學方面的考慮。當然,框板結構製作起來更費工夫。

箱體面板、背板和側板透過搭口拼接的方式連接,它們連接好後形成的箱體被安裝在底座上,成為一個無蓋的盒子或箱子,這與六板箱的製作步驟是完全一樣的。

從有拱形頂圖樣的嵌板、有凹槽紋飾的立梃等,我們可以看出在這裡框板結構的美學潛能被充分地發掘了。嵌板的這種特殊樣式決定了它自身的拼接方式——嵌在搭口裡,外面再貼裝四分圓形裝飾線以對其進行加固。

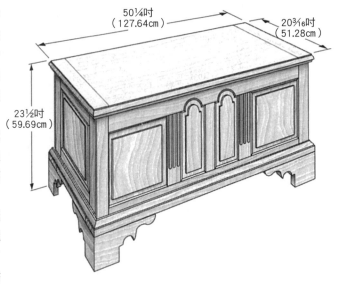

50¼吋
(127.64cm)

20³⁄₁₆吋
(51.28cm)

23½吋
(59.69cm)

設計
變化

不同的家具製作者採用不同的方法創造了很多樣式的框板結構。正如這裡所展示的,嵌板的樣式、比例和布局可以發生變化。這裡只有一個箱子整體採用的是框板結構,而另外兩個有選擇地使用了實木板。底座可以是櫃體的延伸,也可以是一個完全獨立的部件。

現代框板箱

側板為實木板的
框板箱

透過燕尾榫拼接
的框板箱

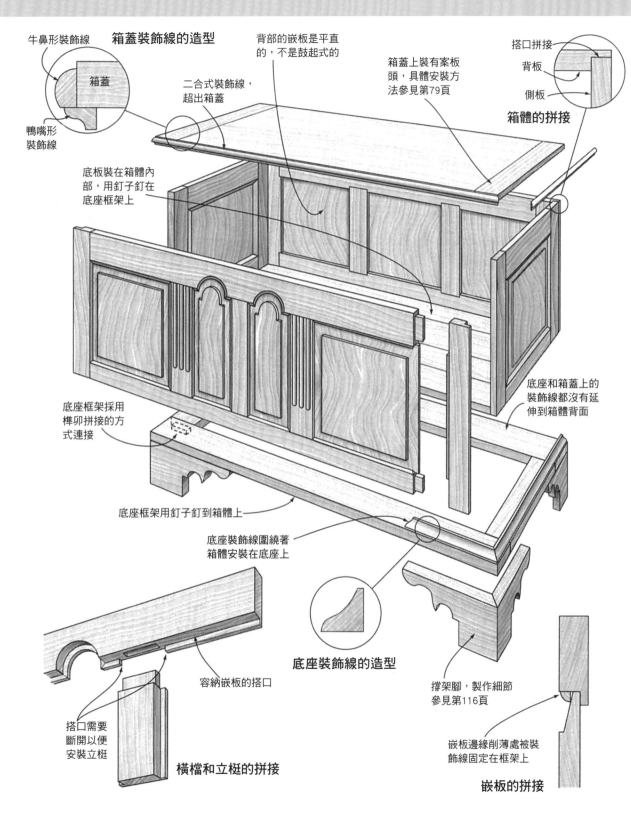

牛鼻形裝飾線

箱蓋裝飾線的造型

箱蓋

鴨嘴形裝飾線

二合式裝飾線，超出箱蓋

背部的嵌板是平直的，不是鼓起式的

箱蓋上裝有案板頭，具體安裝方法參見第79頁

搭口拼接

背板

側板

箱體的拼接

底板裝在箱體內部，用釘子釘在底座框架上

底座框架採用榫卯拼接的方式連接

底座和箱蓋上的裝飾線都沒有延伸到箱體背面

底座框架用釘子釘到箱體上

底座裝飾線圍繞著箱體安裝在底座上

容納嵌板的搭口

底座裝飾線的造型

撐架腳，製作細節參見第116頁

搭口需要斷開以便安裝立梃

橫檔和立梃的拼接

嵌板邊緣削薄處被裝飾線固定在框架上

嵌板的拼接

立柱——嵌板箱

就用途而言，右圖所示的這種哥德式箱子與大多數毯箱並無區別，它們的區別主要在結構上。前者採用的是立柱——嵌板結構，而不是人們熟悉的六板箱的結構。

採用立柱——嵌板結構本來是為了應對木材的形變。用較寬的木板製作出來的箱子可能出現明顯的膨脹和收縮的現象，但其實並沒有太大的實際影響。隨著季節的變化，箱子的高度可能出現輕微的變化，但六板箱並沒有受力較大的紋理交叉的拼接。會因木材形變而造成影響的，是那些帶有抽屜或平板門的箱子。右圖所示的這個立柱——嵌板箱的製作者顯然更關心家具的外觀，而不是木材的形變問題。儘管它看起來比六板箱更有特色，但很多拼接是交叉紋理的，特別是在嵌板上安裝裝飾線的時候。最好的方法是用釘子將裝飾線和三角形角塊釘到嵌板上。用釘子拼接一般要比用膠水拼接更好。

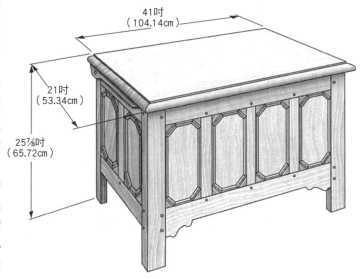

41吋
（104.14cm）

21吋
（53.34cm）

25⅞吋
（65.72cm）

製作立柱——嵌板箱要比製作六板箱更具挑戰性。前者嵌板和裝飾線的安裝採用的都是榫卯拼接的方式，沒有使用燕尾榫。

設計變化

下圖所示的僅僅是立柱——嵌板箱多種變體中的三種。傳統的嵌板鼓起的箱子面板由兩塊嵌板構成，立柱上車旋出了箱腳。第二種是一個沒有任何裝飾、採用平直嵌板的箱子，從這種箱子我們可以看出箱子比例改變對外觀造成的影響。現代箱子箱腿的樣式變化很大，適合被直接放在地板上，這種箱子立梃的位置也與傳統箱子不一樣。

傳統的嵌板鼓起的箱子

嵌板平直的箱子

現代箱子

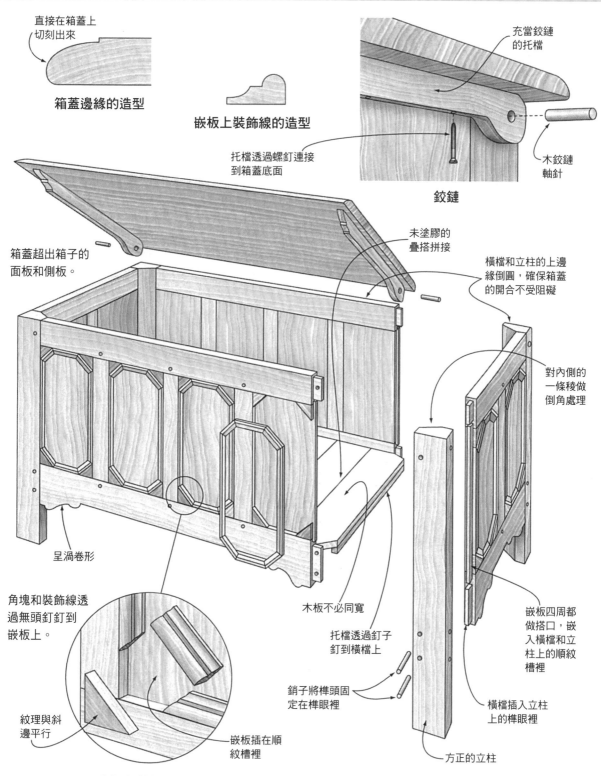

直接在箱蓋上
切刻出來

箱蓋邊緣的造型

嵌板上裝飾線的造型

充當鉸鏈
的托檔

托檔透過螺釘連接
到箱蓋底面

木鉸鏈
軸針

鉸鏈

未塗膠的
疊搭拼接

橫檔和立柱的上邊
緣倒圓，確保箱蓋
的開合不受阻礙

箱蓋超出箱子的
面板和側板。

對內側的
一條稜做
倒角處理

呈渦卷形

角塊和裝飾線透
過無頭釘釘到
嵌板上。

木板不必同寬

托檔透過釘子
釘到橫檔上

嵌板四周都
做搭口，嵌
入橫檔和立
柱上的順紋
槽裡

銷子將榫頭固
定在榫眼裡

紋理與斜
邊平行

嵌板插在順
紋槽裡

橫檔插入立柱
上的榫眼裡

方正的立柱

嵌板上裝飾線的安裝

抽屜櫃

裝有抽屜的櫃體是很多家具的基礎。在抽屜櫃的基礎上發展出了梳妝臺、臥室抽屜櫃、高櫃、櫃上櫃、辦公桌、祕書桌、文件櫃、廚櫃、床品櫃等帶有多個抽屜的家具。其實它們本質上都是抽屜櫃。

儘管變化形式很多，但不管歲月如何流逝，但凡能被稱為「抽屜櫃」的家具，其結構都令人吃驚地保持著穩定。看一看右圖，抽屜櫃基本就是這個樣子的！抽屜櫃基本都是高約3.5呎（106.68cm），寬約3～3.5呎（91.44～106.68cm）的，帶有3～4個全寬的抽屜，在這些全寬的抽屜上面常常還有兩個半寬的抽屜。抽屜櫃的頂板僅略微超出它的面板和側板，有的底座或櫃腳將櫃體抬離地面約0.5呎（15.24cm）。

右圖所示的抽屜櫃是震顫派式或鄉村式的，不帶有任何時髦的裝飾。它吸引人的地方主要在於協調的比例和精湛的製作工藝。

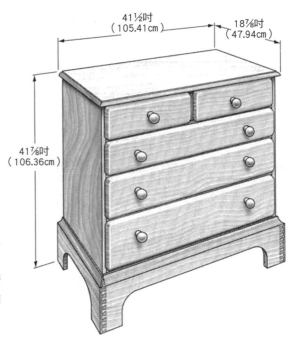

41½吋（105.41cm）

18⅞吋（47.94cm）

41⅞吋（106.36cm）

★ 設計變化

下圖僅僅展示了抽屜櫃多種變體中的三種。這三種抽屜櫃的尺寸大體與前文介紹的是一樣的，細節處略有不同。安妮女王式抽屜櫃採用的是撐架腳，裝有仿古的吊環形拉手、遮住鑰匙孔的鎖眼蓋，底板四周和頂板下邊緣飾有裝飾線。聯邦式抽屜櫃的抽屜是全寬的，櫃子採用的是法式櫃腳，頂板邊緣飾有裝飾線，抽屜上裝的是帶有墊板的橢圓的吊環形拉手和小鎖眼蓋。威廉——瑪麗式抽屜櫃裝有立柱腿和較重的底座裝飾線，頂板和抽屜四周飾有裝飾線，抽屜上裝的是淚滴形拉手。

安妮女王式抽屜櫃

聯邦式抽屜櫃

威廉——瑪麗式抽屜櫃

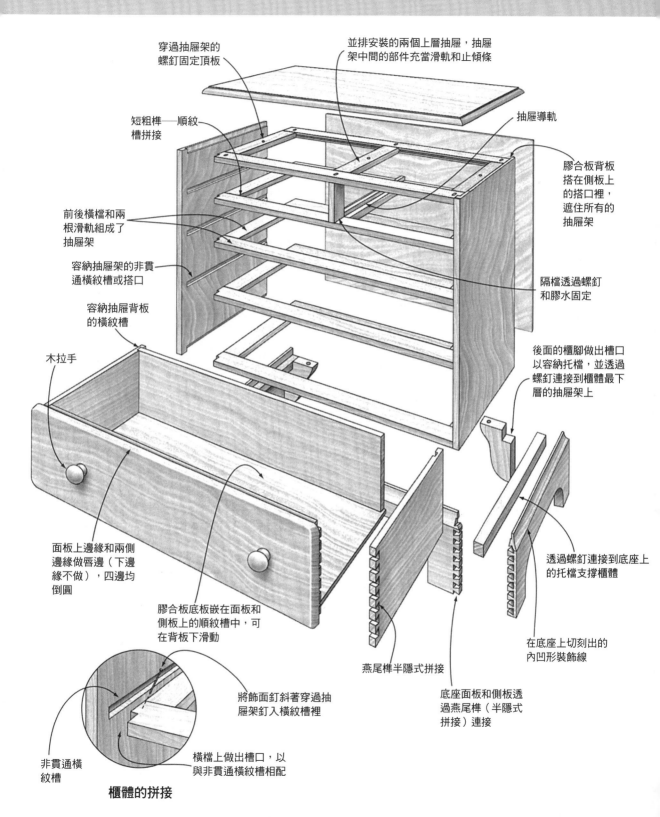

穿過抽屜架的螺釘固定頂板

並排安裝的兩個上層抽屜，抽屜架中間的部件充當滑軌和止傾條

抽屜導軌

短粗榫——順紋槽拼接

膠合板背板搭在側板上的搭口裡，遮住所有的抽屜架

前後橫檔和兩根滑軌組成了抽屜架

容納抽屜架的非貫通橫紋槽或搭口

隔檔透過螺釘和膠水固定

容納抽屜背板的橫紋槽

後面的櫃腳做出槽口以容納托檔，並透過螺釘連接到櫃體最下層的抽屜架上

木拉手

面板上邊緣和兩側邊緣做唇邊（下邊緣不做），四邊均倒圓

透過螺釘連接到底座上的托檔支撐櫃體

膠合板底板嵌在面板和側板上的順紋槽中，可在背板下滑動

燕尾榫半隱式拼接

在底座上切刻出的內凹形裝飾線

底座面板和側板透過燕尾榫（半隱式拼接）連接

將飾面釘斜著穿過抽屜架釘入橫紋槽裡

非貫通橫紋槽

橫檔上做出槽口，以與非貫通橫紋槽相配

櫃體的拼接

架上櫃

你如果觀察得足夠久足夠深入，就會發現不同種類的家具之間的界限其實是有一點兒模糊的。比如說，一個裝有櫃腳的櫃子如何變成架上櫃呢？答案是，至少從我們的視角來看，當櫃腿或櫃腳是與望板或拉檔拼接在一起的時候就會變成架上櫃。換句話說，架上櫃其實是一個放在沒有桌面的桌子上的櫃子。

櫃體部分可以是一個抽屜櫃，就跟經典的高腳抽屜櫃一樣；也可以是一個掀蓋櫃，就跟經典的酒櫃一樣。下面桌架部分可以與餐桌差不多高，就跟許多銀器架上櫃一樣；也可以與咖啡桌差不多高，就跟許多高腳抽屜櫃一樣。有的架上櫃其實非常矮，以至於人們一眼看過去都不太容易分辨它到底是不是架上櫃。許多架上櫃桌架部分的前望板處裝有一個抽屜，就跟許多真正的桌子一樣。

可以想見，這種家具櫃體部分的製作與櫃子的製作方法完全相同，桌架部分的製作則與桌子的製作方法完全相同。

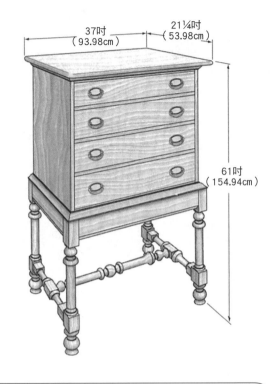

37吋
（93.98cm）

21¼吋
（53.98cm）

61吋
（154.94cm）

設計
變化

形成家具上部的櫃體和支撐它的桌架有多少種變體，就有多少種樣式的架上櫃。為了在桌架和看上去相對笨重的櫃體之間取得平衡，架上櫃的桌架通常要比差不多尺寸的桌子的桌架更為厚重。所以雖然現代銀器櫃看起來比較纖細，但如果將它上面的櫃體換成一張桌面的話，整張桌子其實是比較結實的。

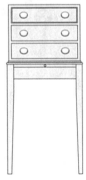

現代銀器櫃

威廉──瑪麗式架上櫃

皮埃蒙特式架上櫃

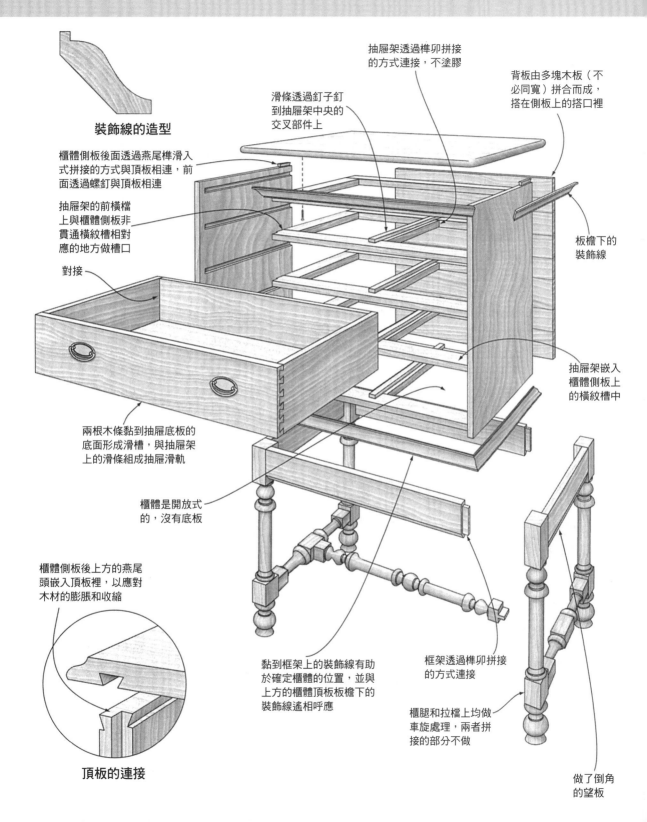

裝飾線的造型

櫃體側板後面透過燕尾榫滑入式拼接的方式與頂板相連，前面透過螺釘與頂板相連

抽屜架的前橫檔上與櫃體側板非貫通橫紋槽相對應的地方做槽口

對接

滑條透過釘子釘到抽屜架中央的交叉部件上

抽屜架透過榫卯拼接的方式連接，不塗膠

背板由多塊木板（不必同寬）拼合而成，搭在側板上的搭口裡

板檐下的裝飾線

抽屜架嵌入櫃體側板上的橫紋槽中

兩根木條黏到抽屜底板的底面形成滑槽，與抽屜架上的滑條組成抽屜滑軌

櫃體是開放式的，沒有底板

櫃體側板後上方的燕尾頭嵌入頂板裡，以應對木材的膨脹和收縮

黏到框架上的裝飾線有助於確定櫃體的位置，並與上方的櫃體頂板板檐下的裝飾線遙相呼應

框架透過榫卯拼接的方式連接

櫃腿和拉檔上均做車旋處理，兩者拼接的部分不做

做了倒角的望板

頂板的連接

櫃上櫃

櫃上櫃是高櫃的「近親」，它們在同一時期出現。櫃上櫃沒有高櫃優美的櫃腿和裙邊，但它使用空間大，也更為堅固。櫃上櫃其實就是兩個抽屜櫃，一個摞在另一個上。通常的情況是，上櫃被下櫃上的腰線圍住，但其實兩個櫃體之間沒有實質性的連接。

右圖所示的櫃上櫃是對傳統風格的現代演繹。它採用的是鴨嘴形撐架腳或底座，飾有腰線和飛檐裝飾線，下櫃上的角柱帶有凹槽紋飾。它總共裝有6個全寬的抽屜和5個小抽屜。和設計樣式一樣，它的結構也是傳統風格的。

與齊本德爾式和聯邦式的極端樣式相比，右圖所示的櫃上櫃可以說非常低調。那些極端樣式的櫃上櫃，就尺寸而言通常就相當壯觀了。此外，如果再把櫃體做成鼓面形或曲面形的，裝上裝飾壁柱，飾上雕刻繁複的山形頂飾、巨大的火焰形或花束形頂飾，甚至加上罐形裝飾和雕像，那麼這樣的櫃子已經遠不是「壯觀」二字可以形容的了，它們簡直就是一座座不朽的豐碑（如果過分一點兒，應該叫它們「醜陋的怪獸」）。

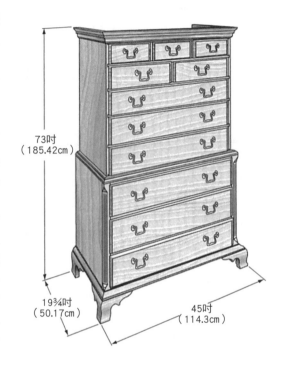

73吋
（185.42cm）

19¾吋
（50.17cm）

45吋
（114.3cm）

設計變化

誇張的尺寸和設計樣式雖然是櫃上櫃的標誌，但不是必需的，下圖所示的兩種櫃上櫃都比較低調。

帝國式櫃上櫃對製作者提出了一個有趣的挑戰，因為它採用了框板結構，並且正面裝有車旋的半身柱。最上層的全寬抽屜面板做有裝飾，看起來好像是3個抽屜。

這款櫃上櫃設計樣式很漂亮，但不艷麗。當然，櫃子是相當高的。這裡低矮的傳統櫃上櫃與上圖的一樣，都是傳統風格的家具。但它上下櫃的抽屜都較少，因此每個櫃體的高度都減小了，合在一起後整個櫃子的高度當然也就減小了。為了使比例保持協調，飛檐的尺寸也隨櫃子的高度一起減小了。

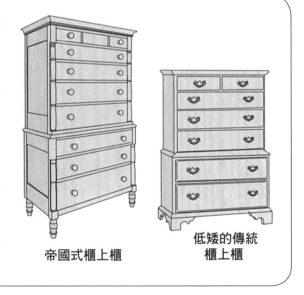

帝國式櫃上櫃

低矮的傳統
櫃上櫃

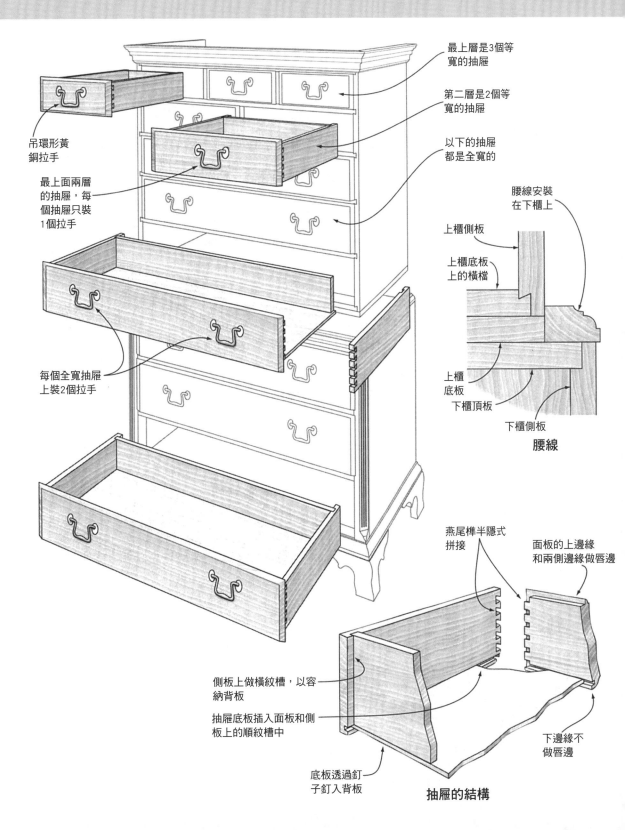

最上層是3個等寬的抽屜

第二層是2個等寬的抽屜

以下的抽屜都是全寬的

吊環形黃銅拉手

最上面兩層的抽屜，每個抽屜只裝1個拉手

每個全寬抽屜上裝2個拉手

腰線安裝在下櫃上

上櫃側板

上櫃底板上的橫檔

上櫃底板

下櫃頂板

下櫃側板

腰線

燕尾榫半隱式拼接

面板的上邊緣和兩側邊緣做唇邊

側板上做橫紋槽，以容納背板

抽屜底板插入面板和側板上的順紋槽中

下邊緣不做唇邊

底板透過釘子釘入背板

抽屜的結構

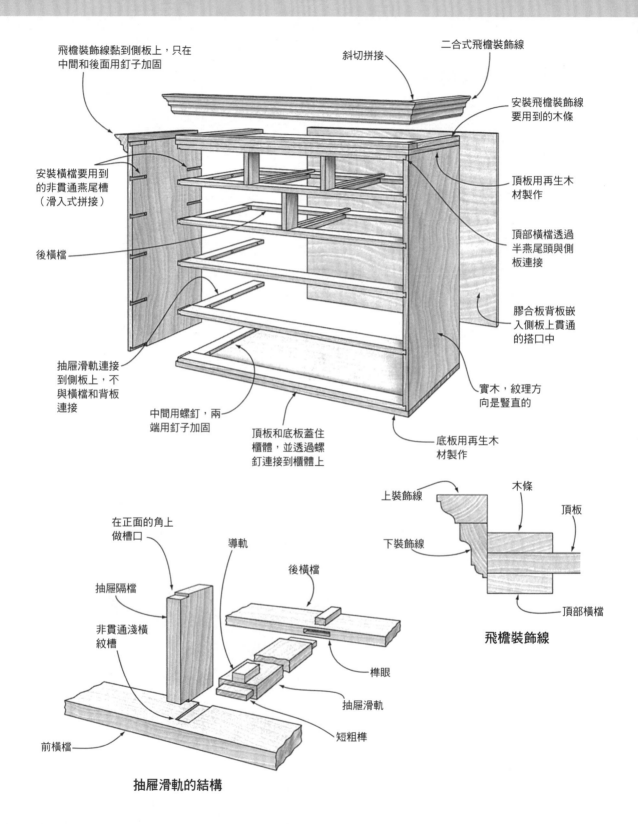

飛檐裝飾線黏到側板上，只在中間和後面用釘子加固

斜切拼接

二合式飛檐裝飾線

安裝飛檐裝飾線要用到的木條

安裝橫檔要用到的非貫通燕尾槽（滑入式拼接）

頂板用再生木材製作

頂部橫檔透過半燕尾頭與側板連接

後橫檔

膠合板背板嵌入側板上貫通的搭口中

抽屜滑軌連接到側板上，不與橫檔和背板連接

實木，紋理方向是豎直的

中間用螺釘，兩端用釘子加固

頂板和底板蓋住櫃體，並透過螺釘連接到櫃體上

底板用再生木材製作

在正面的角上做槽口

導軌

後橫檔

上裝飾線

木條

頂板

抽屜隔檔

下裝飾線

非貫通淺橫紋槽

榫眼

頂部橫檔

抽屜滑軌

飛檐裝飾線

前橫檔

短粗榫

抽屜滑軌的結構

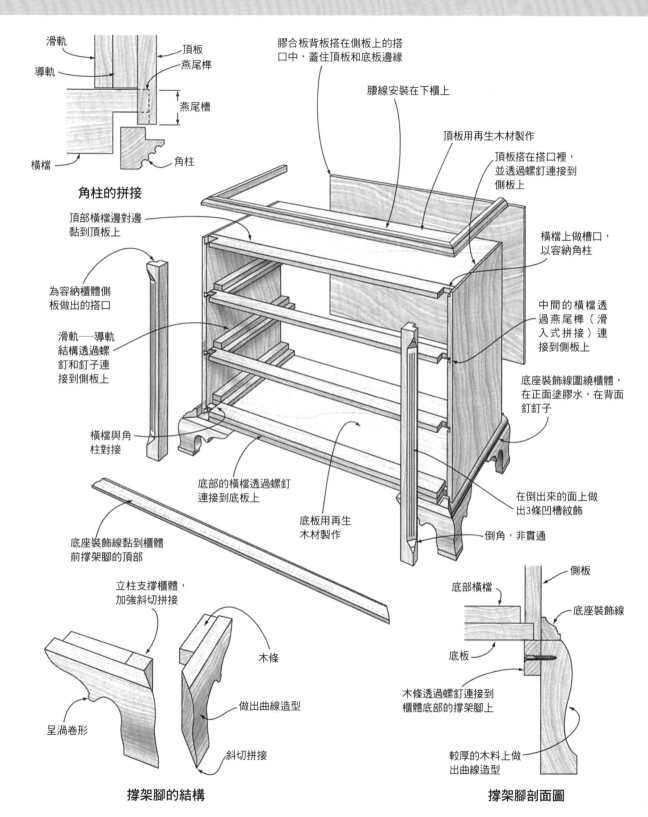

滑軌

導軌

頂板
燕尾榫

燕尾槽

橫檔

角柱

角柱的拼接

膠合板背板搭在側板上的搭口中，蓋住頂板和底板邊緣

腰線安裝在下櫃上

頂板用再生木材製作

頂板搭在搭口裡，並透過螺釘連接到側板上

頂部橫檔邊對邊黏到頂板上

橫檔上做槽口，以容納角柱

為容納櫃體側板做出的搭口

中間的橫檔透過燕尾榫（滑入式拼接）連接到側板上

滑軌─導軌結構透過螺釘和釘子連接到側板上

底座裝飾線圍繞櫃體，在正面塗膠水，在背面釘釘子

橫檔與角柱對接

底部的橫檔透過螺釘連接到底板上

底板用再生木材製作

在倒出來的面上做出3條凹槽紋飾

倒角，非貫通

底座裝飾線黏到櫃體前撐架腳的頂部

立柱支撐櫃體，加強斜切拼接

木條

做出曲線造型

呈渦卷形

斜切拼接

撐架腳的結構

側板

底部橫檔

底座裝飾線

底板

木條透過螺釘連接到櫃體底部的撐架腳上

較厚的木料上做出曲線造型

撐架腳剖面圖

高櫃

抽屜櫃如何變成高櫃呢？確保最高的抽屜與眼睛同高即可。右圖所示的抽屜櫃接近6呎（182.88㎝），顯然對大多數人來說，它是一個「高」櫃。

高櫃只有一個櫃體，這一點與第238頁介紹的「櫃上櫃」和第256頁介紹的「高腳抽屜櫃」有所不同。

高櫃不隸屬於任何一種風格的家具，它更像是一種美國土生土長的家具，由家具製作中心城市（波士頓、紐波特、紐約、費城和查爾斯頓）以外的家具製作者們製作而成。比如說，一些很有創意且吸引人的高櫃是北卡羅來納州山麓地區的。右圖所示的高櫃是以19世紀賓夕法尼亞州切斯特郡的高櫃樣式為基礎設計的。

不管是在哪裡製作的，經典的高櫃都是這樣的：下方有4個高度漸變的全寬抽屜，上方有幾個小抽屜。最常見的布局是最上層裝3個抽屜，第二層裝2個抽屜。抽屜越小，開合起來就越容易。將最高處的抽屜做小會更方便人們使用。

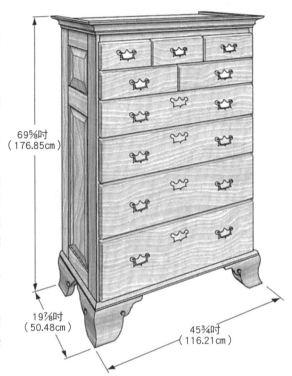

69⅝吋
（176.85cm）

19⅞吋
（50.48cm）

45¾吋
（116.21cm）

設計變化

設計上的變化通常聚焦於高櫃的基本樣式、尺寸、比例和裝飾。但一些更微妙的變化能夠對高櫃的外觀產生顯著的影響。

上圖所示的高櫃側面是框板結構的，嵌板一塊大，一塊小，中間用於分隔的橫檔上邊緣與最上面的全寬抽屜的上邊緣對齊。

把側面的樣式變一變會如何呢？下圖就是其中的三種變體。第一種裝有一塊大嵌板，第二種裝有兩塊大小一樣的嵌板，第三種則捨棄了框板結構，直接採用了實木板。與上圖的樣式相比，你覺得這些變化樣式好看嗎？

一塊嵌板的　　　　兩塊大小一樣的嵌板的　　　　實木側板的

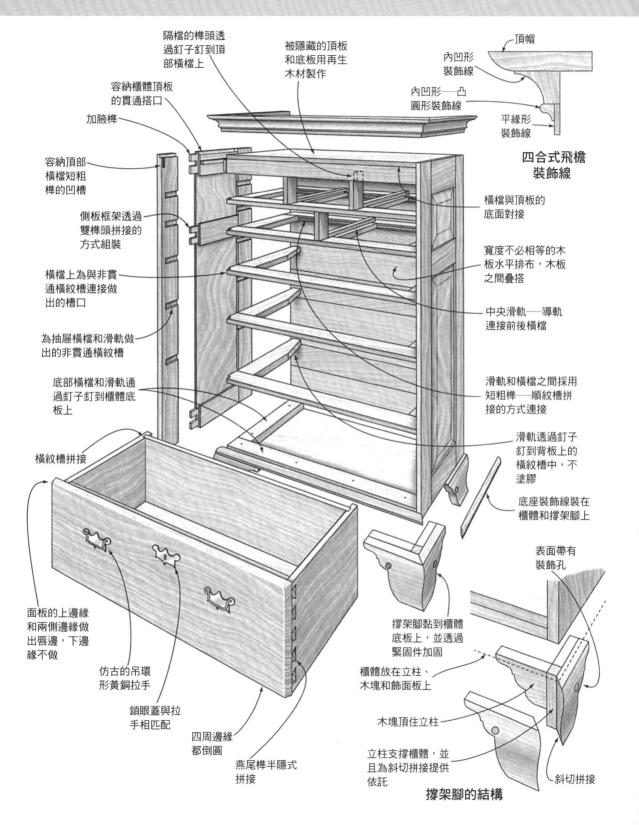

隔檔的榫頭透過釘子釘到頂部橫檔上

被隱藏的頂板和底板用再生木材製作

頂帽

內凹形裝飾線

內凹形──凸圓形裝飾線

平緣形裝飾線

容納櫃體頂板的貫通搭口

加腋榫

容納頂部橫檔短粗榫的凹槽

側板框架透過雙榫頭拼接的方式組裝

橫檔上為與非貫通橫紋槽連接做出的槽口

為抽屜橫檔和滑軌做出的非貫通橫紋槽

底部橫檔和滑軌通過釘子釘到櫃體底板上

橫紋槽拼接

面板的上邊緣和兩側邊緣做出唇邊，下邊緣不做

仿古的吊環形黃銅拉手

鎖眼蓋與拉手相匹配

四周邊緣都倒圓

燕尾榫半隱式拼接

四合式飛檐裝飾線

橫檔與頂板的底面對接

寬度不必相等的木板水平排布，木板之間疊搭

中央滑軌──導軌連接前後橫檔

滑軌和橫檔之間採用短粗榫──順紋槽拼接的方式連接

滑軌透過釘子釘到背板上的橫紋槽中，不塗膠

底座裝飾線裝在櫃體和撐架腳上

表面帶有裝飾孔

撐架腳黏到櫃體底板上，並透過緊固件加固

櫃體放在立柱、木塊和飾面板上

木塊頂住立柱

立柱支撐櫃體，並且為斜切拼接提供依託

斜切拼接

撐架腳的結構

梳妝臺

梳妝臺是對低矮抽屜櫃的一種通俗叫法，它通常帶有一面鏡子。之所以這麼稱呼可能是因為人們通常會在它前面梳妝打扮，把衣服從抽屜裡拿出來穿上，然後照照鏡子看看效果等。

右圖所示的梳妝臺應該是靠牆放置的，牆上掛有一面大鏡子。它有兩列大小一樣的抽屜，可以分別用來放置不同人的衣物。

從結構的角度來看，這是一個相當簡單的、用實木板製作的櫃子，側板和中央的隔板與網架相接，櫃子被直接放在地板上，底座上貼裝有一條簡單的裝飾線。

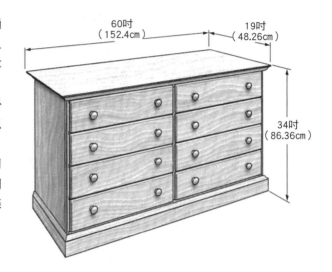

60吋
（152.4cm）

19吋
（48.26cm）

34吋
（86.36cm）

設計變化

鏡子對梳妝臺來說相當重要，如果沒有鏡子，你就不能看到自己穿上衣服後的樣子。但不必將鏡子與梳妝臺合為一體，上圖和下面第三幅圖展示的櫃子本身都不帶有鏡子，鏡子都是單獨掛在牆上的。這樣既可以簡化梳妝臺的製作，又能讓人們用上較大的鏡子。

下圖所示的鄉村式和工藝美術式的梳妝臺帶有由支架支撐的與梳妝臺合為一體的鏡子。鄉村式梳妝臺的鏡子是固定的，工藝美術式梳妝臺的則是可以轉動的，轉軸安裝在鏡子中央。

鄉村式梳妝臺

工藝美術式梳妝臺

梳妝臺和獨立的鏡子

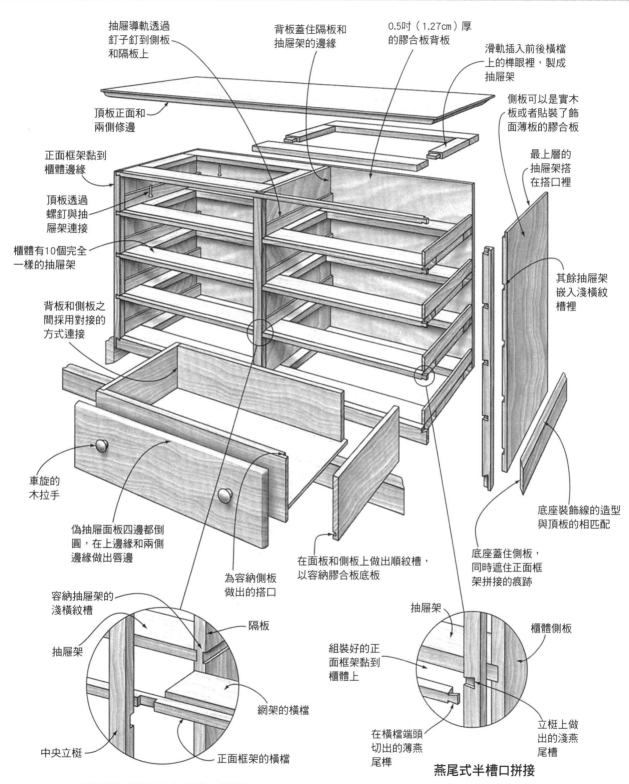

抽屜導軌透過
釘子釘到側板
和隔板上

背板蓋住隔板和
抽屜架的邊緣

0.5吋（1.27cm）厚
的膠合板背板

滑軌插入前後橫檔
上的榫眼裡，製成
抽屜架

頂板正面和
兩側修邊

側板可以是實木
板或者貼裝了飾
面薄板的膠合板

正面框架黏到
櫃體邊緣

頂板透過
螺釘與抽
屜架連接

最上層的
抽屜架搭
在搭口裡

櫃體有10個完全
一樣的抽屜架

其餘抽屜架
嵌入淺橫紋
槽裡

背板和側板之
間採用對接的
方式連接

車旋的
木拉手

偽抽屜面板四邊都倒
圓，在上邊緣和兩側
邊緣做出唇邊

為容納側板
做出的搭口

在面板和側板上做出順紋槽，
以容納膠合板底板

底座裝飾線的造型
與頂板的相匹配

底座蓋住側板，
同時遮住正面框
架拼接的痕跡

容納抽屜架的
淺橫紋槽

隔板

抽屜架

抽屜架

櫃體側板

組裝好的正
面框架黏到
櫃體上

網架的橫檔

中央立梃

正面框架的橫檔

在橫檔端頭
切出的薄燕
尾榫

立梃上做
出的淺燕
尾槽

正面框架採用的交叉槽口拼接

燕尾式半槽口拼接

臥室抽屜櫃

臥室抽屜櫃即一種放在臥室裡用的抽屜櫃，是一種美式家具。臥室抽屜櫃在英語裡拼寫為「bureau」，在英國或法國，這個詞指的是斜面桌。這個英語單字來源於法語單字「bureau」，意思是蒙蓋在寫字檯上的羊毛布料。

「臥室抽屜櫃」這一叫法在19世紀被大多數人接受。「bureau」這個單字既指某種特定的家具樣式，也指某種家具風格，並且將其定義為一種高度中等、置於臥室的抽屜櫃還是非常適當的。

右圖所示的臥室抽屜櫃是典型的19世紀中期的樣式。它採用的是一種不帶底板的立柱──嵌板結構，櫃體被放在一個開放的、透過斜切拼接的方式組裝的底座框架上，底座框架上安裝有車旋的前櫃腳和撐架式的後櫃腳。抽屜隔檔和滑軌──導軌結構插在立柱上的榫眼裡。典型的帝國式臥室抽屜櫃主要的特點是：最上層的抽屜大且外突，正面的立柱上車旋有半身柱造型。其他風格的臥室抽屜櫃最上層的抽屜都是最小的。

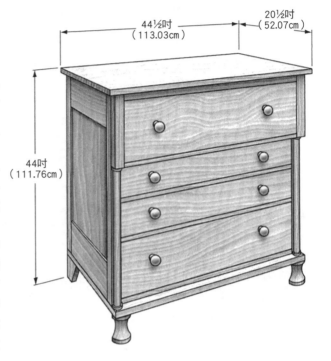

44½吋
（113.03cm）

20½吋
（52.07cm）

44吋
（111.76cm）

設計
變化

為了讓讀者更深入地理解「臥室抽屜櫃」的概念，下圖展示了另外三種臥室抽屜櫃。它們的共同點是高度中等，最高的也才52吋（132.08cm）多，換句話說，臥室抽屜櫃其實就跟一個普通的櫃子差不多高。為了與其中等的尺寸相匹配，鄉村式臥室抽屜櫃和現代臥室抽屜櫃都比較樸素，沒有過多的裝飾。與之形成對照的是裝飾華麗的帝國式臥室抽屜櫃，這種風格的臥室抽屜櫃裝有笨拙的卷曲的C形櫃腳，下層抽屜面板上貼有飾面薄板，還飾帶有一些其他的裝飾。它看上去比較粗笨，雖裝飾繁複但本質上還是臥室抽屜櫃。

鄉村式臥室抽屜櫃

帝國式臥室抽屜櫃

現代臥室抽屜櫃

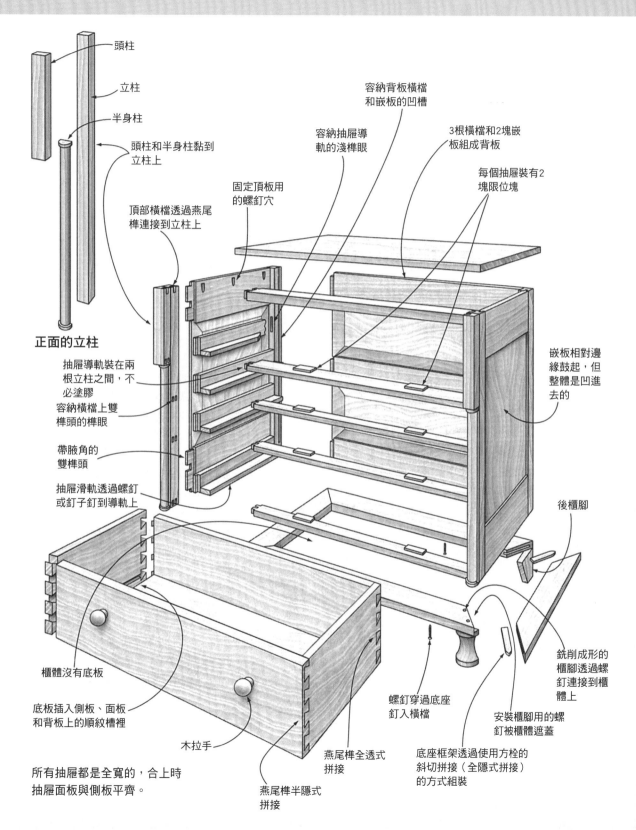

頭柱

立柱

半身柱

頭柱和半身柱黏到
立柱上

容納背板橫檔
和嵌板的凹槽

容納抽屜導
軌的淺榫眼

3根橫檔和2塊嵌
板組成背板

每個抽屜裝有2
塊限位塊

固定頂板用
的螺釘穴

頂部橫檔透過燕尾
榫連接到立柱上

正面的立柱

抽屜導軌裝在兩
根立柱之間，不
必塗膠

容納橫檔上雙
榫頭的榫眼

帶腋角的
雙榫頭

嵌板相對邊
緣鼓起，但
整體是凹進
去的

抽屜滑軌透過螺釘
或釘子釘到導軌上

後櫃腳

櫃體沒有底板

底板插入側板、面板
和背板上的順紋槽裡

木拉手

螺釘穿過底座
釘入橫檔

銑削成形的
櫃腳透過螺
釘連接到櫃
體上

安裝櫃腳用的螺
釘被櫃體遮蓋

燕尾榫全透式
拼接

底座框架透過使用方栓的
斜切拼接（全隱式拼接）
的方式組裝

所有抽屜都是全寬的，合上時
抽屜面板與側板平齊。

燕尾榫半隱式
拼接

曲面櫃

任何圖畫或照片都不能很好地展示曲面櫃。你如果想要欣賞曲面櫃，必須到展覽館裡直接看製作精良的實物。因為只有這樣你才能充分欣賞曲面櫃那塊麗的紋理圖案，而這種美完全要歸功於在3吋（7.62cm）厚的桃花心木上雕刻出的流線。它們是家具中的富豪，毫無疑問，那些使用它們的人也是富豪。

曲面櫃是18世紀的傑作，它們的側板、抽屜面板和很多支撐結構往往是從一整塊大而厚的板材上切刻出來的，目的就是展示木材完整連續的紋理圖案。接近三分之二的這種昂貴的進口木材被捲彎放在商店的地板上備賣。在木材上花費金錢只不過是一個開始，加工形狀複雜的部件，用傾斜的或彎曲的燕尾榫拼接各部件，這些工作所需的勞動量之大、對工藝水平的要求之高，都是製作常規的、由平直木板製成的家具所無法相比的。就花費、工藝和最終的外觀等方面而言，下面的比喻非常恰當：如果說曲面櫃是製作精良的遊艇，那麼普通的家具就是小筏子。

右圖所示的曲面櫃呈桶形。後來的曲面櫃則安裝了飾面薄板，失去了這種特色。

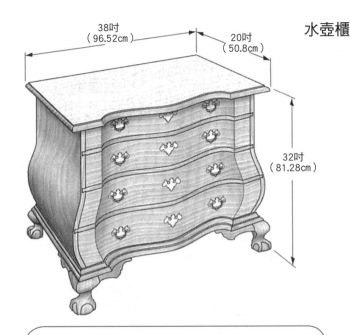

水壺櫃

38吋
（96.52cm）

20吋
（50.8cm）

32吋
（81.28cm）

★ 設計
變化

曲面造型可用在抽屜櫃、櫃上櫃、帶拉出式寫字檯面的書桌以及帶書櫃的書桌等家具上。無論是用在哪種家具上，凸出的造型都只會出現在家具的下部，這樣會使其靠近地面的部分看起來比較厚重。此外，做凸出造型的家具下方都會裝有抽屜。

不是所有的曲面家具都裝有與之相配的蛇形抽屜，將曲面造型和蛇面造型結合起來形成複合曲面，標誌著這種工藝的發展進入了巔峰。

早期製作的此類家具側板的彎曲造型只在外表面，因此抽屜的側板還是直的，如左圖的曲面桌所示。

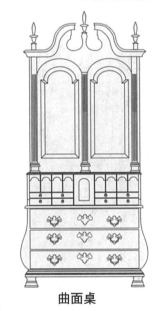

曲面桌

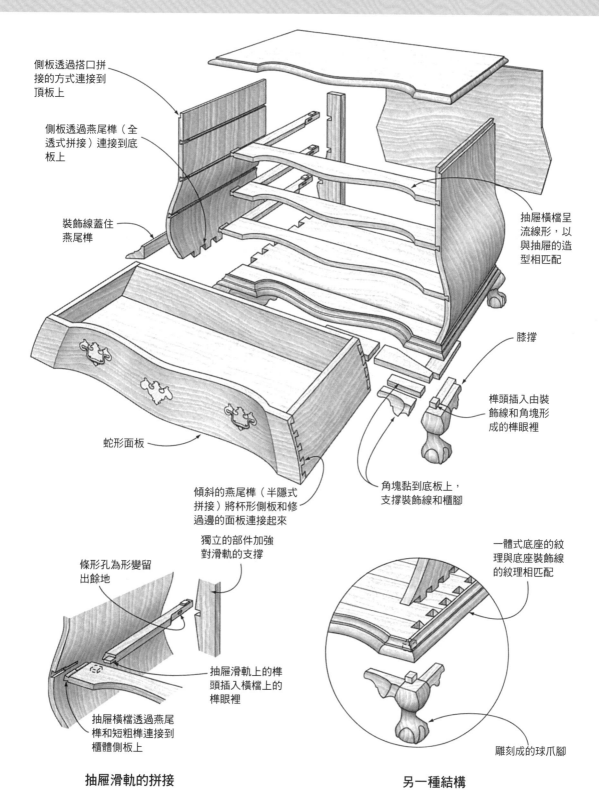

側板透過搭口拼接的方式連接到頂板上

側板透過燕尾榫（全透式拼接）連接到底板上

裝飾線蓋住燕尾榫

抽屜橫檔呈流線形，以與抽屜的造型相匹配

膝撐

榫頭插入由裝飾線和角塊形成的榫眼裡

角塊黏到底板上，支撐裝飾線和櫃腳

蛇形面板

傾斜的燕尾榫（半隱式拼接）將杯形側板和修過邊的面板連接起來

獨立的部件加強對滑軌的支撐

條形孔為形變留出餘地

一體式底座的紋理與底座裝飾線的紋理相匹配

抽屜滑軌上的榫頭插入橫檔上的榫眼裡

抽屜橫檔透過燕尾榫和短粗榫連接到櫃體側板上

雕刻成的球爪腳

抽屜滑軌的拼接

另一種結構

蛇面櫃

蛇面櫃首先被人注意到的是它波浪形的正面，而這正是家具製作者想要的效果。

抽屜面板、底座裝飾線、抽屜橫檔和頂板等部件上被雕刻或切刻出了彎曲的造型，這些造型使蛇面櫃極具吸引力。最初的蛇面櫃可以追溯到齊本德爾時代，從此便成了一個極佳的範例，蛇面櫃（此外還有鼓面櫃和曲面櫃）成為齊本德爾式家具的代表。

右圖所示的蛇面櫃完全展示出了木工的雕刻技藝。儘管頂板和各個抽屜的橫檔是波浪形的，但它們的製作方法並不複雜。每一個抽屜的面板都是用很厚的板材加工出來的，而木工想做出曲面造型得先用銼子、鑿子和U形刮刀（inshave）雕鑿，然後用凹刨和刮刀將表面修整平滑。

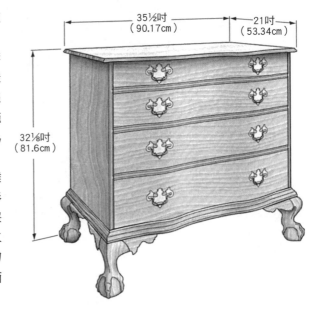

35½吋（90.17cm）
21吋（53.34cm）
32⅛吋（81.6cm）

設計變化

從齊本德爾時代開始，蛇面櫃出現了蛇形和反蛇形兩種樣式。前者的曲面拉手處是凹進去的，中間則是凸出來的，如下圖的兩個蛇面櫃所示。上圖所示的蛇面櫃是反蛇形的樣式，它的拉手處是凸出來的，中間則是凹進去的。聯邦時期，出現了簡單的弓面櫃。

這裡有一個有趣的現象：與鼓面和曲面這兩種樣式不同的是，蛇面造型不僅僅在齊本德爾式家具上出現。你可以常常在聯邦時代的櫃子看到它的身影。甚至在今天，它仍然會出現在現代家具上，儘管它基本只會在簡單的弓面和凹面造型中體現。蛇形和反蛇形的樣式主要出現在仿古家具上，用帶鋸製作的話相對容易。

聯邦式蛇面櫃

聯邦式弓面櫃

齊本德爾式蛇面櫃

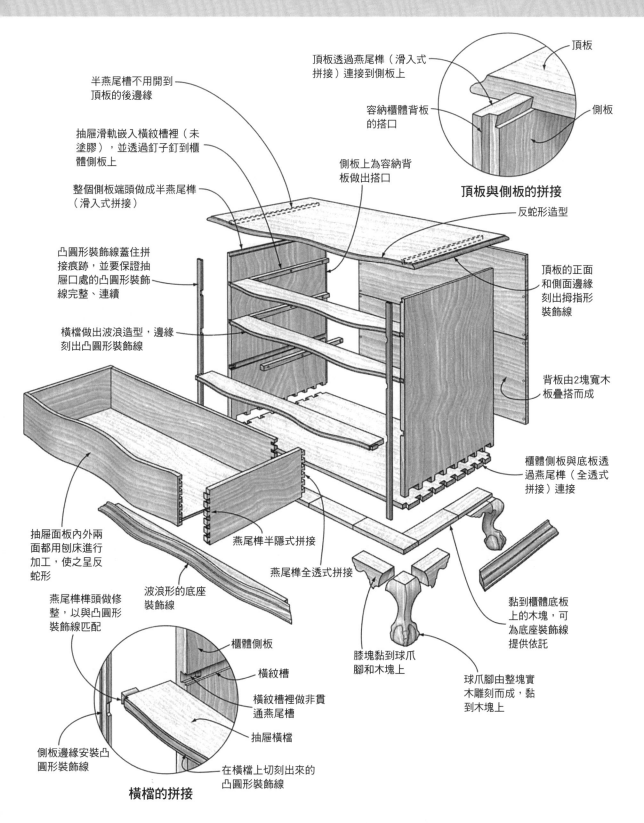

半燕尾槽不用開到頂板的後邊緣

抽屜滑軌嵌入橫紋槽裡（未塗膠），並透過釘子釘到櫃體側板上

整個側板端頭做成半燕尾榫（滑入式拼接）

凸圓形裝飾線蓋住拼接痕跡，並要保證抽屜口處的凸圓形裝飾線完整、連續

橫檔做出波浪造型，邊緣刻出凸圓形裝飾線

頂板透過燕尾榫（滑入式拼接）連接到側板上

容納櫃體背板的搭口

側板上為容納背板做出搭口

頂板與側板的拼接

頂板

側板

反蛇形造型

頂板的正面和側面邊緣刻出拇指形裝飾線

背板由2塊寬木板疊搭而成

櫃體側板與底板透過燕尾榫（全透式拼接）連接

抽屜面板內外兩面都用刨床進行加工，使之呈反蛇形

燕尾榫榫頭做修整，以與凸圓形裝飾線匹配

波浪形的底座裝飾線

燕尾榫半隱式拼接

燕尾榫全透式拼接

黏到櫃體底板上的木塊，可為底座裝飾線提供依託

膝塊黏到球爪腳和木塊上

球爪腳由整塊實木雕刻而成，黏到木塊上

櫃體側板

橫紋槽

橫紋槽裡做非貫通燕尾槽

抽屜橫檔

側板邊緣安裝凸圓形裝飾線

在橫檔上切刻出來的凸圓形裝飾線

橫檔的拼接

鼓面櫃

鼓面櫃的製作可能是一位家具製作者職業生涯中所遇到的最大的挑戰之一。拼接的製作難度很大，這是毋庸置疑的，但更令人驚嘆不已的是它雕刻的複雜。每一個抽屜正面的造型都是在一整塊木板（通常用的是桃花心木）上雕刻出來的。

鼓面櫃最早出現在18世紀，但一直以來家具製作者從沒有停止過對它的製作。有三種樣式的鼓面櫃可以追溯到新英格蘭地區，但所有鼓面櫃波浪形的正面都做成兩個外凸柱體（鼓塊）之間夾著一個內凹柱體的樣式。有的鼓面櫃，底座裝飾線和頂板邊緣都做成波浪形；而有的鼓面櫃，比如右圖所示的，鼓塊終止於精美的貝殼形或扇形雕刻。

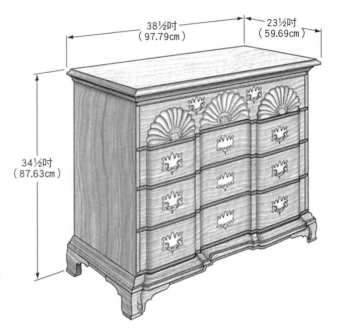

38½吋
（97.79cm）

23½吋
（59.69cm）

34½吋
（87.63cm）

設計
變化

鼓面造型的變化方法多種多樣。一種方法是改變鼓面造型上各種特徵元素的組合方式，另一種方法是將這種造型用在不同的櫃子上。抽屜櫃可能是鼓面家具中最常見的，因此我們對鼓面櫃也最為熟悉。也有其他一些家具採用了鼓面造型，包括18世紀的斜面桌、帶書架的書桌，甚至是更為精巧的櫃上櫃。

右圖展示的紐波特櫃上櫃，有些人認為它是美式細木家具製作最精美的範例。上櫃下方裝全寬的抽屜，頂部裝有3個並排的小抽屜，並且鼓面部分飾有扇形雕刻。

在右圖所示的康乃狄克斜面桌上，每一個鼓塊上都飾有略呈方形的拱頂。

康乃狄克斜面桌　　紐波特櫃上櫃

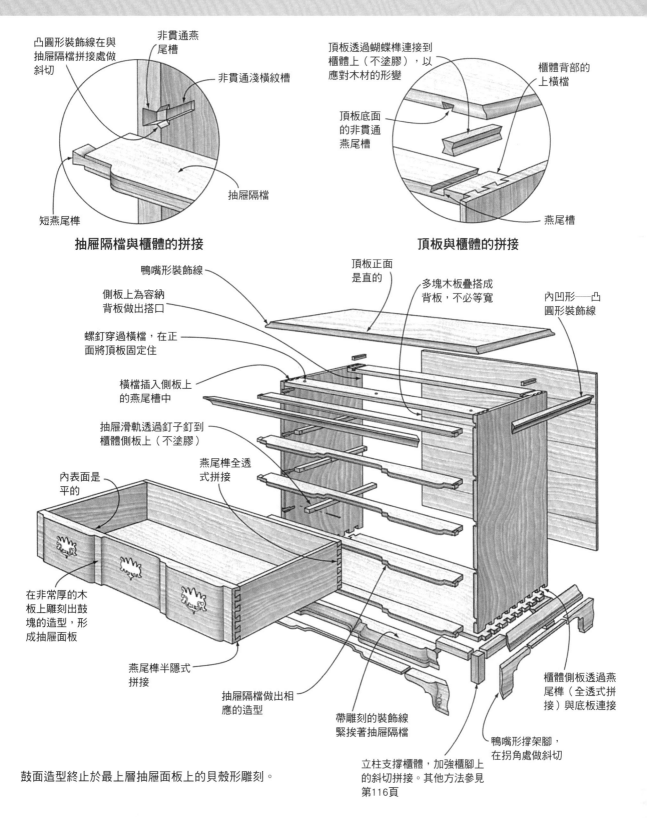

凸圓形裝飾線在與抽屜隔檔拼接處做斜切

非貫通燕尾槽

非貫通淺橫紋槽

抽屜隔檔

短燕尾榫

抽屜隔檔與櫃體的拼接

頂板透過蝴蝶榫連接到櫃體上（不塗膠），以應對木材的形變

櫃體背部的上橫檔

頂板底面的非貫通燕尾槽

燕尾槽

頂板與櫃體的拼接

鴨嘴形裝飾線

側板上為容納背板做出搭口

螺釘穿過橫檔，在正面將頂板固定住

橫檔插入側板上的燕尾槽中

抽屜滑軌透過釘子釘到櫃體側板上（不塗膠）

燕尾榫全透式拼接

內表面是平的

在非常厚的木板上雕刻出鼓塊的造型，形成抽屜面板

燕尾榫半隱式拼接

抽屜隔檔做出相應的造型

頂板正面是直的

多塊木板疊搭成背板，不必等寬

內凹形—凸圓形裝飾線

帶雕刻的裝飾線緊挨著抽屜隔檔

立柱支撐櫃體，加強櫃腳上的斜切拼接。其他方法參見第116頁

櫃體側板透過燕尾榫（全透式拼接）與底板連接

鴨嘴形撐架腳，在拐角處做斜切

鼓面造型終止於最上層抽屜面板上的貝殼形雕刻。

矮腳抽屜櫃

梳妝桌
邊桌

　　矮腳抽屜櫃其實是一種非常有特色的梳妝桌或邊桌。它的樣式主要是威廉——瑪麗式、安妮女王式和齊本德爾式的，並且矮腳抽屜櫃大多與高腳抽屜櫃相關。

　　在18世紀，矮腳抽屜櫃就是一套家具的組成部分，是高腳抽屜櫃底座的縮小版，基本比例和風格都與高腳抽屜櫃一樣。矮腳抽屜櫃抽屜的布局多種多樣，但常見的是一層或兩層。下層兩邊的抽屜通常比中間的淺抽屜高一些。

　　被放到臥室裡以後，高腳抽屜櫃通常用來放床上用品和衣物，而矮腳抽屜櫃（或者稱它為梳妝桌，在18世紀這種叫法更常見）則用來放一些個人物品，比如梳子、珠寶、髮帶和化妝品。人們通常會在矮腳抽屜櫃上方的牆上掛一面鏡子，在它前面放一把椅子。矮腳抽屜櫃的樣式非常吸引人，而且用途多變，比如除了用作梳妝桌，它還可以用作邊桌、餐桌或者寫字檯。

　　因為矮腳抽屜櫃一般是靠牆放置的，所以人們通常會用差一點兒的木材（比如松木或胡桃木）製作其背板，面板和側板上貼裝的裝飾線也不會延伸到背板上。

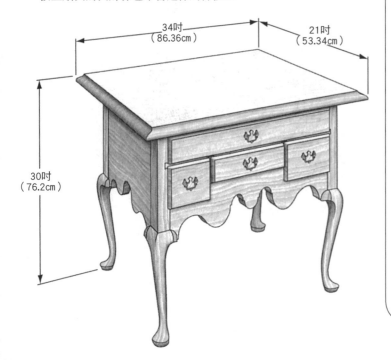

設計變化

　　僅用幾個例子是不可能把矮腳抽屜櫃的各種變體介紹清楚的。下圖所示的南方風格的安妮女王式矮腳抽屜櫃只裝有一層抽屜，但飾有裙邊，與上圖所示的矮腳抽屜櫃相比更為穩固、端莊。康乃狄克矮腳抽屜櫃櫃腿只在膝部略微彎曲，中間的抽屜上刻有貝殼形雕刻，正面飾有橡實形垂飾，頂板超出櫃體很多。

康乃狄克矮腳抽屜櫃

南方風格的安妮女王式矮腳抽屜櫃

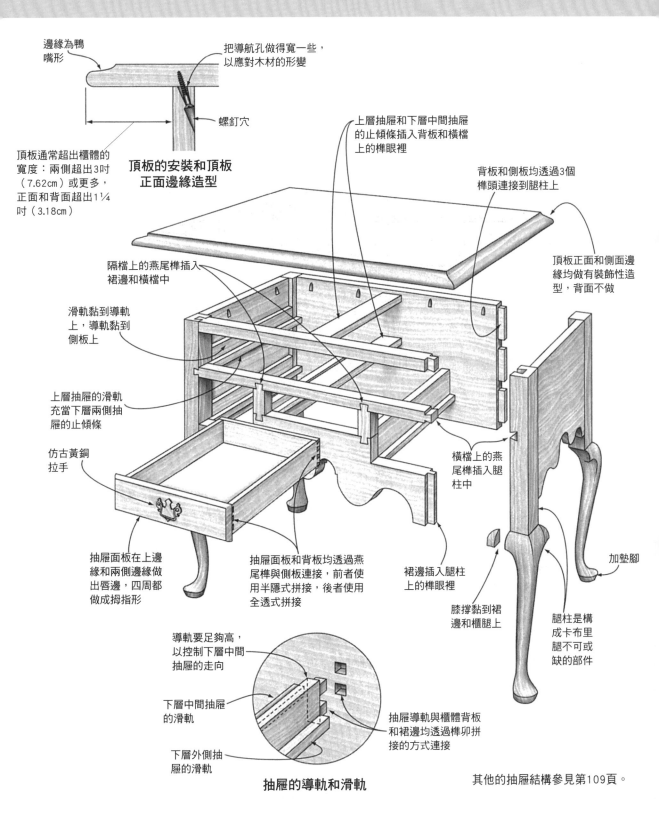

邊緣為鴨嘴形

把導航孔做得寬一些，以應對木材的形變

螺釘穴

頂板通常超出櫃體的寬度：兩側超出3吋（7.62㎝）或更多，正面和背面超出1¼吋（3.18㎝）

頂板的安裝和頂板正面邊緣造型

上層抽屜和下層中間抽屜的止傾條插入背板和橫檔上的榫眼裡

背板和側板均透過3個榫頭連接到腿柱上

頂板正面和側面邊緣均做有裝飾性造型，背面不做

隔檔上的燕尾榫插入裙邊和橫檔中

滑軌黏到導軌上，導軌黏到側板上

上層抽屜的滑軌充當下層兩側抽屜的止傾條

仿古黃銅拉手

抽屜面板在上邊緣和兩側邊緣做出唇邊，四周都做成拐指形

抽屜面板和背板均透過燕尾榫與側板連接，前者使用半隱式拼接，後者使用全透式拼接

橫檔上的燕尾榫插入腿柱中

裙邊插入腿柱上的榫眼裡

膝撐黏到裙邊和櫃腿上

加墊腳

腿柱是構成卡布里腿不可或缺的部件

導軌要足夠高，以控制下層中間抽屜的走向

下層中間抽屜的滑軌

下層外側抽屜的滑軌

抽屜導軌與櫃體背板和裙邊均透過榫卯拼接的方式連接

抽屜的導軌和滑軌

其他的抽屜結構參見第109頁。

高腳抽屜櫃

高腳抽屜櫃無疑是美式家具的經典之作。它的製作難度極高，製作出一個高腳抽屜櫃也許是一位家具製作者畢生最高的成就。

高腳抽屜櫃是18世紀美洲所獨有且富有時代特徵的家具。最早的高腳抽屜櫃是威廉——瑪麗式的，帶有多達6條花瓶——喇叭形的櫃腿，櫃腿與櫃腿之間由渦卷形的拉檔連接，並且當時的高腳抽屜櫃頂面都是平的。

右圖所示的高腳抽屜櫃的櫃頂是圓帽式的，中間是一個不連續的山形頂飾，這種裝飾是安妮女王的創新之作。這一高腳抽屜櫃裝有優美的卡布里腿和較高的裙邊，裙邊中間裝有一個垂飾，最上層的抽屜上刻有扇形雕刻，當然還有一個必不可少的部件——圓帽式櫃頂，「圓帽」頂中間有一個柱狀的火焰形尖頂飾，兩側還各裝有一個守護它的火焰形尖頂飾。這是一件非常高檔的家具。

高櫃
架上櫃

18⅛吋
（46.04cm）

38吋
（96.52cm）

85吋
（215.9cm）

設計變化　從纖弱清新的少女到雍容華貴的婦人，高腳抽屜櫃的發展也遵循我們所熟悉的進化規律。早期的高腳抽屜櫃是威廉——瑪麗式的，一般來說外形敦實、不優美，並且不怎麼穩固。在安妮女王時代，它進入了「青春期」，抽屜上出現了雕刻，櫃腿優美而複雜，還加裝了裙邊。到了齊本德爾時代，高腳抽屜櫃變得粗壯起來，下櫃較深，櫃腿短而粗，圓帽式櫃頂讓整個櫃子顯得呆板笨重，還飾有繁多的雕刻。

費城齊本德爾式高腳抽屜櫃　　平頂高腳抽屜櫃

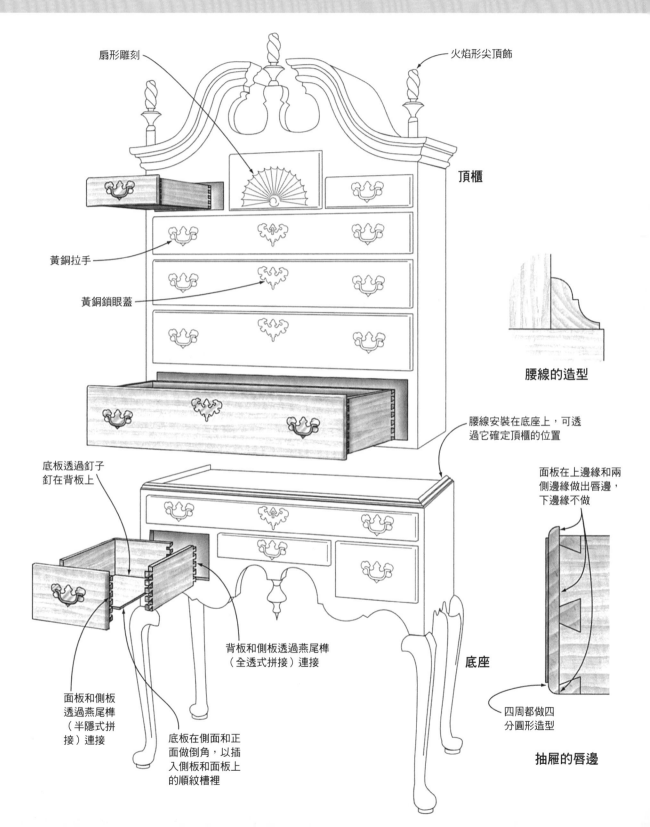

扇形雕刻

火焰形尖頂飾

頂櫃

黃銅拉手

黃銅鎖眼蓋

腰線的造型

腰線安裝在底座上，可透過它確定頂櫃的位置

面板在上邊緣和兩側邊緣做出唇邊，下邊緣不做

底板透過釘子釘在背板上

背板和側板透過燕尾榫（全透式拼接）連接

底座

面板和側板透過燕尾榫（半隱式拼接）連接

底板在側面和正面倒角，以插入側板和面板上的順紋槽裡

四周都做四分圓形造型

抽屜的唇邊

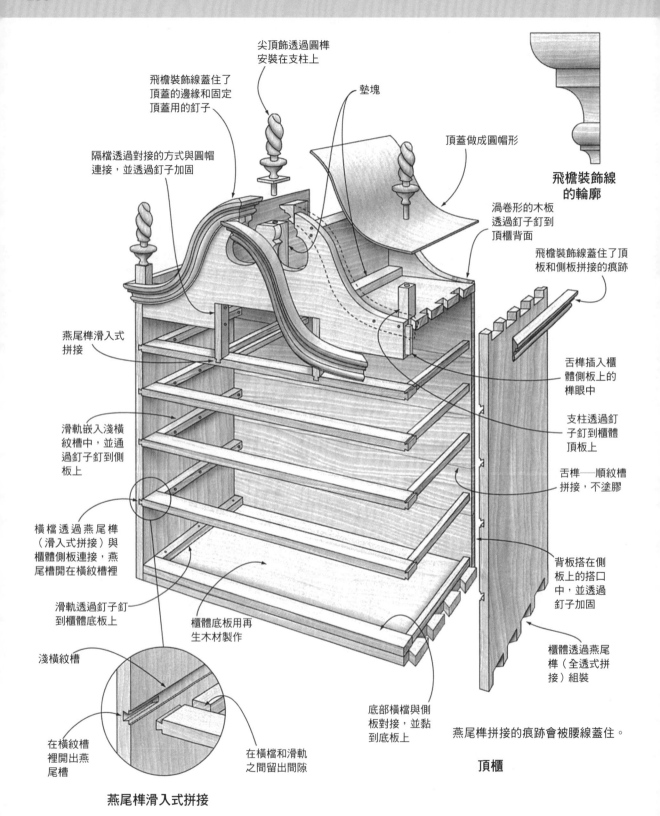

尖頂飾透過圓榫
安裝在支柱上

飛檐裝飾線蓋住了
頂蓋的邊緣和固定
頂蓋用的釘子

墊塊

頂蓋做成圓帽形

**飛檐裝飾線
的輪廓**

隔檔透過對接的方式與圓帽
連接，並透過釘子加固

渦卷形的木板
透過釘子釘到
頂櫃背面

飛檐裝飾線蓋住了頂
板和側板拼接的痕跡

燕尾榫滑入式
拼接

舌榫插入櫃
體側板上的
榫眼中

滑軌嵌入淺橫
紋槽中，並通
過釘子釘到側
板上

支柱透過釘
子釘到櫃體
頂板上

舌榫──順紋槽
拼接，不塗膠

橫檔透過燕尾榫
（滑入式拼接）與
櫃體側板連接，燕
尾槽開在橫紋槽裡

滑軌透過釘子釘
到櫃體底板上

櫃體底板用再
生木材製作

背板搭在側
板上的搭口
中，並透過
釘子加固

櫃體透過燕尾
榫（全透式拼
接）組裝

淺橫紋槽

在橫紋槽
裡開出燕
尾槽

在橫檔和滑軌
之間留出間隙

底部橫檔與側
板對接，並黏
到底板上

燕尾榫拼接的痕跡會被腰線蓋住。

頂櫃

燕尾榫滑入式拼接

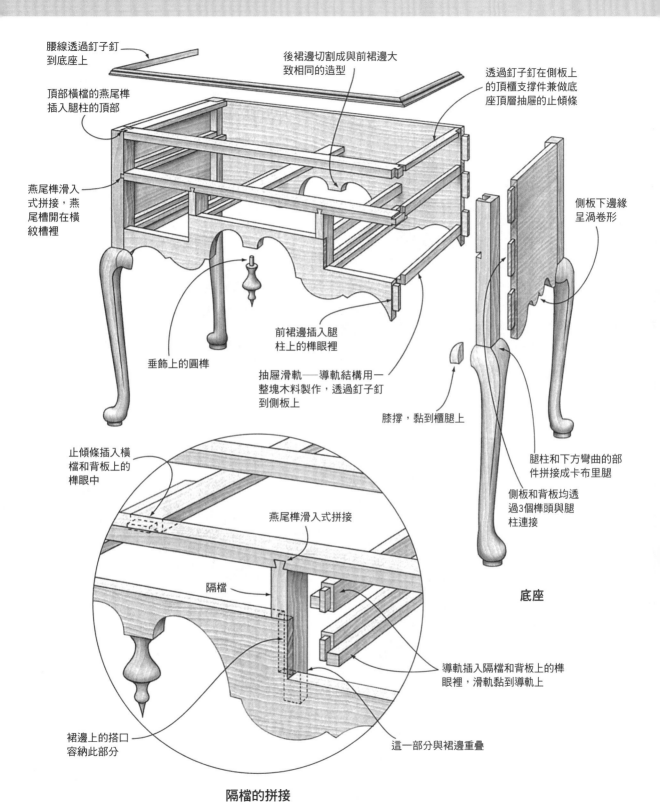

腰線透過釘子釘到底座上

頂部橫檔的燕尾榫插入腿柱的頂部

燕尾榫滑入式拼接，燕尾槽開在橫紋槽裡

垂飾上的圓榫

後裙邊切割成與前裙邊大致相同的造型

透過釘子釘在側板上的頂櫃支撐件兼做底座頂層抽屜的止傾條

側板下邊緣呈渦卷形

前裙邊插入腿柱上的榫眼裡

抽屜滑軌──導軌結構用一整塊木料製作，透過釘子釘到側板上

膝撐，黏到櫃腿上

腿柱和下方彎曲的部件拼接成卡布里腿

側板和背板均透過3個榫頭與腿柱連接

底座

止傾條插入橫檔和背板上的榫眼中

燕尾榫滑入式拼接

隔檔

裙邊上的搭口容納此部分

導軌插入隔檔和背板上的榫眼裡，滑軌黏到導軌上

這一部分與裙邊重疊

隔檔的拼接

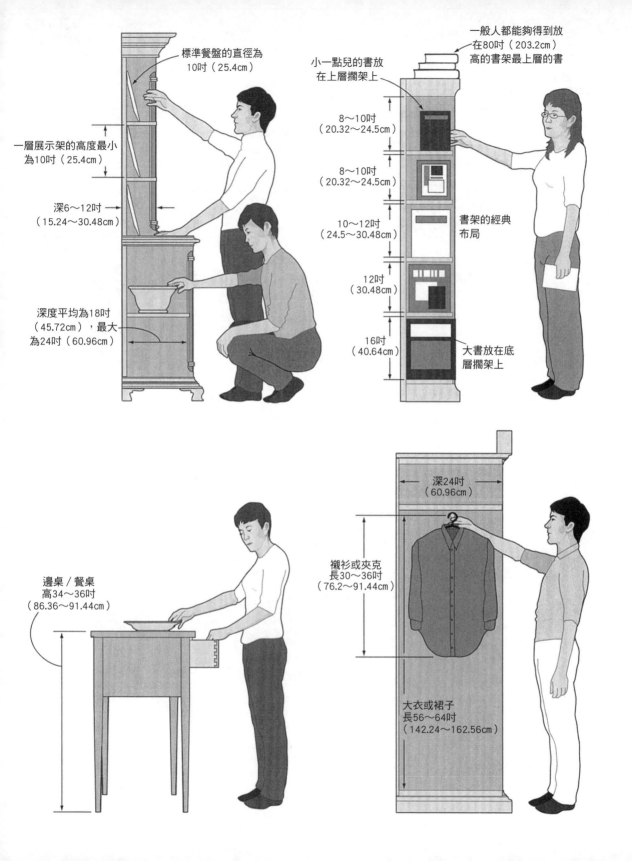

標準餐盤的直徑為
10吋（25.4cm）

一層展示架的高度最小
為10吋（25.4cm）

深6～12吋
（15.24～30.48cm）

深度平均為18吋
（45.72cm），最大
為24吋（60.96cm）

一般人都能夠得到放
在80吋（203.2cm）
高的書架最上層的書

小一點兒的書放
在上層擱架上

8～10吋
（20.32～24.5cm）

8～10吋
（20.32～24.5cm）

10～12吋
（24.5～30.48cm）

書架的經典
布局

12吋
（30.48cm）

16吋
（40.64cm）

大書放在底
層擱架上

邊桌／餐桌
高34～36吋
（86.36～91.44cm）

深24吋
（60.96cm）

襯衫或夾克
長30～36吋
（76.2～91.44cm）

大衣或裙子
長56～64吋
（142.24～162.56cm）

櫥　櫃

櫥櫃的含義比較寬泛，它是一種對許多形制並不相同的家具的籠統叫法，可能是一個簡單的開放式的擱架，也可能是一個複雜的斷層式的櫃子。常見的櫥櫃往往包含櫃體（或帶門的擱架，門可以是玻璃的或其他形式的）和抽屜兩個要素，有時候也可能裝有一個沒有門的擱架。這裡給出了一些櫥櫃的常規尺寸，你可以以此為依據製作，但具體尺寸最終還是取決於使用者的特定需求和使用環境。

吊櫃：這種櫥櫃一般比較淺，一方面是因為這樣更便於使用者取放物品，另一方面是因為人們一般也不會往吊櫃裡放較大的物品。吊櫃最深為12吋（30.48cm）。為了便於使用，安裝吊櫃時要確保其最上邊的擱架到地板的距離不超過80吋（203.2cm）。

展示櫃或瓷器櫃：一層擱架通常高10吋（24.5cm）或更高，具體高度需要根據使用者所想存放的物品加以調整。為了方便拿取物品，展示櫃或瓷器櫃擱架的高度和深度設計要合理。任何擱架的高度都不要超過80吋（203.2cm），並且任何擱架的深度都不要超過24吋（60.96cm）。

書櫃：書櫃中書架的布局不僅要與房間相適應，也要與書的大小相適應。一般來說，如果要放的是標準大小的書籍，擱架應深8吋（20.32cm），擱板與擱板之間的間距應為10吋（24.5cm）；如果要放的是帶圖畫的大書，擱架應深12吋（30.48cm），擱板與擱板之間的間距則為13吋（33.02cm）。在設計書櫃總的高度時要考慮一般人所能搆到的高度，最上邊的擱架到地板的距離不要超過80吋（203.2cm）。

邊櫃：邊櫃是用來存放物品的櫥櫃，它的臺面也有用。在設計臺面的高度時要考慮到人會站著在其上面準備食物和飲料，這意味著臺面的高度應約為36吋（91.44cm）。

文件櫃：這種櫥櫃的高度隨抽屜的數目而變化，兩抽屜的文件櫃高28吋（71.12cm），四抽屜的文件櫃高52吋（132.08cm）。文件櫃的寬度取決於文件的尺寸，是信紙大小的還是法定規格的等等。此外，它的深度也要根據具體的需求而有所變化。

衣櫃：在壁櫥出現之前，人們通常把衣服掛在衣櫃裡。因為裙子和大衣比較長，所以衣櫃比較高，一般來說衣櫃有6～7呎（182.88～213.36cm）高。

牆架

　　想要用一種牆架來代表所有類型的牆架是非常困難的。如果要說出一種變體極多的家具，那麼毋庸置疑，肯定就是不起眼的牆架了。下面「設計變化」中的例子就可以充分說明這一點。

　　讓人印象深刻的是，牆架基本是民間家具。的確，齊本德爾著名的圖樣書介紹了一兩種「瓷器架」，但無論是在齊本德爾風格的家具還是在其他風格的家具中，微不足道的牆架都不是代表性的家具。

　　右圖所示的牆架是一種典型的壁掛式牆架，把它當作範例來展示是合情合理的，因為它上面沒有任何怪異的裝飾。它非常實用，拼接簡單，看起來也挺漂亮。擱架的側板做有造型，突出了各層的擱板。與擱板相比，底板略突出，雖然結構簡單，但在外觀上增加了趣味性。牆架架頂上飾有簡單的飛檐裝飾線。

　　把牆架掛在牆上或者放在工作臺上後，人們可以在它上面展示自己的小物件。

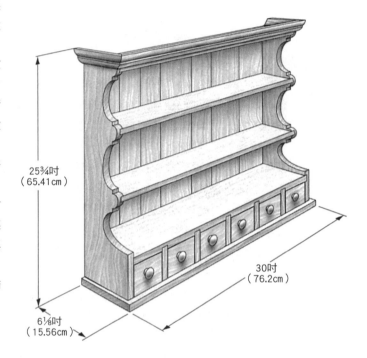

25¾吋
（65.41cm）

6⅛吋
（15.56cm）

30吋
（76.2cm）

設計變化 民間家具具有特別強的實用性、操作性和創造性。右圖展示的各種樣式的牆架，每一個都充分展示了自身的實用性，但樣式並不單調乏味。展示方式恰當的話，擱架上的小擺設或小物件將與擱架融為一體。

葉狀側板將人的視線從上層的窄擱板帶到下層的寬擱板，退化的架腳與最下面的葉片整合在一起

這種牆架的擱板對書籍來說太淺了，擱架的正面框架上做了凸圓形裝飾線，它更適合用來放置珍貴的物件

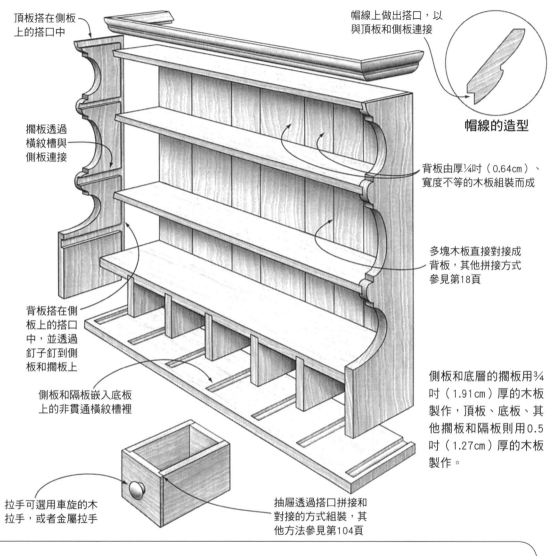

頂板搭在側板
上的搭口中

帽線上做出搭口，以
與頂板和側板連接

帽線的造型

擱板透過
橫紋槽與
側板連接

背板由厚¼吋（0.64cm）、
寬度不等的木板組裝而成

多塊木板直接對接成
背板，其他拼接方式
參見第18頁

背板搭在側
板上的搭口
中，並透過
釘子釘到側
板和擱板上

側板和隔板嵌入底板
上的非貫通橫紋槽裡

側板和底層的擱板用¾
吋（1.91cm）厚的木板
製作，頂板、底板、其
他擱板和隔板則用0.5
吋（1.27cm）厚的木板
製作。

拉手可選用車旋的木
拉手，或者金屬拉手

抽屜透過搭口拼接和
對接的方式組裝，其
他方法參見第104頁

一對平行的薄木條
支撐著擱板

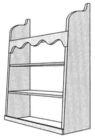

這種牆架的擺放高度應與
視線同高或低於視線，使
用者可以將它掛在牆上或
置於桌子上

側板邊緣的渦卷形造型很複
雜，架頂安裝了與之相配的
類似匾額的裝飾板，這些都
讓這個牆架與眾不同

吊櫃

吊櫃在尺寸、布局和風格上的變化多到難以計數。做好的櫥櫃掛在牆上，就成了一個吊櫃。

右圖所示的吊櫃相對較小，是一種鄉村或民間風格的家具。櫃體透過燕尾榫拼接（全透式拼接）而成，背板是由豎直並排的多塊木板組裝成的，此外櫃子上還裝有一個正面框架和一扇鼓起式嵌板門。裝飾線突出了頂板和底板，並掩蓋了燕尾榫拼接的痕跡。無論是在18世紀、19世紀還是在20世紀，這樣的櫃子製作起來都非常容易。

一個世紀以前，上述這種結構的櫃子肯定是當時所有櫃子的原型，現在這種結構只會出現在手工製作的家具上了。現在常見的諸如廚用牆櫃（第332頁）一類的壁掛式家具用材通常是薄板，並且是透過機器簡單地拼接而成的。

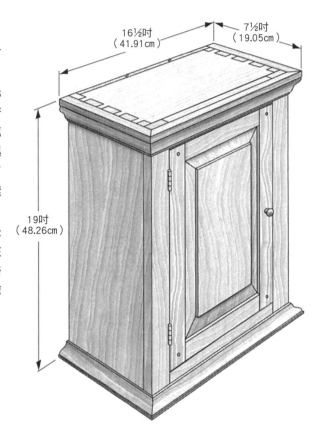

16½吋
（41.91cm）

7½吋
（19.05cm）

19吋
（48.26cm）

設計變化　吊櫃是一種小型家具。從殖民地時期開始，這種實用的家具就大量被製作出來了，但基本沒有樣式特別華麗的。吊櫃不會影響一間房間的整體風格，也不會特別引人注目，但這並不代表它們的風格是一成不變、平淡無奇的。

右圖展示了幾種不同樣式的吊櫃。帶有多個抽屜的吊櫃是作為調料櫃使用的，其他吊櫃的用途則無法確定。它們的確是一種實用的家具，並且樣式不算老土。調料櫃櫃頂飾有一個簡單的山形頂飾，雙門的賓夕法尼亞德式吊櫃則帶有渦卷形的裙邊。高而窄的吊櫃看起來很莊重，這要歸功於它厚重的飛檐裝飾線。就連最普通的震顫派式吊櫃也帶著震顫派式家具自有的優美。

震顫派式吊櫃

帶有多個抽屜的
調料櫃

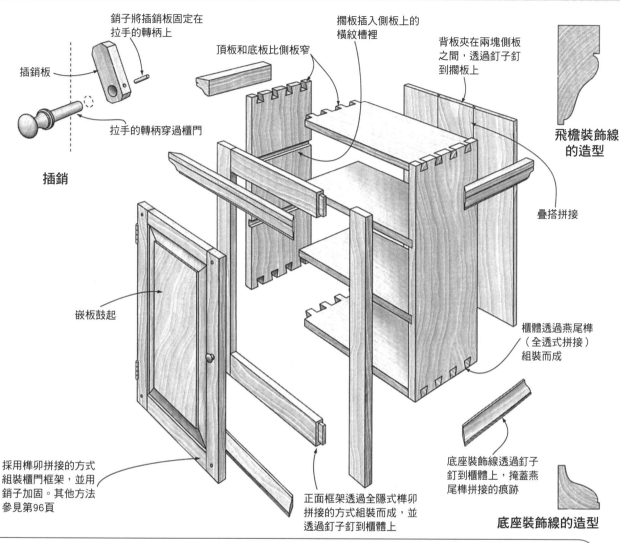

銷子將插銷板固定在
拉手的轉柄上

插銷板

拉手的轉柄穿過櫃門

插銷

頂板和底板比側板窄

擱板插入側板上的
橫紋槽裡

背板夾在兩塊側板
之間，透過釘子釘
到擱板上

**飛檐裝飾線
的造型**

疊搭拼接

嵌板鼓起

櫃體透過燕尾榫
（全透式拼接）
組裝而成

採用榫卯拼接的方式
組裝櫃門框架，並用
銷子加固。其他方法
參見第96頁

正面框架透過全隱式榫卯
拼接的方式組裝而成，並
透過釘子釘到櫃體上

底座裝飾線透過釘子
釘到櫃體上，掩蓋燕
尾榫拼接的痕跡

底座裝飾線的造型

**單門的賓夕法尼亞
德式吊櫃**

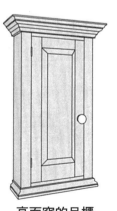

高而窄的吊櫃

**雙門的賓夕法尼亞
德式吊櫃**

吊角櫃

吊角櫃是一種被專門設計成吊掛在牆角處的櫥櫃。從18世紀初開始，它逐漸在歐洲和北美農村地區的家庭中占據一席之地。吊角櫃的用途就是儲物，它沒有像它大一點兒的「近親」——角櫃那樣，得到家具製作者們過多的關注。儘管如此，史上仍不乏吸引人的作品，並且現在仍然有不少吸引人的吊角櫃被製作出來。

就拿右圖所示的吊角櫃來說，它沒有花俏的拼接，也沒有安裝飾面薄板或鑲嵌裝飾，它只是一個比例和諧、結構堅固的櫃子。

組裝背板用的木板，透過疊搭拼接的方式拼成背板後，不塗膠並且透過釘子釘到側板、頂板和底板上。這些木板向上延伸超過頂板，形成了具有裝飾效果的貝殼花邊。

櫃門嵌板的上部呈拱形，這是吊角櫃最難製作的地方，因為把嵌板做成向外鼓起的樣式需要花費一些工夫。

右圖所示的吊角櫃高48吋（121.92㎝），作為一種掛在牆上的櫃子，它是比較高的，比我們常在廚房裡看見的那些吊櫃要高。

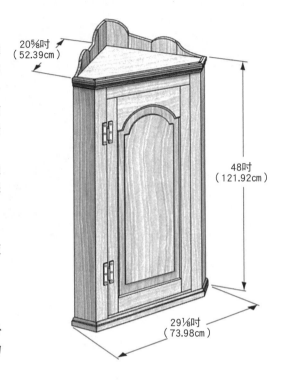

20⅝吋
（52.39cm）

48吋
（121.92cm）

29⅛吋
（73.98cm）

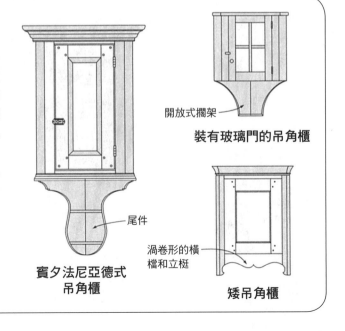

設計變化

即使是吊角櫃這麼簡單的家具，不同的家具製作者製作出來的樣式也不一樣。右圖賓夕法尼亞德式吊角櫃裝有玻璃門，這樣櫃子裡收藏的物品可以被展示出來，而不是被簡單地一藏了事。裝有玻璃門的吊角櫃則把不能透視的儲存空間與開放式的擱架結合起來了。矮吊角櫃帶有一些裝飾，比如正面框架上帶貝殼花邊。如果沒有這些裝飾，矮吊角櫃就只有實用價值了。

開放式擱架

裝有玻璃門的吊角櫃

尾件

渦卷形的橫檔和立梃

賓夕法尼亞德式吊角櫃

矮吊角櫃

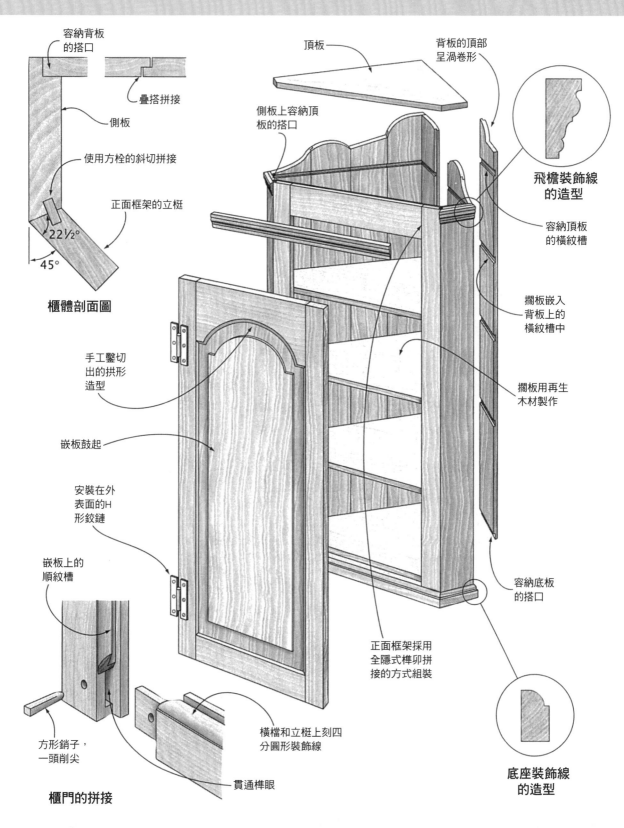

容納背板的搭口

側板

疊搭拼接

使用方栓的斜切拼接

正面框架的立梃

22½°

45°

櫃體剖面圖

頂板

背板的頂部呈渦卷形

側板上容納頂板的搭口

飛檐裝飾線的造型

容納頂板的橫紋槽

手工鑿切出的拱形造型

擱板嵌入背板上的橫紋槽中

擱板用再生木材製作

嵌板鼓起

安裝在外表面的H形鉸鏈

嵌板上的順紋槽

正面框架採用全隱式榫卯拼接的方式組裝

容納底板的搭口

方形銷子，一頭削尖

橫檔和立梃上刻四分圓形裝飾線

貫通榫眼

底座裝飾線的造型

櫃門的拼接

乾水槽

200年前，用於飲用的水、做飯用的水和偶爾用來洗東西的水，都是人們用水桶運到房子裡的，而運水用的水桶就放在水桶架上。

後來，人們為水桶架裝上了門、頂板周圍的擋水板，以及一些裝飾件。它們不再造型單調，變得越來越時髦。此外，它們變得更像今天的水槽（用來準備食物和洗東西的地方），作為工作臺的功能被強化了，儲物功能則被弱化了。發展成新的樣式以後，水桶架又被稱作飲水架、洗漱架和乾水槽。

今天，人們更傾向於將乾水槽放在起居室或家庭活動室裡，而不是廚房裡。它的櫥櫃部分可用來儲物，臺面則可用來展示小物件。

總的來說，乾水槽是一件非常實用的、不虛飾造作的家具。早期乾水槽的拼接採用的都是非常基本的方式。

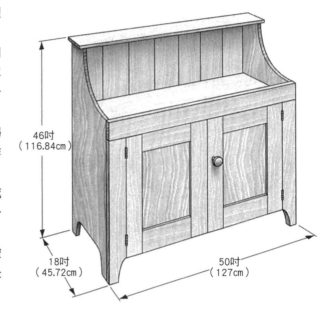

46吋
（116.84cm）

18吋
（45.72cm）

50吋
（127cm）

乾水槽有非常多的變體，它們中的大多數屬於我們今天所謂的鄉村式家具，更準確地說，它們其實是廚房裡的一種設備。下圖展示的三種樣式清楚地展現了乾水槽的演化進程，瞭解這些不同的樣式將有助於你設計上的創新。

水桶架就是一個簡單的擱架；低矮的乾水槽是一個頂面下凹的簡單的櫥櫃；飲水架的背板較高，側板做出了貝殼花邊的造型，並且支撐著一對略低於視線的抽屜。這三件家具都沒有底座，因為家具製作者直接在側板或正面框架上做出了家具腳。

設計
變化

水桶架

低矮的乾水槽

飲水架

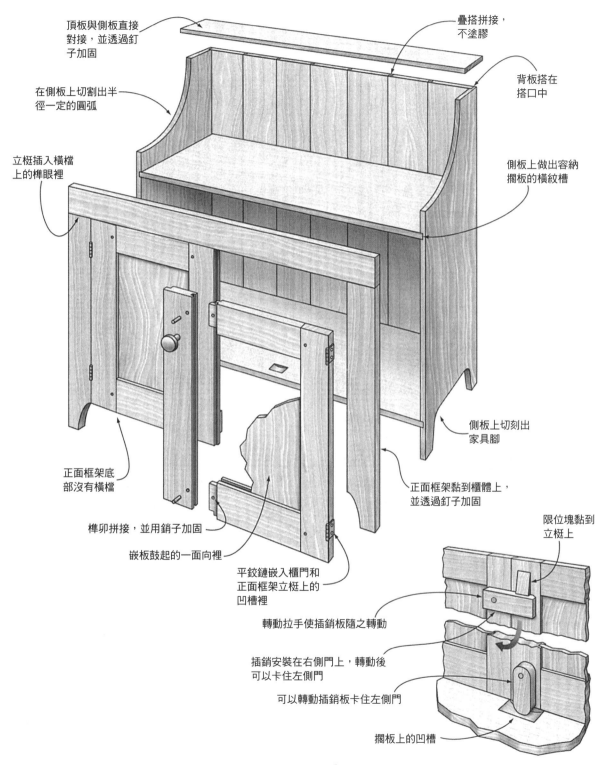

頂板與側板直接對接，並透過釘子加固

疊搭拼接，不塗膠

在側板上切割出半徑一定的圓弧

背板搭在搭口中

立梃插入橫檔上的榫眼裡

側板上做出容納擱板的橫紋槽

正面框架底部沒有橫檔

側板上切刻出家具腳

榫卯拼接，並用銷子加固

嵌板鼓起的一面向裡

正面框架黏到櫃體上，並透過釘子加固

限位塊黏到立梃上

平鉸鏈嵌入櫃門和正面框架立梃上的凹槽裡

轉動拉手使插銷板隨之轉動

插銷安裝在右側門上，轉動後可以卡住左側門

可以轉動插銷板卡住左側門

擱板上的凹槽

插銷

碗櫥

廚房家具不等同於鄉村家具，碗櫥卻通常被看作鄉村家具。可是今天我們往往容易忽略，一些在城市和鄉村都使用的廚房家具，它們都是樸素且純實用性的，比如操作臺和碗櫥。幾十年前，碗櫥原本是用於保存珍貴的食物的。

右圖所示的碗櫥是此類家具的原型。除了立柱上車旋的造型和錫板上的鏤空圖案，沒有其他裝飾。這基本上是所有鄉村家具的共同特徵，完全是實用性的。

其實，這些鏤空的錫板標誌著碗櫥的發展達到了頂峰。錫板上的這些小孔可使空氣保持流通；孔非常小，可以擋住蒼蠅；此外，金屬的質地還能抵擋齧齒動物的啃咬。如第271頁圖中所示，可以用多種方法將錫板安裝在一個簡單的框架裡。

當然，這些小孔所組成的圖案，人們完全可以根據個人喜好進行個性化訂製。期待各種樣式的錫板進入廚房！

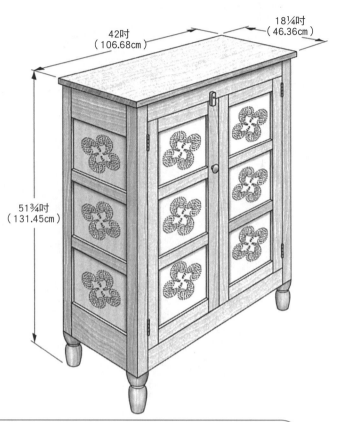

42吋
（106.68cm）

18¼吋
（46.36cm）

51¾吋
（131.45cm）

設計變化

碗櫥的變體非常多。立式單門碗櫥向我們清清楚楚地展示了這種家具最初的實用主義本質。與果醬櫃樣式相似的碗櫥，頂部圍有較矮的圍欄，並且還裝有一個抽屜。高碗櫥是下圖三種碗櫥中裝飾最多的，它將儲物櫃（下櫃）和碗櫥（上櫃）結合了起來。

立式單門碗櫥

帶抽屜的碗櫥，
高度中等

高碗櫥，碗櫥和
儲物櫃的結合體

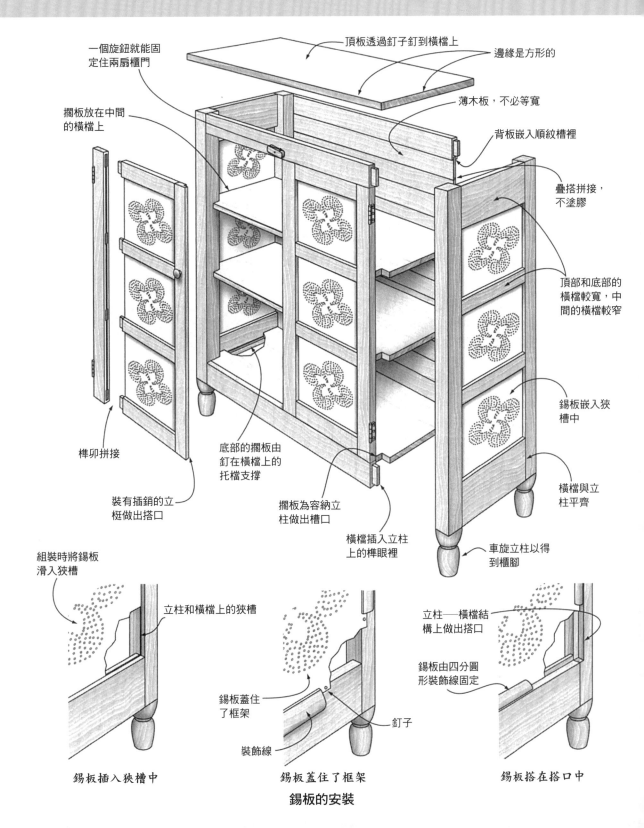

一個旋鈕就能固
定住兩扇櫃門

頂板透過釘子釘到橫檔上

邊緣是方形的

薄木板，不必等寬

背板嵌入順紋槽裡

擱板放在中間
的橫檔上

疊搭拼接，
不塗膠

頂部和底部的
橫檔較寬，中
間的橫檔較窄

錫板嵌入狹
槽中

橫檔與立
柱平齊

榫卯拼接

裝有插銷的立
梃做出搭口

底部的擱板由
釘在橫檔上的
托檔支撐

擱板為容納立
柱做出槽口

橫檔插入立柱
上的榫眼裡

車旋立柱以得
到櫃腳

組裝時將錫板
滑入狹槽

立柱和橫檔上的狹槽

錫板蓋住
了框架

釘子

裝飾線

立柱—橫檔結
構上做出搭口

錫板由四分圓
形裝飾線固定

錫板插入狹槽中

錫板蓋住了框架

錫板搭在搭口中

錫板的安裝

調料櫃

調料櫃是落地櫥櫃的微縮版，它最初是被設計來存放調料的。打開調料櫃的櫃門之後，你可以看到一打左右的小抽屜。因為調料在17世紀和18世紀是非常昂貴的，所以當時設計的調料櫃的櫃門是可以上鎖的。

調料櫃被多地的人們製作和使用。有些非常漂亮的調料櫃是北卡羅來納州山麓地區的，但目前流傳最久的還是美國東南部賓夕法尼亞切斯特郡製作的調料櫃。

調料櫃在17世紀晚期威廉——瑪麗時代開始出現，它歷經安妮女王時代和齊本德爾時代，一直到19世紀，有些調料櫃已經帶有赫普爾懷特式家具的特徵了。

調料櫃不僅僅是一個簡單的帶門和抽屜的小櫃子，它還是一種展示性的家具。它擁有大型高檔家具特有的精細做工和裝飾，你如果買不起高腳抽屜櫃，可以買一個做工精美的調料櫃。保存下來的切斯特郡的調料櫃，櫃體是弓面樣式的，並且帶有拱

形頂，櫃門的造型相當複雜，櫃腳上做有裝飾性造型；此外，整個櫃子上還飾有時髦的裝飾線、華麗的飾面薄板和繁複的鑲嵌裝飾。

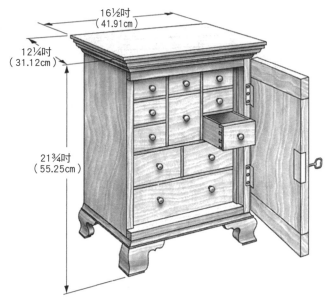

16½吋
（41.91cm）

12¼吋
（31.12cm）

21¾吋
（55.25cm）

設計變化

撇開外觀不談，我們來看一看調料櫃內部結構最大的變化——安裝了暗屜。幾乎每個調料櫃都有一兩個暗屜。最容易製作的暗屜是一種置於櫃子後部的小抽屜，它前方較淺的抽屜將其藏起來了。較難製作的是隱藏在櫃體前部的抽屜，它是後開的，平時被背板遮住了。我們把底層抽屜下的滑塊拉出來後就可以向下滑動背板了，這時頂層的暗屜也就露出來了。

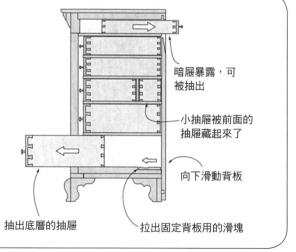

暗屜暴露，可被抽出

小抽屜被前面的抽屜藏起來了

向下滑動背板

抽出底層的抽屜

拉出固定背板用的滑塊

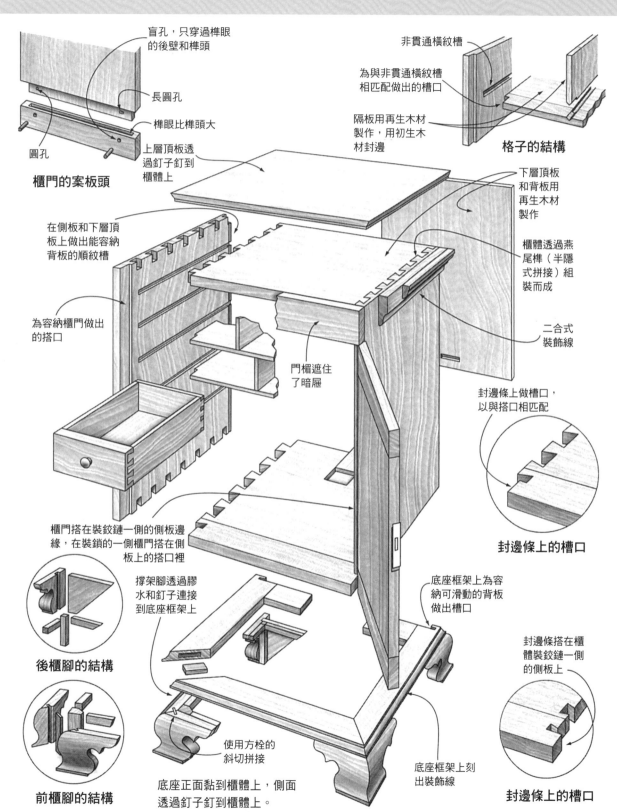

盲孔，只穿過榫眼的後壁和榫頭

長圓孔

榫眼比榫頭大

圓孔

櫃門的案板頭

上層頂板透過釘子釘到櫃體上

在側板和下層頂板上做出能容納背板的順紋槽

為容納櫃門做出的搭口

門楣遮住了暗屜

非貫通橫紋槽

為與非貫通橫紋槽相匹配做出的槽口

隔板用再生木材製作，用初生木材封邊

格子的結構

下層頂板和背板用再生木材製作

櫃體透過燕尾榫（半隱式拼接）組裝而成

二合式裝飾線

封邊條上做槽口，以與搭口相匹配

封邊條上的槽口

櫃門搭在裝鉸鏈一側的側板邊緣，在裝鎖的一側櫃門搭在側板上的搭口裡

後櫃腳的結構

撐架腳透過膠水和釘子連接到底座框架上

底座框架上為容納可滑動的背板做出槽口

封邊條搭在櫃體裝鉸鏈一側的側板上

前櫃腳的結構

使用方栓的斜切拼接

底座正面黏到櫃體上，側面透過釘子釘到櫃體上。

底座框架上刻出裝飾線

封邊條上的槽口

煙囪櫃

製作煙囪櫃時，家具製作者們全都是照右圖這種特定的震顫派式櫥櫃的樣式製作的。由於沒有其他的樣式，所以右圖所示的煙囪櫃應該就是這種家具的原型。煙囪櫃最早出現在19世紀紐約新黎巴嫩的震顫派社區，當時的煙囪櫃目前被收藏在紐約大都會藝術博物館。

煙囪櫃這一名稱來源於它的外觀，而不是它的功能。它們高而苗條，像煙囪一樣矗立著，可用來放置各種各樣的物品，比如盤子、果醬和果凍等。

雖然不能說稀有，但這種高而窄的落地櫥櫃確實少見。煙囪櫃是震顫派教徒創制的，人們對此應該不會感到驚訝，因為震顫派教徒以善於為可用空間訂做家具著稱。所以，如果有一個牆角可用，家具製作者（震顫派教徒）就會把它填滿，從可用空間的一頭到另一頭、從地板到天花板全都填滿。

其實煙囪櫃就是一種做得很窄的最基本的櫥櫃。製作煙囪櫃時先做一個帶擱板的高而苗條的櫃子，再裝上櫃門。

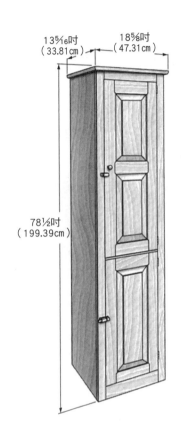

13⁵⁄₁₆吋
（33.81cm）
18⁵⁄₈吋
（47.31cm）

78½吋
（199.39cm）

設計變化

煙囪櫃在風格和尺寸上的變化多種多樣，從飾有帽線和黃銅配件的複雜型煙囪櫃，到僅僅是把幾塊寬木板釘在一起的簡單型煙囪櫃，各種樣式的都有。

因為煙囪櫃高而窄，所以它用起來不是很方便，因此設計者在設計時須主要考慮如何讓人能更方便地拿取櫃子裡的物品。上圖的煙囪櫃裝有兩扇櫃門，較長的櫃門被裝在了上面，我們也可以將它裝在下面。當然，兩扇櫃門的尺寸也可以一樣，你還可以給煙囪櫃裝三扇或更多的櫃門。

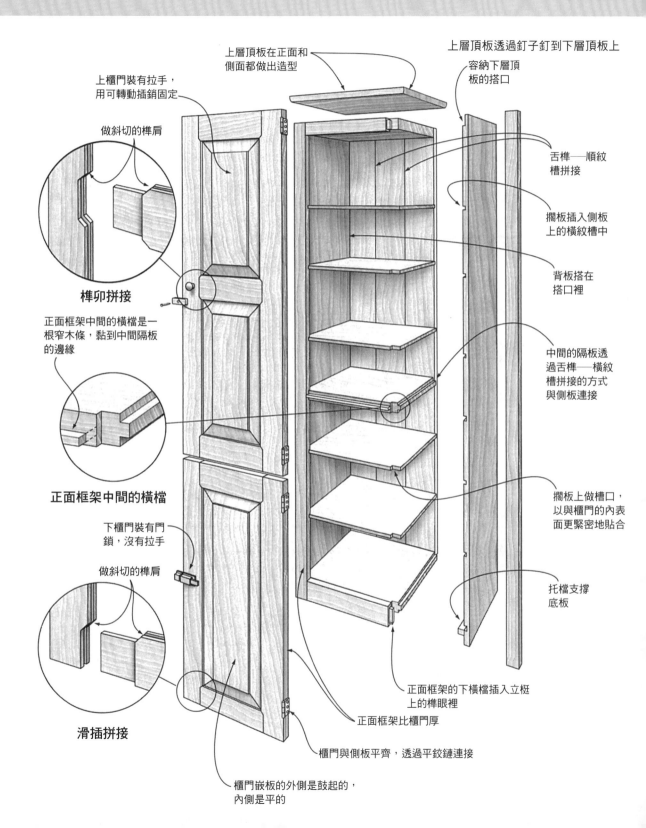

上層頂板在正面和側面都做出造型

上層頂板透過釘子釘到下層頂板上

容納下層頂板的搭口

上櫃門裝有拉手，用可轉動插銷固定

做斜切的榫肩

舌榫——順紋槽拼接

榫卯拼接

擱板插入側板上的橫紋槽中

背板搭在搭口裡

正面框架中間的橫檔是一根窄木條，黏到中間隔板的邊緣

中間的隔板透過舌榫——橫紋槽拼接的方式與側板連接

正面框架中間的橫檔

下櫃門裝有門鎖，沒有拉手

做斜切的榫肩

擱板上做槽口，以與櫃門的內表面更緊密地貼合

托檔支撐底板

正面框架的下橫檔插入立梃上的榫眼裡

正面框架比櫃門厚

滑插拼接

櫃門與側板平齊，透過平鉸鏈連接

櫃門嵌板的外側是鼓起的，內側是平的

果醬櫃

現在我們一提起果醬櫃就認為它是一種鄉村家具，但實際情況並非如此。城市居民，不論貧富，也跟鄉村居民一樣需要一些放在廚房裡儲存食物用的櫥櫃。果醬櫃實際上就是一種通用的廚房櫃子。

最早的果醬櫃其實就是一種開放式的擱架。其結構的改變是被人們的需求帶動起來的。人們希望它能夠擋住灰塵和蟲子，家具製作者就在擱架上安裝了門；人們希望它使用起來更方便，家具製作者就又引入了抽屜。我們其實可以把果醬櫃看成是一堆摞在一起的盒子，只不過想打開其中任意一個盒子時不需要將其他的盒子都搬開。

因為果醬櫃的使用者多是普通人，所以家具製作者製作它所用到的拼接方式也都是簡單而耐用的，比如使用釘子的拼接、榫卯拼接、疊搭拼接、舌榫——順紋槽拼接和燕尾榫拼接等。因此，家具製作者在製作果醬櫃時無須使用太多的工具。

左右圖所示的果醬櫃出現得相對較晚，帶有一定的格調，也代表了家具製作者較高的工藝水平。果醬櫃1對櫃門的上方裝有2個抽屜，櫃門後面是3塊固定的擱板。

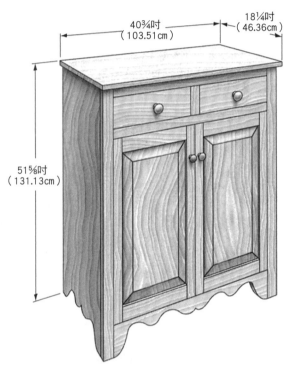

40¾吋
（103.51cm）

18¼吋
（46.36cm）

51⅝吋
（131.13cm）

設計
變化

我們從下圖展示的三種果醬櫃的變體可以清楚地看出果醬櫃的演變進程。最早的果醬櫃很有可能採用的是板條門，因為不值錢，所以被保存下來的可能性不大。有趣的是，圖中所示的早期果醬櫃和碗櫃之間的主要區別正是櫃門。鼓起式嵌板門的確有很好的宣示作用，宣示著碗櫃主人的經濟實力和品位修養。抽屜只會出現在那些不那麼古老的果醬櫃上，比如圖中這種由法裔加拿大人製作的我們稱之為餐櫃的櫃子。這種櫃子的裝飾一般較少，如果有，也就只是將櫃體底部做成渦卷形或在櫃體底部貼裝少量的裝飾線。

早期果醬櫃

碗櫃

法裔加拿大人
製作的餐櫃

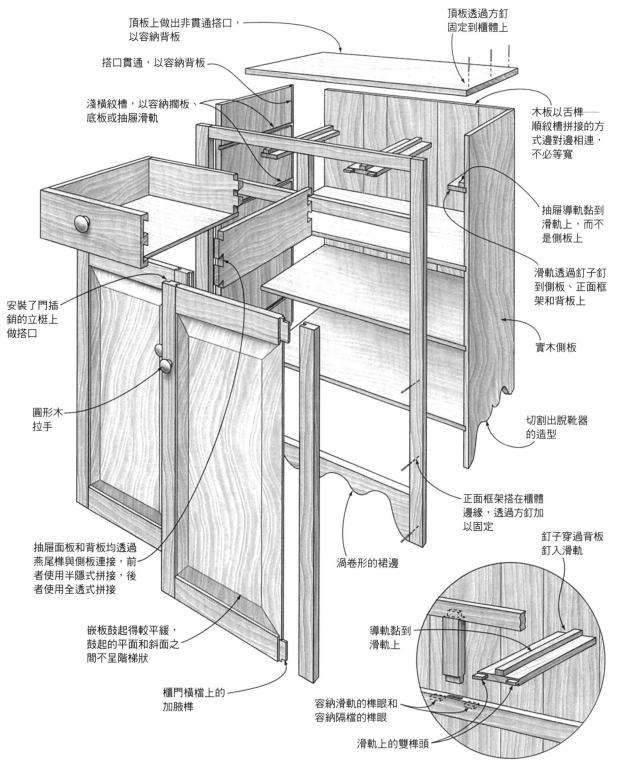

頂板上做出非貫通搭口，以容納背板

頂板透過方釘固定到櫃體上

搭口貫通，以容納背板

木板以舌榫——順紋槽拼接的方式邊對邊相連，不必等寬

淺橫紋槽，以容納擱板、底板或抽屜滑軌

抽屜導軌黏到滑軌上，而不是側板上

滑軌透過釘子釘到側板、正面框架和背板上

安裝了門插銷的立梃上做搭口

實木側板

圓形木拉手

切割出脫靴器的造型

抽屜面板和背板均透過燕尾榫與側板連接，前者使用半隱式拼接，後者使用全透式拼接

正面框架搭在櫃體邊緣，透過方釘加以固定

釘子穿過背板釘入滑軌

渦卷形的裙邊

嵌板鼓起得較平緩，鼓起的平面和斜面之間不呈階梯狀

導軌黏到滑軌上

櫃門橫檔上的加腋榫

容納滑軌的榫眼和容納隔檔的榫眼

滑軌上的雙榫頭

中央滑軌的拼接

哈奇櫃

哈奇櫃是介於水桶凳和後退式櫥櫃之間的一種過渡型家具。右圖所示的是18世紀新英格蘭北部具有代表性的哈奇櫃。它比較低調，但比例勻稱、俐落齊整。

這種哈奇櫃組裝時採用的是典型的櫃體拼接的方式，側板和擱板透過橫紋槽拼接，各種框架則使用榫卯拼接的方式連接。抽屜框架直接黏到櫃體的正面框架上而非櫃體側板上，這種方式不常見。

威爾斯式梳妝臺
開放式梳妝臺
哈奇碗櫃
錫器櫃
開放式碗櫃
廚櫃

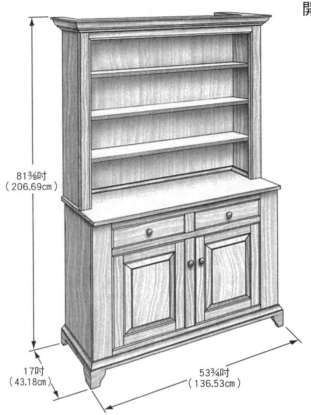

81⅜吋
（206.69cm）

17吋
（43.18cm）

53¾吋
（136.53cm）

設計變化

上面介紹的哈奇櫃基本上沒有任何裝飾，而這種純實用性恰恰是哈奇櫃的特徵。我們再來看一下右圖所示的哈奇櫃。一個的比例與眾不同，並且滾切出浮誇的線條；另一個做工細緻、造型優美。相較於後者，有些人會被前者不同尋常的比例所吸引。盤架和勺子插口不僅使餐具近在手邊且便於取放，而且便於主人展示餐具。

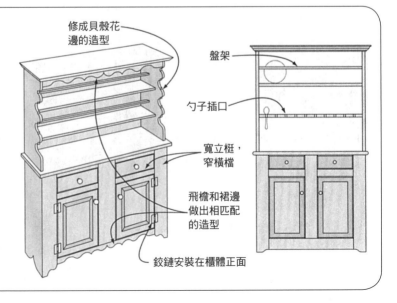

修成貝殼花邊的造型

盤架

勺子插口

寬立梃，窄橫檔

飛檐和裙邊做出相匹配的造型

鉸鏈安裝在櫃體正面

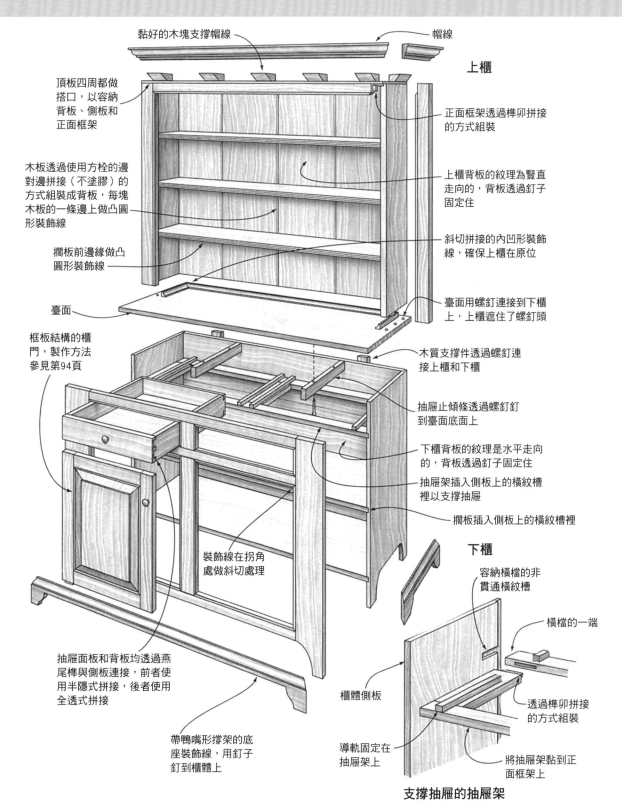

黏好的木塊支撐帽線

帽線

頂板四周都做搭口，以容納背板、側板和正面框架

木板透過使用方栓的邊對邊拼接（不塗膠）的方式組裝成背板，每塊木板的一條邊上做凸圓形裝飾線

攔板前邊緣做凸圓形裝飾線

臺面

框板結構的櫃門，製作方法參見第94頁

裝飾線在拐角處做斜切處理

抽屜面板和背板均透過燕尾榫與側板連接，前者使用半隱式拼接，後者使用全透式拼接

帶鴨嘴形撐架的底座裝飾線，用釘子釘到櫃體上

上櫃

正面框架透過榫卯拼接的方式組裝

上櫃背板的紋理為豎直走向的，背板透過釘子固定住

斜切拼接的內凹形裝飾線，確保上櫃在原位

臺面用螺釘連接到下櫃上，上櫃遮住了螺釘頭

木質支撐件透過螺釘連接上櫃和下櫃

抽屜止傾條透過螺釘釘到臺面底面上

下櫃背板的紋理是水平走向的，背板透過釘子固定住

抽屜架插入側板上的橫紋槽裡以支撐抽屜

攔板插入側板上的橫紋槽裡

下櫃

容納橫檔的非貫通橫紋槽

橫檔的一端

櫃體側板

透過榫卯拼接的方式組裝

導軌固定在抽屜架上

將抽屜架黏到正面框架上

支撐抽屜的抽屜架

後退式櫥櫃

賓夕法尼亞德式櫥櫃
瓷器櫃
碗櫃

　　後退式櫥櫃是一種大型櫥櫃，由上下兩部分櫃體組成，下櫃安裝所謂的百葉門（其實就是木嵌板門），上櫃安裝玻璃門。之所以將它稱為後退式櫥櫃，是因為它上下櫃體的深度不同。

　　右圖所示的後退式櫥櫃是一種被稱為賓夕法尼亞德式櫥櫃的變體。它是由18世紀和19世紀初在北美定居的德裔創制的，它的功能與哈奇櫃（第278頁）完全相同。下櫃適合存放瓦罐、鍋和食物，上櫃則可以展示家裡的餐盤和其他餐具。

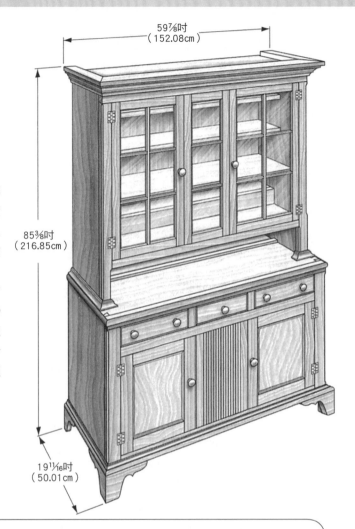

59⅞吋
（152.08cm）

85⅜吋
（216.85cm）

19¹¹⁄₁₆吋
（50.01cm）

設計變化

　　雖然賓夕法尼亞德式櫥櫃可能是最大和最廣為人知的後退式櫥櫃，但它並不是唯一的一種後退式櫥櫃。

　　早期櫥櫃是純實用性的，沒有賓夕法尼亞德式櫥櫃上那種浮誇的裝飾。它的結構和它的外表一樣簡單，櫃體是用較寬的木板釘成的，組成正面框架的橫檔和立梃甚至都互不連接，只是分別與櫃體相連。

　　肯塔基式櫥櫃則不一樣，從它的比例我們就能看出它的設計十分複雜。

早期櫥櫃　　　　肯塔基式櫥櫃

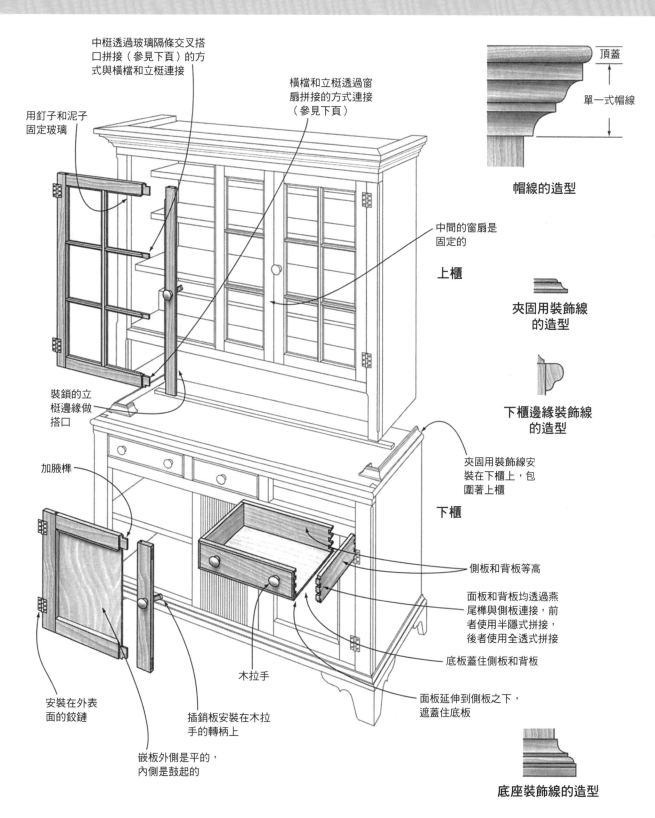

中梃透過玻璃隔條交叉搭口拼接（參見下頁）的方式與橫檔和立梃連接

橫檔和立梃透過窗扇拼接的方式連接（參見下頁）

頂蓋

單一式帽線

帽線的造型

用釘子和泥子固定玻璃

中間的窗扇是固定的

上櫃

夾固用裝飾線的造型

裝鎖的立梃邊緣做搭口

下櫃邊緣裝飾線的造型

夾固用裝飾線安裝在下櫃上，包圍著上櫃

下櫃

加腋榫

側板和背板等高

面板和背板均透過燕尾榫與側板連接，前者使用半隱式拼接，後者使用全透式拼接

底板蓋住側板和背板

木拉手

面板延伸到側板之下，遮蓋住底板

安裝在外表面的鉸鏈

插銷板安裝在木拉手的轉柄上

嵌板外側是平的，內側是鼓起的

底座裝飾線的造型

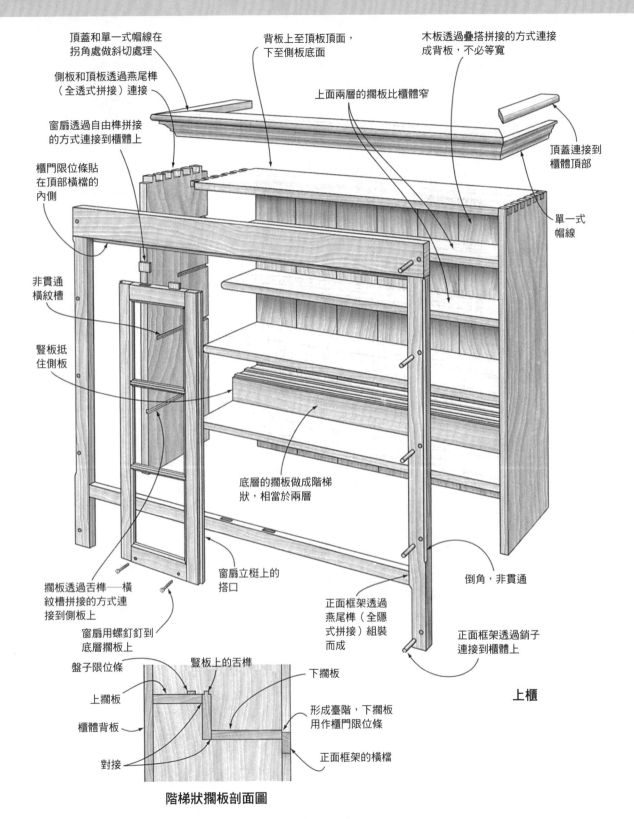

頂蓋和單一式帽線在拐角處做斜切處理

側板和頂板透過燕尾榫（全透式拼接）連接

窗扇透過自由榫拼接的方式連接到櫃體上

櫃門限位條貼在頂部橫檔的內側

非貫通橫紋槽

豎板抵住側板

擱板透過舌榫──橫紋槽拼接的方式連接到側板上

窗扇用螺釘釘到底層擱板上

背板上至頂板頂面，下至側板底面

上面兩層的擱板比櫃體窄

木板透過疊搭拼接的方式連接成背板，不必等寬

頂蓋連接到櫃體頂部

單一式帽線

底層的擱板做成階梯狀，相當於兩層

窗扇立梃上的搭口

正面框架透過燕尾榫（全隱式拼接）組裝而成

倒角，非貫通

正面框架透過銷子連接到櫃體上

上櫃

盤子限位條

豎板上的舌榫

上擱板

櫃體背板

對接

下擱板

形成臺階，下擱板用作櫃門限位條

正面框架的橫檔

階梯狀擱板剖面圖

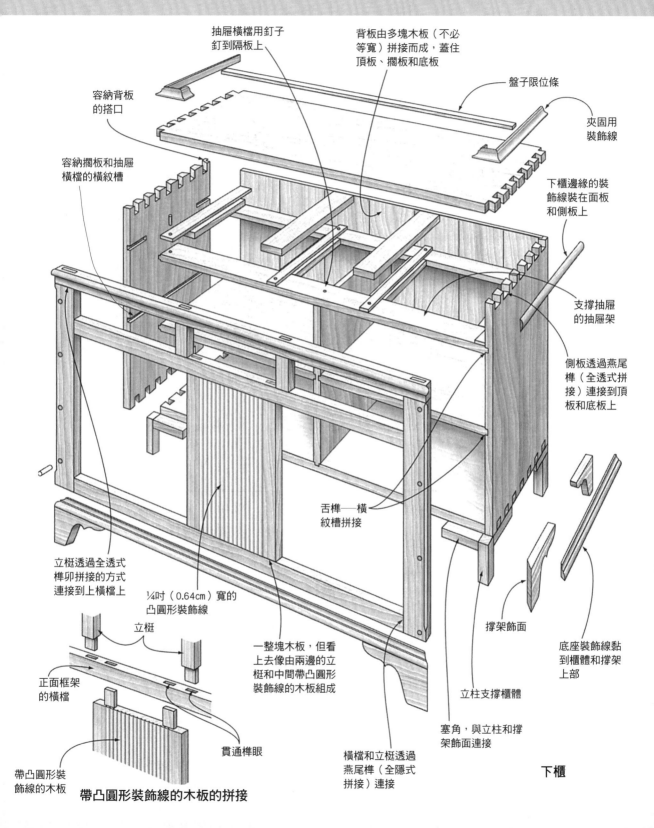

抽屜橫檔用釘子釘到隔板上

背板由多塊木板（不必等寬）拼接而成，蓋住頂板、擱板和底板

盤子限位條

夾固用裝飾線

容納背板的搭口

容納擱板和抽屜橫檔的橫紋槽

下櫃邊緣的裝飾線裝在面板和側板上

支撐抽屜的抽屜架

側板透過燕尾榫（全透式拼接）連接到頂板和底板上

舌榫──橫紋槽拼接

立梃透過全透式榫卯拼接的方式連接到上橫檔上

¼吋（0.64cm）寬的凸圓形裝飾線

一整塊木板，但看上去像由兩邊的立梃和中間帶凸圓形裝飾線的木板組成

撐架飾面

底座裝飾線黏到櫃體和撐架上部

立柱支撐櫃體

塞角，與立柱和撐架飾面連接

立梃

正面框架的橫檔

貫通榫眼

橫檔和立梃透過燕尾榫（全隱式拼接）連接

下櫃

帶凸圓形裝飾線的木板

帶凸圓形裝飾線的木板的拼接

邊櫃

　　邊櫃的發展與餐廳的發展是同步的，如今餐廳已變成了用於就餐的獨立的房間，特別是有客人來家裡用餐時。「邊櫃」這一叫法無疑來源於「邊桌」，伊麗莎白時代邊桌是僕人上菜的中轉區。

　　但到了18世紀晚期，美國城市精英的家裡，上菜演變成了一個越來越複雜的儀式。此時邊櫃多用於歸整菜餚，儲物，以及展示刀叉、盤子等。有的邊櫃還裝有一個較深的、帶隔檔的抽屜，用來存放酒。

　　右圖所示的是一種反蛇形邊櫃，兩端內凹，中間外凸。中間部分上面是一個抽屜，下面是一對櫃門。儘管這種反蛇形的樣式起源於英國，但它在美洲也大受歡迎。

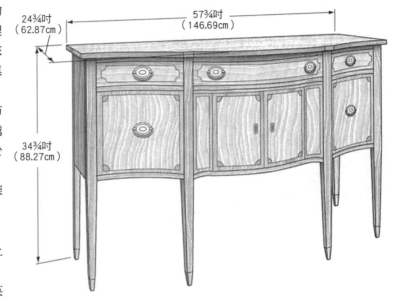

24¾吋
（62.87cm）

57¾吋
（146.69cm）

34¾吋
（88.27cm）

設計變化

　　上圖所示的是邊櫃的原型，也是邊櫃的經典樣式，其實許多在同時代製作的邊櫃樣式簡單得多。特別是在城市中心區以外，那裡製作的鄉村式邊櫃沒有櫃腿，沒有華麗的飾面薄板和鑲嵌裝飾，沒有蛇形的輪廓，也不能用於儲物。

　　隨著時間的推移和家具風格的變化，邊櫃不再是瘦長形的了，雖然在大多數家庭裡它仍然是一件展示性的家具。19世紀晚期的金橡木邊櫃既能提供大量的儲存空間，又富有裝飾性。同時代製作的工藝美術式邊櫃則完全不帶有裝飾，它帶有櫃腿，並具有強大的儲物功能。

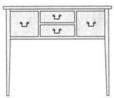

鄉村式邊櫃　　　　　工藝美術式邊櫃　　　　　金橡木邊櫃

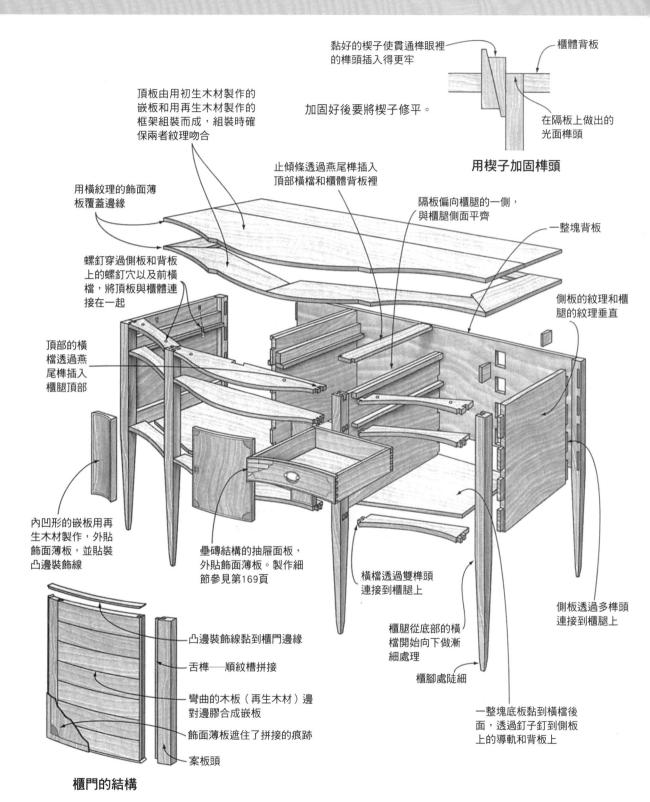

黏好的楔子使貫通榫眼裡的榫頭插入得更牢

櫃體背板

加固好後要將楔子修平。

在隔板上做出的光面榫頭

用楔子加固榫頭

頂板由用初生木材製作的嵌板和用再生木材製作的框架組裝而成，組裝時確保兩者紋理吻合

止傾條透過燕尾榫插入頂部橫檔和櫃體背板裡

隔板偏向櫃腿的一側，與櫃腿側面平齊

一整塊背板

用橫紋理的飾面薄板覆蓋邊緣

螺釘穿過側板和背板上的螺釘穴以及前橫檔，將頂板與櫃體連接在一起

側板的紋理和櫃腿的紋理垂直

頂部的橫檔透過燕尾榫插入櫃腿頂部

內凹形的嵌板用再生木材製作，外貼飾面薄板，並貼裝凸邊裝飾線

疊磚結構的抽屜面板，外貼飾面薄板。製作細節參見第169頁

橫檔透過雙榫頭連接到櫃腿上

側板透過多榫頭連接到櫃腿上

凸邊裝飾線黏到櫃門邊緣

舌榫──順紋槽拼接

彎曲的木板（再生木材）邊對邊膠合成嵌板

飾面薄板遮住了拼接的痕跡

案板頭

櫃腿從底部的橫檔開始向下做漸細處理

櫃腳處挺細

一整塊底板黏到橫檔後面，透過釘子釘到側板上的導軌和背板上

櫃門的結構

狩獵櫃

狩獵櫃是一種邊櫃，18世紀晚期在美國南部發展起來。從它的名字我們可以看出，它是一種供獵人使用的邊櫃，特別是供那些騎在馬背上追逐獵物的獵人──史上著名的南方獵狐人使用的。據傳，騎馬的獵人，由於屁股長期騎馬而被馬鞍磨壞了，下馬後不坐下，直接站在走廊上的狩獵櫃旁邊吃東西。

狩獵櫃和當時一般的邊櫃之間最直觀的區別就是外觀。一般的邊櫃可能是由城市裡的木工製作的，帶有裝飾用的華麗的飾面薄板，此外可能還帶有雕刻和複雜的鑲嵌裝飾。而狩獵櫃無疑是一種鄉村式家具，它更簡樸、結實，適合被擺放在走廊或者門廊之類的地方。另外，狩獵櫃往往比一般的邊櫃高幾吋，還可能窄幾吋。

右圖所示的狩獵櫃是傳統樣式的，並且它充分發揮了膠合板這種非傳統材料的優勢。對狩獵櫃這樣的需要大嵌板的家具而言，膠合板非常實

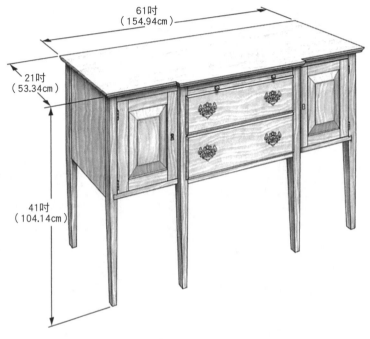

61吋
（154.94cm）

21吋
（53.34cm）

41吋
（104.14cm）

用。製作狩獵櫃時木工使用的大多數拼接方式也是傳統的，而底板的安裝方法比較特殊。

設計變化

狩獵櫃的定義非常明確：一張長而窄、桌腿較長且帶有抽屜或者櫃子的桌子。即使這樣，在這個定義範圍之內，狩獵櫃仍有改變的空間。

上圖所示的是狩獵櫃的原型，它由6條腿支撐，中間是抽屜，兩邊是帶門的格子。但其實狩獵櫃只需要4條腿就夠了，並且我們可以將格子換成深抽屜，可以改變抽屜的數量和布局，可以安裝擱板或擱架，可以用渦卷形的裙邊替換最下邊的橫檔。

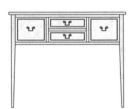

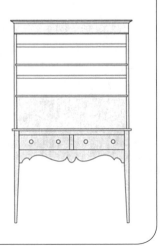

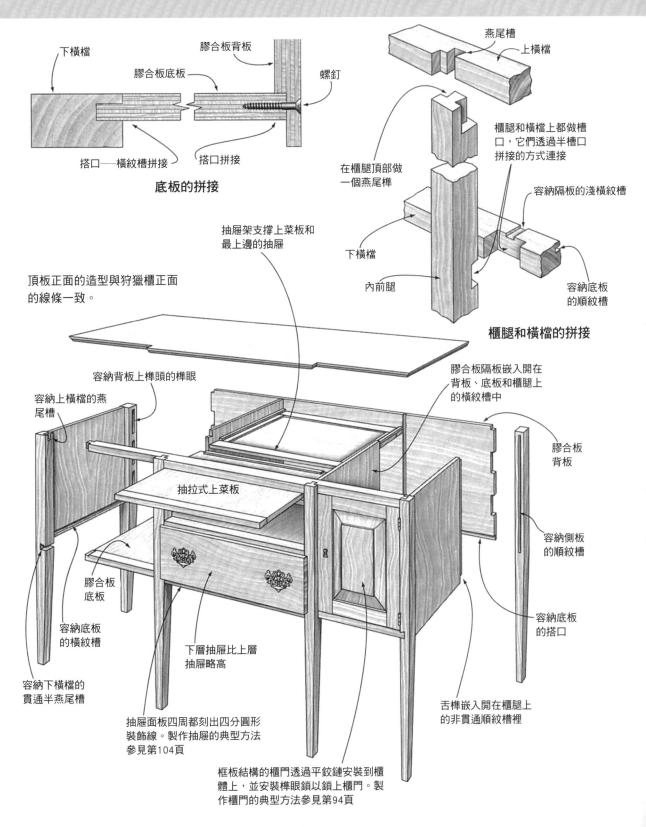

下橫檔

膠合板底板

膠合板背板

螺釘

搭口——橫紋槽拼接

搭口拼接

底板的拼接

燕尾槽

上橫檔

在櫃腿頂部做一個燕尾榫

櫃腿和橫檔上都做槽口，它們透過半槽口拼接的方式連接

容納隔板的淺橫紋槽

下橫檔

內前腿

容納底板的順紋槽

櫃腿和橫檔的拼接

抽屜架支撐上菜板和最上邊的抽屜

頂板正面的造型與狩獵櫃正面的線條一致。

容納背板上榫頭的榫眼

膠合板隔板嵌入開在背板、底板和櫃腿上的橫紋槽中

容納上橫檔的燕尾槽

抽拉式上菜板

膠合板背板

容納側板的順紋槽

膠合板底板

容納底板的橫紋槽

容納下橫檔的貫通半燕尾槽

下層抽屜比上層抽屜略高

抽屜面板四周都刻出四分圓形裝飾線。製作抽屜的典型方法參見第104頁

容納底板的搭口

舌榫嵌入開在櫃腿上的非貫通順紋槽裡

框板結構的櫃門透過平鉸鏈安裝到櫃體上，並安裝榫眼鎖以鎖上櫃門。製作櫃門的典型方法參見第94頁

餐櫃

餐櫃（buffet）起源於義大利，但在英國和法國得到了充分的發展。在這兩個國家，它演變成了兩種形式，一種是由兩部分組成的櫥櫃（buffet-à-deux-corps），另一種是較矮的邊櫃樣式的家具（buffet bas）。現在，餐櫃通常是指一種櫃類家具，與邊櫃或者邊桌相似。

右圖所示的餐櫃的美感主要源於它簡單的結構。它的主體其實就是一個簡單的、用膠合板製成的盒子。儘管它被修整得相當優美，但它製作起來還是很容易的。打開左邊的兩扇櫃門以後看到的是若干可調節的擱板，打開右邊的兩扇櫃門以後看到的則是若干抽屜。如果左右兩邊裝的都是擱板，那麼製作起來還會更加容易。

餐櫃的櫃體是用硬木膠合板製作而成的，外面鋪貼用初生木材製作的飾面薄板。這樣就不需要使用邊對邊膠合的實木板了。除了側板，櫃體的其他部件都可以用便宜的樺木膠合板製作，我們可以將它們適當上色，以與用初生木材製作的部件顏色匹配。餐櫃的許多部件，包括頂板、面板、裝飾線、櫃腳、抽屜面板和櫃門，都是用初生木材製作的。

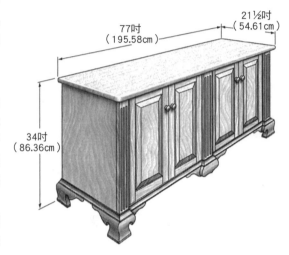

77吋（195.58cm）
21½吋（54.61cm）
34吋（86.36cm）

每一個餐櫃都裝有抽屜和櫃門，它們對餐櫃的外觀有著顯著的影響。每一個餐櫃所裝的抽屜和櫃門的樣式、布局都是不同的。

比較一下立柱——嵌板結構的鄉村式餐櫃的3個小抽屜與斷層式餐櫃上引人注目的抽屜，再考慮一下它們的用途，似乎只有斷層式餐櫃上的大抽屜才能夠放得下桌布。

再看看這幾種餐櫃的櫃門。傳統餐櫃櫃門的上橫檔做有造型，這讓它看起來更大方，而斷層式餐櫃的櫃門則顯得更加莊嚴。

設計變化

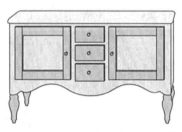

立柱——嵌板結構的鄉村式餐櫃

斷層式餐櫃

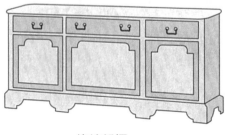

傳統餐櫃

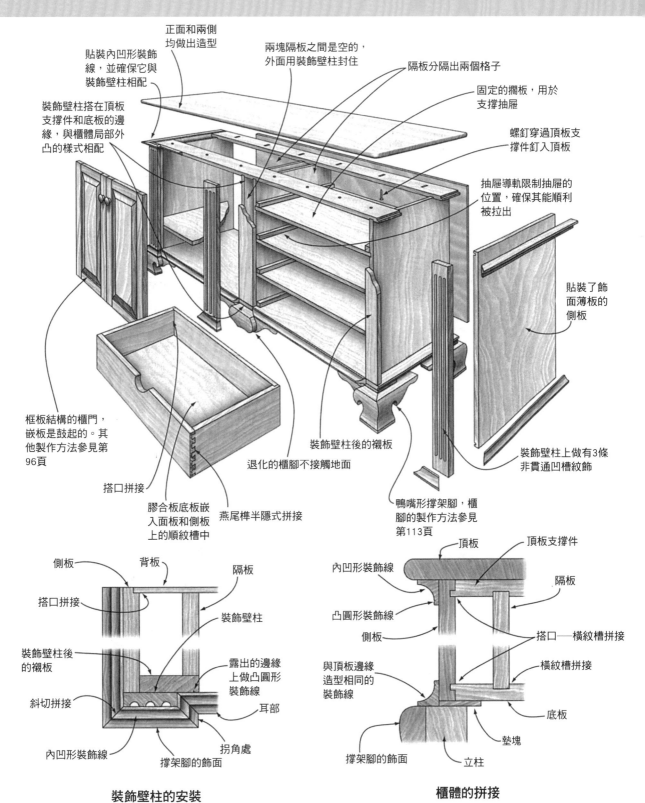

正面和兩側均做出造型

貼裝內凹形裝飾線，並確保它與裝飾壁柱相配

兩塊隔板之間是空的，外面用裝飾壁柱封住

隔板分隔出兩個格子

裝飾壁柱搭在頂板支撐件和底板的邊緣，與櫃體局部外凸的樣式相配

固定的攔板，用於支撐抽屜

螺釘穿過頂板支撐件釘入頂板

抽屜導軌限制抽屜的位置，確保其能順利被拉出

貼裝了飾面薄板的側板

框板結構的櫃門，嵌板是鼓起的。其他製作方法參見第96頁

搭口拼接

膠合板底板嵌入面板和側板上的順紋槽中

燕尾榫半隱式拼接

裝飾壁柱後的襯板

退化的櫃腳不接觸地面

鴨嘴形撐架腳，櫃腳的製作方法參見第113頁

裝飾壁柱上做有3條非貫通凹槽紋飾

裝飾壁柱的安裝

側板

背板

隔板

搭口拼接

裝飾壁柱

裝飾壁柱後的襯板

露出的邊緣上做凸圓形裝飾線

斜切拼接

耳部

內凹形裝飾線

撐架腳的飾面

拐角處

櫃體的拼接

頂板

頂板支撐件

內凹形裝飾線

隔板

凸圓形裝飾線

側板

搭口——橫紋槽拼接

橫紋槽拼接

與頂板邊緣造型相同的裝飾線

底板

墊塊

撐架腳的飾面

立柱

展示櫃

瓷器櫃
瓷器櫥
古玩櫃
展覽架
槍櫃

展示櫃與人們的收藏興趣是同步發展的。一件值得收藏的物品也值得拿出來展示，你可以把它放在一個帶玻璃門的櫃子裡，這樣參觀的人能看到它而又碰不到它。還有比這更好的辦法嗎？

最早的展示櫃出現在17世紀，當時用於展示的最值錢的物品是來自中國的瓷器。隨著美國陶瓷業的發展，瓷器逐漸變成了尋常物，與此同時也就出現了瓷器櫃、角櫃（第296頁）、後退式櫥櫃（第280頁）和斷層式櫥櫃（第298頁）等多種樣式的櫃子。收藏家收藏的興趣改變了，展示櫃的風格也隨之改變了。

右圖所示的金橡木展示櫃是工廠的加工件。只有大面積彎玻璃製作技術成熟了，這種設計才有可能實現。直到19世紀晚期，這樣的玻璃的製作成本才足夠低，也正是從那時候開始彎玻璃板才被大規模地製造出來。

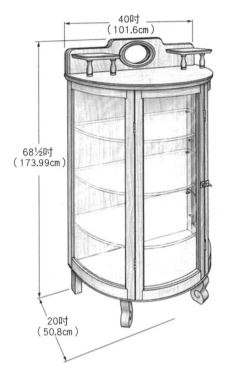

40吋
（101.6cm）

68½吋
（173.99cm）

20吋
（50.8cm）

設計
變化

現代展示櫃可能在一定程度上帶有傳統展示櫃的韻味，當然，我們也能採用傳統的拼接方式對它們進行拼接，但它們完全是現代風格的。右圖的傳統展示櫃特別適合用來擺放來福槍或機關槍，當然給它裝上擱板也很容易，那樣它就可以用來展示其他的收藏品了。較窄的現代展示櫃通常又被稱作古玩櫃或者展示架，它的櫃門是一塊大的玻璃板，玻璃板沒有被分隔，甚至側板也採用了玻璃板。此外，櫃子的擱板也是玻璃的，櫃子裡還安裝了燈具，就連背板也是鏡面的。這樣設計的目的是為了增強展品的展示效果。

傳統展示櫃　　　　現代展示櫃

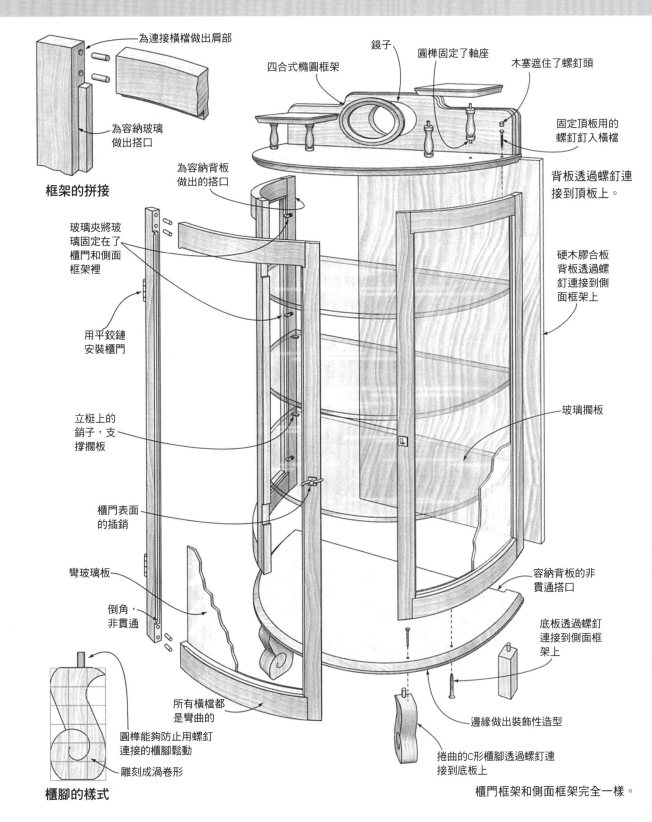

為連接橫檔做出肩部

為容納玻璃做出搭口

框架的拼接

鏡子

圓榫固定了軸座

四合式橢圓框架

木塞遮住了螺釘頭

固定頂板用的螺釘釘入橫檔

背板透過螺釘連接到頂板上。

為容納背板做出的搭口

硬木膠合板背板透過螺釘連接到側面框架上

玻璃夾將玻璃固定在了櫃門和側面框架裡

用平鉸鏈安裝櫃門

立梃上的銷子,支撐擱板

玻璃擱板

櫃門表面的插銷

彎玻璃板

倒角,非貫通

容納背板的非貫通搭口

底板透過螺釘連接到側面框架上

所有橫檔都是彎曲的

邊緣做出裝飾性造型

圓榫能夠防止用螺釘連接的櫃腳鬆動

雕刻成渦卷形

櫃腳的樣式

捲曲的C形櫃腳透過螺釘連接到底板上

櫃門框架和側面框架完全一樣。

書櫃

最早的書櫃就是個壁櫥，是建築物的一個組成部分。當時書籍是一個人非常珍貴的財產，之所以這樣，一方面是因為當時沒有多少人識字，另一方面是因為當時的書籍都是手工製作的。因此，當時的人們通常會將書籍放到壁櫥裡加以保護。

17世紀，家具製作者們開始製作落地書櫃，但那時的書櫃一般非常大，且都與牆壁連在一起。18世紀晚期，書櫃開始變小。下圖所示的書櫃是19世紀工藝美術式的，其實這一點從它的外形，我們一眼就能看出來。

框板結構在這個櫃子上得到了充分的展示，側板、隔板、底板、背板都是框板結構的，甚至在實木頂板下面也裝有一個框架。但這件仿古家具充分利用了現代材料，所有嵌板用的都是硬木膠合板。

此外，擱板也是可調節的，這要歸功於現代支撐件的設計。

左下圖所示的書櫃的櫃門有點兒不同尋常，鉸鏈所在的立梃是漸細樣式的，上橫檔是拱形的。採用自由榫組裝櫃門使它製作起來相對容易一些。另外一個有意思的地方是中梃的製作，如第293頁圖「中梃的結構」所示，先分別製作兩個透過半槽口拼接組裝成的窗扇，再把它們面對面地黏在一起。

66⅛吋
（167.96cm）

15吋
（38.1cm）

49吋
（124.46cm）

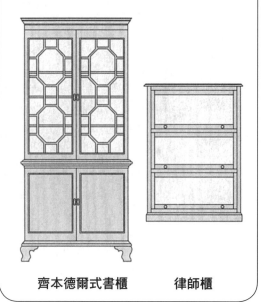

設計變化

在從壁櫥到開放式擱架的演化過程中，出現了許多有趣的櫃子。其中一些櫃子，現代家具製作者對它們仍然感興趣。

齊本德爾式書櫃是書櫃和櫥櫃融合的產物。另一個此類融合的產物是祕書桌（第212頁）。

在演化的後期出現了律師櫃，它的獨特之處在櫃門，每一層擱架都裝有一個單玻璃嵌板的上翻式櫃門。

齊本德爾式書櫃　　　律師櫃

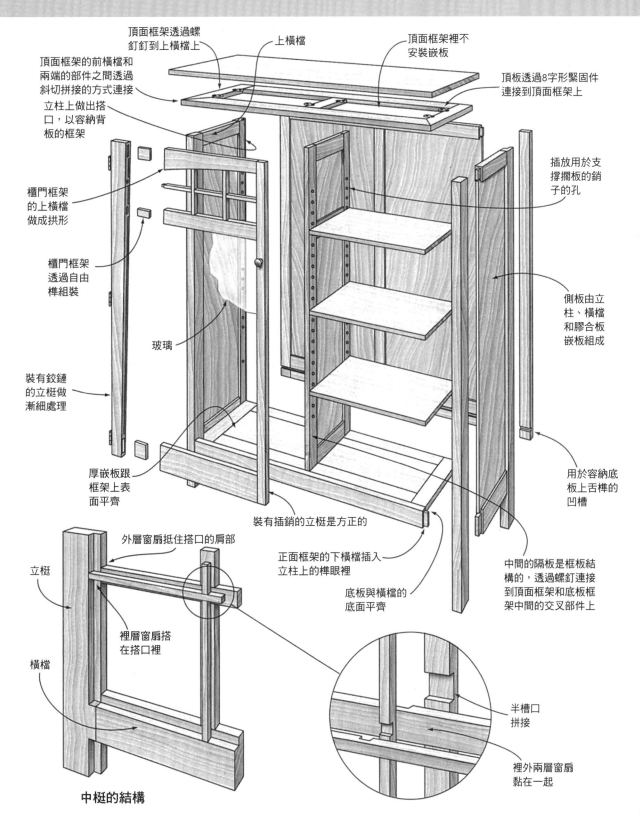

頂面框架透過螺釘釘到上橫檔上

上橫檔

頂面框架裡不安裝嵌板

頂面框架的前橫檔和兩端的部件之間透過斜切拼接的方式連接

頂板透過8字形緊固件連接到頂面框架上

立柱上做出搭口，以容納背板的框架

插放用於支撐擱板的銷子的孔

櫃門框架的上橫檔做成拱形

櫃門框架透過自由榫組裝

玻璃

側板由立柱、橫檔和膠合板嵌板組成

裝有鉸鏈的立梃做漸細處理

厚嵌板跟框架上表面平齊

用於容納底板上舌榫的凹槽

裝有插銷的立梃是方正的

正面框架的下橫檔插入立柱上的榫眼裡

中間的隔板是框板結構的，透過螺釘連接到頂面框架和底板框架中間的交叉部件上

外層窗扇抵住搭口的肩部

立梃

底板與橫檔的底面平齊

裡層窗扇搭在搭口裡

橫檔

半槽口拼接

裡外兩層窗扇黏在一起

中梃的結構

書架

說到書架，我們腦海中通常出現的是一塊搭在金屬支架上的木板，而金屬支架是用卡扣連在釘在牆上的金屬立柱上的。但是從家具製作者的角度來看，書架屬於一種櫃類家具：一個前面開放（甚至後面也可以是開放的）的櫃子，並且帶有一塊或多塊擱板。

右圖所示的家具對大多數現在的人來說就是一個書櫃。但是從傳統上來說，書櫃（第292頁）應該是一種帶門的櫃子，書架則是圖書館裡用的那種開放的擱架。

右圖所示的書架是這種家具的原型，其重要部件——底座和飛簷使整個書架看起來像是嵌入式的。的確，我們可以把書架釘到牆上，然後將它修飾齊整。將兩個或多個這樣的書架放在一起使用，就可以打造一個真正的圖書館。可以將書架的底座做得與房間踢腳板一樣，也可以將書架飛簷延伸出去環繞整個房間。

書架的製作材料和製作方法有很多。如果要做的書架尺寸比較大，膠合板將是一個不錯的選擇。用膠合板可以很容易地製作出所需的大木板，而且幾乎不用考慮木材形變的問題，膠合板的邊緣可以用正面框架加以遮蓋。

可以將書架的擱板做成固定的，並且透過某種橫紋槽拼接的方式連接側板和擱板；也可以把擱板做成可調節的，透過圓榫或銷子支撐擱板，或使用市售的支架和卡子。

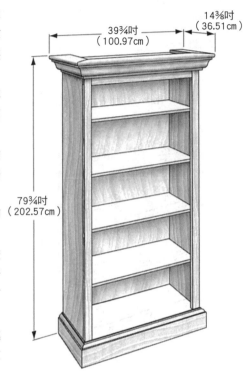

39¾吋
（100.97cm）

14⅜吋
（36.51cm）

79¾吋
（202.57cm）

設計變化

書架不一定都很高大，讓人一看就能聯想到圖書館。可以在上面展示的原型書架的基礎上，縮減它的高度和寬度，並採用同樣的拼接方式進行組裝，做出來的小型書架特別適合放在椅子旁或床邊等地方使用。這裡列舉出的兩種小型書架體現了不同的風格。小一點兒的傳統書架非常討喜，採用了傳統的框板結構。較大的現代書架則實用而優雅，它的背板不完整，踢腳板和背板（只在頂層擱板以上有）起到了三角支撐的作用，可防止書架變形。

傳統書架

現代書架

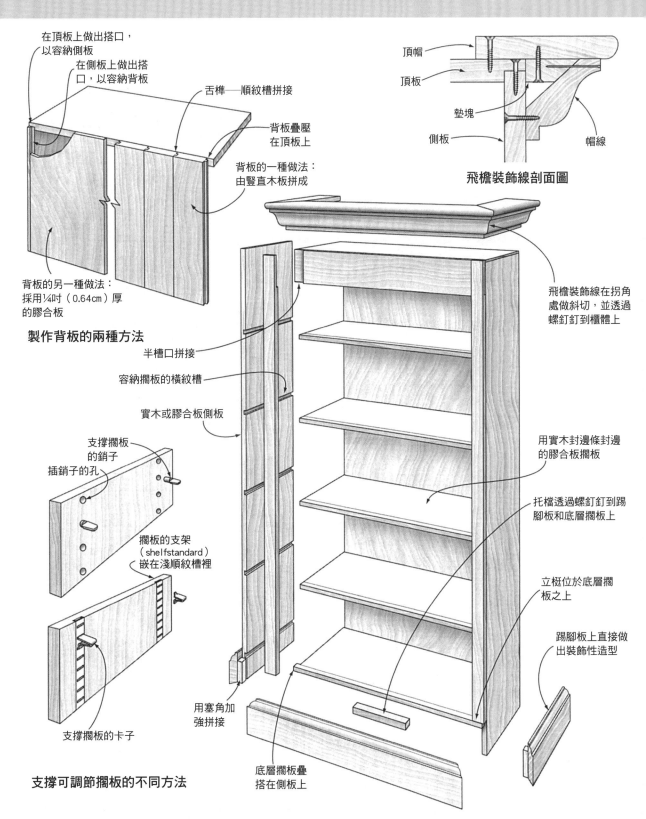

在頂板上做出搭口，
以容納側板

在側板上做出搭
口，以容納背板

舌榫──順紋槽拼接

背板疊壓
在頂板上

背板的一種做法：
由豎直木板拼成

背板的另一種做法：
採用¼吋（0.64cm）厚
的膠合板

製作背板的兩種方法

半槽口拼接

容納擱板的橫紋槽

實木或膠合板側板

支撐擱板
的銷子

插銷子的孔

擱板的支架
（shelfstandard）
嵌在淺順紋槽裡

支撐擱板的卡子

用塞角加
強拼接

支撐可調節擱板的不同方法

頂帽

頂板

墊塊

側板

帽線

飛檐裝飾線剖面圖

飛檐裝飾線在拐角
處做斜切，並透過
螺釘釘到櫃體上

用實木封邊條封邊
的膠合板擱板

托檔透過螺釘釘到踢
腳板和底層擱板上

立梃位於底層擱
板之上

踢腳板上直接做
出裝飾性造型

底層擱板疊
搭在側板上

角櫃

使用角櫃就是為了充分利用空間嗎？抑或是一個展示珍貴瓷器的智慧之舉？

顯然二者都是。角櫃常用在餐廳裡，因為餐廳的牆壁常常被門和窗戶弄得「支離破碎」，而大桌子和眾多的椅子被堆擠在地板上。因為這種櫃子通常很窄，所以它們是一種完美的展示櫃。

右圖所示的角櫃是角櫃裡的優秀代表。上櫃裝有一扇玻璃門，比封閉的下櫃大。此外，這個角櫃還裝有一個用來放器具的抽屜。它用料上乘，裝飾適度。

84吋
（213.36cm）

20⅜吋
（51.75cm）

40吋
（101.6cm）

設計變化

你能想到的任何尺寸、形狀和風格的角櫃都已經有人做出來了。幾乎每一個家庭都需要一個角櫃，比如下面展示的這些。

貝殼頂的角櫃，僅僅是它上邊的雕刻就要花費木工數百個工時，它是角櫃中的上乘之作。最右邊是開放的現代角櫃，它不帶有任何裝飾性造型，甚至連底座都沒有。與這裡其他兩種角櫃相比，鄉村式角櫃在實用性和美觀性上選擇了折中，它的實木嵌板門讓它看起來非常實用，且其風格能夠與多種裝修風格搭配。

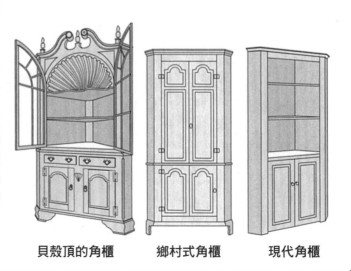

貝殼頂的角櫃　　鄉村式角櫃　　現代角櫃

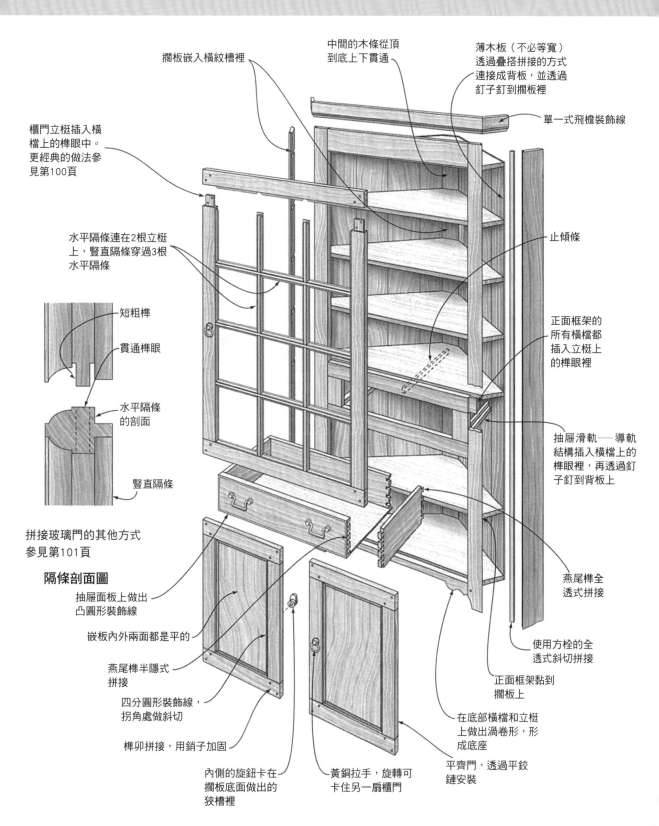

擱板嵌入橫紋槽裡

中間的木條從頂到底上下貫通

薄木板（不必等寬）透過疊疊搭拼接的方式連接成背板，並透過釘子釘到擱板裡

單一式飛櫓裝飾線

櫃門立梃插入橫檔上的榫眼中。更經典的做法參見第100頁

水平隔條連在2根立梃上，豎直隔條穿過3根水平隔條

短粗榫

貫通榫眼

水平隔條的剖面

豎直隔條

止傾條

正面框架的所有橫檔都插入立梃上的榫眼裡

抽屜滑軌——導軌結構插入橫檔上的榫眼裡，再透過釘子釘到背板上

拼接玻璃門的其他方式參見第101頁

隔條剖面圖

抽屜面板上做出凸圓形裝飾線

嵌板內外兩面都是平的

燕尾榫半隱式拼接

四分圓形裝飾線，拐角處做斜切

榫卯拼接，用銷子加固

內側的旋鈕卡在擱板底面做出的狹槽裡

黃銅拉手，旋轉可卡住另一扇櫃門

在底部橫檔和立梃上做出渦卷形，形成底座

平齊門，透過平鉸鏈安裝

正面框架黏到擱板上

使用方栓的全透式斜切拼接

燕尾榫全透式拼接

斷層式櫥櫃

一個大而方的櫃子看起來十分呆板。所以當顧客要求做一個儲物空間很大的櫃子時，家具設計師一般會將櫃子正面分割成幾部分，並且改變各部分的深度，斷層式櫥櫃的造型就出來了。斷層式櫥櫃是一種儲物功能很強且看起來比較悅目的櫃子。

斷層式櫥櫃通常非常大，大到將它從木工房搬到客戶家裡都十分困難。早期的斷層式櫥櫃的高度通常超過8呎（243.84㎝），人們想要將它從一間房間搬到另一間房間都不太可能。想解決這一問題，就要分部分製作，各部分都做好後將它們搬到要放斷層式櫥櫃的房間，然後把它們組裝起來，組裝時通常會使用螺釘。所謂分部分製作就是分別做好斷層式櫥櫃的上下櫃，這樣家具製作者在木工房裡就可以先完成一些工作，比如做好水平裝飾線的斜切拼接、給拼接好的部件上漆等。

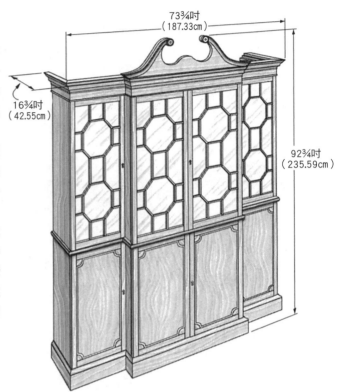

73¾吋（187.33cm）

16¾吋（42.55cm）

92¾吋（235.59cm）

設計變化

斷層式櫥櫃的設計理念可以被充分利用，以實現多種目的。傳統的斷層式櫥櫃多被用於存放書籍和瓷器；而如今，斷層式櫥櫃則被用來存放收藏品，從茶杯到克奇納玩偶不等。

現代斷層式櫥櫃常被設計成電視櫃，用於存放音頻和視頻設備。它的結構決定了它特別適合用作電視櫃，因為兩側櫃體遮住了中間較深的櫃體，那裡是放電視機的地方。

傳統的斷層式櫥櫃被分成上下兩個櫃體，而有些現代斷層式櫥櫃則被分成中間和兩側三部分，這樣製造商就可以生產出寬度不同且具有特定功能的斷層式櫥櫃以供消費者選擇了。

廚櫃一般與斷層式櫥櫃差別很大，儘管如此，有些家具製作者還是把斷層的概念引入到廚櫃的製作中，改變原本較寬的廚櫃的深度。

斷層式電視櫃

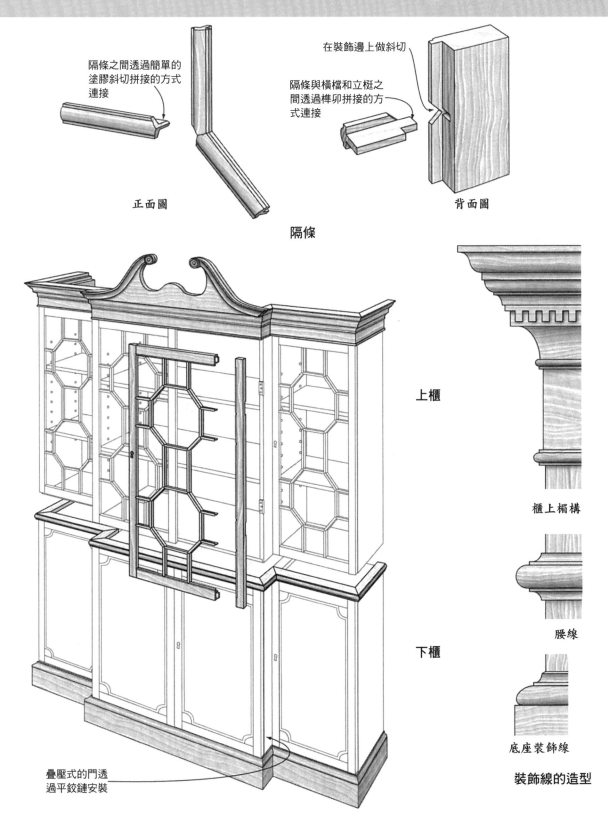

隔條之間透過簡單的塗膠斜切拼接的方式連接

在裝飾邊上做斜切

隔條與橫檔和立梃之間透過榫卯拼接的方式連接

正面圖

背面圖

隔條

上櫃

櫃上楣構

下櫃

腰線

疊壓式的門透過平鉸鏈安裝

底座裝飾線

裝飾線的造型

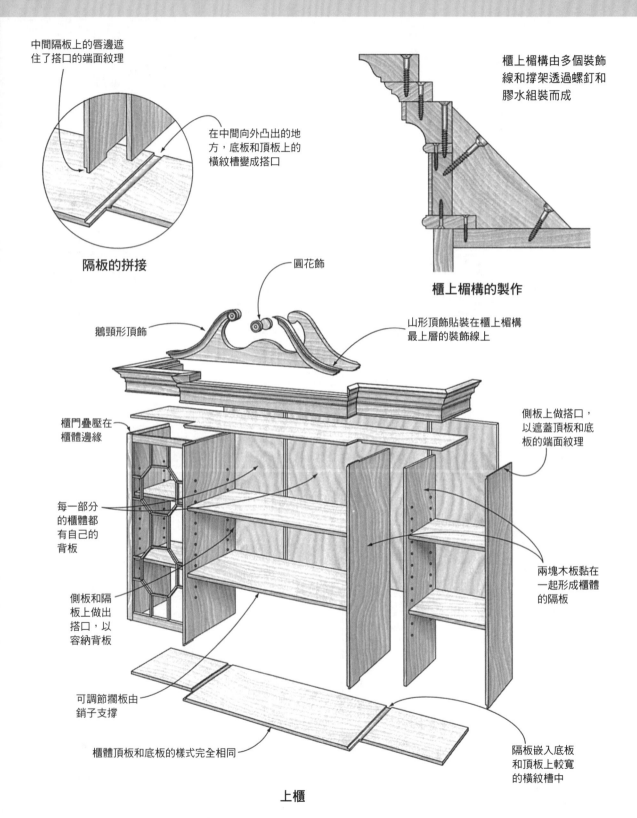

中間隔板上的唇邊遮住了搭口的端面紋理

在中間向外凸出的地方，底板和頂板上的橫紋槽變成搭口

櫃上楣構由多個裝飾線和撐架透過螺釘和膠水組裝而成

隔板的拼接

櫃上楣構的製作

圓花飾

鵝頸形頂飾

山形頂飾貼裝在櫃上楣構最上層的裝飾線上

櫃門疊壓在櫃體邊緣

側板上做搭口，以遮蓋頂板和底板的端面紋理

每一部分的櫃體都有自己的背板

側板和隔板上做出搭口，以容納背板

兩塊木板黏在一起形成櫃體的隔板

可調節擱板由銷子支撐

櫃體頂板和底板的樣式完全相同

隔板嵌入底板和頂板上較寬的橫紋槽中

上櫃

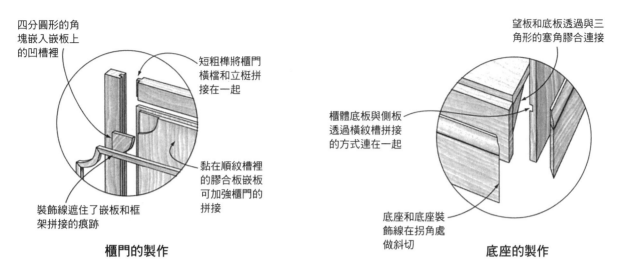

四分圓形的角塊嵌入嵌板上的凹槽裡

短粗榫將櫃門橫檔和立梃拼接在一起

望板和底板透過與三角形的塞角膠合連接

櫃體底板與側板透過橫紋槽拼接的方式連在一起

裝飾線遮住了嵌板和框架拼接的痕跡

黏在順紋槽裡的膠合板嵌板可加強櫃門的拼接

底座和底座裝飾線在拐角處做斜切

櫃門的製作

底座的製作

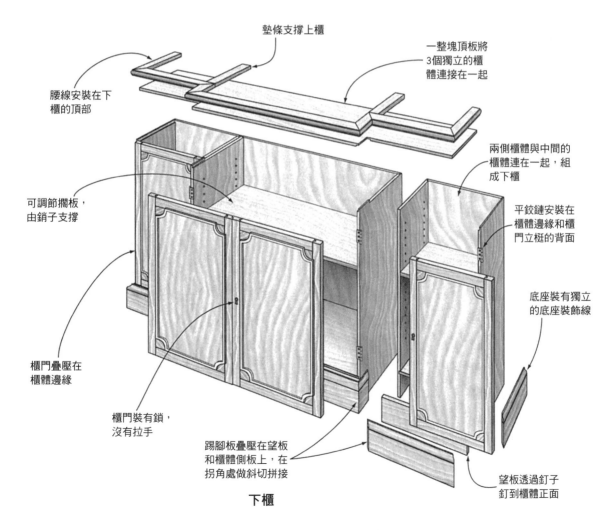

墊條支撐上櫃

一整塊頂板將3個獨立的櫃體連接在一起

腰線安裝在下櫃的頂部

兩側櫃體與中間的櫃體連在一起，組成下櫃

可調節擱板，由銷子支撐

平鉸鏈安裝在櫃體邊緣和櫃門立梃的背面

底座裝有獨立的底座裝飾線

櫃門疊壓在櫃體邊緣

櫃門裝有鎖，沒有拉手

踢腳板疊壓在望板和櫃體側板上，在拐角處做斜切拼接

望板透過釘子釘到櫃體正面

下櫃

落地鐘

　　現今，鐘錶已成為尋常之物，非常小巧，以至於人們可能很難想像其實它一開始並不是這樣的。最豪華的鐘錶是落地鐘，它錶盤塗漆、櫃體富有裝飾。落地鐘起源於殖民地時代，那時櫃體的比例是與鐘錶本身的結構相適應的。當時鐘錶的動力來源於由重錘和鏈條組成的系統，而計時的穩定性則由一個來回擺動的鐘擺控制。這些決定了當時的錶盤必須遠離地面，而自然而然地，人們就將它放在了一個櫃子裡。

　　用來擺放鐘錶的櫃子由注重實用性向注重裝飾性演變是必然的，因為當時鐘錶的擁有者基本上都是有錢人，他們想炫耀這個前沿科技產品。既然如此，為什麼不把前沿科技和前沿家具製作工藝結合在一起呢？

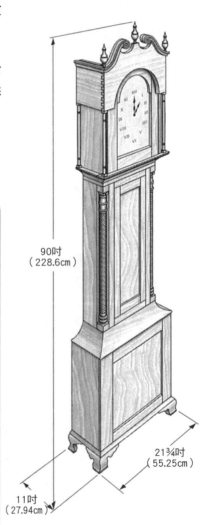

90吋
（228.6cm）

21¾吋
（55.25cm）

11吋
（27.94cm）

設計變化

　　不是所有的落地鐘都像上圖所示的那樣精緻。比如說，震顫派教徒們設計和製作出來的落地鐘就很簡樸，相對來說不帶有什麼裝飾，只有在接觸地面的地方和頂帽頂部做有四分圓形裝飾線，使整個落地鐘不那麼單調。此外，頂帽底部還做有造型非常簡單的內凹形裝飾線。現代落地鐘的線條讓它看上去富有彈性。

震顫派式落地鐘　　　　現代落地鐘

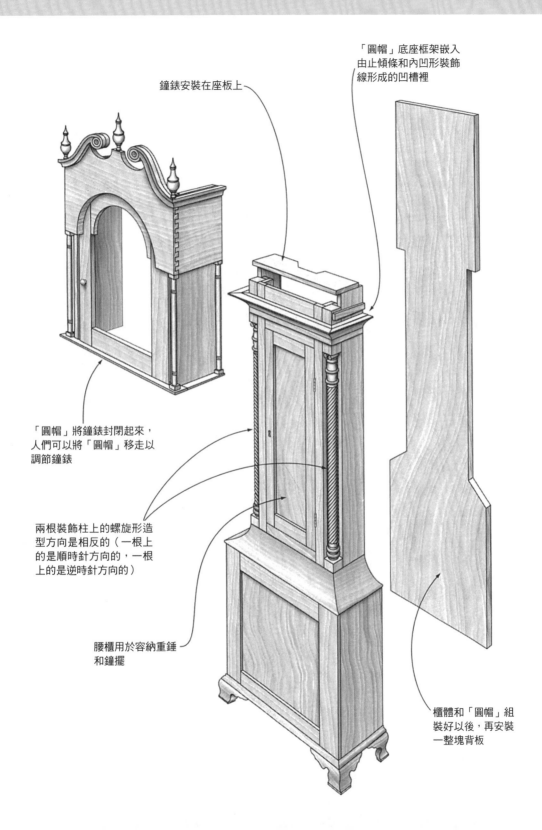

「圓帽」底座框架嵌入
由止傾條和內凹形裝飾
線形成的凹槽裡

鐘錶安裝在座板上

「圓帽」將鐘錶封閉起來，
人們可以將「圓帽」移走以
調節鐘錶

兩根裝飾柱上的螺旋形造
型方向是相反的（一根上
的是順時針方向的，一根
上的是逆時針方向的）

腰櫃用於容納重錘
和鐘擺

櫃體和「圓帽」組
裝好以後，再安裝
一整塊背板

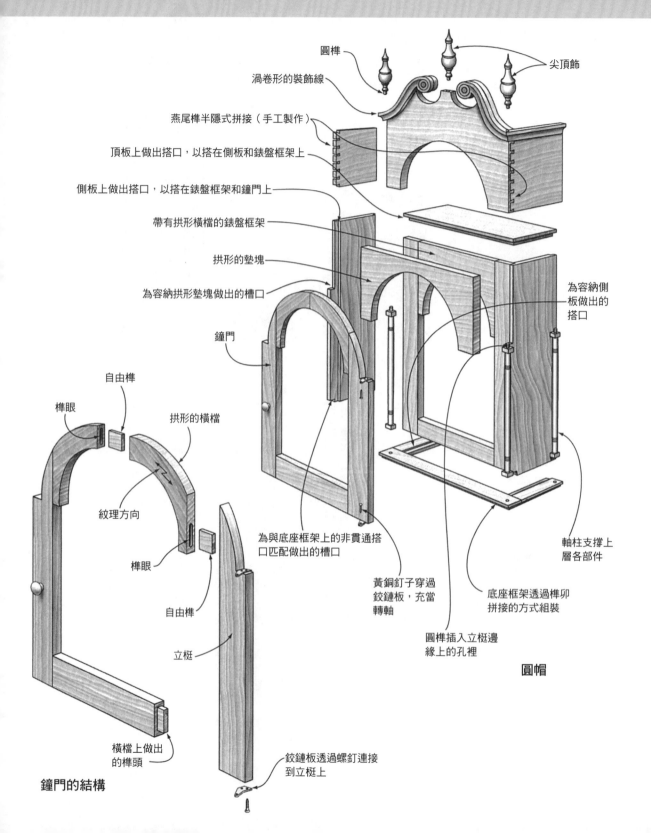

圓樺

尖頂飾

渦卷形的裝飾線

燕尾樺半隱式拼接（手工製作）

頂板上做出搭口，以搭在側板和錶盤框架上

側板上做出搭口，以搭在錶盤框架和鐘門上

帶有拱形橫檔的錶盤框架

為容納側板做出的搭口

拱形的墊塊

為容納拱形墊塊做出的槽口

鐘門

自由樺

榫眼

拱形的橫檔

紋理方向

榫眼

自由樺

立梃

橫檔上做出的榫頭

為與底座框架上的非貫通搭口匹配做出的槽口

黃銅釘子穿過鉸鏈板，充當轉軸

軸柱支撐上層各部件

底座框架透過榫卯拼接的方式組裝

圓樺插入立梃邊緣上的孔裡

圓帽

鉸鏈板透過螺釘連接到立梃上

鐘門的結構

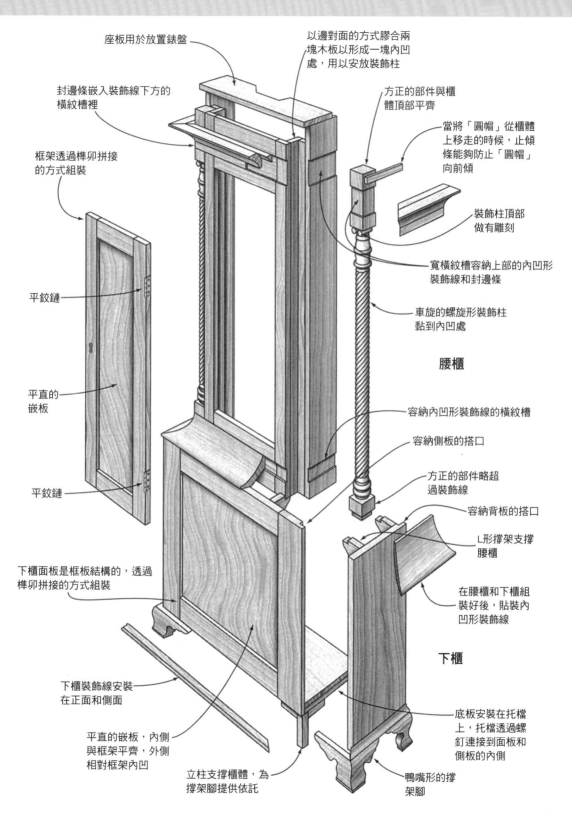

座板用於放置錶盤

封邊條嵌入裝飾線下方的橫紋槽裡

框架透過榫卯拼接的方式組裝

平鉸鏈

平直的嵌板

平鉸鏈

下櫃面板是框板結構的，透過榫卯拼接的方式組裝

下櫃裝飾線安裝在正面和側面

平直的嵌板，內側與框架平齊，外側相對框架內凹

立柱支撐櫃體，為撐架腳提供依託

以邊對面的方式膠合兩塊木板以形成一塊內凹處，用以安放裝飾柱

方正的部件與櫃體頂部平齊

當將「圓帽」從櫃體上移走的時候，止傾條能夠防止「圓帽」向前傾

裝飾柱頂部做有雕刻

寬橫紋槽容納上部的內凹形裝飾線和封邊條

車旋的螺旋形裝飾柱黏到內凹處

腰櫃

容納內凹形裝飾線的橫紋槽

容納側板的搭口

方正的部件略超過裝飾線

容納背板的搭口

L形撐架支撐腰櫃

在腰櫃和下櫃組裝好後，貼裝內凹形裝飾線

下櫃

底板安裝在托檔上，托檔透過螺釘連接到面板和側板的內側

鴨嘴形的撐架腳

文件櫃

今天我們可能很難相信，在20世紀初文件櫃剛剛出現的時候，它對辦公室工作產生了革命性的影響。它為人們收納整理生意往來信件和檔案提供了一個合理而又可行的方法，比辦公桌上的鴿籠式分類架之類的東西要好用得多。即使在現今的數字化時代，落地文件櫃也很有用，甚至在家庭辦公室裡也是如此。製作一個適合用來存放文件夾的抽屜只是製作文件櫃的起點。

經典的文件櫃是全金屬的、用機器製作的，家具製作者也能夠用木材製作文件櫃，木製文件櫃同樣便於使用，並且在外觀上更吸引人。文件櫃專用的五金件——全拉伸滑軌、文件吊架和拉手等，都很容易得到。

文件櫃上的所有抽屜尺寸都一樣，適合用來存放規格為8½×11的文件夾或8½×14的文件。文件櫃比一般的櫃子要深一些，從前到後深28～30吋（71.12～76.2cm）。雖然文件櫃裡抽屜的大小和深度與一般櫃子的有所不同，但櫃體的製作方法是一樣的。

20吋（50.8cm）

22吋（55.88cm）

43吋（109.22cm）

設計
變化

要改變文件櫃的外觀，既可以透過改變它的製作方法來實現，也可以透過改變抽屜的布局來實現。同樣是又高又深的文件櫃，如果一個用厚板做側板且透過燕尾榫拼接（全透式拼接），那麼它的外觀會與另一個明顯不同。抽屜面板如果不使用五金件（右邊第二幅圖），整個文件櫃看上去則線條流暢且現代感十足。要想改變文件櫃的占地面積，可以改變抽屜的樣式。如果文件櫃裡文件是從一端到另一端並排立放的（右邊第一幅圖），而不是從前到後並排立放的，那麼櫃子就不需要很深，足夠寬就行了。

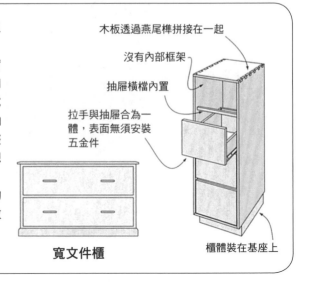

木板透過燕尾榫拼接在一起

沒有內部框架

抽屜橫檔內置

拉手與抽屜合為一體，表面無須安裝五金件

櫃體裝在基座上

寬文件櫃

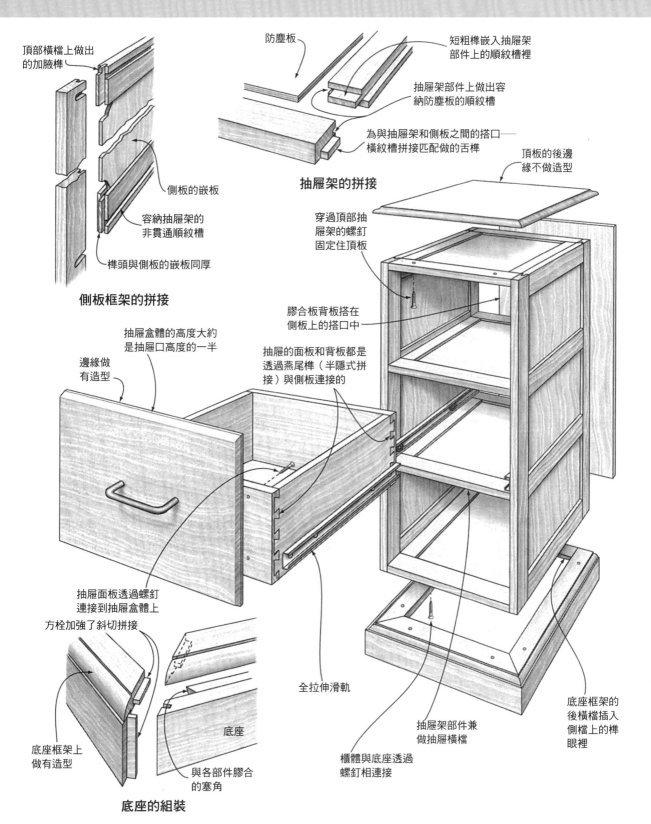

頂部橫檔上做出的加腋榫

防塵板

短粗榫嵌入抽屜架部件上的順紋槽裡

抽屜架部件上做出容納防塵板的順紋槽

為與抽屜架和側板之間的搭口——橫紋槽拼接匹配做的舌榫

抽屜架的拼接

側板的嵌板

容納抽屜架的非貫通順紋槽

榫頭與側板的嵌板同厚

側板框架的拼接

頂板的後邊緣不做造型

穿過頂部抽屜架的螺釘固定住頂板

膠合板背板搭在側板上的搭口中

抽屜盒體的高度大約是抽屜口高度的一半

抽屜的面板和背板都是透過燕尾榫（半隱式拼接）與側板連接的

邊緣做有造型

抽屜面板透過螺釘連接到抽屜盒體上

方栓加強了斜切拼接

底座

底座框架上做有造型

與各部件膠合的塞角

底座的組裝

全拉伸滑軌

抽屜架部件兼做抽屜橫檔

櫃體與底座透過螺釘相連接

底座框架的後橫檔插入側檔上的榫眼裡

科里丹澤櫃

科里丹澤櫃（credenza）念起來像義大利語，不過這種櫥櫃確實起源於義大利。在文藝復興時代，義大利人製作了富有裝飾、類似於邊櫃的科里丹澤櫃，用它來放置珍貴的物品。美洲人自然而然地接受了這個名稱，把經理辦公室裡面的邊櫃稱為科里丹澤櫃，這種櫃子是經理用來存放生意上的值錢物件的。

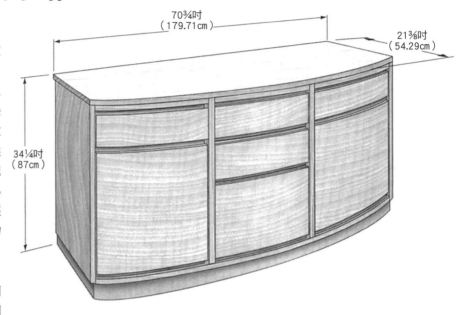

右圖所示的科里丹澤櫃，中間裝有兩個淺抽屜和一個文件抽屜，這些抽屜的兩側是兩個帶門的格子，格子裡裝有可調節的擱板。這是一件儲存空間很大的家具。

從外觀上看，這個弓面的科里丹澤櫃造型優美且富有現代感，正是現代經理辦公室裡的必備家具。

它上面沒有裝會破壞其線條流暢感的金屬拉手，在櫃門和抽屜面板的邊緣做有搭口，搭口就可以充當拉手。它的結構也是現代的，許多部件是用膠合板製作的。

設計變化

裝修的風格不同，辦公室所配備的科里丹澤櫃也不同。一間用傳統的桃花心木裝飾的辦公室需要一個與之相匹配的科里丹澤櫃。左下圖所示的傳統科里丹澤櫃做有撐架腳、裝有古式黃銅拉手和傳統的裝飾線，它九個抽屜中的三個做成了文件抽屜。一間用烘乾的橡木裝飾成工藝美術風格的辦公室也需要同樣風格的科里丹澤櫃，右下圖所示的這款工藝美術式科里丹澤櫃的儲物空間特別大。

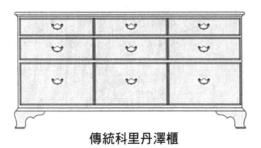

傳統科里丹澤櫃

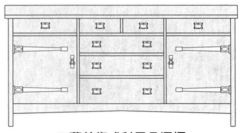

工藝美術式科里丹澤櫃

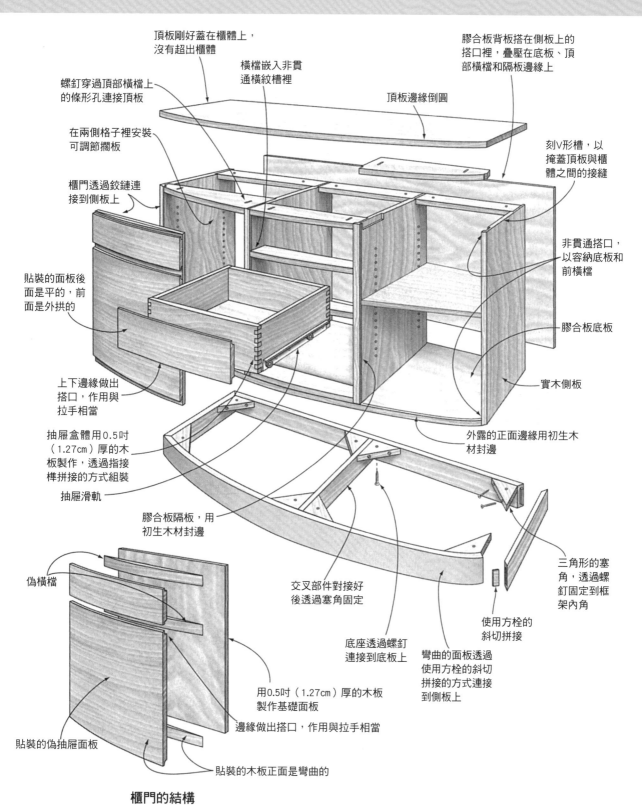

頂板剛好蓋在櫃體上，沒有超出櫃體

橫檔嵌入非貫通橫紋槽裡

膠合板背板搭在側板上的搭口裡，疊壓在底板、頂部橫檔和隔板邊緣上

螺釘穿過頂部橫檔上的條形孔連接頂板

頂板邊緣倒圓

在兩側格子裡安裝可調節擱板

刻V形槽，以掩蓋頂板與櫃體之間的接縫

櫃門透過鉸鏈連接到側板上

非貫通搭口，以容納底板和前橫檔

貼裝的面板後面是平的，前面是外拱的

膠合板底板

上下邊緣做出搭口，作用與拉手相當

實木側板

抽屜盒體用0.5吋（1.27cm）厚的木板製作，透過指接榫拼接的方式組裝

外露的正面邊緣用初生木材封邊

抽屜滑軌

膠合板隔板，用初生木材封邊

交叉部件對接好後透過塞角固定

三角形的塞角，透過螺釘固定到框架內角

偽橫檔

使用方栓的斜切拼接

底座透過螺釘連接到底板上

彎曲的面板透過使用方栓的斜切拼接的方式連接到側板上

用0.5吋（1.27cm）厚的木板製作基礎面板

邊緣做出搭口，作用與拉手相當

貼裝的偽抽屜面板

貼裝的木板正面是彎曲的

櫃門的結構

電視櫃

20年前還沒有電視櫃。電視機製造廠會把電視機包裝在與之相匹配的電視架裡一起售賣，立體聲音響則被人們擺在書架上。但隨著電子產品的迅速發展，人們越來越需要一件能夠集中所有東西的家具。

結果就出現了一種新型家具——電視櫃，它是出現得最晚的家具。右圖所示的電視櫃與第318頁存放床上用品的「床品櫃」非常相似。但這種新型家具，其上櫃用來放置電視機和錄影機，下櫃則用來放置音響和遊戲設備。

雖然它看起來很傳統，但現代五金件使電視櫃具有滑動式內藏門和抽拉式轉台，這樣人們觀看電視時不會被任何東西遮擋。做在電視櫃背部的槽口有助於隱藏所有線纜，也有利於電子設備散熱。

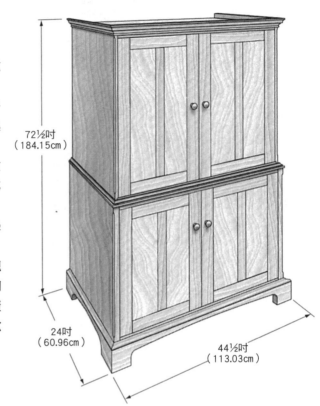

72½吋
（184.15cm）

24吋
（60.96cm）

44½吋
（113.03cm）

設計變化

主流樣式的電視櫃有兩種。第一種似乎是臥室家具，在木櫃門後裝有各種部件，而從外面看它就像一個傳統的大衣櫃或床品櫃。會暴露它身分的是它的深度，因為即使要放置的僅僅是一個中等大小的電視機，它也要比一般的床品櫃深得多。

第二種是現代的組合式電視櫃。放上一台超大型電視機後這種電視櫃會稍微好看點兒，它也能容納很多獨立的電器組件。

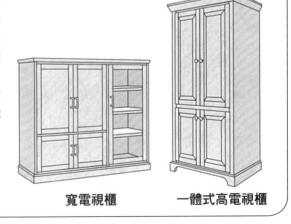

寬電視櫃　　　一體式高電視櫃

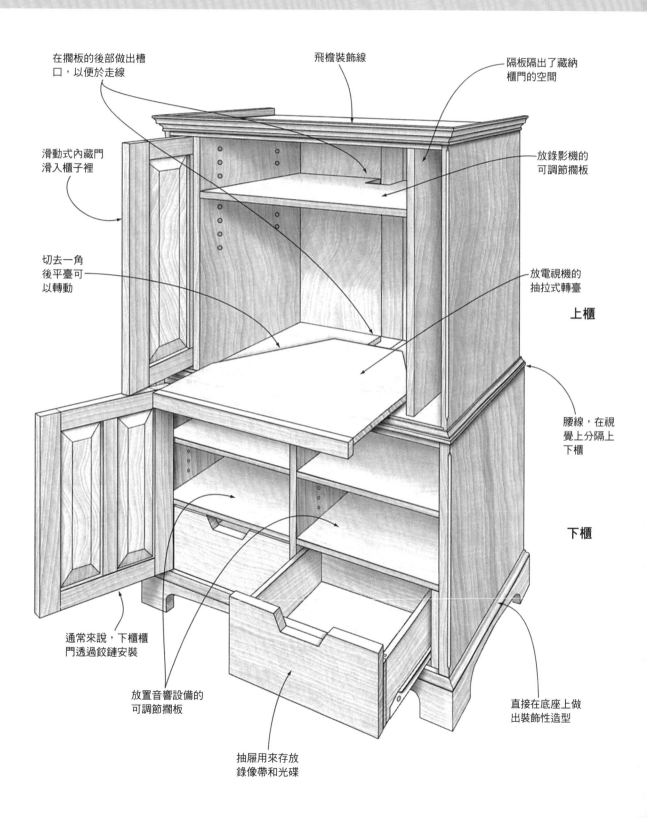

在攔板的後部做出槽口，以便於走線

飛檐裝飾線

隔板隔出了藏納櫃門的空間

滑動式內藏門滑入櫃子裡

放錄影機的可調節攔板

切去一角後平臺可以轉動

放電視機的抽拉式轉臺

上櫃

腰線，在視覺上分隔上下櫃

下櫃

通常來說，下櫃櫃門透過鉸鏈安裝

放置音響設備的可調節攔板

直接在底座上做出裝飾性造型

抽屜用來存放錄像帶和光碟

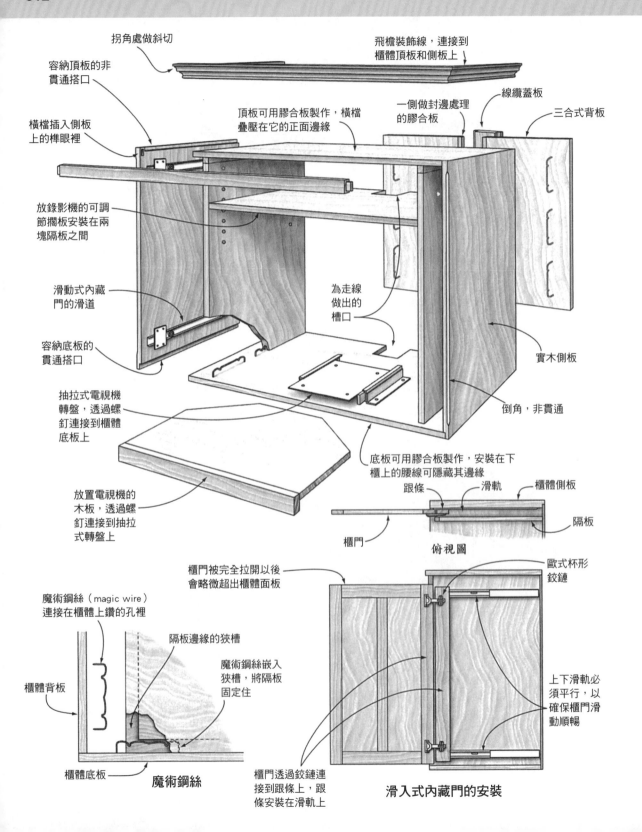

拐角處做斜切

飛檐裝飾線，連接到
櫃體頂板和側板上

容納頂板的非
貫通搭口

線纜蓋板

一側做封邊處理
的膠合板

三合式背板

橫檔插入側板
上的榫眼裡

頂板可用膠合板製作，橫檔
疊壓在它的正面邊緣

放錄影機的可調
節擱板安裝在兩
塊隔板之間

滑動式內藏
門的滑道

為走線
做出的
槽口

容納底板的
貫通搭口

抽拉式電視機
轉盤，透過螺
釘連接到櫃體
底板上

實木側板

倒角，非貫通

放置電視機的
木板，透過螺
釘連接到抽拉
式轉盤上

底板可用膠合板製作，安裝在下
櫃上的腰線可隱藏其邊緣

跟條　滑軌　櫃體側板

櫃門

隔板

俯視圖

櫃門被完全拉開以後
會略微超出櫃體面板

歐式杯形
鉸鏈

魔術鋼絲（magic wire）
連接在櫃體上鑽的孔裡

隔板邊緣的狹槽

魔術鋼絲嵌入
狹槽，將隔板
固定住

櫃體背板

上下滑軌必
須平行，以
確保櫃門滑
動順暢

櫃體底板

魔術鋼絲

櫃門透過鉸鏈連
接到跟條上，跟
條安裝在滑軌上

滑入式內藏門的安裝

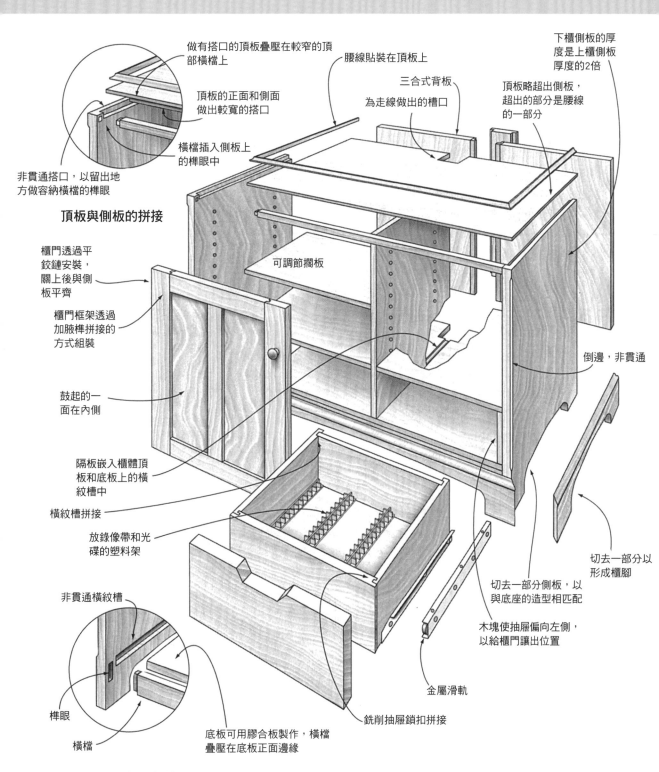

做有搭口的頂板疊壓在較窄的頂部橫檔上

頂板的正面和側面做出較寬的搭口

橫檔插入側板上的榫眼中

非貫通搭口，以留出地方做容納橫檔的榫眼

腰線貼裝在頂板上

三合式背板

為走線做出的槽口

下櫃側板的厚度是上櫃側板厚度的2倍

頂板略超出側板，超出的部分是腰線的一部分

頂板與側板的拼接

櫃門透過平鉸鏈安裝，關上後與側板平齊

櫃門框架透過加腋榫拼接的方式組裝

鼓起的一面在內側

隔板嵌入櫃體頂板和底板上的橫紋槽中

橫紋槽拼接

放錄像帶和光碟的塑料架

可調節擱板

倒邊，非貫通

切去一部分以形成櫃腳

切去一部分側板，以與底座的造型相匹配

木塊使抽屜偏向左側，以給櫃門讓出位置

金屬滑軌

銑削抽屜鎖扣拼接

非貫通橫紋槽

榫眼

橫檔

底板可用膠合板製作，橫檔疊壓在底板正面邊緣

底板與側板的拼接

洗漱架

曾有一度，洗漱架就是衛生間。因為那時還沒有自來水，也就沒有現在的衛生間。但那時臥室裡放有洗漱架，也就是人們洗漱用的臺子。

那時，洗漱架臺面上放的可能是一個大洗臉盆和水罐，毛巾和抹布被掛在毛巾架上，剃鬚用的杯子、鬚膏刷、剃刀、香皂和其他洗漱用具被放在最上邊的抽屜裡，下邊的抽屜裡可能放了新毛巾，小櫃子裡可能還放有一個便盆。

現在，洗漱架無疑可用作邊櫃。右圖所示的是19世紀末、20世紀初工廠製造的數千個洗漱架中的一個，當時是所謂的金橡木時代。對木工來說，製作洗漱架是一件很有趣且很有意義的事。

這個洗漱架的設計者是框板結構的狂熱粉絲。櫃體背板是框板結構的，側板也是。這些部件透過3個完全一樣的抽屜架連成一體，甚至臺面下邊還有一個抽屜架。此外，小櫃子的門也是框板結構的。

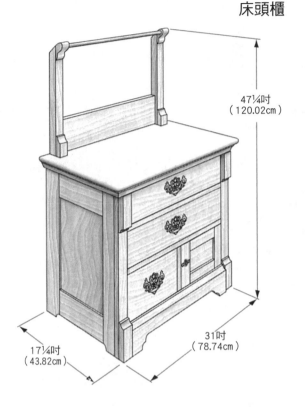

47¼吋
（120.02cm）

31吋
（78.74cm）

17¼吋
（43.82cm）

設計變化

雖然許多洗漱架的確是由木工手工製作的，但我們最熟悉的那些都是由工廠製造的，並且樣式非常豐富。下面展示的這兩種洗漱架，製作者在臺面的正面引入了曲線造型，並將這種造型運用到了上層抽屜的面板以及緊挨著它的橫檔上，這樣就改變了洗漱架原本方方正正的樣子。

上圖所示的洗漱架和右圖所示的最大的區別可能就是抽屜的布局。此外，右圖所示的洗漱架上的兩種裙邊、毛巾架的橫檔和豎直支架都呈渦卷形。

此外，蛇面洗漱架是立柱──嵌板結構的。

弓面洗漱架　　　　蛇面洗漱架

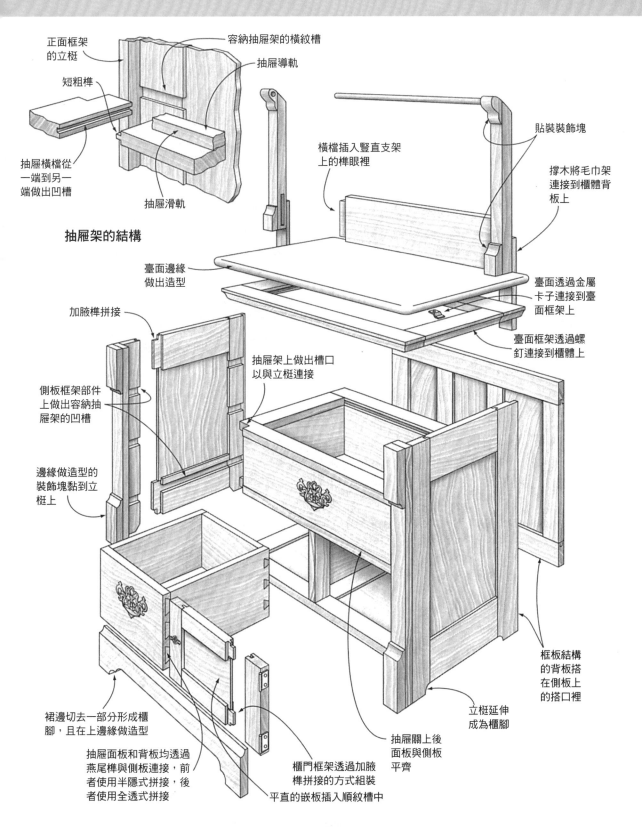

正面框架
的立梃

容納抽屜架的橫紋槽

抽屜導軌

短粗榫

抽屜橫檔從
一端到另一
端做出凹槽

抽屜滑軌

抽屜架的結構

橫檔插入豎直支架
上的榫眼裡

貼裝裝飾塊

撐木將毛巾架
連接到櫃體背
板上

臺面邊緣
做出造型

臺面透過金屬
卡子連接到臺
面框架上

臺面框架透過螺
釘連接到櫃體上

加腋榫拼接

抽屜架上做出槽口
以與立梃連接

側板框架部件
上做出容納抽
屜架的凹槽

邊緣做造型的
裝飾塊黏到立
梃上

框板結構
的背板搭
在側板上
的搭口裡

立梃延伸
成為櫃腳

裙邊切去一部分形成櫃
腳，且在上邊緣做造型

抽屜關上後
面板與側板
平齊

抽屜面板和背板均透過
燕尾榫與側板連接，前
者使用半隱式拼接，後
者使用全透式拼接

櫃門框架透過加腋
榫拼接的方式組裝

平直的嵌板插入順紋槽中

床頭櫃

床頭桌
床邊桌

床頭櫃很可能是從蠟燭架演變來的，蠟燭架曾是人們放在床邊用來放蠟燭的。後來人們將蠟燭架做得更大了，以擁有更大的地方來放置閱讀材料、眼鏡和其他物品。就這樣，床頭櫃誕生了。

以前的蠟燭架一般是一個立架或小桌子，床頭櫃則一般是一個小櫃子，就像右圖所示。

右圖所示的床頭櫃是框板結構的，有一個抽屜和一個開放的格子。第317頁的圖清晰地展示了它是如何拼接而成的。拼接做起來很簡單，且做好後成品很牢固。床頭櫃的裝飾不多。

如果不放在床頭，床頭櫃看起來就是一個很小且有點兒古怪的櫃子，但如果人們將它放對了地方，也就是挨著床放，並在它上面放檯燈和鬧鐘，它看起來就順眼多了。

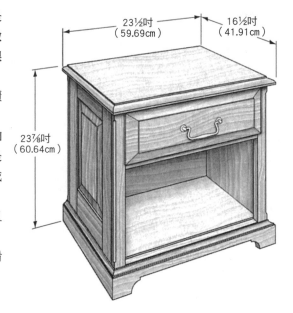

23½吋
（59.69cm）

16½吋
（41.91cm）

23⅞吋
（60.64cm）

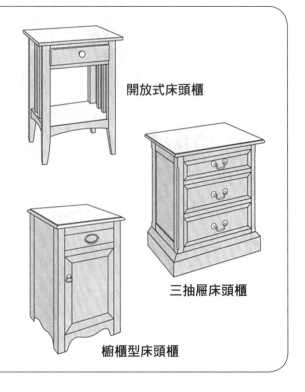

設計變化

每個人睡覺前躺在床上做的事都不一樣，但一般都要用到一個小床頭櫃或一張床頭桌。鑽進被窩以後，你需要將檯燈放在能夠隨手關上的地方，需要一個抽屜來放眼鏡或電視遙控器，當然，你可能還需要一個放睡前讀物的東西。

右圖所示的幾個床頭櫃尺寸差不多。一般來說，床頭櫃的臺面應略高於床墊，並且應能夠放得下一盞檯燈、一個鬧鐘和一部電話。這裡的床頭櫃都能滿足這些要求。

從外觀上來看，右圖所示的幾個床頭櫃有桌子型、櫥櫃型和抽屜櫃型的。你希望你的床頭櫃是什麼樣的呢？你想用它存放什麼東西呢？開放式床頭櫃是一種傳統的家具，它會導致擺放的物品雜亂。櫥櫃型的能夠把雜亂的物品隱藏起來，但你想找某個東西的話不太容易。抽屜櫃型的則具有分類整理物品的功能。

開放式床頭櫃

三抽屜床頭櫃

櫥櫃型床頭櫃

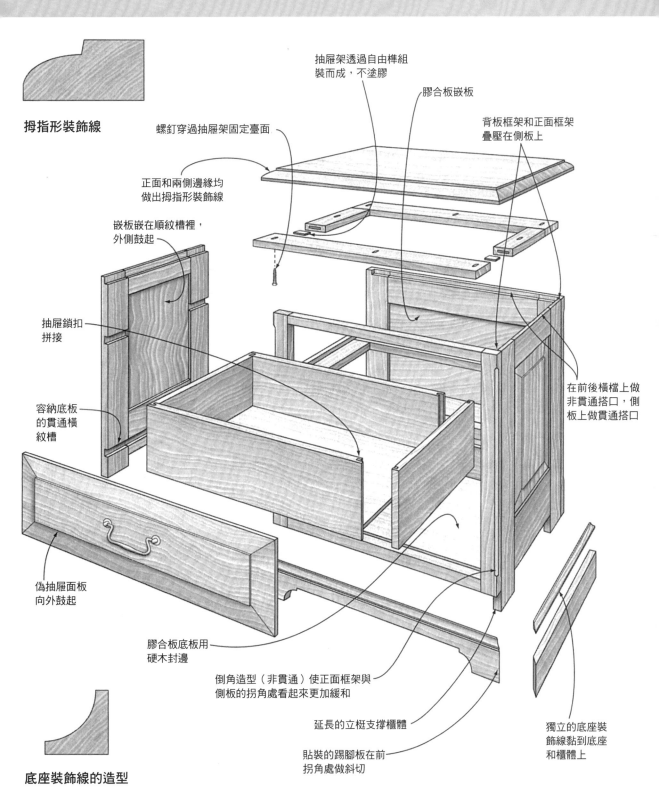

拇指形裝飾線

抽屜架透過自由榫組
裝而成，不塗膠

膠合板嵌板

背板框架和正面框架
疊壓在側板上

螺釘穿過抽屜架固定臺面

正面和兩側邊緣均
做出拇指形裝飾線

嵌板嵌在順紋槽裡，
外側鼓起

抽屜鎖扣
拼接

容納底板
的貫通橫
紋槽

在前後橫檔上做
非貫通搭口，側
板上做貫通搭口

偽抽屜面板
向外鼓起

膠合板底板用
硬木封邊

倒角造型（非貫通）使正面框架與
側板的拐角處看起來更加緩和

延長的立梃支撐櫃體

貼裝的踢腳板在前
拐角處做斜切

獨立的底座裝
飾線黏到底座
和櫃體上

底座裝飾線的造型

床品櫃

床品櫃是一種用來存放衣服和床上用品的櫃類家具。它的用途和結構在某種程度上決定了它與衣櫃非常相似。

右圖所示的美式床品櫃是一件鄉村式家具，它的製作者有意避開了嚴苛的樣式規範，而這些規範對大城市的木工造成了較大的約束。它的上櫃比下櫃高一些，做有凹槽紋飾的角柱和上櫃櫃門的拱頂樣式都起到了很好的裝飾作用。

右圖中的這張床品櫃非常質樸，使用了大量傳統的拼接方式。抽屜的支撐結構做得有點兒粗糙，兩個抽屜就簡單地放在一塊擱板上，當抽屜開合時，沒有導軌來防止它們走歪。

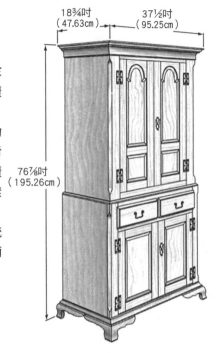

衣櫃
雙層碗櫥

18¾吋
（47.63cm）

37½吋
（95.25cm）

76⅞吋
（195.26cm）

設計變化

改變櫃門、頂板和底座的風格能夠使床品櫃的外觀發生較大的變化。當然，改變床品櫃高度和寬度的比例、上下櫃尺寸的比例，以及抽屜的數目和大小等，也能改變床品櫃的外觀。

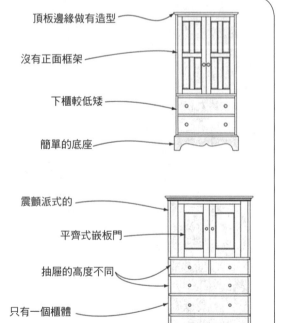

頂板邊緣做有造型

沒有正面框架

下櫃較低矮

簡單的底座

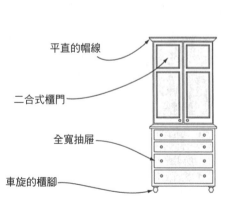

平直的帽線

二合式櫃門

全寬抽屜

車旋的櫃腳

震顫派式的

平齊式嵌板門

抽屜的高度不同

只有一個櫃體

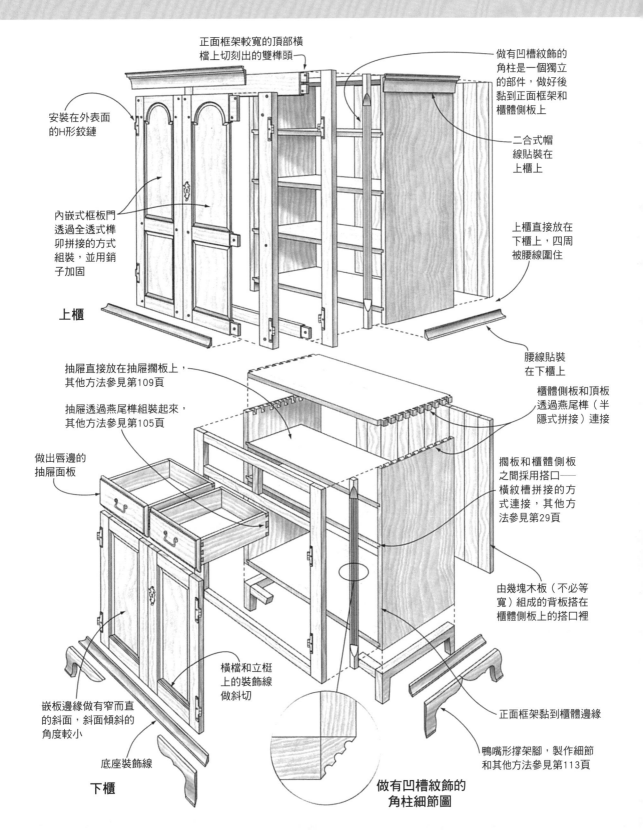

正面框架較寬的頂部橫檔上切刻出的雙榫頭

做有凹槽紋飾的角柱是一個獨立的部件，做好後黏到正面框架和櫃體側板上

安裝在外表面的H形鉸鏈

二合式帽線貼裝在上櫃上

內嵌式框板門透過全透式榫卯拼接的方式組裝，並用銷子加固

上櫃直接放在下櫃上，四周被腰線圍住

上櫃

上櫃直接放在下櫃上，四周被腰線圍住

抽屜直接放在抽屜攔板上，其他方法參見第109頁

腰線貼裝在下櫃上

抽屜透過燕尾榫組裝起來，其他方法參見第105頁

櫃體側板和頂板透過燕尾榫（半隱式拼接）連接

做出唇邊的抽屜面板

攔板和櫃體側板之間採用搭口──橫紋槽拼接的方式連接，其他方法參見第29頁

橫檔和立梃上的裝飾線做斜切

由幾塊木板（不必等寬）組成的背板搭在櫃體側板上的搭口裡

嵌板邊緣做有窄而直的斜面，斜面傾斜的角度較小

正面框架黏到櫃體邊緣

底座裝飾線

鴨嘴形撐架腳，製作細節和其他方法參見第113頁

下櫃

做有凹槽紋飾的角柱細節圖

圓帽櫃

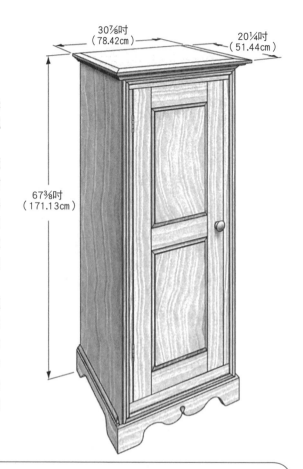

30⅞吋
（78.42cm）

20¼吋
（51.44cm）

67⅜吋
（171.13cm）

聽說過「bonnetière」嗎？它是「圓帽櫃」，是法國外省的一種家具，出現在17世紀晚期，一直流行到19世紀。

它是一種非常高且非常窄的櫃子，只有一扇櫃門，原本是用來存放諾曼底和布列塔尼婦女佩戴的複雜的高圓帽的。在加拿大的法語區，這種櫃子基本上被當作通用的衣櫃使用，而不是專門用來放圓帽的。右圖所示的圓帽櫃可能曾被用作洗漱架和衣櫃，臉盆、肥皂和其他洗漱用具可能曾被放置在擱板上，櫃門的背面則可能掛有一面鏡子。

此外，右圖所示的圓帽櫃上沒有裝有鑽石形尖頂飾的嵌板和渦卷形的橫檔、嵌板，而這些都是法國外省櫥櫃的典型特徵。之所以會這樣，是因為它的製作年代是19世紀中期或晚期，那時法國的影響力早已衰弱。但它們帶有突出的飛檐裝飾線，而這是法裔加拿大式家具的特徵。用長釘子組裝三合式飛檐裝飾是一種典型的做法。

設計變化

18世紀和19世紀在蒙特利爾和魁北克城製作的加拿大法式家具是法國外省家具的一部分，所謂外省家具是指在諾曼底、布列塔尼以及其他遠離巴黎的地方製作的家具。如果說上圖所示的圓帽櫃告訴我們那時英國風格已經取代了法國風格，那麼右邊的這種圓帽櫃就明顯帶著法國血統。它外省家具的屬性也很明顯，因為它的雕刻裝飾比較低調。

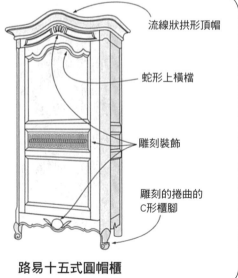

流線狀拱形頂帽

蛇形上橫檔

雕刻裝飾

雕刻的捲曲的C形櫃腳

路易十五式圓帽櫃

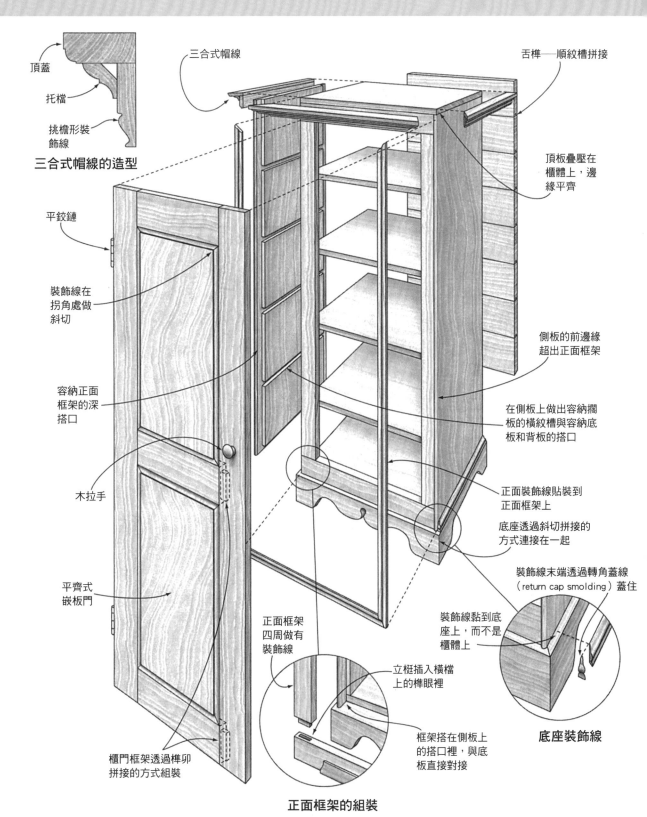

三合式帽線的造型

頂蓋

托檔

挑檐形裝飾線

三合式帽線

舌榫──順紋槽拼接

頂板疊壓在櫃體上,邊緣平齊

平鉸鏈

裝飾線在拐角處做斜切

容納正面框架的深搭口

木拉手

平齊式嵌板門

側板的前邊緣超出正面框架

在側板上做出容納擱板的橫紋槽與容納底板和背板的搭口

正面裝飾線貼裝到正面框架上

底座透過斜切拼接的方式連接在一起

裝飾線末端透過轉角蓋線(return cap smolding)蓋住

裝飾線黏到底座上,而不是櫃體上

底座裝飾線

正面框架四周做有裝飾線

立梃插入橫檔上的榫眼裡

框架搭在側板上的搭口裡,與底板直接對接

櫃門框架透過榫卯拼接的方式組裝

正面框架的組裝

大衣櫃

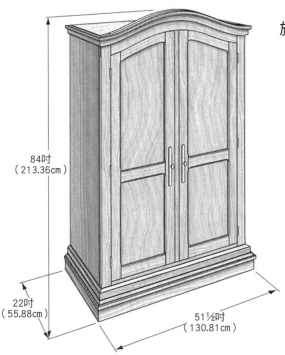

床品櫃
施朗克櫃

1900年以前，人們家裡很少有嵌入式衣櫃。放衣服和床上用品的櫥櫃中，有一種起源於歐洲的大型立式櫥櫃，這種櫃子在法語裡叫作「armoire」，現在這個單字已經被錄入美式英語字彙表。

右圖所示的現代衣櫃符合大衣櫃的各種特徵：櫃門很高，櫃子裡一邊的格子裡裝有擱板，另一邊的格子裡裝有掛衣桿，用來掛裙子、褲子和套裝。

84吋
（213.36cm）

22吋
（55.88cm）

51½吋
（130.81cm）

設計變化

大衣櫃在風格、外觀和結構上的變化多種多樣，但所有大衣櫃都有的一個共同特點，就是非常大。大衣櫃畢竟是衣櫃（曾經它也常常是抽屜櫃的樣式），所以經典的大衣櫃具有一套收納系統，就像下圖所示的那樣。大多數大衣櫃裝有用來放置折疊好的床上用品、毛衣和各種衣物的擱板，同時還提供掛放衣物的空間，配有掛衣桿、掛衣釘或掛衣鉤之類的部件。

幾乎所有的大衣櫃都裝有兩扇櫃門。小衣櫃常常在櫃門下安裝抽屜，而大衣櫃的抽屜是隱藏在櫃子裡的。今天，有的大衣櫃已經被改造得適合用來放置電視機、音響和其他電子設備了。

工藝美術式大衣櫃

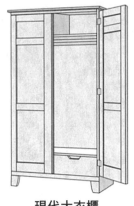

現代大衣櫃

鄉村式大衣櫃

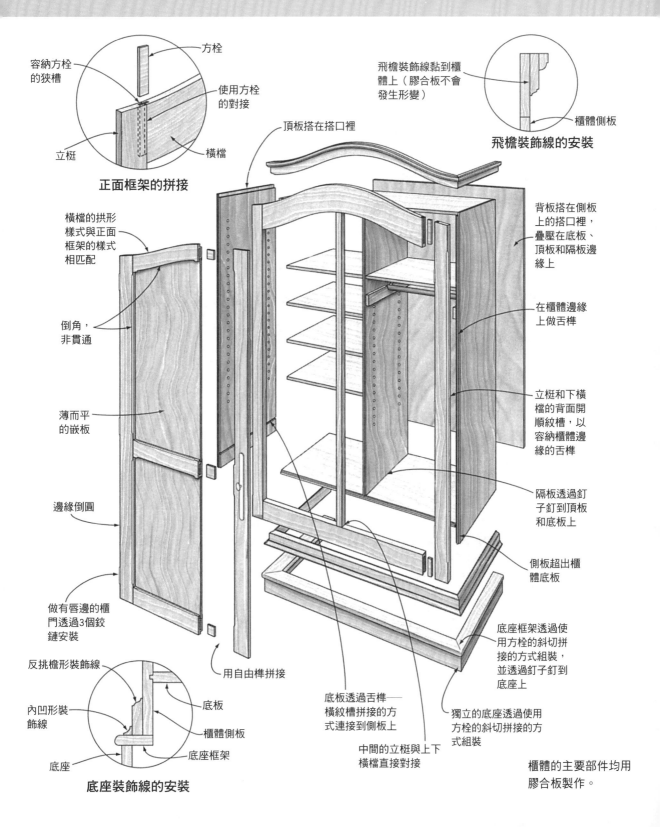

容納方栓的狹槽

方栓

使用方栓的對接

立梃

橫檔

正面框架的拼接

頂板搭在搭口裡

飛檐裝飾線黏到櫃體上（膠合板不會發生形變）

櫃體側板

飛檐裝飾線的安裝

橫檔的拱形樣式與正面框架的樣式相匹配

倒角，非貫通

薄而平的嵌板

邊緣倒圓

做有唇邊的櫃門透過3個鉸鏈安裝

背板搭在側板上的搭口裡，疊壓在底板、頂板和隔板邊緣上

在櫃體邊緣上做舌榫

立梃和下橫檔的背面開順紋槽，以容納櫃體邊緣的舌榫

隔板透過釘子釘到頂板和底板上

側板超出櫃體底板

底座框架透過使用方栓的斜切拼接的方式組裝，並透過釘子釘到底座上

獨立的底座透過使用方栓的斜切拼接的方式組裝

反挑檐形裝飾線

內凹形裝飾線

底座

底板

櫃體側板

底座框架

底座裝飾線的安裝

用自由榫拼接

底板透過舌榫—橫紋槽拼接的方式連接到側板上

中間的立梃與上下橫檔直接對接

櫃體的主要部件均用膠合板製作。

施朗克櫃

71吋
（180.34cm）

23½吋
（59.69cm）

83⁵⁄₁₆吋
（211.61cm）

施朗克櫃是一種大型衣櫃，最早出現在17世紀的德國，當時的德語發音是「shronk」。經典的施朗克櫃是一種立式的、寬敞的、有兩扇櫃門的櫃子。它一側的格子裡裝的是衣帽鉤，用來掛放衣物；另一側的格子裡裝的是擱板，用來放置折疊好的衣物。底座裝有兩個或多個抽屜，這些抽屜通常是並排安裝的。整個櫃子由半球腳或撐架腳支撐，頂部則是一個沉重的、向外突出的飛檐結構。

從17世紀80年代開始，這種家具被來自於德國巴列丁奈特地區的移民帶到了美洲，直至18世紀末，它在德裔社區裡都是一種流行的家具。在美洲製作的最早的施朗克櫃常塗有油漆，飾有鑲嵌裝飾，雕有主人的名字或名字的首字母，並且這些文字被心形、鳥、鬱金香和其他花卉圖案環繞。

因為施朗克櫃很大，所以它通常被做成可拆卸的。拆卸時應先把門卸下來，然後，如第325頁的圖所示，把頂部結構和櫃體之間的連接斷開——拔出6～10根加固榫卯拼接用的銷子，再把頂部結構小心地抬下來。之後，拔掉更多的銷子把櫃體的各種部件從底座上的榫眼和順紋槽中拔出來。

上圖所示的施朗克櫃是這種家具的原型。它是一件賓夕法尼亞德式家具，製作於1790年前後，現於賓夕法尼亞州沃默爾斯多夫的康拉德·魏澤爾莊園展出。它帶有施朗克櫃的全部特徵。

設計變化

由於外形龐大、裝飾華麗，最初施朗克櫃是一種獨立不群的衣櫃。但到了19世紀末，想要將施朗克櫃跟普通的大衣櫃或衣櫃（第322頁）區分開來已經比較困難了。

18世紀的施朗克櫃非常引人注目，因為其底座的比例和布局比較特別。它的底座明顯比上面展示的施朗克櫃的高，有兩層抽屜。帶有較多框板結構的部件和突出的飛檐裝飾線是18世紀德國施朗克櫃的典型特徵。

右邊第二幅圖上的施朗克櫃製作於19世紀晚期，製作地是東得克薩斯的德裔社區。從外觀上看，它仍然屬於施朗克櫃，但裝飾線（特別是飛檐裝飾線）和櫃腳的尺寸和突出程度已經小多了。

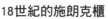

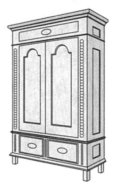

18世紀的施朗克櫃　　　　19世紀的施朗克櫃

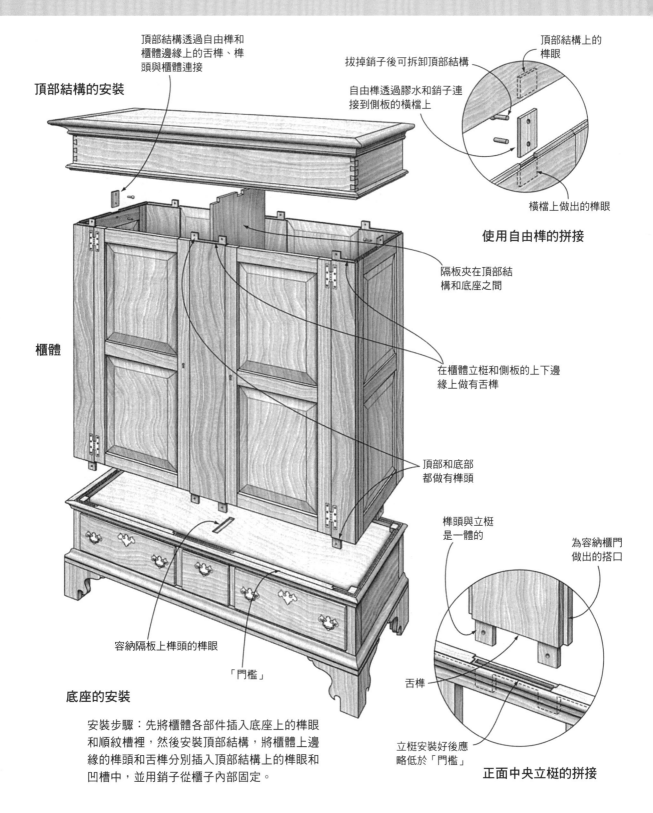

頂部結構透過自由榫和櫃體邊緣上的舌榫、榫頭與櫃體連接

頂部結構上的榫眼

拔掉銷子後可拆卸頂部結構

自由榫透過膠水和銷子連接到側板的橫檔上

頂部結構的安裝

橫檔上做出的榫眼

使用自由榫的拼接

隔板夾在頂部結構和底座之間

櫃體

在櫃體立梃和側板的上下邊緣上做有舌榫

頂部和底部都做有榫頭

榫頭與立梃是一體的

為容納櫃門做出的搭口

容納隔板上榫頭的榫眼

「門檻」

舌榫

底座的安裝

安裝步驟：先將櫃體各部件插入底座上的榫眼和順紋槽裡，然後安裝頂部結構，將櫃體上邊緣的榫頭和舌榫分別插入頂部結構上的榫眼和凹槽中，並用銷子從櫃子內部固定。

立梃安裝好後應略低於「門檻」

正面中央立梃的拼接

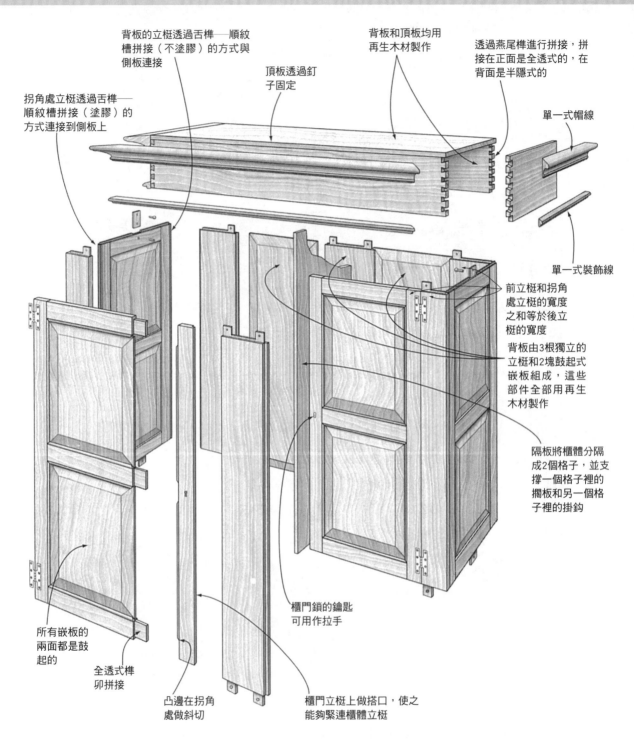

背板的立梃透過舌榫──順紋槽拼接（不塗膠）的方式與側板連接

背板和頂板均用再生木材製作

透過燕尾榫進行拼接，拼接在正面是全透式的，在背面是半隱式的

頂板透過釘子固定

拐角處立梃透過舌榫──順紋槽拼接（塗膠）的方式連接到側板上

單一式帽線

單一式裝飾線

前立梃和拐角處立梃的寬度之和等於後立梃的寬度

背板由3根獨立的立梃和2塊鼓起式嵌板組成，這些部件全部用再生木材製作

隔板將櫃體分隔成2個格子，並支撐一個格子裡的擱板和另一個格子裡的掛鉤

所有嵌板的兩面都是鼓起的

全透式榫卯拼接

凸邊在拐角處做斜切

櫃門鎖的鑰匙可用作拉手

櫃門立梃上做搭口，使之能夠緊連櫃體立梃

側板的製作方法與櫃門的製作方法基本相同。

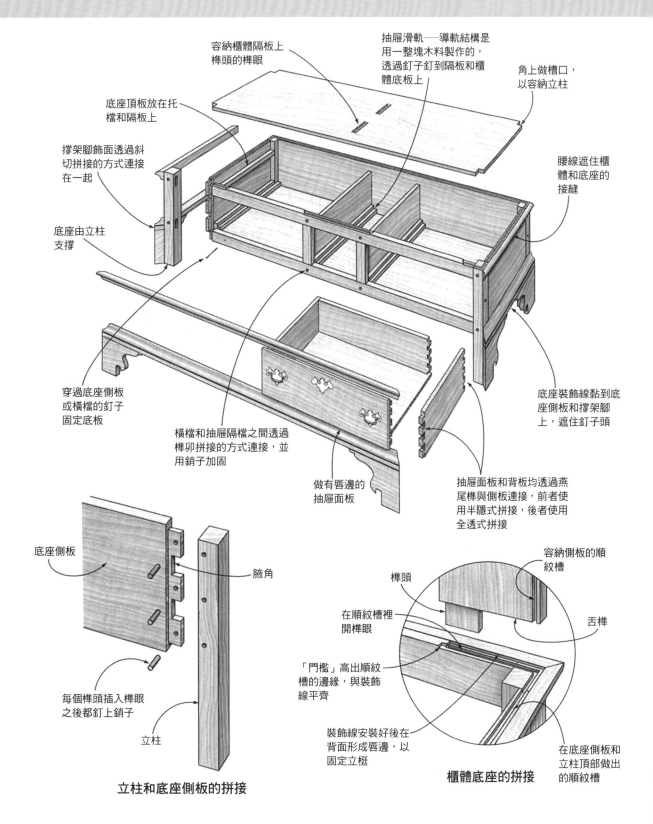

容納櫃體隔板上
榫頭的榫眼

抽屜滑軌——導軌結構是
用一整塊木料製作的，
透過釘子釘到隔板和櫃
體底板上

角上做槽口，
以容納立柱

底座頂板放在托
檔和隔板上

撐架腳飾面透過斜
切拼接的方式連接
在一起

腰線遮住櫃
體和底座的
接縫

底座由立柱
支撐

穿過底座側板
或橫檔的釘子
固定底板

底座裝飾線黏到底
座側板和撐架腳
上，遮住釘子頭

橫檔和抽屜隔檔之間透過
榫卯拼接的方式連接，並
用銷子加固

做有唇邊的
抽屜面板

抽屜面板和背板均透過燕
尾榫與側板連接，前者使
用半隱式拼接，後者使用
全透式拼接

底座側板

腋角

在順紋槽裡
開榫眼

榫頭

容納側板的順
紋槽

舌榫

「門檻」高出順紋
槽的邊緣，與裝飾
線平齊

每個榫頭插入榫眼
之後都釘上銷子

立柱

裝飾線安裝好後在
背面形成唇邊，以
固定立梃

在底座側板和
立柱頂部做出
的順紋槽

立柱和底座側板的拼接

櫃體底座的拼接

縫紉臺

縫紉桌
縫紉櫃
工作架
工作桌

縫紉臺是經典的震顫派式家具，這種家具不是所有人都能製作的。在縫紉臺剛被製作出來的年代，震顫派的女教徒將它們當作工作臺。如今，縫紉臺可以作為椅邊桌或床頭桌使用。經典的縫紉臺其實是一個較矮的帶抽屜的櫃子，有一個較大的工作臺面，工作臺面上有一個圍欄，圍欄上做有小抽屜，有時還帶有一個小櫃子。

震顫派教徒通常是手藝高超的家具製作者，他們懂得如何用精確的拼接方式把既好看又實用的木材拼接在一起，製作出非常實用且能永遠流傳的家具。儘管如此，他們並不濫用他們的這種能力。

就右圖所示的縫紉臺來說，松木桌面僅透過釘子釘在櫃體上，沒有使用限位塊來防止抽屜唇邊斷裂（猛關抽屜時抽屜唇邊很可能斷裂）。縫紉臺的櫃體是用結實的楓木製作的，嵌板則用的是松木。下方的櫃體被漆成了紅色，但灰胡桃木抽屜面板和胡桃木拉手上沒有塗漆，製作者非常懂行。

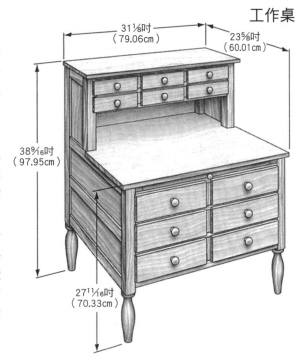

設計變化　保存下來的震顫派式縫紉臺有各種變化樣式，有比上圖簡單的，也有比它複雜的。右圖所示的縫紉臺的樣式廣為人知，它是比較複雜的那種。上方的圍欄上裝有6小抽屜和1個小櫃子；下方的櫃體，正面和側面都裝有抽屜。這種縫紉臺夠兩名女教徒使用，即使住在比較狹小的地方，只要她們高效使用它，它完全夠用了。

正面　　　　　　　側面

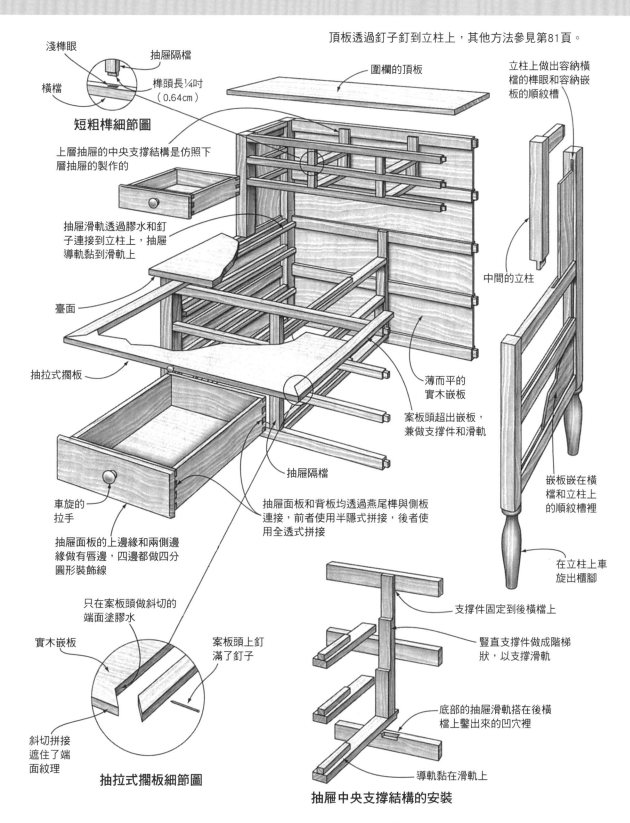

淺榫眼

抽屜隔檔

橫檔

榫頭長¼吋
（0.64cm）

短粗榫細節圖

上層抽屜的中央支撐結構是仿照下層抽屜的製作的

抽屜滑軌透過膠水和釘子連接到立柱上，抽屜導軌黏到滑軌上

臺面

抽拉式擱板

車旋的拉手

抽屜面板的上邊緣和兩側邊緣做有唇邊，四邊都做四分圓形裝飾線

只在案板頭做斜切的端面塗膠水

實木嵌板

案板頭上釘滿了釘子

斜切拼接遮住了端面紋理

抽拉式擱板細節圖

頂板透過釘子釘到立柱上，其他方法參見第81頁。

圍欄的頂板

立柱上做出容納橫檔的榫眼和容納嵌板的順紋槽

中間的立柱

薄而平的實木嵌板

案板頭超出嵌板，兼做支撐件和滑軌

抽屜隔檔

抽屜面板和背板均透過燕尾榫與側板連接，前者使用半隱式拼接，後者使用全透式拼接

嵌板嵌在橫檔和立柱上的順紋槽裡

在立柱上車旋櫃腳

支撐件固定到後橫檔上

豎直支撐件做成階梯狀，以支撐滑軌

底部的抽屜滑軌搭在後橫檔上鑿出來的凹穴裡

導軌黏在滑軌上

抽屜中央支撐結構的安裝

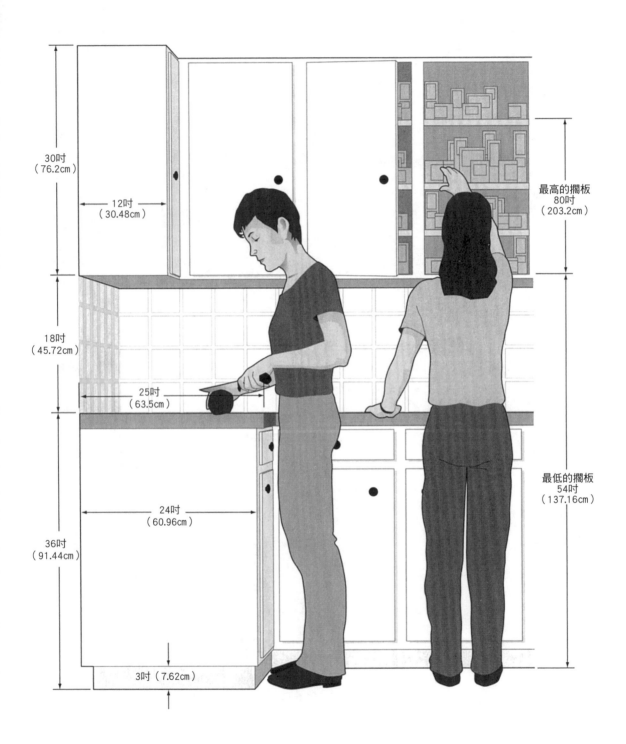

30吋
（76.2cm）

12吋
（30.48cm）

最高的擱板
80吋
（203.2cm）

18吋
（45.72cm）

25吋
（63.5cm）

最低的擱板
54吋
（137.16cm）

24吋
（60.96cm）

36吋
（91.44cm）

3吋（7.62cm）

嵌入式櫥櫃

嵌入式櫥櫃主要用在廚房裡，是「廚櫃」，與其他任何家具相比，它們的尺寸都更標準化。

尺寸的標準是根據人體比例的平均值確定的，並且已經被家具製造商統一採用。所以，有些人想訂製一個嵌入式櫥櫃，並透過改變櫥櫃的標準尺寸，使之更符合自己的要求，這種想法貌似很有道理，但實際上可能會存在風險。

廚用地櫃：標準廚用地櫃櫃體高34.5吋（87.63cm），深24吋（60.96cm）；臺面的標準高度為36吋（91.44cm），深度為25吋（63.5cm）。

這些尺寸都可以改變，但像洗碗機之類的設備尺寸是根據臺面的標準高度設計的，洗碗池的尺寸也須與臺面的標準深度相適應。

通常，廚用地櫃在連接地板處前面會向內凹進去，形成所謂的「踢腳空間」——大約3吋（7.62cm）深，3～4吋（7.62～10.16cm）高，以容納在地櫃旁邊工作的人的腳趾。

廚用牆櫃：標準的廚用牆櫃一般深12吋（30.48cm），高30吋（76.2cm）或42吋（106.68cm）。這樣的深度可容納常見的直徑為10吋（25.4cm）的餐盤，30吋（76.2cm）的高度與人手能搆到的平均高度，78～80吋（198.12～203.2cm）相適應。42吋（106.68cm）高的廚用牆櫃可以與現在常見的8呎（243.84cm）高的天花板相接，但是它最上層的擱板大多數人都搆不到。

廚用牆櫃應安裝在廚用地櫃臺面以上16～18吋（40.64～45.72cm）處，廚用地櫃與廚用牆櫃之間的空間能夠放得下一般的臺面設備，並且確保大多數人能夠看到臺面靠牆的邊緣。

浴室櫃：標準的浴室櫃高約34吋（86.36cm）。但跟廚用地櫃一樣，這一尺寸也是可以改變的，家具製作者可以將其改造得更加適合於使用者，特別是孩子，否則他們有可能搆不著水龍頭。標準的浴室櫃深20吋（50.8cm）或比這再深一點兒。

廚用牆櫃

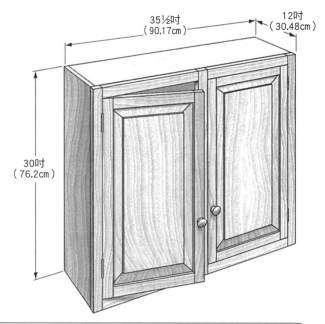

35½吋
（90.17cm）

12吋
（30.48cm）

30吋
（76.2cm）

現代廚房，從一面牆到另一面牆，從地板到天花板，已經被各種櫃子填滿了。牆上的那些櫃子的樣式跟右圖所示的基本一樣。

典型的廚用牆櫃就是一個非常簡單的箱體，帶有櫃門和可調節的擱板。膠合板或其他板材的出現大大加快了木工製作廚用牆櫃的速度。廚用牆櫃的外觀是由它的總體設計決定的，比如櫃門的布局，是否帶有正面框架等等。一些細節，比如正面採用的木材、櫃門或正面框架上是否帶有裝飾等，就能將高檔廚用牆櫃和普通廚用牆櫃區別開來。

設計
變化

改變廚用牆櫃外觀最簡單的方法就是改變櫃門的樣式。但至少有3個基本因素會影響到廚用牆櫃的外觀，而每個因素中的不同選擇都是非此即彼的關係。

首先，需要在普通30吋（76.2cm）高和42吋（106.68cm）高的廚用牆櫃裡做出選擇。30吋（76.2cm）高的廚用牆櫃與標準的8呎（243.84cm）高的天花板之間會留有1呎（30.48cm）高的空間，而42吋（106.68cm）高的廚用牆櫃剛好與天花板相接。

其次，可以選擇在廚用牆櫃上安裝飛檐裝飾線，增加它傳統家具的味道。

最後，需要決定一下廚用牆櫃上要不要加正面框架。雖然有無正面框架似乎是跟結構相關的問題，但也會影響到外觀。

30吋（76.2cm）
高的廚用牆櫃

42吋（106.68cm）
高的廚用牆櫃

上部空間被封死的
廚用牆櫃

飾有飛檐裝飾線的
廚用牆櫃

有正面框架的
廚用牆櫃

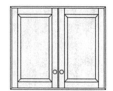

無正面框架的
廚用牆櫃

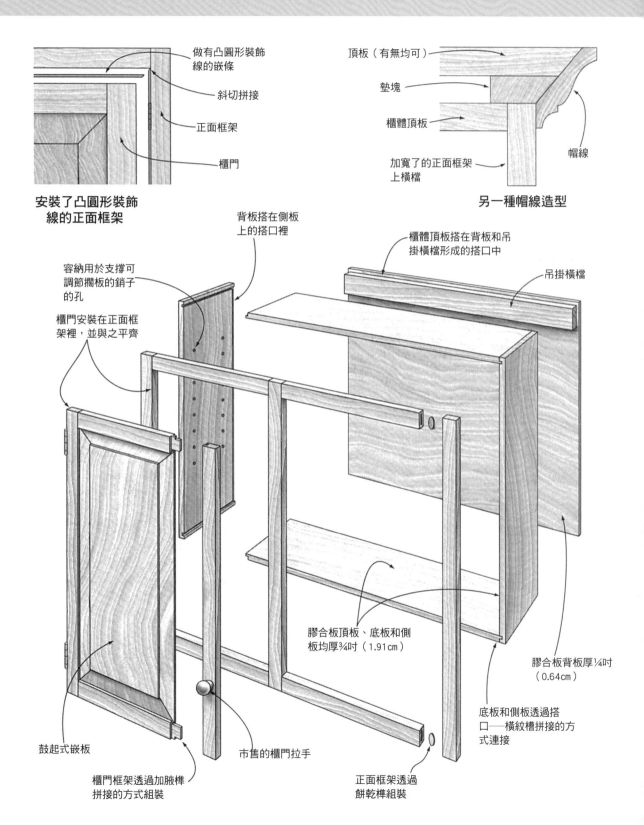

做有凸圓形裝飾線的嵌條

斜切拼接

正面框架

櫃門

安裝了凸圓形裝飾線的正面框架

頂板（有無均可）

墊塊

櫃體頂板

加寬了的正面框架上橫檔

帽線

另一種帽線造型

背板搭在側板上的搭口裡

容納用於支撐可調節擱板的銷子的孔

櫃門安裝在正面框架裡，並與之平齊

櫃體頂板搭在背板和吊掛橫檔形成的搭口中

吊掛橫檔

膠合板頂板、底板和側板均厚¾吋（1.91cm）

膠合板背板厚¼吋（0.64cm）

鼓起式嵌板

市售的櫃門拉手

櫃門框架透過加腋榫拼接的方式組裝

正面框架透過餅乾榫組裝

底板和側板透過搭口──橫紋槽拼接的方式連接

廚用地櫃

這可能是本書介紹的所有廚櫃中最晚出現的了。其他類型的櫃子歷史動輒可追溯數百年之久，右圖所示的廚用地櫃則是20世紀的。

在20世紀40年代晚期的二戰後建設高潮期，家具製作者們開始專注於廚櫃和浴室櫃的製作，用它們來取代哈奇櫃、操作臺和食品櫃。今天，各種樣式的這類櫥櫃幾乎填滿了美國的每一間廚房。它們都具備以下三個基本特徵。

第一，它們通常是用膠合板或類似的板材製作的，因為這種人造板材比天然木材更穩定，有助於降低製作的難度。

第二，櫃子是組合式的，每個部分都是一個標準化的箱體，裝有擱板、抽屜和櫃門。將布局不同的箱體一個挨著一個地組裝在一起後，再用一整塊的頂板把它們維繫在一起。

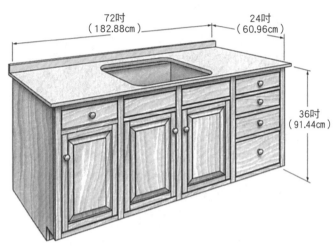

72吋（182.88cm）　24吋（60.96cm）

36吋（91.44cm）

第三，櫃子是嵌入式的，透過螺釘連接到牆或地板上。有的廚用地櫃強度因這種方式而大大增大。

上圖所示的廚用地櫃是這種家具的原型，被分為了三部分——裝有抽屜的部分、裝有可調節擱板的部分和裝有雙開門的部分，雙開門後面安裝的是洗碗池及其下水配件。

設計變化

現代廚用地櫃的組合式結構使很多事情變得相對簡單，比如一整套廚櫃的組裝、按使用者的意願對擱板和抽屜進行調整，以及使櫃子與可用空間相匹配等。可以透過改變廚用地櫃的基本布局（比如在兩扇門上邊安裝兩個抽屜，或者做成四抽屜櫃的樣式等）來改變它的寬度，以適應特定的空間。下面展示了廚用地櫃的幾種樣式。

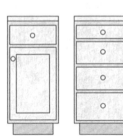

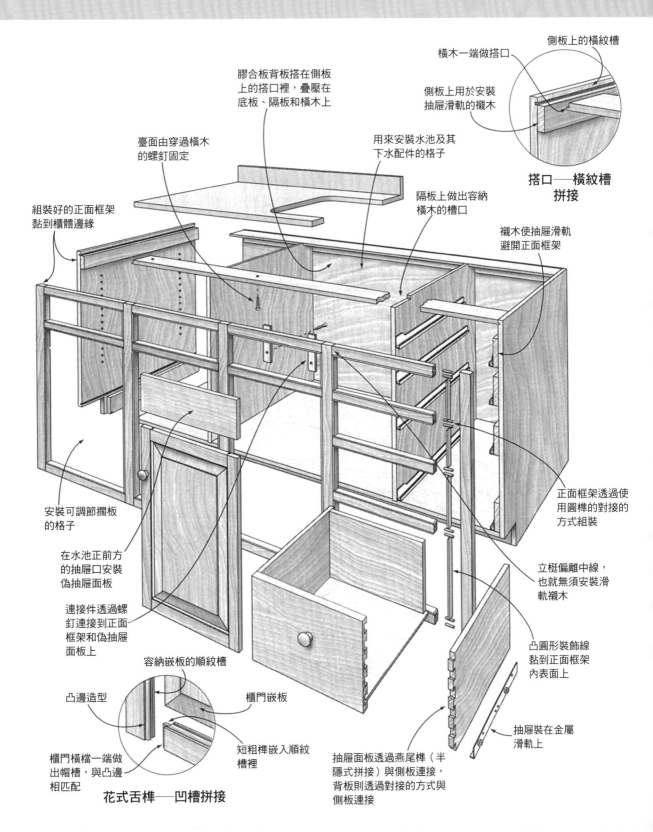

膠合板背板搭在側板
上的搭口裡，疊壓在
底板、隔板和橫木上

側板上的橫紋槽

橫木一端做搭口

側板上用於安裝
抽屜滑軌的襯木

**搭口──橫紋槽
拼接**

臺面由穿過橫木
的螺釘固定

用來安裝水池及其
下水配件的格子

隔板上做出容納
橫木的槽口

組裝好的正面框架
黏到櫃體邊緣

襯木使抽屜滑軌
避開正面框架

安裝可調節擱板
的格子

正面框架透過使
用圓榫的對接的
方式組裝

在水池正前方
的抽屜口安裝
偽抽屜面板

立梃偏離中線，
也就無須安裝滑
軌襯木

連接件透過螺
釘連接到正面
框架和偽抽屜
面板上

容納嵌板的順紋槽

凸圓形裝飾線
黏到正面框架
內表面上

凸邊造型

櫃門嵌板

櫃門橫檔一端做
出帽槽，與凸邊
相匹配

短粗榫嵌入順紋
槽裡

抽屜面板透過燕尾榫（半
隱式拼接）與側板連接，
背板則透過對接的方式與
側板連接

抽屜裝在金屬
滑軌上

花式舌榫──凹槽拼接

廚用角櫃

在一個滿是廚櫃的廚房裡，如何利用角落裡的空間總是一個難題。2呎（60.96cm）深的櫃子在牆角處匯合，會形成一個相當大的不便於利用的空間。

最佳的解決方案（其實基本上就只有這一種解決方案）是在角落裡安裝右圖所示的廚用角櫃。兩邊的廚用地櫃各讓出1呎（30.48cm），在讓出的地方安裝一扇櫃門，使櫃門與角落裡的兩面牆均成45度。右圖所示的廚用角櫃在櫃門上還安裝了一個抽屜，這種做法在廚用地櫃上很普遍，但在角櫃上非常少見。安裝轉出式擱板，就可以利用櫃子下方的空間了，即使這樣櫃子深處的三個角處仍有相當大的空間會被浪費掉。轉出式擱板製作起來多少有點兒複雜，並且不是所有的廚房用品都能老老實實地待在轉出式擱板上。

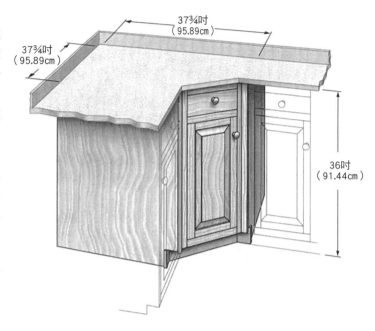

37¾吋
（95.89cm）

37¾吋
（95.89cm）

36吋
（91.44cm）

設計變化

廚用角櫃櫃門的布局有兩種方法：在與角落里的兩面牆均成45°的方向上安裝一扇櫃門，或者安裝兩扇櫃門，且關上後兩扇櫃門分別與相鄰地櫃的櫃門平齊（見下圖「雙鉸鏈櫃門」）。前一種角櫃因為獨具優勢而更受歡迎。用這種方法安裝櫃門也就意味著人們可以在角櫃裡安裝圓形的、可獨立轉動的旋轉擱板。但不幸的是，它與二次成型（使用模具製成）的一體式層壓板臺面不兼容。

後一種角櫃，我們可以在它裡面安裝轉出式擱板，也可以安裝固定擱板。當採用轉出式擱板時，擱板連接櫃門的地方要切刻掉一塊（切好的擱板呈扇形）。當我們推或拉開櫃門時，擱板上存放的東西就會隨之轉出，以便於人們拿取。關閉櫃門的時候，所有的東西又被轉進櫃子裡了。

安裝旋轉擱板的廚用角櫃

安裝轉出式擱板的廚用角櫃

雙鉸鏈櫃門

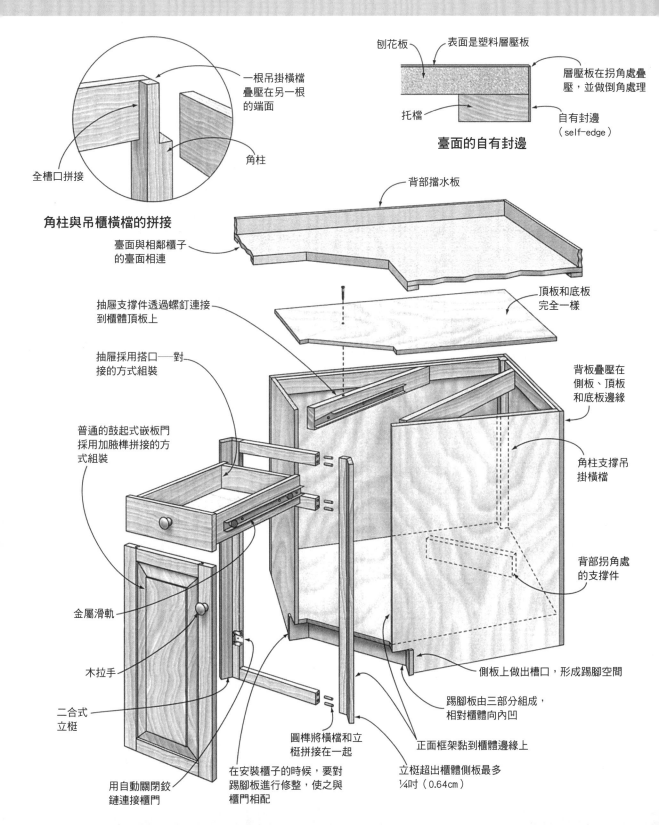

刨花板

表面是塑料層壓板

層壓板在拐角處疊壓，並做倒角處理

托擋

自有封邊（self-edge）

臺面的自有封邊

一根吊掛橫擋疊壓在另一根的端面

角柱

全槽口拼接

角柱與吊櫃橫擋的拼接

臺面與相鄰櫃子的臺面相連

背部擋水板

頂板和底板完全一樣

抽屜支撐件透過螺釘連接到櫃體頂板上

背板疊壓在側板、頂板和底板邊緣

抽屜採用搭口——對接的方式組裝

普通的鼓起式嵌板門採用加腋榫拼接的方式組裝

角柱支撐吊掛橫擋

金屬滑軌

背部拐角處的支撐件

木拉手

二合式立梃

用自動關閉鉸鏈連接櫃門

圓榫將橫擋和立梃拼接在一起

在安裝櫃子的時候，要對踢腳板進行修整，使之與櫃門相配

側板上做出槽口，形成踢腳空間

踢腳板由三部分組成，相對櫃體向內凹

正面框架黏到櫃體邊緣上

立梃超出櫃體側板最多¼吋（0.64cm）

食品櫃

食品櫃已經取代了很多老式的食品壁櫥。雖然食品壁櫥能夠提供很大的儲物空間，但因為它與建築物結合在一起，所以其製作成本比小巧的食品櫃更大。

食品櫃是另一種形式的廚櫃，從本質上來說，它就是一個方方正正的高箱子。採用板材確保了木材形變不會是問題。它的拼接簡單卻牢固，並且櫃子是透過螺釘連接到牆壁上的，這樣它還能夠得到牆壁的支撐。

食品櫃最明顯的優點是，人們用它儲物時非常方便。要想在這種2呎（60.96㎝）深的櫃子裡面取出一個盒子或罐子非常容易，因為它裡面裝的是淺抽屜而不是擱板。

與其他廚櫃一樣，食品櫃的外觀也是由以下幾個因素決定的：外露部件所用木材的種類、結構（有無框架）和櫃門的樣式。右圖所示的食品櫃採用的是無框架結構，所以櫃門要疊壓在櫃體邊緣上。平直的嵌板透過凸嵌裝飾線固定在櫃門框架上的搭口裡，且凸嵌裝飾線超出了嵌板和框架。

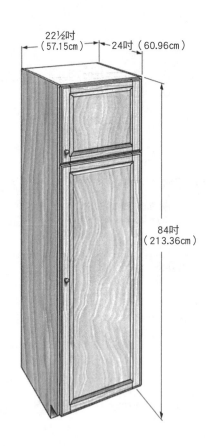

22½吋（57.15cm）　24吋（60.96cm）

84吋（213.36cm）

設計變化

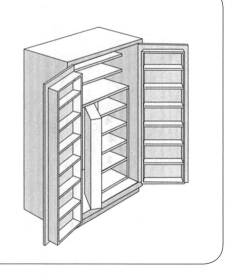

設計食品櫃時須考慮兩個因素：它的外觀和它的基本概念。我們可以對其中任何一個因素做出改變。

我們可以透過改變櫃門的風格（參見第94頁櫃門的基本製作方法）和安裝正面框架來改變食品櫃的外觀，也可以透過改變食品櫃各部件的比例來改變它的外觀，當然這也會改變食品櫃的儲存空間。此外，還可以採用雙櫃門。

右圖向我們展示了另一種儲物的概念。這種櫃子櫃門上裝有擱板，櫃子裡既裝有轉出式擱板，也裝有固定擱板。這種布局在概念上非常新穎，但實用性不強。

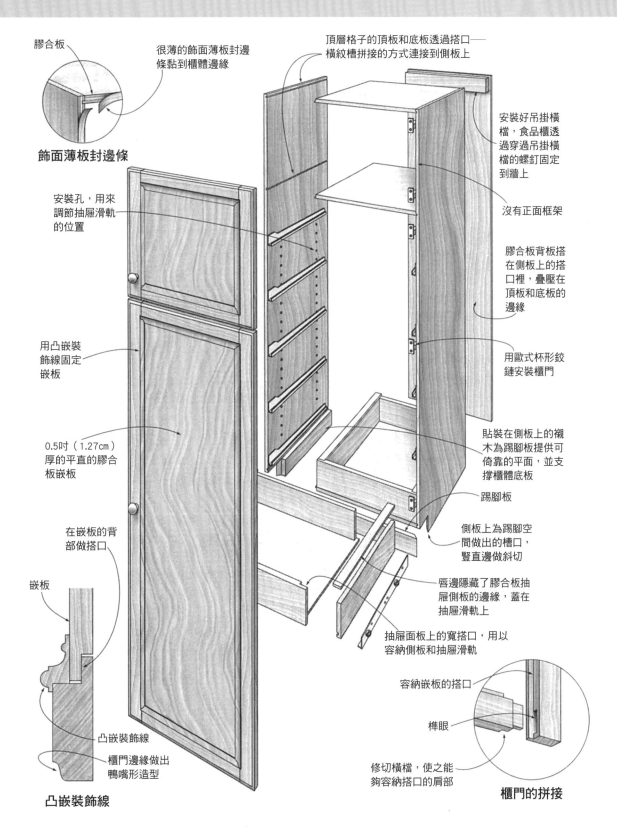

膠合板

很薄的飾面薄板封邊
條黏到櫃體邊緣

飾面薄板封邊條

頂層格子的頂板和底板透過搭口——
橫紋槽拼接的方式連接到側板上

安裝好吊掛橫
檔，食品櫃透
過穿過吊掛橫
檔的螺釘固定
到牆上

沒有正面框架

膠合板背板搭
在側板上的搭
口裡，疊壓在
頂板和底板的
邊緣

用歐式杯形鉸
鏈安裝櫃門

安裝孔，用來
調節抽屜滑軌
的位置

用凸嵌裝
飾線固定
嵌板

0.5吋（1.27cm）
厚的平直的膠合
板嵌板

貼裝在側板上的襯
木為踢腳板提供可
倚靠的平面，並支
撐櫃體底板

踢腳板

側板上為踢腳空
間做出的槽口，
豎直邊做斜切

在嵌板的背
部做搭口

嵌板

凸嵌裝飾線

櫃門邊緣做出
鴨嘴形造型

凸嵌裝飾線

唇邊隱藏了膠合板抽
屜側板的邊緣，蓋在
抽屜滑軌上

抽屜面板上的寬搭口，用以
容納側板和抽屜滑軌

容納嵌板的搭口

榫眼

修切橫檔，使之能
夠容納搭口的肩部

櫃門的拼接

浴室櫃

浴室櫃的英文是「bathroom vanity」，辭典上對「vanity」一詞的一個定義是「對自己的儀表過於自信」。就是這一含義使「vanity」衍生出了「浴室裡安置水池的櫃子」的意思。浴室的水池前是人們對鏡梳妝打扮的地方，人們在這裡將自己打扮得非常漂亮。也有很多人管梳妝桌叫「vanity」。

當然浴室櫃也具有實用性，它在水池周圍做有臺面，可以用來放置牙刷、杯子、化妝用具和各種各樣的浴室裡的小東西；它隱藏了水池所需的下水配件；它為備用的香皂、衛生紙和清潔用品提供了儲存空間。有的浴室櫃甚至還裝有抽屜，可以用來放置洗漱用具、化妝品、毛巾、浴巾、烘乾頭髮用的吹風機、捲髮器和其他美容護理用具。

大多數浴室櫃與廚櫃相似，是用膠合板或中密度纖維板製成的，透過螺釘固定到牆上，並裝有櫃門和臺面。典型的浴室櫃比廚櫃低幾吋，左右圖所示的浴室櫃就是這種。但它與廚櫃有一個區別，那就是它不是在底部留出踢腳空間，而是使腰部前凸。

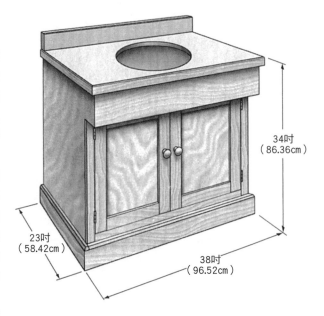

34吋
（86.36cm）

23吋
（58.42cm）

38吋
（96.52cm）

這也就意味著使用者必須靠後站立，浴室櫃上不需要做出踢腳空間。

設計變化

各家的浴室在樣式和布局上不同，浴室櫃也是如此。下面展示了兩種不同的浴室櫃。

對一間小浴室或衛生間來說，角櫃型浴室櫃常常是最佳選擇。它的尺寸和儲物空間都較小，與其狹小的空間相適應。

在大浴室裡，加長的浴室櫃被裝上了抽屜，可以用來放置洗漱用具、洗髮精和其他個人護理用品，同時在水池下方也有儲存空間。右下圖展示的這一款長浴室櫃只有一個櫃子，還有那種由兩個或多個櫃子組裝而成的長浴室櫃，就像廚櫃一樣。

角櫃型浴室櫃　　　　　　　　　　　**長浴室櫃**

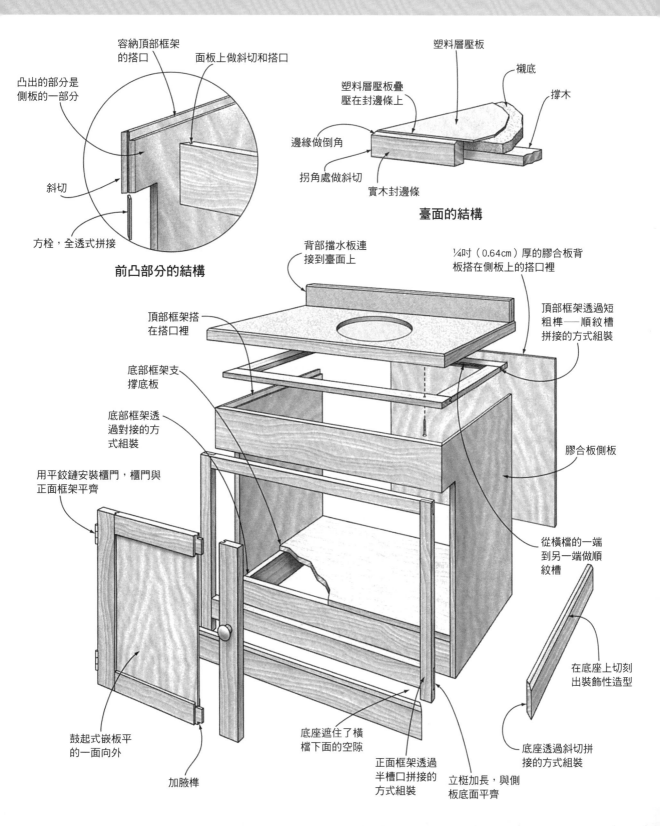

容納頂部框架的搭口

面板上做斜切和搭口

凸出的部分是側板的一部分

斜切

方栓，全透式拼接

前凸部分的結構

塑料層壓板

襯底

撐木

塑料層壓板疊壓在封邊條上

邊緣做倒角

拐角處做斜切

實木封邊條

臺面的結構

背部擋水板連接到臺面上

¼吋（0.64cm）厚的膠合板背板搭在側板上的搭口裡

頂部框架搭在搭口裡

頂部框架透過短粗榫——順紋槽拼接的方式組裝

底部框架支撐底板

底部框架透過對接的方式組裝

膠合板側板

用平鉸鏈安裝櫃門，櫃門與正面框架平齊

從橫檔的一端到另一端做順紋槽

鼓起式嵌板平的一面向外

加腋榫

底座遮住了橫檔下面的空隙

正面框架透過半槽口拼接的方式組裝

立梃加長，與側板底面平齊

在底座上切刻出裝飾性造型

底座透過斜切拼接的方式組裝

組合式擱架──儲物櫃

擱架、儲物、組合，這些詞聽起來像是在說廚櫃，但這裡的櫥櫃是一個高檔的櫃子。設想一下有這麼一間豪華的書房，書房裡裝有壁爐，放有皮革面的椅子，鋪有精美的地毯，立有一架挨著一架的裝了皮面的書。此外，整間書房是暖色調的，並且有非常豐富的裝飾。

組合式擱架──儲物櫃基本可以用在任何地方。在適合擺放組合式櫥櫃的地方──家庭活動室、起居室、書房和臥室，在任何需要擱架和櫥櫃的房間裡都可以放置這套櫃子。

右圖所示的組合式擱架──儲物櫃由多個膠合板箱櫃組合而成，正面框架和櫃門上都做有漂亮且精細的裝飾性造型。各個部分透過螺釘連接到牆上，彼此之間也透過螺釘相連。組合好後用踢腳板和帽線進行裝飾，並將這些裝飾線延伸到整間房間。

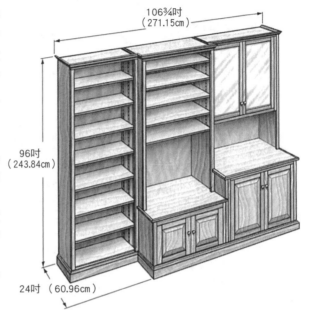

106¾吋
（271.15cm）

96吋
（243.84cm）

24吋 （60.96cm）

設計變化

要想設計出不同樣式的組合式擱架──儲物櫃，最簡單的方法就是改變各個部分的組合方式。下面展示的只是其中的三種。

此外，還可以在裝飾風格、製作用材和表面塗飾上進行改變，正是這些改變使這種組合式家具越來越高檔。現代風格的組合式擱架──儲物櫃和傳統風格的不同；華麗的胡桃木或桃花心木的組合式擱架──儲物櫃與自然的松木或楓木的不同，當然也與純實用性的富美家塑料貼皮板材的不同。這些家具的樣式不一定非得跟廚櫃一樣。

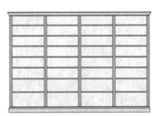

書架牆

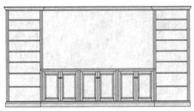

包圍一扇大窗戶的擱架──櫃子

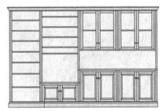

組合式擱架──展示架──儲物櫃

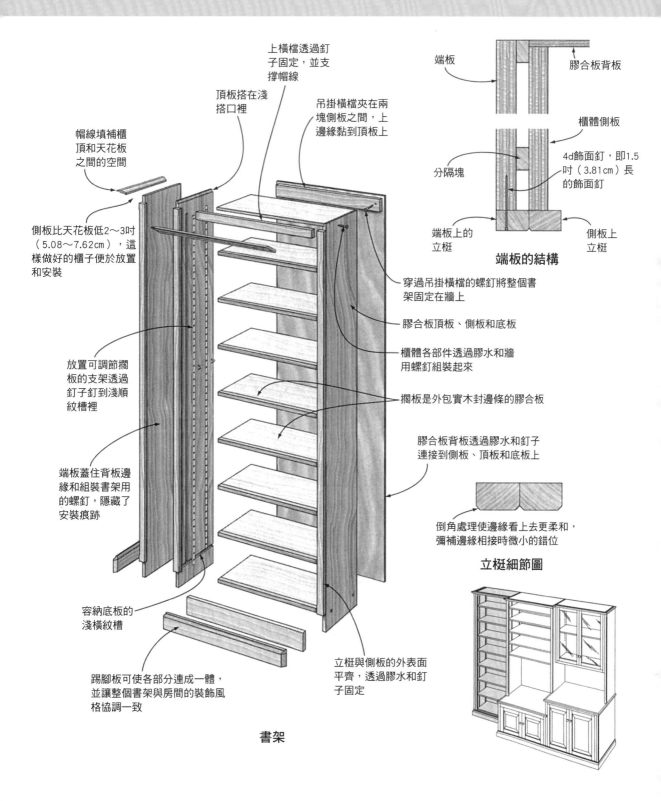

上橫檔透過釘子固定，並支撐帽線

頂板搭在淺搭口裡

吊掛橫檔夾在兩塊側板之間，上邊緣黏到頂板上

帽線填補櫃頂和天花板之間的空間

側板比天花板低2～3吋（5.08～7.62cm），這樣做好的櫃子便於放置和安裝

放置可調節擱板的支架透過釘子釘到淺順紋槽裡

端板蓋住背板邊緣和組裝書架用的螺釘，隱藏了安裝痕跡

容納底板的淺橫紋槽

踢腳板可使各部分連成一體，並讓整個書架與房間的裝飾風格協調一致

書架

穿過吊掛橫檔的螺釘將整個書架固定在牆上

膠合板頂板、側板和底板

櫃體各部件透過膠水和牆用螺釘組裝起來

擱板是外包實木封邊條的膠合板

膠合板背板透過膠水和釘子連接到側板、頂板和底板上

端板

膠合板背板

櫃體側板

4d飾面釘，即1.5吋（3.81cm）長的飾面釘

分隔塊

端板上的立梃

側板上的立梃

端板的結構

倒角處理使邊緣看上去更柔和，彌補邊緣相接時微小的錯位

立梃細節圖

立梃與側板的外表面平齊，透過膠水和釘子固定

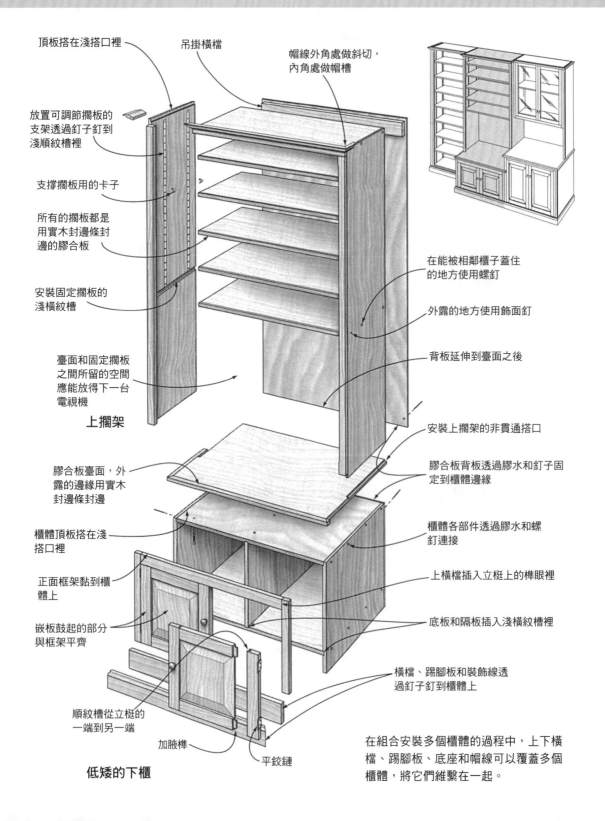

頂板搭在淺搭口裡

吊掛橫檔

帽線外角處做斜切，內角處做帽槽

放置可調節擱板的支架透過釘子釘到淺順紋槽裡

支撐擱板用的卡子

所有的擱板都是用實木封邊條封邊的膠合板

安裝固定擱板的淺橫紋槽

臺面和固定擱板之間所留的空間應能放得下一台電視機

上擱架

在能被相鄰櫃子蓋住的地方使用螺釘

外露的地方使用飾面釘

背板延伸到臺面之後

安裝上擱架的非貫通搭口

膠合板臺面，外露的邊緣用實木封邊條封邊

櫃體頂板搭在淺搭口裡

正面框架黏到櫃體上

嵌板鼓起的部分與框架平齊

順紋槽從立梃的一端到另一端

加腋榫

平鉸鏈

低矮的下櫃

膠合板背板透過膠水和釘子固定到櫃體邊緣

櫃體各部件透過膠水和螺釘連接

上橫檔插入立梃上的榫眼裡

底板和隔板插入淺橫紋槽裡

橫檔、踢腳板和裝飾線透過釘子釘到櫃體上

在組合安裝多個櫃體的過程中，上下橫檔、踢腳板、底座和帽線可以覆蓋多個櫃體，將它們維繫在一起。

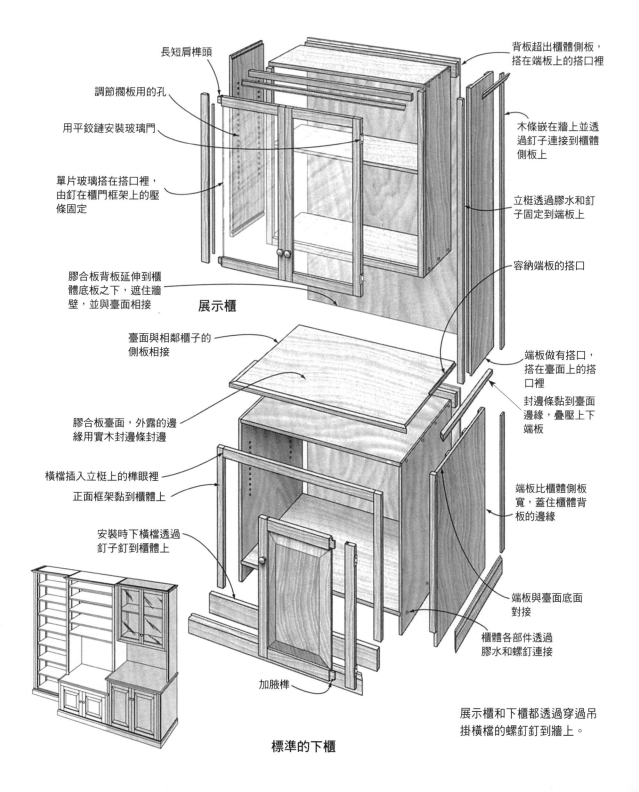

長短肩榫頭

調節擱板用的孔

用平鉸鏈安裝玻璃門

單片玻璃搭在搭口裡，
由釘在櫃門框架上的壓
條固定

膠合板背板延伸到櫃
體底板之下，遮住牆
壁，並與臺面相接

展示櫃

臺面與相鄰櫃子的
側板相接

膠合板臺面，外露的邊
緣用實木封邊條封邊

橫檔插入立梃上的榫眼裡

正面框架黏到櫃體上

安裝時下橫檔透過
釘子釘到櫃體上

加腋榫

背板超出櫃體側板，
搭在端板上的搭口裡

木條嵌在牆上並透
過釘子連接到櫃體
側板上

立梃透過膠水和釘
子固定到端板上

容納端板的搭口

端板做有搭口，
搭在臺面上的搭
口裡

封邊條黏到臺面
邊緣，疊壓上下
端板

端板比櫃體側板
寬，蓋住櫃體背
板的邊緣

端板與臺面底面
對接

櫃體各部件透過
膠水和螺釘連接

展示櫃和下櫃都透過穿過吊
掛橫檔的螺釘釘到牆上。

標準的下櫃

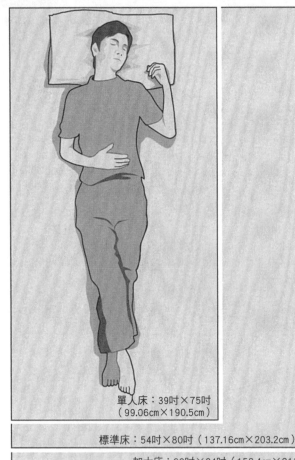

單人床：39吋×75吋
（99.06cm×190.5cm）

標準床：54吋×80吋（137.16cm×203.2cm）

加大床：60吋×84吋（152.4cm×213.36cm）

特大床：76吋×84吋
（193.04cm×213.36cm）

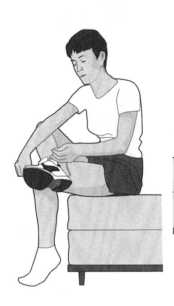

18吋（45.72cm）高的床　　25.5吋（64.77cm）高的床　　　　　36吋（91.44cm）高的床

床

任何床的大小，甚至是自己訂做的床的大小都要與床墊匹配。除非你連床墊之類的床上用品也能訂做，否則你在購買或者訂做床時必須考慮一般床墊的大小。確定了床墊的大小以後，家具製作者製作床時還必須考慮床墊的厚度和床墊被放在床上以後距地面的高度。

單人床（對床）：單人床墊是常見的成年人用的床墊中最小的一種。人們習慣在一間臥室裡成對地放置單人床，這也是人們又稱它為「對床」的原因。

標準床：標準床，又稱雙人床，這是可供兩個成年人使用的最小的床。這種床的床墊不僅比單人床墊寬，也更長。家具設計者認為標準床墊的比例最佳。

加大床：加大床比標準床更長更寬。對一個又高又壯的人來說，加大床是他整夜安眠的好地方。

特大床：特大床比加大床寬整整16吋（40.64cm），雖然兩者長度一樣。在寬度上，特大床約是單人床的2倍。

我們透過上一頁瞭解了床的大小，接下來我們要弄清楚它的高度。一般褥墊加彈簧墊的組合式彈簧床墊的厚度為14～16吋（35.56～40.64cm），薄一點兒的是不用彈簧的特製床墊，其中日式床墊最薄。

床墊厚度會影響到床側檔的寬度和床頭架的高度。床墊頂面與地板之間的距離是我們在設計時要考慮的，它與床的風格有關。一張傳統的四柱床，如果它的床墊過於接近地板，看起來就會很怪異。下面有一些數據可供參考。

18吋（45.72cm）高的床：這種床的床墊大約與椅子座面一樣高，所以人們坐在這種床上繫鞋帶會很方便。這種高度的床很適合兒童和活動能力受限的人使用。

24～27吋（60.96～68.58cm）高的床：大多數床的高度都在這個範圍內，很多人對這種高度的床感到熟悉。

36吋（91.44cm）高的床：經典的殖民地式的床會把床墊放得極高。這種床適合放在其他家具較高並且天花板也很高的房間，但它未必便於人們使用。

低柱床

低柱床是最基本的床，它的4根粗壯的立柱（一個角上一根）由邊檔（橫檔和側檔）拼接在一起，支撐著床墊。立柱的圍長、高度和形狀，邊檔的厚度和寬度，是否裝有某種樣式的床頭架或床尾架等影響著低柱床的外觀。

右圖所示的床是從18世紀早期的繩床發展而成的。繩床邊檔的受力情況與支撐著現代彈簧床墊的邊檔的受力情況不同，繩床邊檔非常厚重，跟右圖所示的低柱床的邊檔一樣。為了安裝現代的彈簧床墊，要在側檔內表面用螺釘釘上「L形鐵片」。在凡是側檔薄而靠近床尾的地方，都要使用橫木來支撐彈簧床墊。

床頭架的高度各不相同。右圖所示的床頭架不是很高，如果人們想坐在床上閱讀，它提供不了多少支撐。

是否具有床尾架，各張床也不盡相同。下圖所示的床有床尾架，雖然它的床尾架比床頭架低，但兩者的造型是一樣的。床尾架能防止被褥從床尾滑落，還能給人一種床被包圍的感覺，當然它也導致人無法坐在床尾。

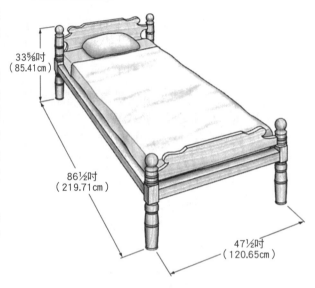

33⅝吋
（85.41cm）

86½吋
（219.71cm）

47½吋
（120.65cm）

設計
變化

床柱的高度和邊檔的位置會影響到床柱的整體外觀。就上圖所示的床來說，床柱相對較矮，邊檔相對較高，所以床柱上的車旋造型在邊檔之上和之下比例相當。

右圖所示的殖民地式低柱床，床柱相對較高而邊檔較低，床柱上的裝飾性造型直接將人們的目光吸引到邊檔以上的部分（很顯然，所謂的「低柱床」其實是個相對概念，這種床的床柱與高柱床的相比較低而已，高柱床的相關內容參見第350頁）。現代低柱床的床柱簡單且是純實用性的，無論在邊檔之上或之下，都沒有特別的裝飾性造型。

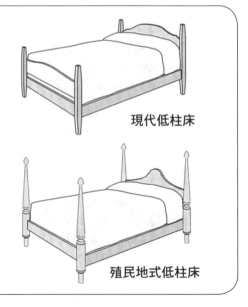

現代低柱床

殖民地式低柱床

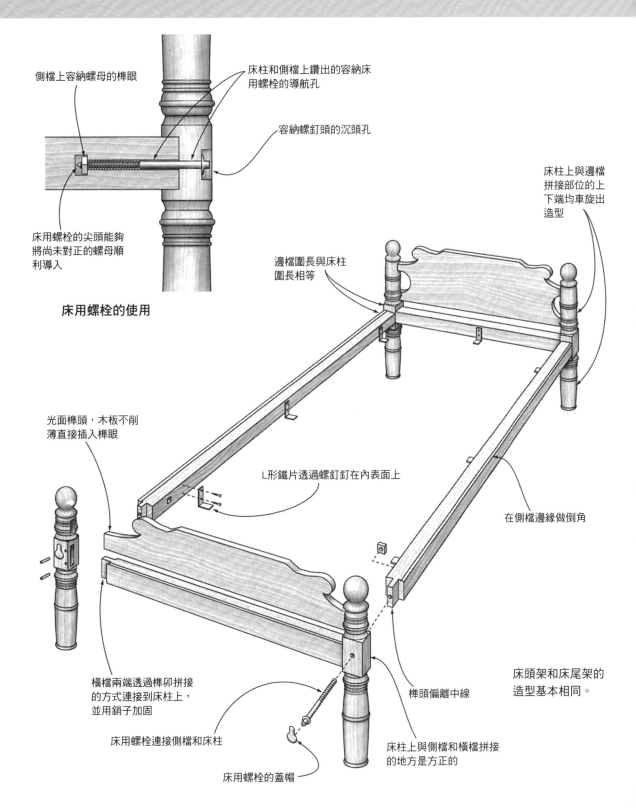

側檔上容納螺母的榫眼

床柱和側檔上鑽出的容納床用螺栓的導航孔

容納螺釘頭的沉頭孔

床柱上與邊檔拼接部位的上下端均車旋出造型

床用螺栓的尖頭能夠將尚未對正的螺母順利導入

床用螺栓的使用

邊檔圍長與床柱圍長相等

光面榫頭，木板不削薄直接插入榫眼

L形鐵片透過螺釘釘在內表面上

在側檔邊緣做倒角

橫檔兩端透過榫卯拼接的方式連接到床柱上，並用銷子加固

床用螺栓連接側檔和床柱

榫頭偏離中線

床頭架和床尾架的造型基本相同。

床用螺栓的蓋帽

床柱上與側檔和橫檔拼接的地方是方正的

高柱床

近200年來，床的基本樣式發生了很大的變化，而高柱床依然在臥室裡占有一席之地（只要臥室不是太小）。不管臥室的裝修風格是早期美式的，還是現代的，高柱床都能與之相配。

想深入瞭解高柱床的不同尋常之處，得先弄清它相關部件的用途。在過去，高柱床床柱高6～7呎（182.88～213.36cm），柱頂支撐著一個華蓋架，華蓋架上掛著形似帳篷的織物，冬天掛厚重的床帳，以保存身體的熱量；夏天掛輕薄的床帳，既有助於空氣流通，又能把蒼蠅、蚊子等擋在帳外。高柱床床柱的樣式並不重要，因為它會被床帳覆蓋。過去高柱床上會使用繩子，繩子既支撐著床墊，也將床架維繫在一起。

今天，高柱床是透過螺栓拼接起來的。拔掉螺栓，整張床就被拆成了一些零件：床柱、邊檔和床頭架等。

以前的高柱床透過繩子撐托床墊，使之遠離冰冷的地板，現在繩子已經被橫木取代了，現在的高柱床多用細長的橫木支撐著彈簧床墊。橫木的位置也降低了，這樣一來床墊就不用離地2～3

78吋
（198.12cm）

87吋
（220.98cm）

60吋
（152.4cm）

呎（60.96～91.44cm）了。

最美的一幕是，結實而優美的床架從床帳後面露出來。

設計變化

高柱床的樣式隨著人們審美偏好的變化而變化。

18世紀晚期費城高柱床裝有卡布里腿和球爪腳。床柱和床頭架上裝飾極少不是因為主人品位差，而是床柱和床頭架自身的功能決定的：它們被床帳和床上用品覆蓋而基本不會外露。

不太富裕的人用的床帳本身較薄，所以床上的裝飾就比較多，常見的裝飾性造型包括車旋的壺形、凹槽紋飾和雕刻的螺旋形等。

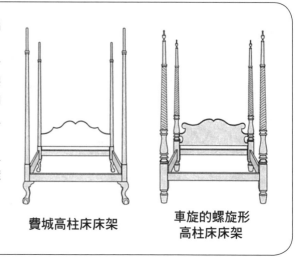

費城高柱床床架　　車旋的螺旋形
　　　　　　　　　　高柱床床架

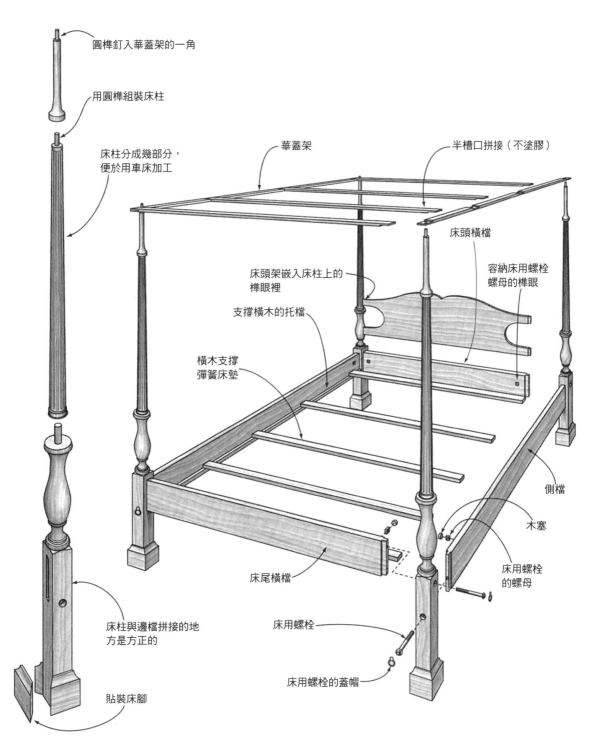

圓榫釘入華蓋架的一角

用圓榫組裝床柱

床柱分成幾部分，
便於用車床加工

華蓋架

半槽口拼接（不塗膠）

床頭橫檔

容納床用螺栓
螺母的榫眼

床頭架嵌入床柱上的
榫眼裡

支撐橫木的托檔

橫木支撐
彈簧床墊

側檔

木塞

床尾橫檔

床用螺栓
的螺母

床柱與邊檔拼接的地
方是方正的

床用螺栓

貼裝床腳

床用螺栓的蓋帽

床柱的組裝

鉛筆柱床

　　鉛筆柱床其實就是鄉村式高柱床。它具有高柱床所有的特點：床墊被架得很高，遠離冰涼的地板；高高的床柱支撐著華蓋架，華蓋架被床帳覆蓋。但鉛筆柱床的床柱被簡化了，所以它們製作起來相對較快，製作時不需要請專業的車工，也不需要使用車床。

　　鉛筆柱床的床柱是現代產物，下圖所示的鉛筆柱床是一件仿古家具，它已經被改造得與現代床上用品和現代文化相適應了。為了容納彈簧床墊，側檔和床尾橫檔的厚度減小了，而寬度增加了。邊檔與地面的距離也減小了，這使得床墊頂面離地不是太高。床頭架變寬了，能夠支撐枕頭，以供坐在床上看書（或看電視）的人倚靠。

　　和早期的床相比鉛筆柱床在結構上也做了改動。床依然是可拆卸的，但早期的床是靠繩子連接在一起的，繩子同時還支撐著床墊。在這裡，拼接邊檔和床柱所用的是床用螺栓（可以想像在走廊上移動裝配好的鉛筆柱床會有多麼困難）。

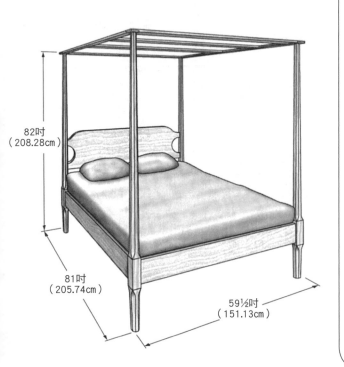

82吋
（208.28cm）

81吋
（205.74cm）

59½吋
（151.13cm）

設計變化

　　以現代的眼光來看，左圖所示的鉛筆柱床的美感來自床柱和床頭架的形狀。鉛筆柱床做好以後，厚重的床帳會覆蓋華蓋架、床柱和邊檔，而堆積起來的枕頭會擋住床頭架。只有床的使用者才能看到木製部件。

　　但在這件仿古家具上，床架是最引人注目的。想要改變床的外觀，可以改變床頭架和床柱的形狀。這裡只展示了幾種床頭架和床柱。

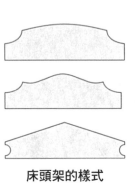

床頭架的樣式　　　　床柱的樣式

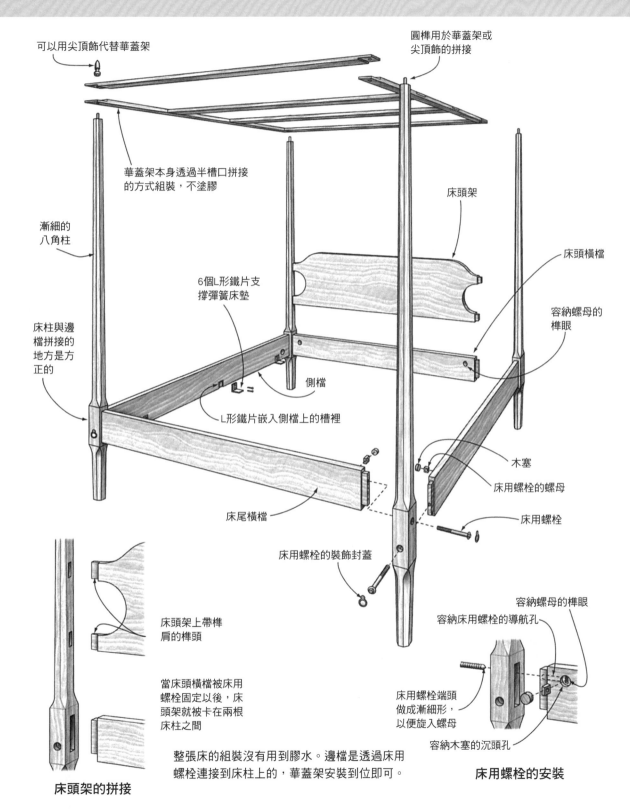

可以用尖頂飾代替華蓋架

圓榫用於華蓋架或尖頂飾的拼接

華蓋架本身透過半槽口拼接的方式組裝，不塗膠

床頭架

漸細的八角柱

床頭橫檔

6個L形鐵片支撐彈簧床墊

容納螺母的榫眼

床柱與邊檔拼接的地方是方正的

側檔

L形鐵片嵌入側檔上的槽裡

木塞

床用螺栓的螺母

床尾橫檔

床用螺栓

床用螺栓的裝飾封蓋

容納螺母的榫眼

容納床用螺栓的導航孔

床頭架上帶榫肩的榫頭

床用螺栓端頭做成漸細形，以便旋入螺母

當床頭橫檔被床用螺栓固定以後，床頭架就被卡在兩根床柱之間

容納木塞的沉頭孔

整張床的組裝沒有用到膠水。邊檔是透過床用螺栓連接到床柱上的，華蓋架安裝到位即可。

床頭架的拼接

床用螺栓的安裝

欄杆床

欄杆床在英語中有兩種叫法：「banister bed」和「baluster bed」，「banister」和「baluster」是同義詞，意思是豎直的支撐件，比如樓梯扶手欄杆裡的支柱。因此，這裡的欄杆床指的就是床頭架和床尾架做成欄杆狀的床。

短床柱、橫檔和欄杆讓整張欄杆床無論是在風格上還是在裝飾上都很簡單。在家具設計中，家具風格和裝飾一直是很重要的元素。現在有了集中供暖系統、電風扇、紗窗，並且臥室的私密性增強，這些都使得高掛床帳的高柱床在保暖、保證私密性和睡覺不受蚊蟲干擾等方面的功能不再是人們必需的。因此，設計師在設計床時必須另闢蹊徑，成果之一就是這種欄杆床。欄杆床的床頭架不能擋風，但可以支撐枕頭。

右圖所示的欄杆床風格清秀，很適合現代家庭使用。華麗的飾物和蜿蜒的雕刻固然能夠使家具更漂亮，但如右圖所示的那樣，樸素的方形欄杆也有同樣的效果。

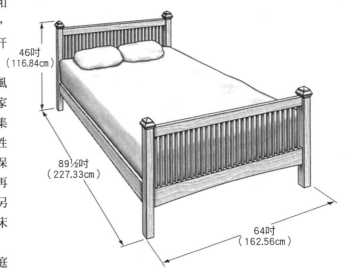

46吋
（116.84cm）

89½吋
（227.33cm）

64吋
（162.56cm）

設計
變化

欄杆床上所有可見的木製部件要麼是水平的，要麼是豎直的，沒有任何較寬的部件。從設計的角度來看，這些線條在視覺上形成的衝擊力特別大。比如右下角的那張床，它的橫檔沒有超出床柱，這一細節使它看起來與其他兩張床截然不同。

類似地，右邊的這張床床柱的外側做成曲線，儘管弧度不大，卻賦予一種現代韻味，使床柱上面的頂帽看起來更加自然。將欄杆分組也在視覺上產生了強大的衝擊力。

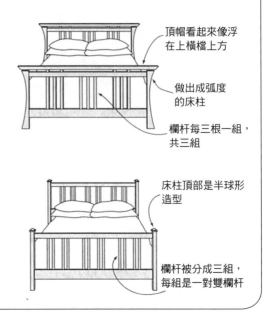

頂帽看起來像浮在上橫檔上方

做出成弧度的床柱

欄杆每三根一組，共三組

床柱頂部是半球形造型

欄杆被分成三組，每組是一對雙欄杆

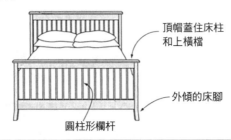

頂帽蓋住床柱和上橫檔

外傾的床腳

圓柱形欄杆

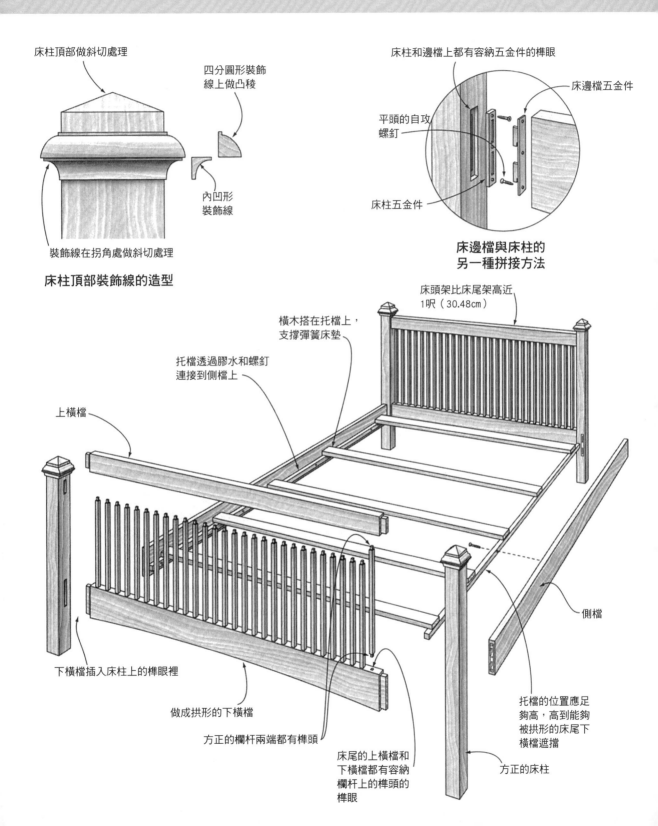

床柱頂部做斜切處理

四分圓形裝飾線上做凸稜

內凹形裝飾線

裝飾線在拐角處做斜切處理

床柱頂部裝飾線的造型

床柱和邊檔上都有容納五金件的榫眼

床邊檔五金件

平頭的自攻螺釘

床柱五金件

床邊檔與床柱的另一種拼接方法

床頭架比床尾架高近1呎（30.48cm）

橫木搭在托檔上，支撐彈簧床墊

托檔透過膠水和螺釘連接到側檔上

上橫檔

下橫檔插入床柱上的榫眼裡

做成拱形的下橫檔

方正的欄杆兩端都有榫頭

床尾的上橫檔和下橫檔都有容納欄杆上的榫頭的榫眼

側檔

托檔的位置應足夠高，高到能夠被拱形的床尾下橫檔遮擋

方正的床柱

雪橇床

單從「雪橇床」這三個字我們基本上就能對這類床有一個大致的瞭解。19世紀早期馬拉雪橇剛出現的時候，雪橇是人們雪天出行的一種交通工具。當時，雪橇帶有彎曲的擋板和圈椅，是一種外觀時髦而華麗、防護良好且乘坐舒適的交通工具。

右圖所示的雪橇床是這類家具的原型。它的床尾架與那時雪橇上的擋板相似。床頭呈反S形，與雪橇座椅的輪廓相似，人們坐在床上閱讀時可以把它當作靠背。

儘管雪橇床已有近200年的歷史，但右圖所示的這張床卻使用了20世紀晚期的新材料，比如可彎曲的膠合板。19世紀早期，木工製作雪橇床時可能先要對彎曲的部件加箍，再貼裝飾面薄板。今天的木工可以先製作彎曲的部件的基本形狀，然後把可彎曲的膠合板一層一層地黏到它上面，其間可能還會用到真空設備，以將膠合板更好地夾緊。

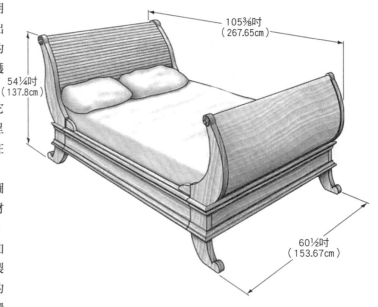

105⅜吋
（267.65cm）

54¼吋
（137.8cm）

60½吋
（153.67cm）

設計變化

早期的雪橇床是箱形框架的，與雪橇很像，帶有一個安裝在床腳上用來放置床上用品的「底架」。床頭架和床尾架均裝在這個底架上，與下圖的「箱形框架床」很相似。圖中的箱形框架床沒有箱形框架雪橇床漂亮，但與箱形框架雪橇床一樣難以拆卸、搬運（上圖所示的雪橇床外觀上呈箱形，其實是相對易於搬運的立柱──橫檔結構的）。

最終，家具製作者們找到了一些既能做出想要的造型，又不必花費太多的工夫去使木板彎曲的好方法。一種常見的做法是把框板結構安裝在兩根彎曲的立柱之間。現在家具製作者常用由帶鋸加工出彎曲板條取代用實木做成的彎曲的嵌板。

欄杆床

箱形框架床

嵌板床

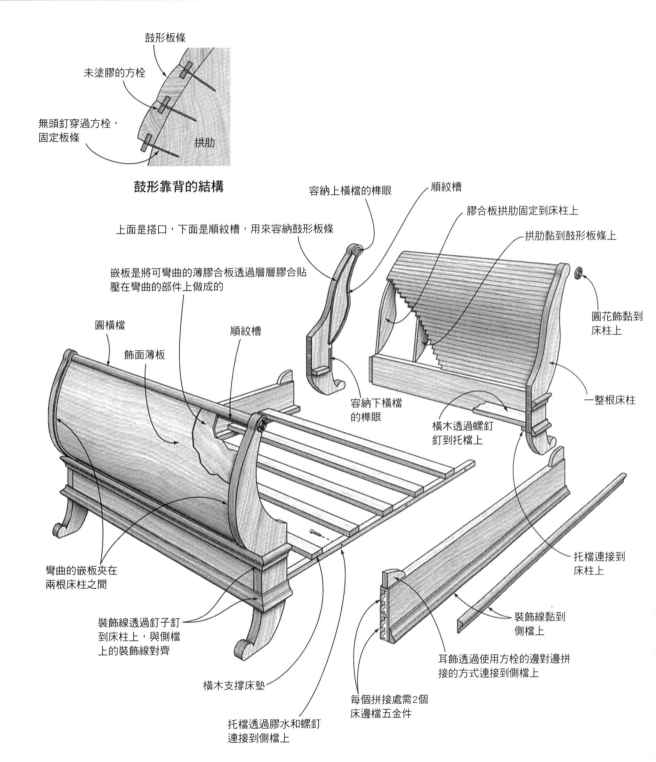

鼓形板條

未塗膠的方栓

無頭釘穿過方栓，
固定板條

拱肋

鼓形靠背的結構

上面是搭口，下面是順紋槽，用來容納鼓形板條

嵌板是將可彎曲的薄膠合板透過層層膠合貼
壓在彎曲的部件上做成的

容納上橫檔的榫眼

順紋槽

膠合板拱肋固定到床柱上

拱肋黏到鼓形板條上

圓花飾黏到
床柱上

圓橫檔

飾面薄板

順紋槽

容納下橫檔
的榫眼

一整根床柱

橫木透過螺釘
釘到托檔上

彎曲的嵌板夾在
兩根床柱之間

裝飾線透過釘子釘
到床柱上，與側檔
上的裝飾線對齊

橫木支撐床墊

托檔連接到
床柱上

裝飾線黏到
側檔上

耳飾透過使用方栓的邊對邊拼
接的方式連接到側檔上

每個拼接處需2個
床邊檔五金件

托檔透過膠水和螺釘
連接到側檔上

沙發床

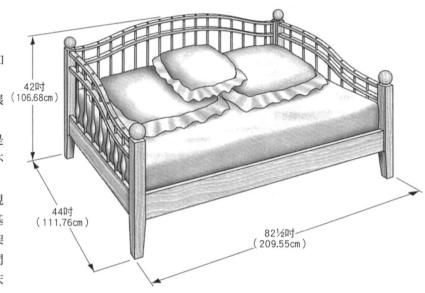

42吋
(106.68cm)

44吋
(111.76cm)

82½吋
(209.55cm)

20世紀後半葉，沙發床的用法和性質完全變了。

歷史上，白天人們能在上面伸展腿腳休息一下或小睡一下的家具，都被稱為沙發床，換句話說，它是當床用的椅子或長椅。現在情況不同了，沙發床成了當沙發用的床。

右圖所示的沙發床是典型的現代風格的。從它的結構來看，它基本上就是一張床。床頭架和床尾架透過側檔相連，架在兩根側檔之間的橫木支撐著標準的單人床彈簧墊。因為組裝床時用的是標準的床邊檔五金件，所以拆起來非常容易。

想要把一張普通的床變成沙發床，還需要安裝一個靠背結構。安裝時先把靠背結構放到相應的側檔上，然後用螺釘將它連接到側檔和床柱上。

從床頭到床尾擺上一排枕頭，這張床就成了一張舒適的沙發。晚上，把多餘的枕頭拿到一邊去，它還是一張床。

設計變化

最早的沙發床出現在中世紀，當時它就是一個簡單的平臺，在一端裝有傾斜的供頭部倚靠的靠背。

18世紀初，沙發床已經演變成了一種座板被大大加長的八腿長椅。下圖所示的安妮女王式沙發床就是當時的代表作品。當時的沙發床多半鋪有一層墊子。今天，這種樣式的家具通常被稱為躺椅。

在聯邦時代，沙發床變得更像沙發了，但床頭架和床尾架樣式區別明顯。與右下圖所示的鄧肯·菲費設計的沙發床相似，聯邦式沙發床也是一種安裝了軟墊的家具。

大約在聯邦時代同時期，法國人製作出了壁龕床，它與沙發床的作用相同但更像一張真正的床。床頭和床尾同高，並且床要靠牆擺放。法式壁龕床延續至今，演變成了現在的沙發床。

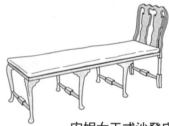

安妮女王式沙發床

法式壁龕床

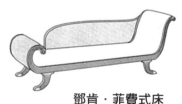

鄧肯·菲費式床

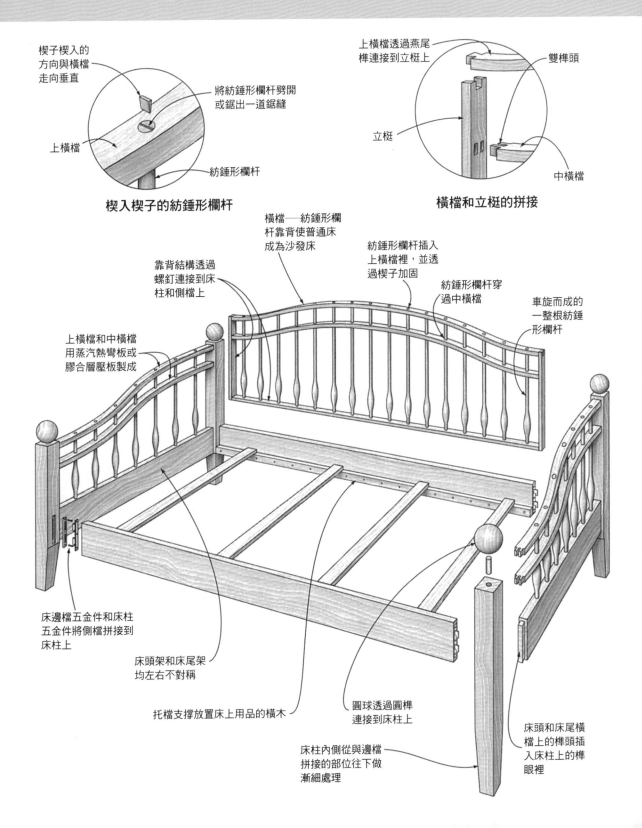

楔子楔入的
方向與橫檔
走向垂直

將紡錘形欄杆劈開
或鋸出一道鋸縫

上橫檔

紡錘形欄杆

楔入楔子的紡錘形欄杆

上橫檔透過燕尾
榫連接到立梃上

雙榫頭

立梃

中橫檔

橫檔和立梃的拼接

橫檔──紡錘形欄
杆靠背使普通床
成為沙發床

紡錘形欄杆插入
上橫檔裡,並透
過楔子加固

紡錘形欄杆穿
過中橫檔

車旋而成的
一整根紡錘
形欄杆

靠背結構透過
螺釘連接到床
柱和側檔上

上橫檔和中橫檔
用蒸汽熱彎板或
膠合層壓板製成

床邊檔五金件和床柱
五金件將側檔拼接到
床柱上

床頭架和床尾架
均左右不對稱

托檔支撐放置床上用品的橫木

圓球透過圓榫
連接到床柱上

床柱內側從與邊檔
拼接的部位往下做
漸細處理

床頭和床尾橫
檔上的榫頭插
入床柱上的榫
眼裡

船長床

為了充分利用船上的空間，船長床上裝有抽屜。大多數不熟悉船舶的人認為床墊下面加裝抽屜的就是船長床。

但船長床的特徵還不僅僅是這個，真正的船長床比較小（不是加大床），可緊緊貼靠在狹小艙室的艙壁上。另外，船長床具有一個與航海有關的元素，那就是床正面做有望板。當船在波濤洶湧的海上搖擺的時候，它能防止船長掉到甲板上。

右圖所示的船長床擁有它該有的所有元素。它帶有一個較高的靠背結構，這使人聯想到沙發床；並且床頭和床尾均較高，這樣整張床就呈現為凹形。床墊下面裝有兩個大抽屜，安裝時用的是堅固且易於開合的帶滾珠軸承的滑軌。床正面裝有望板，如果突然來了一個大浪，這種望板可能不能確保睡著的人不跌下床，可它上邊緣的波浪造型很好看，讓人一看就聯想到海洋。

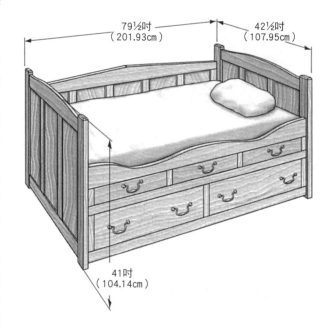

79½吋
（201.93cm）

42½吋
（107.95cm）

41吋
（104.14cm）

設計變化

從簡樸的斯巴達式的到現代式的，船長床的樣式很多。下圖所示的斯巴達式船長床較低矮，屬於純實用性的，且易於製作。它的床頭架和床尾架基本上都是框板結構，甚至直接用封邊的膠合板就能做出來。

箱式船長床可以用實木或膠合板製作。做好以後，床角的弧形造型在視覺上給人一種有床柱的錯覺。床底裝有抽屜，床的兩側各裝了一對。

你如果想要一張較高的床，比如放在較小的兒童臥室裡的那種，那麼可以裝上兩層或更多層的抽屜，如下圖「兒童床」所示。在床尾放一張臺階凳後，它甚至也適合青年人使用。床上還裝有類似高低床上的那種安全護欄，可以防止睡覺不老實的人掉到地上。

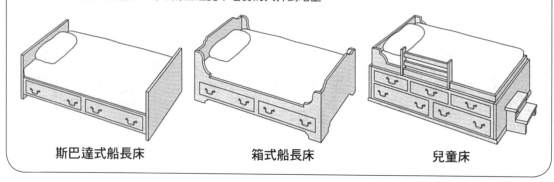

斯巴達式船長床　　　　箱式船長床　　　　兒童床

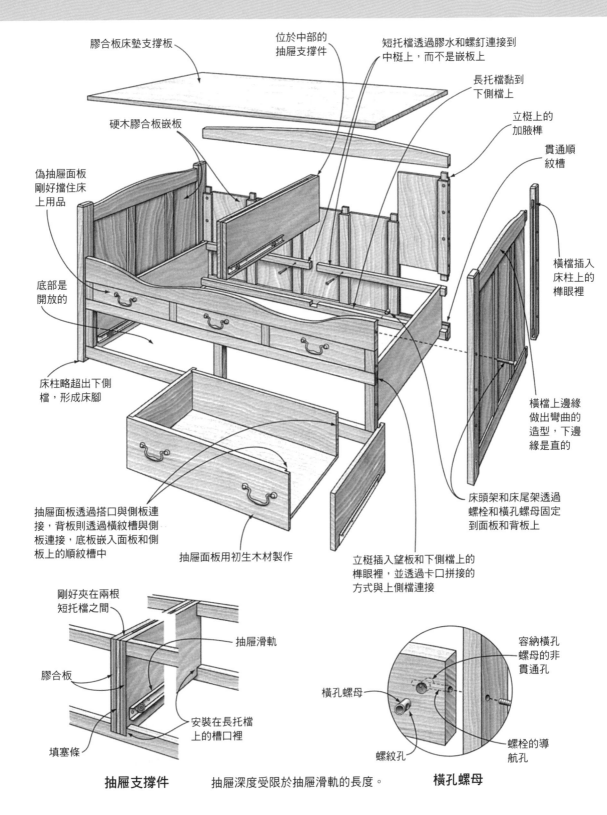

膠合板床墊支撐板

位於中部的
抽屜支撐件

短托檔透過膠水和螺釘連接到
中梃上，而不是嵌板上

長托檔黏到
下側檔上

立梃上的
加腋榫

貫通順
紋槽

硬木膠合板嵌板

偽抽屜面板
剛好擋住床
上用品

橫檔插入
床柱上的
榫眼裡

底部是
開放的

橫檔上邊緣
做出彎曲的
造型，下邊
緣是直的

床柱略超出下側
檔，形成床腳

抽屜面板透過搭口與側板連
接，背板則透過橫紋槽與側
板連接，底板嵌入面板和側
板上的順紋槽中

抽屜面板用初生木材製作

立梃插入望板和下側檔上的
榫眼裡，並透過卡口拼接的
方式與上側檔連接

床頭架和床尾架透過
螺栓和橫孔螺母固定
到面板和背板上

剛好夾在兩根
短托檔之間

抽屜滑軌

膠合板

安裝在長托檔
上的槽口裡

填塞條

抽屜支撐件　　抽屜深度受限於抽屜滑軌的長度。

容納橫孔
螺母的非
貫通孔

橫孔螺母

螺紋孔

螺栓的導
航孔

橫孔螺母

平臺床

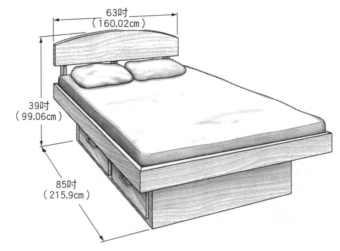

63吋
（160.02cm）

39吋
（99.06cm）

85吋
（215.9cm）

所謂平臺床，其實就是一個一般要高出地面、在上邊可放置床墊的水平平臺。它的最簡樣式實際上就是放在地板上的鋪有床墊的臺子。

說到這種床，你腦海裡可能會閃現出一個由比較小的框架或支柱支撐的平臺。床高出地面，又空有踢腳空間，這樣人們在上床或整理床鋪的時候，腳趾就不會頂到平臺的底座了。跟低矮的金屬床相比，這是平臺床的一個很大的優勢，因為平臺床在拐角處沒有床腿，也就不會阻礙你的腳趾了。

如果一張平臺床設計精良，那麼可以形成一種床墊和平臺漂浮在地板之上數英寸的視覺效果。平臺床如果不高的話，製作起來就相對容易些。當平臺床床墊離地約18吋（45.72㎝），即與椅子座板差不多高時，你坐在床邊穿鞋襪會非常方便。

上圖所示的平臺床裝有抽屜，它的儲存功能是由抽屜提供的，抽屜安裝在支撐平臺的底座上。如果臥室小，那麼裝抽屜是一個充分利用空間的很實用的方法。通常來說，平臺床的高度和抽屜儲存空間的大小需要進行協調，抽屜越深，平臺床則必然越高。另外，因為平臺超出底座，所以人們使用抽屜會有所不便。

設計變化

床上用品對平臺床的影響尤為明顯。下面展示的是兩張無抽屜的平臺床，一張只放了普通褥墊，一張放了褥墊加彈簧墊的組合式彈簧床墊。因此，兩張床的床架在深度上截然不同。

只放普通褥墊的這張床看起來簡單而低調，是人們心中平臺床的樣子；另一張看起來則很臃腫。但考慮問題也不能光看外表，彈簧墊略帶彈性，具有減震的作用，從而能延長褥墊的使用壽命。如果褥墊下面沒有彈簧墊，在長期受到擠壓的情況下，褥墊會磨損得更快。

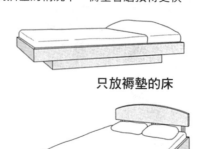

只放褥墊的床

放有彈簧床墊的床

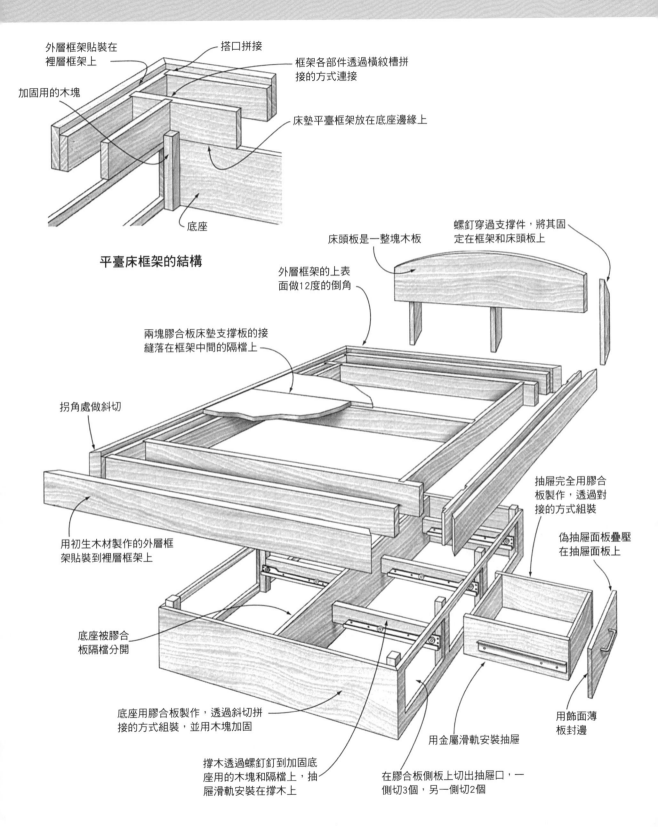

外層框架貼裝在
裡層框架上

搭口拼接

框架各部件透過橫紋槽拼
接的方式連接

加固用的木塊

床墊平臺框架放在底座邊緣上

底座

平臺床框架的結構

床頭板是一整塊木板

螺釘穿過支撐件，將其固
定在框架和床頭板上

外層框架的上表
面做12度的倒角

兩塊膠合板床墊支撐板的接
縫落在框架中間的隔檔上

拐角處做斜切

抽屜完全用膠合
板製作，透過對
接的方式組裝

偽抽屜面板疊壓
在抽屜面板上

用初生木材製作的外層框
架貼裝到裡層框架上

底座被膠合
板隔檔分開

用飾面薄
板封邊

底座用膠合板製作，透過斜切拼
接的方式組裝，並用木塊加固

用金屬滑軌安裝抽屜

撐木透過螺釘釘到加固底
座用的木塊和隔檔上，抽
屜滑軌安裝在撐木上

在膠合板側板上切出抽屜口，一
側切3個，另一側切2個

床頭架

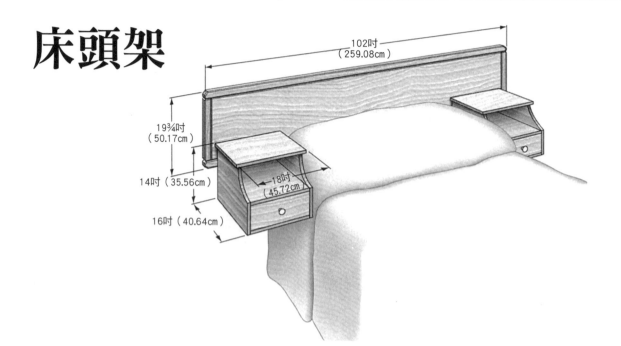

102吋
（259.08cm）

19¾吋
（50.17cm）

14吋（35.56cm）

16吋（40.64cm）

18吋
（45.72cm）

就傳統而言，床墊和支撐它的立柱邊檔結構的床架組合起來才是一張床；現在，一張床不過是單薄的金屬床架和高出地面6～8吋（15.24～20.32㎝）的彈簧床墊的組合。

為了延續傳統，許多現代金屬床架上還安裝了一個簡易的床頭架。這個床頭架要麼靠著床柱，透過螺栓連接到床架上；要麼固定在牆上，抵著床墊和床架。上圖所示的床頭架是安裝在牆上的，它兩邊還有兩張小床頭桌。整個床頭架看上去很大方，而且現代感十足。

將床頭架設計成這樣當然不僅僅是為了向傳統致敬。在選擇床頭架的樣式時很多人會考慮實用性，因為實用有時比美觀更重要。安裝在牆上且裝有床頭桌的床頭架帶來的新好處是：便於人們打掃房間。人們打掃房間時，可以直接把床架從牆邊移開，這樣整理床鋪時就沒有任何障礙，而床頭桌是懸空的，用吸塵器打掃地板非常方便。

設計變化

金屬床頭架歷史不悠久，發展過程中也沒有什麼典故。因為床頭架本身就是一個現代的東西，所以將它做成現代風格的肯定比做成其他風格更合適。從實用角度來看，如果床頭架安裝在高出地面8吋（20.32cm）的地方，那麼出於安全考慮我們不能把它做得太複雜。右圖所示的床頭架對上圖所示的床頭架進行了改造，立梃被延長成了立柱。

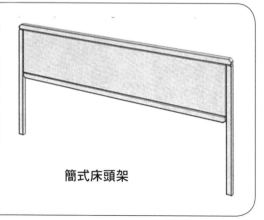

簡式床頭架

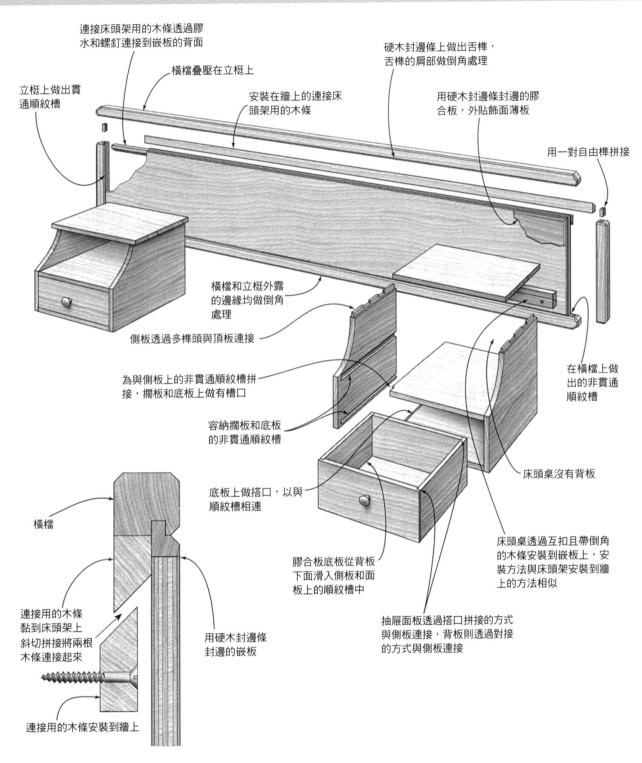

連接床頭架用的木條透過膠水和螺釘連接到嵌板的背面

橫檔疊壓在立梃上

立梃上做出貫通順紋槽

安裝在牆上的連接床頭架用的木條

硬木封邊條上做出舌榫，舌榫的肩部做倒角處理

用硬木封邊條封邊的膠合板，外貼飾面薄板

用一對自由榫拼接

橫檔和立梃外露的邊緣均做倒角處理

側板透過多榫頭與頂板連接

為與側板上的非貫通順紋槽拼接，擱板和底板上做有槽口

容納擱板和底板的非貫通順紋槽

在橫檔上做出的非貫通順紋槽

床頭桌沒有背板

橫檔

底板上做搭口，以與順紋槽相連

膠合板底板從背板下面滑入側板和面板上的順紋槽中

床頭桌透過互扣且帶倒角的木條安裝到嵌板上，安裝方法與床頭架安裝到牆上的方法相似

連接用的木條黏到床頭架上斜切拼接將兩根木條連接起來

用硬木封邊條封邊的嵌板

抽屜面板透過搭口拼接的方式與側板連接，背板則透過對接的方式與側板連接

連接用的木條安裝到牆上

床頭架安裝到牆上的方法

高低床

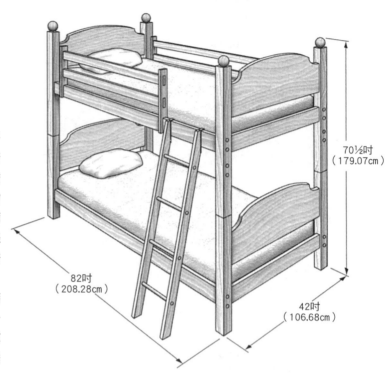

高低床就像有魔法一樣，一下子就能把你腦海中有關夏令營或部隊新兵連的記憶勾出來。為了在有限的空間內容納更多的孩子（或剃著光頭的受訓人員），我們將床設計成上下兩層。這樣一來，在不增大房間（或帳篷）的前提下，可供睡覺的面積成倍地增加了。

如果房子小，高低床會給你提供諸多便利。還有什麼方法可以讓你在一間小臥室裡安頓兩個孩子呢？但在家裡，我們如果還使用在部隊營地裡睡覺的那種金屬床就顯得太簡陋了。

右圖所示的高低床既好看，用起來又很方便。兩張床既可以像一對單人床一樣並排擺放，又可以一上一下疊裝成高低床的樣式。

82吋
（208.28cm）

42吋
（106.68cm）

70½吋
（179.07cm）

許多高低床上只適合鋪一層褥墊，但並不是所有高低床都是這樣的。上圖所示的高低床上就適合鋪標準單人床尺寸的彈簧床墊。

設計變化

製作高低床的方法不止一種。下面展示了兩種不同樣式的高低床，它們上面都只適合鋪一層褥墊，褥墊鋪在膠合板支撐板上。

第一種簡式高低床是固定的，它們不能變成並排放置的兩張單人床。這種高低床的拼接雖然很簡單——邊檔疊壓在床柱上，並透過螺釘固定，但非常牢固。

第二種高低床，上床和下床完全一樣，可以拆開來單獨使用。如果想把上下床互換，將整張床顛倒過來就可以了。

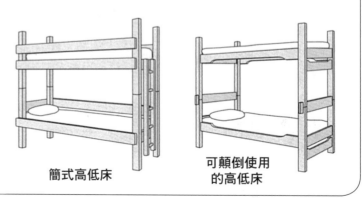

簡式高低床

可顛倒使用的高低床

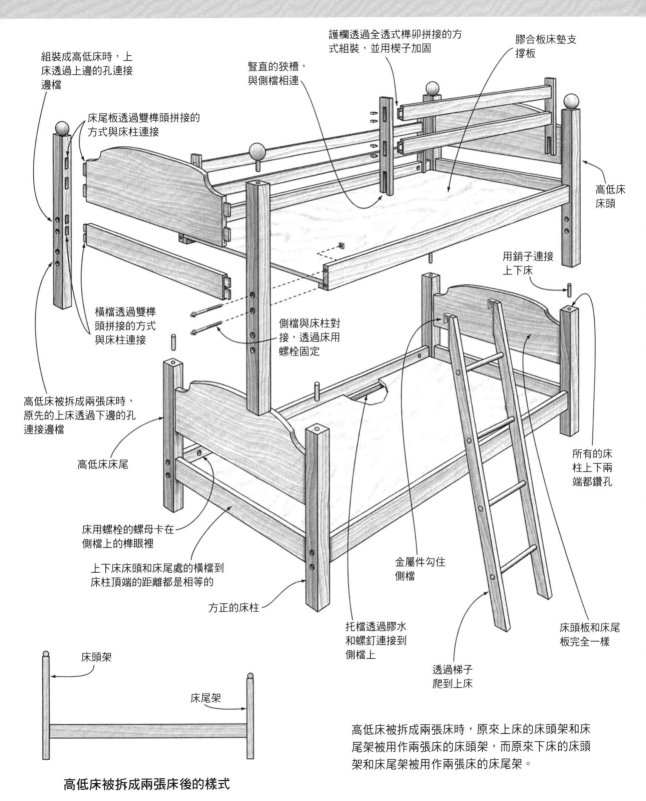

組裝成高低床時，上床透過上邊的孔連接邊檔

床尾板透過雙榫頭拼接的方式與床柱連接

護欄透過全透式榫卯拼接的方式組裝，並用楔子加固

膠合板床墊支撐板

豎直的狹槽，與側檔相連

高低床床頭

用銷子連接上下床

橫檔透過雙榫頭拼接的方式與床柱連接

側檔與床柱對接，透過床用螺栓固定

高低床被拆成兩張床時，原先的上床透過下邊的孔連接邊檔

高低床床尾

所有的床柱上下兩端都鑽孔

床用螺栓的螺母卡在側檔上的榫眼裡

上下床床頭和床尾處的橫檔到床柱頂端的距離都是相等的

方正的床柱

金屬件勾住側檔

托檔透過膠水和螺釘連接到側檔上

床頭板和床尾板完全一樣

透過梯子爬到上床

床頭架

床尾架

高低床被拆成兩張床時，原來上床的床頭架和床尾架被用作兩張床的床頭架，而原來下床的床頭架和床尾架被用作兩張床的床尾架。

高低床被拆成兩張床後的樣式

Original English Language edition Copyright
© 2003, 2008 AW Media LLC
Fox Chapel Publishing Inc. All rights reserved.
Translation into COMPLEX CHINESE Copyright
© 2019 by MAPLE LEAVES PUBLISHING CO., LTD.,
All rights reserved. Published under license."

本書譯文由北京科學技術出版社有限公司授權使用，
版權所有，盜印必究。

木作家具解剖全書

出　　　版／楓葉社文化事業有限公司
地　　　址／新北市板橋區信義路163巷3號10樓
郵 政 劃 撥／19907596　楓書坊文化出版社
網　　　址／www.maplebook.com.tw
電　　　話／02-2957-6096
傳　　　真／02-2957-6435
作　　　者／比爾・希爾頓
翻　　　譯／傘戈銳
企 劃 編 輯／陳依萱
校　　　對／謝惠鈴
總 經 　銷／商流文化事業有限公司
地　　　址／新北市中和區中正路752號8樓
電　　　話／02-2228-8841
傳　　　真／02-2228-6939
網　　　址／www.vdm.com.tw
港 澳 經 銷／泛華發行代理有限公司
定　　　價／480元
初 版 日 期／2019年3月

國家圖書館出版品預行編目資料

木作家具解剖全書 / 比爾・希爾頓作；傘
戈銳翻譯. -- 初版. -- 新北市：楓葉社,
2019.03　面；　公分

譯自：Illustrated Cabinetmaking

ISBN 978-986-370-190-3（平裝）

1. 木工　2. 家具製造

474.3　　　　　　　　　107022996